石油高职教育"工学结合"规划教材

录井测井资料分析与解释

（第二版·富媒体）

主　编　王　满　樊宏伟
副主编　魏　新　李　莉　孙新铭

石油工业出版社

内容提要

本书从钻井技术专业相关人员对录井与测井的相关知识与技能的需求出发,以"工学结合"的思想为指导,将油气钻探过程的录井及测井工作的主要知识内容分为三个学习情境(共十六个项目),根据不同任务展开叙述,具有较强的实用性。配备大量富媒体资料,利于学生自学。

本书适合用于高职高专钻井技术专业的教学,也可以作为相关行业中高级工程技术人员和管理人员的培训、参考用书。

图书在版编目(CIP)数据

录井测井资料分析与解释:富媒体/王满,樊宏伟主编.—2版.—北京:石油工业出版社,2023.12
ISBN 978-7-5183-6369-8

Ⅰ.①录… Ⅱ.①王… ②樊… Ⅲ.①录井 ②测井 Ⅳ.① P631.8 ② TE242.9

中国国家版本馆 CIP 数据核字(2023)第 190845 号

出版发行:石油工业出版社
(北京市朝阳区安华里2区1号 100011)
网　　址:www.petropub.com
编辑部:(010)64251362　图书营销中心:(010)64523633
经　　销:全国新华书店
排　　版:北京乘设伟业科技有限公司
印　　刷:北京中石油彩色印刷有限责任公司

2023年12月第2版　2023年12月第1次印刷
787毫米×1092毫米　开本:1/16　印张:23
字数:582千字
定价:60.00元
(如出现印装质量问题,我社图书营销中心负责调换)
版权所有,翻印必究

第二版前言

富媒体教材的建设是推动职业教育数字化升级的重要一环。在教育部等九部门印发的《职业教育提质培优行动计划(2020—2023年)》文件指导下,"录井测井资料分析与解释"课程建设团队不断完善课程资源建设,深化信息技术与教育教学的融合,经克拉玛依职业技术学院在线精品开放课程项目建设,编制了课程视频制作脚本、多媒体课件、课程题库,搭建了线上学习平台,开发了系统化的课程富媒体资源。本教材将富媒体资源融入教材内容,为广大读者学习提供了便利。

本教材编写由王满、樊宏伟任主编,魏新、李莉、孙新铭任副主编,全书由王满、李莉负责统稿。参与本教材编写的具体分工如下:项目五、项目六、项目十五由王满编写,项目七、项目十、项目十一由樊宏伟编写,项目一、项目八、项目十四由魏新编写,项目三、项目十二由李莉编写,项目十一、附录由孙新铭编写,项目二由也尔哈那提·黑扎提编写,项目四由臧强编写,项目九由井春丽编写,项目十三由徐媛媛编写,项目十六由吴发平、李怀军共同编写。

本教材编写过程中得到了克拉玛依职业技术学院科研处、教务处、石油工程分院的大力支持,中国石油新疆油田公司克拉玛依钻井工艺研究院高级工程师李晓军、中国石油集团西部钻探工程有限公司克拉玛依录井工程公司高级工程师王仲军、中国石油新疆油田公司试油公司地质研究所责任地质师王福生、西部钻探克拉玛依测井公司高级工程师常书旺对本书的编写提出了宝贵意见,在此一并表示感谢。

由于笔者水平有限,本书难免存在不足和疏漏之处,敬请使用本教材的广大师生和工程技术专家提出宝贵意见,我们将虚心听取大家的意见和建议,在后续修订中不断完善本书内容。

编者

2023年8月于克拉玛依

第一版前言

克拉玛依职业技术学院石油钻井技术专业作为国家示范性高等职业院校建设项目重点建设专业,在《教育部关于全面提高高等职业教育教学质量的若干意见》的指导下,深化"工学结合"人才培养模式,推进课程建设与改革,进行了专业课程体系的重构与课程标准的修订。

按照我国政府推行素质教育的要求和改革职业教育培训的规划,我校确立了"为就业服务、为企业发展服务、为劳动者终身教育服务"的总目标,在广泛调研的基础上,对钻井技术专业职业活动导向教学模式的培养目标、能力结构和特点进行探析,确定了培养和提高学生全面职业行为能力的高职钻井技术课程体系。

钻井技术专业课程体系的构建是在对新疆油田公司下属20多家企业进行了广泛调研的基础上,确定了钻井工、修井工、钻井液工、钻井地质工等职业岗位群的主要工作任务,依据岗位群的主要工作任务,归纳出相应典型工作任务以及典型工作任务所对应的职业能力。结合国家职业技能标准要求,按照职业成长规律与学习规律将职业能力从简单到复杂、从单一到综合进行整合,归纳出学习课程及其对应的学习内容。

专业主干课程标准从专业能力、社会能力、方法能力3个方面描述了课程的培养目标以及与前后课程的联系;根据现场实际工作过程,设计了学习情境、学习项目、学习任务,以项目为载体,明确了每个项目的教学内容、学习目标、学时;提供了参考教材、教学资料与学生学习网站;从专业能力与教学能力等方面明确了对任课教师的要求;按照项目载体的实施需要明确了对学习场地与设施的要求;课程考核按照项目考核的方式进行,每一个考核项目均包括项目考核和结果考核两部分,通过学生互评,教师、企业教师共同评价,理论考试结合操作考试,集知识、技能、素质三位一体的考核方式,明确了各考核点及各项目所占分值比,按照单项任务考核、综合考核的程序评定学生成绩,充分体现了"工学结合,校企合作""以学生为主体""基于工作过程"的教学模式。

"录井测井资料分析与解释"是钻井技术专业的专业核心课程之一,"录井测井资料分析与解释"课程建设团队通过钻井现场调研、召开实践专家研讨会、组织课程改革及教材规划研讨会,本着基于工作过程的教学方法,以工作任务为导向、以项目为载体、"工学结合,校企合作"的原则,根据石油企业对油气勘探开发生产一线专业技术人才的需要和石油钻井地质工、测井工、钻井技术员等职业岗位实际工作任务所需要的知识、能力、素质要求及钻井过程中钻井录井与测井工作的"工作任务""工程过程",设置了课程内容。课程共设计地质录井资料收集、整理与分析解释,地球物理测井资料分析与解释,录测井资料综合分析3个教学情境,包含16个教学项目中的47个教学任务,涵盖了钻井录井及测井现场作业的主要内容。前两个情境以单项任务实训为主,注重于内容的科学性、系统性和完整性,立足于打好基础;后一个情境内容注重于针对性和实用性,立足于学生自主学习以及实践能力和综合素质的培养。

本教材由樊宏伟、王满、孙新铭主编,全书由樊宏伟、王满、李莉负责统稿。本教材的具体编写分工如下:项目一、项目七、项目十、项目十二由樊宏伟编写;项目六、项目八、项目十一、项目十三、项目十五由王满编写;项目五、附录由孙新铭编写;项目三由李莉编写;项目二由胡黎明、林强共同编写;项目四由邹军、宋胜军共同编写;项目十四由黄卫、臧强共同编写;项目九由张雪、井春丽共同编写;项目十六由李莉、徐媛媛共同编写。

本教材的编写得到了克拉玛依职业技术学院科研处、教务处、石油工程系的大力支持,新疆油田公司克拉玛依钻井工艺研究院高级工程师李晓军、西部钻探克拉玛依录井工程公司高级工程师王仲军、新疆油田公司试油公司地质研究所责任地质师王福生、西部钻探克拉玛依测井公司高级工程师常书旺对本教材的编写提出了宝贵意见,在此一并表示感谢。

由于笔者水平有限,本书难免存在不足和疏漏之处,敬请使用本教材的广大师生和工程技术专家提出宝贵意见,我们将虚心听取大家的意见和建议,在后续修订中不断完善本书的内容。

编者

2015 年 11 月于克拉玛依

目 录

学习情境一 地质录井资料收集、整理与分析解释 (1)

项目一 录井现场日常管理 (3)
- 任务一 录前准备 (3)
- 任务二 钻井地质设计 (9)
- 任务三 相关录井工程资料的收集 (24)

项目二 钻井井深监控 (32)
- 任务一 钻具丈量 (32)
- 任务二 钻具管理 (35)

项目三 钻时录井资料分析与解释 (39)
- 任务一 钻时测量 (39)
- 任务二 钻时资料分析应用 (41)

项目四 钻井液录井资料分析与解释 (45)
- 任务一 钻井液性能测量 (45)
- 任务二 钻井液录井资料分析应用 (52)

项目五 岩屑录井资料收集、整理 (55)
- 任务一 计算、实测岩屑迟到时间 (55)
- 任务二 捞取、清洗、晾晒、包装岩屑 (59)
- 任务三 岩屑描述及岩屑录井草图绘制 (63)
- 任务四 荧光录井操作 (70)
- 任务五 岩屑样品保存 (74)

项目六 岩心录井资料收集、整理 (77)
- 任务一 取心层位选定 (77)
- 任务二 岩心出筒、清洗、丈量和整理 (80)
- 任务三 岩心描述及岩心录井草图绘制 (84)
- 任务四 岩心样品保管 (96)
- 任务五 井壁取心录井资料的整理 (98)

项目七 综合录井资料分析与解释 (103)
- 任务一 综合录井资料认识 (103)
- 任务二 综合录井实时钻井监控 (116)

项目八 气测录井资料分析解释 (124)
- 任务一 气测录井资料认识 (124)
- 任务二 气测录井资料解释 (136)

学习情境二　地球物理测井资料分析与解释　(146)

项目九　测井现场日常管理　(147)
- 任务一　测前准备　(147)
- 任务二　测井工程资料的收集　(157)

项目十　电法测井资料分析与解释　(163)
- 任务一　普通电阻率测井曲线分析与解释　(163)
- 任务二　微电极测井曲线分析与解释　(184)
- 任务三　自然电位测井曲线分析与解释　(188)
- 任务四　侧向测井曲线分析与解释　(195)
- 任务五　感应测井曲线分析与解释　(209)

项目十一　声波测井资料分析与解释　(221)
- 任务一　声波时差测井曲线分析与解释　(221)
- 任务二　声波幅度测井曲线分析与解释　(231)
- 任务三　声波变密度及自然声波测井曲线分析与解释　(234)

项目十二　放射性测井资料分析与解释　(237)
- 任务一　自然伽马测井曲线分析与解释　(237)
- 任务二　密度测井曲线分析与解释　(245)
- 任务三　中子测井曲线分析与解释　(249)

项目十三　生产测井资料分析与解释　(263)
- 任务一　井径测井曲线分析与解释　(263)
- 任务二　地层倾角测井资料分析与解释　(267)
- 任务三　注入剖面测井资料分析与解释　(272)
- 任务四　产出剖面测井资料分析与解释　(278)

学习情境三　录井和测井资料综合分析　(283)

项目十四　录井资料综合解释　(285)
- 任务一　录井综合评价　(285)
- 任务二　单井录井资料整理　(287)

项目十五　测井资料综合分析　(292)
- 任务一　识别岩性、划分储集层　(292)
- 任务二　计算储层参数、划分油气水层　(306)

项目十六　单井录测井资料分析评价　(318)
- 任务一　录测井资料综合整理　(319)
- 任务二　完井地质总结报告的编写　(337)
- 任务三　单井评价　(339)

参考文献　(343)

附表　录井测井综合解释绘图代码与符号表　(344)

附图　地层柱状剖面示意格式图　(358)

本书富媒体资源列表

序号	资源类型	资源名称	教材页码
1	微课视频	录井方法与仪器设备概述	1
2	微课视频	地质观察记录的填写	24
3	微课视频	钻具丈量及管理	32
4	微课视频	钻时录井	39
5	微课视频	钻井液录井	45
6	微课视频	岩屑迟到时间的计算	55
7	微课视频	岩屑录井	59
8	微课视频	岩屑描述	63
9	微课视频	荧光录井	70
10	微课视频	岩心录井	77
11	微课视频	岩心描述	84
12	微课视频	综合录井	103
13	微课视频	气测录井	124
14	微课视频	测井方法与仪器设备概述	147
15	三维动画	测井用井口设备维修保养	148
16	微课视频	岩石电阻率	163
17	微课视频	普通电阻率测井	169
18	三维动画	普通电阻率测井	169
19	微课视频	微电阻率测井	184
20	三维动画	微电阻率测井	184
21	微课视频	自然电场的产生	189
22	三维动画	自然电位测井	191
23	微课视频	自然电位测井曲线的应用	193
24	微课视频	侧向测井	196
25	三维动画	侧向测井	196
26	三维动画	感应测井	210
27	微课视频	声学基础知识	221
28	微课视频	声波速度测井	224
29	三维动画	声波测井	224
30	微课视频	声幅测井	231

续表

序号	资源类型	资源名称	教材页码
31	微课视频	伽马测井基础知识	237
32	微课视频	自然伽马测井	241
33	微课视频	密度测井	245
34	三维动画	补偿密度测井	246
35	微课视频	中子测井基础知识	249
36	微课视频	中子测井	251
37	微课视频	生产测井概述	263
38	微课视频	生产测井解释	263
39	三维动画	井径测井	263
40	微课视频	流量和温度测井方法	276
41	微课视频	压力和流体识别测井	278
42	微课视频	测井解释基础	292
43	微课视频	岩性和孔隙度的解释方法	292
44	微课视频	储层含油性的解释评价方法	307

学习情境一

地质录井资料收集、整理与分析解释

【情境描述】

地质录井是石油矿场地质学的一个重要组成部分，它是以矿物岩石学、油气地球化学为理论基础，通过随钻采集岩心、岩屑、气测和综合录井资料了解地下地质情况的一门应用技术学科。

地质录井技术起源于野外地质考察，是伴随着钻井技术的发展而发展起来的，具有悠久的历史。早在 900 多年前的宋代，录井技术已初具萌芽。在四川自流井地区天然气井的钻探中，用一种底部有阀的竹筒下井提捞泥浆和岩屑，有专职人员负责鉴别岩屑岩性、划分地层，并且每口井都建立"岩口簿"。各井的"岩口簿"对岩层和标准层有统一的命名，通过"岩口簿"建立早期的地质剖面。当代录井技术是在近几十年随着石油工业的发展而逐渐发展起来的。随着投砂憋泵单筒式取心工具、水力切割式双筒取心工具、双筒悬挂式取心工具、半自动气测仪、色谱气测仪、数字色谱气测仪、综合录井装置等仪器设备的研发，目前录井技术已由初期单一的岩屑录井转向多元化录井方法（岩屑、岩心、烃类检测、工程录井等），由初期手工操作记录钻时转向了自动化综合录井阶段。

按其发展阶段和技术特点划分，地质录井方法可分为常规地质录井、气测录井和综合录井、新方法录井三大类。

常规地质录井主要包括岩屑录井、岩心录井、钻井液录井等，主要是靠人工的方法。其特点是简便易行，应用普遍、应用时间早。它具有获取第一手实物资料的优势，一直发挥着重要的作用。

微课视频
录井方法与
仪器设备概述

气测录井和综合录井主要包括随钻检测全烃、组分烃、非烃、工程录井等，其特点是实现了仪器连续自动检测与记录，实现了录取资料的定量化，获取参数多，有专门的解释方法和软件，油气层的发现和评价自成系统。气测录井和综合录井现已成为录井工作的主体。

新方法录井目前主要包括岩石热解地球化学录井、罐顶气轻烃录井、定量荧光等录井新方法，均属实验室移植技术的推广应用，灵敏度高，获取的资料不仅用于发现和评价油气层，还可用于生、储、盖的研究评价。

地质录井是油气勘探开发系列技术的重要组成部分，为油气勘探开发发挥着重要作用，其主要作用为：

(1)建立地下地层剖面；

(2)及时发现油气层；

(3)定量化解释油气层；
(4)准确评价油气层；
(5)生、储、盖评价研究；
(6)及时反映地下地质情况及施工情况；
(7)地层压力检测，优化钻井参数，提高钻井时效；
(8)提供现场数据资料的现代化传输等。

目前，随着录井技术的不断进步，地质录井业务也在不断拓展，除了传统的建立地层柱状剖面和发现油气层外，还肩负着评价油气层和保护油气层的任务。地质录井已从勘探人员的"耳目"逐渐上升为勘探人员的"有力助手"，在勘探开发中起着越来越重要的不可替代的作用。地质录井资料收集、整理与分析解释被列为勘探开发科研人员所必备的技术能力。

项目一 录井现场日常管理

录井以其经济实用、方便快捷和获取现场第一手实物资料的优势,在整个油气藏的勘探和开发过程中一直发挥着重要的作用。科学的管理是效益的基石,在钻井进程中合理安排工程进度,做好录前准备、录井工程设计,有效记录收集相关录井资料,是下一步作业的关键所在。那么,该如何有效管理录井现场,为录井作业顺利进行打造条件呢?

【知识目标】

(1)了解地质录井的钻前准备;
(2)掌握钻井地质设计方法;
(3)掌握录井工程设计方法;
(4)掌握相关录井资料的收集方法。

【技能目标】

(1)能够实施地质录井的钻前准备;
(2)能够识读分析钻井地质设计;
(3)能够进行录井工程设计;
(4)能够实现相关录井资料的收集。

任务一 录前准备

【任务描述】

地质录井的目的是为找油找气提供准确的第一手资料,为油气田的勘探开发奠定基础。为了做好录井工作,地质录井工作者应提前做好录井前的资料准备、场地准备、设备准备、人员准备及安全准备工作,只有在确保录井作业资料齐全、仪器设备安装调试到位、人员配备齐全、可以安全作业的前提下,钻录井技术人员完成地质交底工作后才能开展录井工作。本任务主要介绍录井之前井的基本信息了解、设备安装、巡检、现场技术人员协作配合、地质交底等工作内容。通过本任务的学习,需要学生掌握录井前的资料,熟悉设备配置要求、环境要求、设备安装要求、巡检内容、地质交底内容等方面的知识。

【相关知识】

一、地质录井前的资料准备工作

(一)掌握地质设计内容

(1)明确井号、井别、井位坐标(纵、横,海上及沙漠腹地要写明经、纬度)、地理位置、地面海拔、海水深度、井位在构造上的位置、地震测线编号及位置、过井地震测线的地质解释剖面、定井位依据、井位的地理位置及交通示意图、目的层岩性及层位、设计井深、地震分层数据。

(2)明确构造名称、构造位置、构造的制图层位、圈闭面积、圈闭深度、圈闭幅度。

(3)明确钻探目的层、钻探任务及要求、完钻原则。

(4)掌握设计依据中所提供的区域地质、地球物理、地球化学的资料及综合成果,明确目的层及预计油气显示层,清楚工程故障提示。

(5)了解孔隙压力及破裂压力预测曲线,了解对钻井液性能的原则要求。

(6)明确各种钻进取心及井壁取心的目的及原则,明确设计取心层位、岩性、钻进取心进尺及收获率的要求。

(7)明确各种测井项目的要求。

(8)熟悉中途测试目的及要求。

(9)明确各类井资料录取要求。

(二)认真做好钻前地质录井的准备工作

(1)区域探井、重点预探井必须配备综合录井仪。一般预探井、气井必须上气测仪。评价井、开发井配备气测仪或其他钻时自动记录仪。

(2)按地质装备配套标准,备齐各种仪器、药品、用具。

(3)认真做好地质交底、地质预告、压力预测、故障提示。

(4)认真做好钻具管理,使钻具编号顺序无误,准确丈量,记录工整清洁。

二、认真做好钻井工程与地质录井间的配合工作

(1)钻井队必须给地质录井创造一切必要的工作条件,钻井液槽安装必须符合地质录井要求,必须保证水电的正常供应。若断水停电,则必须停钻,避免漏取各种资料。

(2)地质录井要及时给钻井队提供地下地质情况(钻时异常变化、岩性、井漏井喷、油气水显示等),防止事故发生。

(3)钻井、地质、气测三方工作人员为确保取全、取准各项地质资料和安全钻进,必须协同配合,搞好钻具管理,相互提供地下地质情况。

(4)地质录井准备工作必须一切就绪之后(各项记录准备齐全、药品配制量足、仪器检测正常等)方能开始。

三、录井环境要求

(1)钻井施工队应在高架槽靠大门一侧安装走道和安全护栏。

(2)洗砂样用水管线接至振动筛旁(或录井队自备水罐),钻井施工队应保证供水正常。

(3)钻井施工队应为录井队提供稳定电流,电压220V±22V,频率50Hz±2Hz。

(4)钻井施工队应保证振动筛正常工作,振动筛旁应安装防爆照明灯。

(5)钻井施工队应为录井队留有足够的作业场地。

四、录井队伍要求

根据录井项目的不同,录井队人员配备也不尽相同。地质监督要根据录井的需要,检查录井队伍资质和人员数量、技术素质、安全生产资质是否满足录井的需要。首先,录井队必须具备探井录井资质,对录井人员的学历、录井资历等都有明确的要求。该资质一般是由上级管理部门按照一定的标准和程序颁发。其次,探井录井队人员数量还必须满足正常录井生产和倒休的要求,一般来说,探井录井队每队需至少配备4名地质采集工、4名录井工程师、2名地质工程师,正副录井队长各1人。其中,正副录井队长可以是专职,也可由录井工程师或地质工

程师兼任,但必须熟悉地质、录井仪器相关业务,能够对所有录井资料的质量和完井资料质量负责。如果录井项目较多或有特殊要求,录井队人员应适当增加。第三,录井队人员还必须经过专门的安全资质培训,并具有有效的相关资质证书,如 HSE(健康、安全与环境管理体系)的培训和资质证书等。在可能钻遇 H_2S 气体的地区施工,录井人员应参加 H_2S 防护培训并取得资质证书;在海上或滩海地区施工的录井队,录井人员应参加海上作业培训并取得资质证书。

五、现场地质录井管理

(一)设备及材料准备

(1)录井地质师接到地质设计书后,及时落实录井地质房和住宿房,并按设计要求领取有关设备和材料。

(2)将录井地质房和住宿房内设备及物品平稳摆放在地上,并加固捆绑牢靠,防止搬运时滑动碰损。

(3)做好录井地质房及住宿房上井前的吊装搬运准备工作。

(二)资料准备

(1)录井地质师在上井前应领取或拷贝录井资料处理软件及常用工具软件。

(2)收集区域资料,包括区域地层研究报告、地层剖面图、构造井位图、构造平面图、油气水显示资料及压力资料等。

(3)收集邻井资料,根据现有条件,可借阅邻井综合录井图或拷贝录井综合图有关数据库,收集电测、试油、地层压力、井斜、工程事故等有关资料。

(4)依据地质设计书要求,地质师上井前应写好《项目(过程)QHSE 作业计划书》。

(三)设备上井搬运与安装

录井公司接到钻井队信息后,要及时安排录井仪器、录井队伍上井,设备上井搬运过程中需稳拿轻放,行车速度适中,确保录井仪按时搬运至井场。录井仪安装过程中需切断一切电源、停止钻机运转,录井工作人员与钻井队人员紧密配合连线、安装,确保仪器设备安装到位。

(四)现场设备运转调试

现场设备按要求安装完毕后,要进行开机运转调试,检查各设备能否正常启动运行,若不能应查明原因排除故障或现场无能力排除时,应及时通知公司派专业维修人员上井检修,直至设备能正常运转。

(五)录井准备

(1)收集未录井井段的井身结构、工程简况、钻井液及入井钻具等相关资料。

(2)丈量、记录钻具,建立井场及井下钻具档案。

(3)根据开始录井井深及钻井速度,按录井规范要求提前 20~50m 计算理论迟到时间和实测迟到时间,二者互为校正,确定出合理的迟到时间。

(4)检查岩屑取、洗、照、烘、装等环境条件是否满足要求,不能满足要求的应及时整改。

(六)录井前的巡回检查

1. 巡回检查路线和内容

录井工作巡回检查流程见图 1-1。

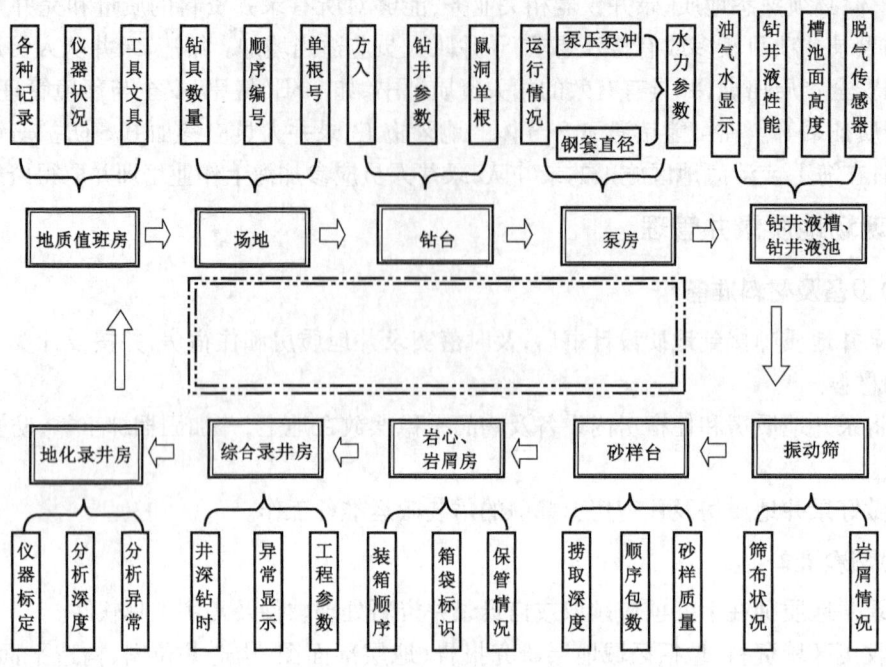

图1-1 录井工作巡回检查流程图

2. 检查程序

(1)在地质值班房需检查各种原始记录和资料,地质录井所用的仪器、工具、文具,消防安全器材,地质值班房卫生情况等。

① 原始记录包括班报表、原始综合记录、荧光记录、钻具记录、岩屑初描记录、迟到时间记录、标定记录、进样记录等。

② 检查仪器是否正常。

③ 检查工具是否齐全及卫生状况是否达标。

(2)场地方面,需检查钻具数量、顺序编号、单根号及大门坡道上的单根编号。

(3)钻台方面,需检查方入、钻井参数(悬重、钻压、转盘转速、立管压力等)、小鼠洞中单根编号及正钻单根编号。

(4)泵房方面,需检查泵的水力参数及实际运行情况(泵压、泵冲、缸套直径、阀数等)。

(5)钻井液槽、钻井液池方面,需观察油、气、水显示情况,钻井液性能变化,液面高度,脱气传感器及各种钻井液传感器的运行情况。

(6)振动筛方面,需检查振动筛布是否完好、运转是否正常及取样位置情况。

(7)砂样台方面,需检查岩屑捞取深度及其顺序、包数、质量,检查晒干情况及岩屑标签是否正确。

(8)岩心、岩屑房方面,需检查岩心、岩屑的装箱顺序、标签标识及保管情况。

(9)综合(气测)录井房方面,需观察井深(当前钻到井深以及迟到井深)、钻时变化、气测异常情况、工程参数的变化情况等。

(10)地化录井房方面,需观察地化异常情况等,回到地质值班房需核实所检查内容是否正确。

3. 巡回检查交接要求

(1)上钻台应注意安全,必须穿戴劳动防护用品,以免发生意外伤害。

(2)岩心、岩屑录取情况不清时,不进行交接。

(3)钻具、方入与记录情况不属实时,不进行交接。

(4)各项地质原始记录填写不齐全、不整洁时,不进行交接。

(5)槽面油、气、水显示及迟到时间记录不清时,不进行交接。

(6)文具、工具不齐全,值班房不清洁时,不进行交接。

录井工作巡回检查记录见表1-1。

表1-1 录井工作巡回检查记录

巡回检查记录													
出口			工程			池体积			入口			仪器房	
名称	探头	传感器	名称	探头	传感器	名称	探头	传感器	名称	探头	传感器	名称	运行状况
MWO			ROP			PV1			MWI			UPS	
MTO			HL			PV2			MTI			计算机辅助	
MCO			RPM			PV3			MCI			空气压缩机	
MFO			TORQ			PV4			SPM1			氢气发生器	
H_2S2			SPP						SPM2			色谱仪	
脱气器			H_2S1									H_2S3	

要求:1. 每班必须执行巡回检查,并及时填写在相应位置内,正常、卫生的填写"√",有问题、不卫生的填"×"。对检查出的问题要及时整改,无法解决的问题应填写在"存在问题"栏内。

2. 对于密度、温度、钻压转盘转速、池体积、泵冲等可实测的要实测,将值填写在探头栏内,并对仪器传感器进行校验。

存在问题:

检查人:　　　　　接班人:　　　　　审核人:

(七)地质交底

参加钻井队召开的地质设计交底会,提出要求和建议,了解以下信息:

(1)该井地理位置及构造位置。

(2)所要钻遇的地层、岩性及坚硬程度以及地层倾角大小,提示井队防掉牙轮、防斜等。

(3)钻井液密度、黏度使用要求以及对录井有影响的添加剂的使用要求。

(4)中间完井及完井电测系列和项目,中间标斜次数及预计层位、井深,表层是否电测,若要电测应提示井队。

(5)井身质量、井身结构要求。

(6)特殊地质要求,如取心、中途测试、井壁取心等。

地质交底书示例如图1-2所示。

> ××××井地质交底书(地质、井队留存)

1. 井型:直井。　　　　　　　　井别:采油井。
2. 井深:1995m。
3. 目的层:二叠系佳木河组(P_1j)。
4. 地层及岩性:粉—粗砂岩、砂砾岩、凝灰质泥岩、凝灰质砂砾岩。
5. 地层倾角:4°~12°,最大13°。
6. 地层压力系数:设计换算为0.93,甲方提供为1.00以内。
7. 表层是否电测:不电测。
8. 中间对比电测预计层位井深:1950m(以现场提供为准)。
9. 井身结构及井身质量:表层套管339.73mm×200m;油层套管139.70mm×1995m;全井最大井斜≤5°,最大水平位移≤80°。
10. 中间完井预计井深及电测项目:不要求。
11. 完井电测项目:EXCELL-2000测井系列加配合项目。
12. 对钻井液性能的要求:
该区目的层压力系数偏低,合理选用优质钻井液性能开油层,保护油层,以"不喷不漏"为原则;
在钻井液中添加加剂(如磺化沥青干粉等化工材料)影响录井,必须通知现场录井地质师,循环均匀后方可钻进。
13. 特殊地质要求:
全井防漏、防喷、防斜;本井靠近断层,地层倾角较大,钻进中送钻均匀。
本井进行综合录井(井段530~1995m),全井严禁混原油。
完井电测时井底钻井液电阻率不得低于1Ω·m。
注:施工井队必须严格按照地质监督指令要求的井深进行中间完井和完井作业。

地质监督:
井队干部:
2014年8月6日

图1-2　地质交底书示例

六、积极配合钻井监督、地质监督的工作指导

钻井监督、地质监督对钻录井工作具有直接监督及指导权限,对钻井工程顺利开展、取全取准各项地质资料、发现油气层和完成地质目的负主要责任,钻井、录井工作人员需积极配合钻井监督、地质监督的工作,共同努力,完成工程实施。

(一)钻井监督的主要职责

(1)按照钻井工程设计下达作业指令,掌握作业进度。
(2)监督合同实施,协调甲、乙方关系,搞好协作配合。
(3)检查掌握安全、质量和主要材料消耗情况。
(4)及时报告施工中的新问题,提出和参与制定解决措施。
(5)做好时效记录,签署钻井日费用及合同承包费用付款通知单,计算钻井日成本和全井成本。
(6)填写监督日记、钻井工程记录表,撰写钻井完井总结报告,并及时上报。

(二)地质监督的主要职责

(1)监督合同实施,管理协调录井、测井、钻井中途测试、试油等,按时保质完成工作。
(2)按地质设计在钻进中及时提供地质信息,监督施工单位取全取准地质资料。

(3)认真观察岩性变化,确定取心井段,提出钻井液使用意见,拟定保护油气层措施,并配合钻井监督承包单位执行。

(4)根据地下地层情况,提出完钻或加深钻探的建议。

(5)控制和掌握地质部分预算投资,签署合同付款通知书。

(6)填写地质日志、地质报表,及时提交完井地质总结以及各种地质资料和图表,协助搞好单井评价。

【任务实施】

一、目的要求

(1)能够实现录前钻井准备;
(2)能够实现钻井、录井工作人员的有效配合。

二、资料和工具

(1)工作任务单;
(2)电测资料清单。

【任务考评】

一、理论考核

(1)录井前应掌握的钻井地质信息有哪些?
(2)如何实现钻井、录井工作人员的有效配合?

二、技能考核

(一)考核项目

角色模仿实施录井钻前准备。

(二)考核要求

(1)准备要求:工作任务单准备。
(2)考核时间:30min。
(3)考核形式:口头描述和笔试。

任务二 钻井地质设计

【任务描述】

钻井地质设计是确保钻井顺利实施的关键地质资料,录井工作人员应在熟悉井的基本数据、地质信息、钻探目的、钻井工程设计的前提下制订钻井液性能要求、录井要求、井身质量要求及钻井故障提示等内容,并撰写钻井地质设计,结合钻井地质设计编写录井工程设计、HSE安全作业表,录井工作人员在两书一表的指导下开展录井工作,以确保录井工作有效开展。本任务主要介绍了钻井井位设计的基础知识、钻井地质设计书的内容、钻井地质设计的工作方法、录井工程设计的内容等知识。通过本任务学习,要求学生掌握钻井井位部署原则、钻井地质设计内容、录井工程设计基本内容,能够识读分析钻井地质设计,并根据钻井地质设计制作录井工程设计。

【相关知识】

一、井位设计

(一)井别分类及井号命名

1. 井别分类

我国各油气藏目前将单井划分为探井和开发井两大类共11个类别,探井包括区域探井(含参数井或科学探索井)、预探井、评价井、地质井、水文井;开发井包括生产井、注水井、注汽井、观察井、资料井、检查井。

1)探井类

(1)区域探井(含参数井或科学探索井):在油气区域勘探阶段,在地质普查和地震普查的基础上,为了解一级构造单元的区域地层层序、岩性、生油条件、储层条件、生储盖组合关系,并为物探解释提供参数而钻的探井,它是对盆地(坳陷)或新层系进行早期评价的探井。

(2)预探井:在油气勘探的顶探阶段,在地震详查的基础上,以局部圈闭、新层系或构造带为对象,以发现油气藏、计算出控制储量和预测储量为目的的探井。

(3)评价井:对已获得工业油气流的圈闭。经地震精查后(复杂区应在三维地震评价的基础上),为查明油气藏类型;以探明油气层的分布、厚度变化和物性变化,评价油气藏的规模、生产能力及经济价值,计算探明储量为目的而钻的探井。

(4)地质井:在盆地普查阶段,由于地层、构造复杂或地震方法不过关,采用地震方法不能查明地下情况时,为了确定构造位置、形态和查明地层组合及接触关系而钻探的探井。

(5)水文井:为了解决水文地质问题和寻找水源而钻探的探井。

2)开发井类

(1)生产井:在已探明储量的区块或油气田,为完成产能建设任务所钻的井,包括直井、定向井、水平井、套管开窗侧钻井等。

(2)注水井:为提高油气驱动能力、油气井生产能力、采收率所钻的井。

(3)注汽井:因产层注水效果不好或产层不适合注水,为提高油气井生产能力所钻的井,目的是为产层注汽,稳定产层地层压力,提高产能,提高采收率。

(4)观察井:通过改变油气井工作制度等方法来观察油气生产能力的井。

(5)资料井:为获取油气层物性资料或特殊资料所钻的井,如开发取心井。

(6)检查井:为检查油气层开发效果、注水效果、注汽效果、产层物性变化等情况所钻的井。

2. 井号命名原则

1)探井命名

(1)区域探井(参数井或科学探索井)命名:以基本构造单元—盆地或地区统一命名。取井所在盆地或地区名称的第一个汉字加"参"或"科"字组成前缀,后面再加盆地参数井布井顺序号(阿拉伯数字)命名。如伊犁盆地第一口参数井命名为"伊参1井","和参1井"是和田地区的第一口参数井。

(2)预探井命名:以井所在的十万分之一分幅地形为基本单元命名或以二级构造带名称命名。预探井井号应采用1~2位阿拉伯数字。如纯12井为东营凹陷纯化断裂鼻状构造带上的一口预探井。

(3)评价井命名:以油气田(藏)名称为基础进行井号命名。评价井井号应采用3位阿拉伯数字。如纯112井为东营凹陷纯化断裂鼻状构造带上纯化油田的一口评价井。

(4)地质井命名:以一级构造单元统一命名。取井值所在一级构造单元名称的第一个汉字加大写汉语拼音字母"D"组成前统,后面再加一级构造单元内地质井布井顺序号(阿拉伯数字)命名。如东D1井为东营凹陷的第一口地质井。

(5)水文井命名:以一级构造单元统一命名。取井位所在一级构造单元名称的第一个汉字加汉语拼音字母"s"组成前缀,后面再加一级构造单元内水文井布井顺序号命名。如东s1井为东营凹陷的第一口水文井。

2)开发井命名

开发井按井排命名,一般采用油气田(藏)名称开发区—井排—井点方案命名。如孤东7-5-2井(生产井)表示孤东油田七区5排2号生产井。开发井中的生产井、注水井等均按开发井统一命名,不再单独命名,只在设计中井别一栏内说明。

3)定向井、侧钻井、水平井命名

定向井、侧钻井、水平井的井号命名应在上述规定基础上,分别在井号的后面加"斜""侧""平"再加阿拉伯数字命名。如滨斜120井表示滨南地区××构造的一口评价井为斜井,利侧40井表示在利40井内套管开窗侧钻井,草古平8井表示草古浴山油田第8口水平井。

4)海上钻井井号命名

海上钻井井号目前有两种编排方法,即与陆上钻井井号一样的编排方法和海上钻井井号一般编排方法。

(1)与陆上钻井井号一样的编排方法:所钻各类探井和开发井均按陆上相同类别的井号命名原则进行井号编排。一般用于滩海油田或国内自行开发的海上油气藏。

(2)海上钻井井号一般编排方法:一般用于与外方合作开发的海上油气田。海上探井按区—块—构造—井号命名方案。采用经度、纬度面积分区,每区用海上或岸上的地名命名;区内按经度、纬度划分若干块,每块内根据物探解释对局部圈闭进行编号,每个圈闭所钻的预探井为1号井,评价井为2号井、3号井……依此类推。如BZ28-1-1井即渤中(Bozhong)区28块1号构造1号探井。

海上油田开发井按油田的汉语拼音字头—平台号—井号命名,CB-A-1井表示城北(Chengbei)油田A平台1号井。

(二)油气探井井位设计

油气探井井位设计一般流程为:由各地质研究部门根据其研究成果,在不同地区,为实施不同钻探目的,首先提出单井井位部署建议;井位部署建议提交主管部门领导审查、批准后,同意实施的井位即以钻探任务书的形式发给设计部门;地质设计部门根据钻探任务书中的任务和要求,完成钻井地质设计。

油气探井井位设计包括区域探井(含参数井或科学探索井)、预探井、评价井、地质井等井位的提出、论证和确定。

1. 直探井井位设计

1) 资料准备

探井的类别不同,其需要准备的资料也不同,以收集齐全本区目前所有的资料为主。一般区域探井资料包括:地震及非地震资料,物化探测资料,勘探程度和质量,基底地层时代,岩石性质,埋深及区域地质情况,预测的地层时代、厚度、岩性、岩相及分布,构造发育简史,构造层接触关系,主要构造圈闭及断裂发育情况。其他探井资料包括地震及非地震资料、物理化学探测资料、勘探程度和质量、钻探及试油成果、资源系列、研究成果等。

2) 井位部署研究

探井井位部署建议是在一系列复杂的研究工作后提出的。探井井位设计的研究工作涉及石油地质、物探、地质录井、油藏工程、油田开发、钻井、测井、测试等多方面的技术。对于不同类别的探井或同一类别不同油藏类型的探井,探井井位设计的研究工作的侧重点也不同。以预探井为例,一般要进行下列研究工作。

(1) 区带地层划分与对比。

应充分利用研究区内已有的地质录井、测井、古生物、岩矿、地化及其他资料进行地层划分和对比,提出地层对比方案和分层数据表、钻遇断层数据,建立该区的地层层序接触关系,可编制地层综合柱状剖面图。

(2) 区带构造及区带构造演化史研究。

① 根据地质、地球物理和钻探资料明确目的层的统、组或段之间的接触关系,划分研究区带内的构造层。

② 编制研究区带内的地震标准层及主要反射层构造图,比例尺为 1∶10000 或 1∶25000 (图 1-3)。

③ 编制目的层局部构造井位图,比例尺为 1∶5000 或 1∶10000(图 1-4)。

④ 编制研究区带内的主要断层断裂系统图、断层发育图,通过研究断裂系统的控制和分布规律,可编制古构造发育平面图。

(3) 沉积及沉积演化史研究。

① 研究区带储层特征,编制储层(或地层)对比图、砂体构造图(图 1-5)、砂体百分含量图等。

② 研究生、储、盖组合情况。

③ 研究主要目的层段的相带划分及各沉积体系的纵、横向发育情况,编制岩相古地理图。

(4) 油源层研究。

① 研究主要目的层的生、储配置体系,以生油洼陷为单元进行生油评价。

② 进行油气源对比,阐明各勘探目的层系的油气来源。

③ 进行勘探区带油气资源潜力的预测。

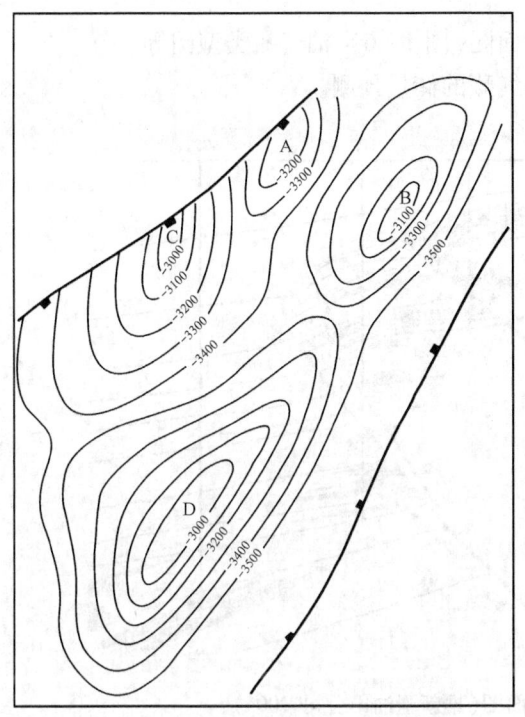

图1-3 长垣构造 K_1^1 顶面构造图
（海拔单位为 m）

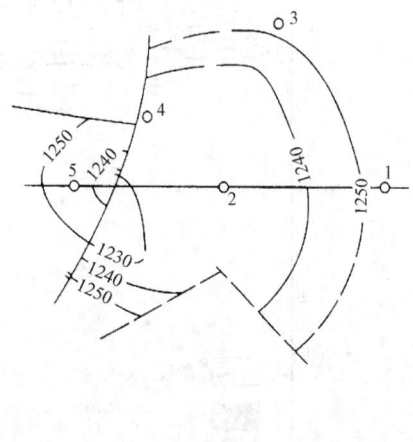

图1-4 ××油田局部构造井位图
（深度单位为 m）

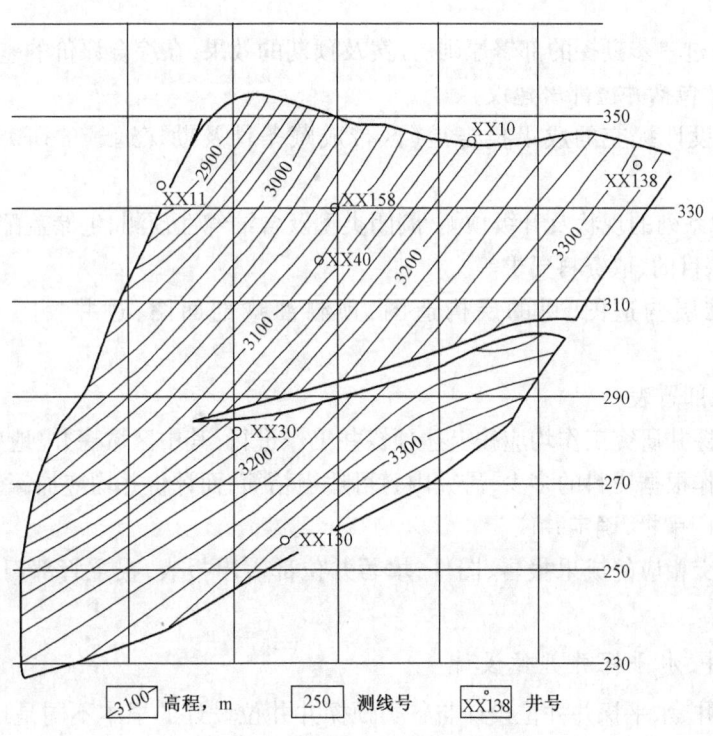

图1-5 ××井区×砂体构造图

(5)油气藏研究。

① 对区带的油气藏进行分析,编制油气藏剖面图(图1-6)、油气藏类型图等。

② 研究各类油气藏的分布规律,进行各类油气藏的储量预测。

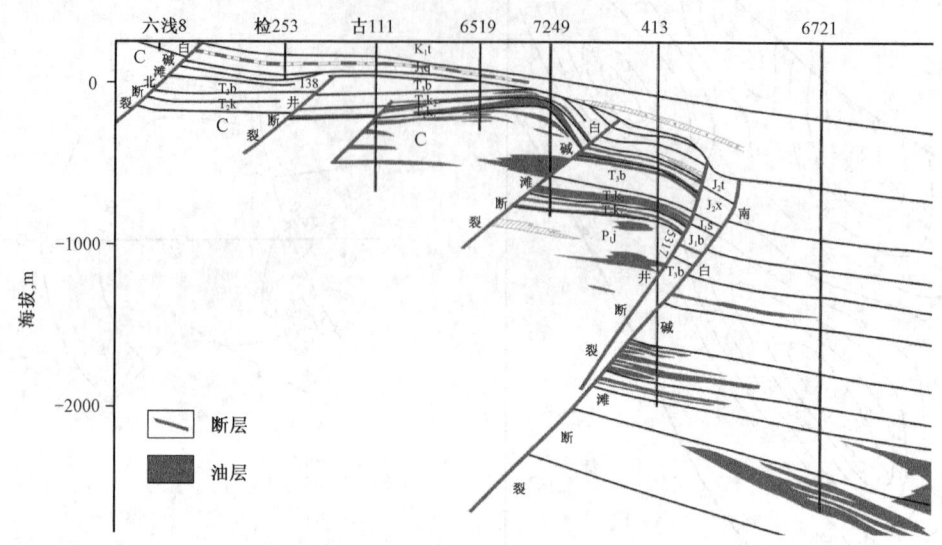

图1-6 克拉玛依西北缘油藏剖面图(据新疆油田公司,2005)

(6)编写区带地质综合研究报告。

① 综合论述研究区带的油气地质特征,分析油气成藏条件,划分油气藏类型,总结油气藏分布规律。

② 论证区带进一步勘探的部署原则、方案及预期的效果,在综合评价的基础上,提出勘探部署及评价意见(包括井位部署建议)。

预探井井位设计提交的成果报告是《区带成藏条件及勘探远景的研究报告》,主要内容有:

① 本区资源系列的现状及升级预测、圈闭类型及含油气性预测、生储盖配置关系、井位部署主要依据、钻探目的、取资料要求等。

② 地震标准层构造图、目的层构造图、预测油藏剖面图、过井"十"字地震剖面图(图1-7)。

③ 填写井位部署表。

其他类别的探井研究工作均应按上述预探井工作进行,其中区域探井、地质井及水文井井位设计的研究工作根据资料的多少,研究内容可适当精简,而评价井均应加深研究。

3)报主管部门审批、确定井位

研究单位提交相应的成果报告、图件,填写井位部署申报表,报主管部门审批,最后确定井位。

2. 定向探井、水平探井井位设计

各类定向探井、水平探井井位设计与各类预探井井位设计的根本不同是地面与地下井位不一致。应根据地面、地下条件,设计出地下井位、靶区范围及靶心的垂直深度,确定最佳井眼轨迹,其中井眼轨迹设计是重点。

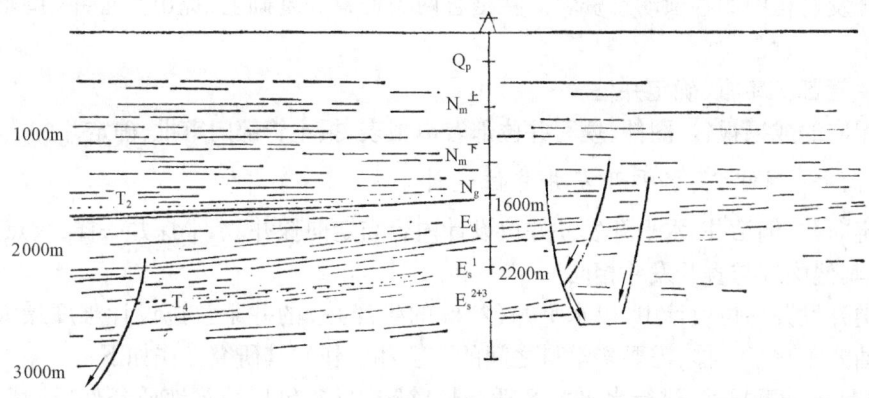

图1-7 ××井过井地震剖面图(据周志松,2003)

定向探井、水平探井井眼轨迹设计主要是在区域研究工作的基础上,依据二维和三维地震资料,开展储层预测和评价,采用速度分析、合成地震记录等技术,做出储层预测图、标准层反射构造图,从而进行井位设计和优选。如胜利油区成功钻探的某水平井,就是用三维地震资料进行精细的构造解释,并用合成地震记录识别层位、储层及储层的横向变化而设计的,其井身轨迹就是沿地层倾向、平行于地层不整合面钻探,钻遇不整合面下油层19层211.5m,效果十分显著。

(三)开发井井位设计

开发井井位设计一般由各开发单位的地质研究部门根据整体开发部署提出单井(或整体)井位部署建议,经主管部门领导审查、批准后,同意实施的井位即以"定井位数据表"的形式发给设计部门。

开发井井位设计包括生产井、注水井、注汽井、观察井、资料井、检查井等井位的提出、报批和确定。

1. 直开发井井位设计

开发井井位设计同探井一样也包括三个阶段,但它是在地下地质条件基本掌握的情况下,在探明储量基础上进行的井位设计,其资料收集和研究工作有别于探井。

1)资料准备

这一部分工作主要是收集开发区块所在区带或区域的石油地质条件,区块本身的构造、储层、流体、油藏开发等资料。

2)井位部署研究

这一部分工作主要是采用精细油藏描述、高分辨率三维地震处理解释技术、数字模拟技术、现代试井技术、油藏工程技术等对开发区块进行整体研究、分析、评价,进一步明确掌握地下地质情况,为高效开发区块提出合理的井位部署建议。

(1)区块整体井位部署建议:以区块为开发单元,以建产能为目的,最大限度地提高油气采收率和经济效益而设计的区块整体部署方案,可提出成批井位的部署建议。

(2)补充完善井井位部署建议:在区块开发一段时间后或开发后期,由于对油藏有了新认识或储层性能有了变化,为提高储量动用程度、提高注水开发效果、调整原有开发井网等,都要部署完善井或调整井。这类井的井位部署,一方面要充分研究静态地质资料,另一方面还必须仔细分析开发过程中的各项动态资料。在结合两类资料的基础上,提出完善井(调整井)井位建议。

3) 报主管部门审批、确定井位

提交相应的成果报告、图件,填写井位部署申报表,报主管部门审批,确定井位。

2. 定向井、侧钻井、水平开发井井位设计

各类定向井、侧钻井、水平开发井井位设计内容与定向探井、水平探井一样,重点也是井眼轨迹设计,其他内容与直开发井相同。

在这类开发井井位设计中,以水平井(特殊的生产井)的井眼轨迹设计难度最大,它集地质研究和油藏工程于一体,需要多学科之间的配合和协作。其研究工作如下:

(1) 立足于油藏描述,进行水平井区适应性筛选工作,包括油藏地质条件、油藏类型适应性筛选。

(2) 充分收集和利用地震、录井、测井、岩心分析和试油试采资料,对水平井区目的层进行精细构造描述、储层展布、层内夹层和平面物性分析、沉积相带描述、流体性质分析、已钻井生产状况分析,建立水平井区精细三维地质模型。

(3) 进行剩余油分布定量研究工作。

(4) 预测水平井产量,进行经济评价等。

通过上述研究工作,优选出最佳的水平井位置和水平段轨迹,确定靶点个数及靶点坐标。水平开发井井位确立后,提供"××水平井油藏地质设计书"作为钻井地质设计的依据。

(四) 井位落实

根据勘探开发部署,将上述论证确定的井位坐标通过测量实施,将设计的井位定在野外现场。钻井地质设计必须依据现场确定的井位,采用现场井口的实测大地坐标进行设计,才能使设计更好地符合未来的钻探施工情况。

1. 直井井位测量

(1) 收到井位坐标后,将坐标展绘在井位坐标图上,作为室内预选井口位置,在井口周围选出若干控制点,进行必要的计算,得到方位、距离、角度等数据,供现场测量使用。现场施工时,用控制点作为现场测量基准点(参照物),测量出井口的方位、距离。若在控制点稀少或边远新探区,必须采用卫星定位点进行现场井位测量。

(2) 在地面找出预选井口后,应调查了解地面条件、道路情况、水源等,若符合钻井施工要求,在现场确定井位位置,并埋桩做出标志。现场井位一经落实,任何人都无权移动。

(3) 若预选井口地面施工条件不理想,可依据井位允许移动范围,另选井口位置。

2. 定向井井位测量

对于定向井(单靶点、多靶点、水平井等),应根据坐标在井位构造图上标出靶点的平面位置,根据采油工艺、钻井工艺的要求,进行最佳的造斜井深、稳斜角、造斜率组合,确定水平投影长度;在井位构造图上,以最后一个靶点为起点,画出水平投影长度,其终点即为预选井口位置。一般可依据井位允许移动范围,沿井身轨迹水平投影,在预选井口前后选几个后备项作为井口位置供现场测量落实。

3. 井位测量工序

(1) 井位初测:根据预选井口位置,测量并计算出预选井口实际大地坐标,供立井架使用。

(2)井位复测:立井架后,钻机到位前必须进行井位复测,所得测量坐标供钻井地质设计使用。

二、钻井地质设计书的编写

钻井地质设计由取得设计资质的设计单位来完成,其设计过程中也涉及多学科、多方面的技术。单井钻井地质设计的质量一方面取决于设计井区资料的多少和资料的可靠程度,另一方面取决于设计人员的业务素质、工作经验和设计工作中每一个环节的工作质量。

(一)钻井地质设计的主要内容

1. 探井地质设计的主要内容

(1)基本数据:井号、井别、井位(井位坐标、井口地理位置、构造位置、测线位置)、设计井深、钻探目的、完钻层位、完钻原则、目的层等。

(2)区域地质简介:区域地层、构造及油气水情况,设计井钻探成果预测等。

(3)设计依据:设计所依据的任务书、资料、图幅等。

(4)钻探目的:根据任务书分别说明主要钻探目的层、次要钻探目的层,或是为了查明地层剖面、落实构造。

(5)预测地层剖面及油气水层位置:邻井地层分层数据、设计井地层分层数据、设计井地层岩性简述、预测油气水层位置。

(6)地层孔隙压力预测和钻井液性能及使用要求:邻井地层测试成果、地震资料压力预测成果、邻井钻井液使用及油气水显示情况、邻井注水情况、设计井地层压力预测、设计井钻井液类型及性能要求。

(7)取资料要求:岩屑录井、钻时录井、气测或综合录井仪录井、地质循环观察、钻井液录井、氯离子含量分析、荧光录井、钻井取心、井壁取心、地球物理测井、岩石热解地化录井、选送样品、中途测试的要求等。

(8)井身质量及井身结构要求:井身质量要求,套管结构,套管外径、钢级、壁厚、阻流环位置及水泥上返深度,定向井、侧钻井、水平井中靶的要求(方位、位移、稳斜角、靶心半径等)。

(9)技术说明及故障提示:工程施工方面的要求,保护油气层的要求,保证取全取准资料的要求,施工中可能发生的井漏、井喷等复杂情况。

(10)地理及环境资料:气象、地形、地物资料。

(11)附图及附表:符合设计要求的附图和附表。

2. 开发井钻井地质设计的主要内容

开发井内容比探井少,一般不包括区域地质简介、地震资料预测压力、设计井地层岩性简述等内容。

(二)钻井地质设计主要工作

1. 探井地质设计

1)设计前的准备工作

(1)标定井位。

将设计井的坐标标定在井位图上,进行井位校对,同时在构造图上标出设计井位。如发现与下发的井位要求不符,应及时上报。

(2) 收集资料。

① 区域资料：区域的地层、构造、油气水情况以及区域的石油地质条件，包括生油条件、储层条件、盖层条件、运移条件、圈闭条件、保存条件。

② 邻井和邻区实钻资料：邻井地层分层、钻探成果、试油成果、邻井钻井液使用情况、邻井注水情况，以及邻井实钻过程中出现的卡、喷、漏等复杂情况。无邻井时应收集邻区的相关资料或野外露头剖面资料。

③ 井位部署（或论证）研究报告。

④ 过井和区域地震测线。

⑤ 各种相关图件：如区域构造图、目的层构造图、油藏预测剖面图等。

⑥ 其他资料：如古生物、岩矿、地化等资料。

2）单井设计工作

在收集区域各项资料的基础上完成单井设计的各项具体内容。

(1) 地层剖面设计。

根据区域构造图、目的层构造图、过井地震测线，结合邻井实钻地层分层数据，设计出设计井将钻遇的层位及分层数据、断层数据、地层接触关系等，形成设计分层数据，编制出过井、邻井和设计井的地层对比图。在设计过程中要考虑下列情况：

① 设计井和邻井的构造位置不同和断层的影响，可能产生的岩性和厚度变化。

② 当邻井是定向井时，必须通过邻井的实测井斜数据表对邻井分层数据（斜深）进行井斜处理，换算成垂深（铅直深度）数据供设计时使用。

③ 若区域没有邻井，则应根据地质图、综合柱状图、地震测线等有关图件，或邻区数据、野外露头剖面数据来确定设计井的层位和分层数据。

④ 在下达设计井深内不能完成钻探目的，或下达的设计井深超过钻探目的层后井段过长，以及预测的目的层可能不存在，或可能多出新的油层不确定是否需要钻探时，都应与有关单位协商解决，重新确定设计井的数据。

⑤ 设计井和邻井的地层分层、对比应根据录井、测井、地层鉴定等各方面的资料，提出统一的划分方案，建立区域三维地质模型。随着新井的钻探研究的深入，分层方案有可能要改变，必须重新进行统一分层，建立新的区域三维地质模型，保证设计的科学性。

⑥ 设计分层数据提出后，根据相应资料预测各层位的岩性组合，编绘出详细的设计井地层综合柱状图。

(2) 编写设计井区域地质简介。

探井都要编写区域地质简介，主要内容有：设计井所在的具体位置，设计井区域构造概况及构造发育史，地层在平面上的分布，地层厚度在纵向上的变化情况，设计井区块含油气情况、储层形态、物性、含油气特征等，区域上的钻探成果及设计井钻探成果预测。

(3) 预测设计井的油气水层及其位置。

应用区域信息、地震测线、邻井油气显示、砂体的横向变化、圈闭层位等资料综合分析，确定设计井的主要目的层，并预测设计井油气水层的位置。如果井位设计时未考虑到目的层上下可能存在的油气层位置，应向有关方面提出建议，并在相应井段提出录取资料的要求。

(4) 设计钻井液类型、性能及提出油气层保护要求。

① 资料收集：包括邻井实测压力资料，邻井钻井液使用资料，邻井注水资料，邻井或区域

出现的卡、喷、漏、高压油气层等复杂情况资料,地震预测压力资料,预测油气水层位置的储层物性等资料。

② 设计钻井液类型:目前主要有水基钻井液、油基钻井液、气体类流体(或钻井液)三大类。选择钻井液类型时主要是要满足储层物性的需要,即钻井液类型应与储层岩石类型、油气层流体相配伍,不引起储层岩石水敏、盐敏、酸敏,不引起钻井液中的固相颗粒堵塞油气层等现象,起到保护油气层的作用。

③ 设计钻井液性能:包括钻井液的相对密度、黏度、失水、含砂量、pH 值等,其中最重要的是钻井液的相对密度。相对密度大小的设计是在综合考虑邻井实测压力资料和实钻情况、地震预测压力资料的基础上,预测出设计井地层孔隙压力剖面,对于油层附加值为 0.05~0.1,对于气层附加值为 0.07~1.15,即为设计的钻井液相对密度值。

④ 地质设计中对油气层保护措施的主要要求:按钻井液类型选好钻井液材料;按压力预测剖面,确定合理的井身结构;根据预测的钻井液性能和实钻过程中的压力检测情况,合理地调配钻井液性能,严格实施近平衡钻井或负压钻井。

对工程施工难度大、设计准确性难以保证的区块,要进行专题研究,以降低工程施工成本,保护好油气层。如胜利地质录井公司设计室对校 107 - 4 块、陈家庄油田、草 20 块井漏区、牛 25 块高压区、河 50 丛式井组和河 111 块等区块进行了研究,为这些区块的 300 多口井提供技术咨询和实施措施,大大地降低了钻井成本,保护好了油气层,其直接经济效益达千万元以上。

(5) 设计资料录取项目。

根据设计井钻探目的和需解决的地质问题,设计好资料录取项目。

① 岩屑录井:设计取样井段、间距及特殊要求。区域探井、地质井等可从地面开始录井,一般探井可从目的层以上 200m 或某一标志层以上录取。

② 钻时、气测或综合录井仪录井:设计采集井段、间距及特殊要求。要求开启录井仪所有参数进行系统录井,注意油气显示的观察、录取和落实。

③ 地质循环观察:提出地质循环观察的地质目的、实施原则和要求。钻遇油气显示和其他重要地质现象时,都应设计停钻循环观察,以便落实和卡准油气层位置。

④ 钻井液录井和氯离子含量分析:设计录井井段、间距及特殊要求。

⑤ 岩石热解地化录井:设计录井井段、间距及分析内容。

⑥ 荧光录井:普通荧光录井,设计录井井段、间距、湿照、干照、滴照比及特殊要求;定量荧光录井,设计录井井段、间距。

⑦ 岩心录井:设计取心层位、目的、原则、预计井段、进尺及采样要求等。

在区域探井或新探区,可以在目的层段设计取心。一般有见显示取心和取主要目的层这两种方式。见显示取心,即录井岩屑见油斑(或荧光)及以上级别的岩屑或气测见明显的异常显示或槽面见油气水显示,立即停钻取心。取主要目的层,即在主要目的层段见储层,立即停钻取心,目的是了解主要目的层含油气情况、储层物性情况等。

在老探区或比较熟悉的井区,可设计定层位取心。取心原则为取相当于邻井某油气层井段,设计的重点在于预测好该油气层井段在本井的深度。

⑧ 井壁取心:设计取心目的、原则、颗数及岩心质量和符合率要求。

⑨ 测井项目:明确不同的测井项目、井段、比例尺及要求。

⑩ 其他录取资料:如中途测试、实物剖面或岩样汇集、分析化验采样等设计。

(6)确定定向井、侧钻井、水平井的井身轨迹。

各类定向井、侧钻井、水平井与相应直井设计的区别在于井身轨迹的设计。

① 检查靶点数:油层井段连续厚度50m以内,在油层顶界提供一个靶点;厚度50m以上的在油层顶、底界各提供一个靶点;若为水平井,则不管油层厚薄,必须在水平段首尾各提供一个靶点。当水平段顶界垂深变化大时,应提供该段中间的控制坐标(控制靶点)。

② 计算中靶数据:计算方位、位移、稳斜角等,从地质要求方面确定合理的井眼轨迹,提出中靶半径要求(表1-2)。

③ 根据计算结果,检查靶点和油藏控制断层或边界之间的水平距离是否大于要求的靶区半径,是否符合钻井和采油工艺要求。

表1-2 定向井靶区半径标准

垂直井深,m	靶区半径,m	垂直井深,m	靶区半径,m
1000	≤30	3000	≤80
1500	≤40	3500	≤100
2000	≤50	4000	≤120
2500	≤65	>4500	≤140

(7)设计其他的内容。

① 井身质量要求:井斜、水平位移允许范围、井身轨迹要求等,并落实钻井轨迹能否满足勘探开发的要求。

② 设计各层套管参数:设计套管的直径、下深、阻流环位置、水泥上返深度等,遇高压油气井或特殊工艺,要确定技术套管位置。

③ 故障提示:提示设计井将可能遇到的卡、喷、漏等复杂情况。

④ 特殊情况设计:对有关方面提出的特殊要求都要在设计中提出相应的方案。

(8)完成相应的图件。

地质设计中应附列图件:地层对比图、油藏剖面图(图1-6)、过井地震剖面图(图1-7)、井位图(图1-8)、井身轨迹示意图(图1-9)等。

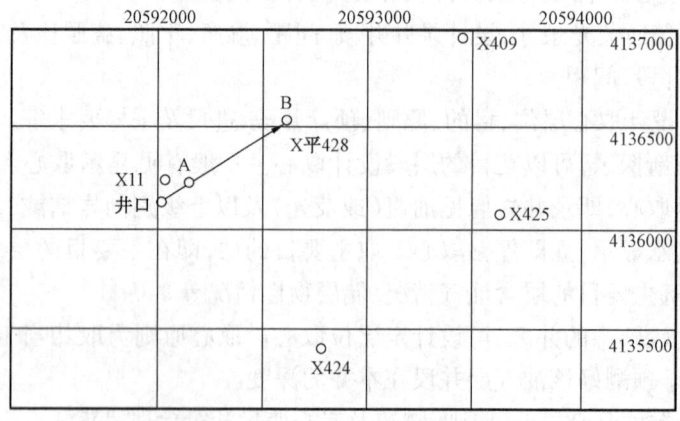

图1-8 ××井区井位图

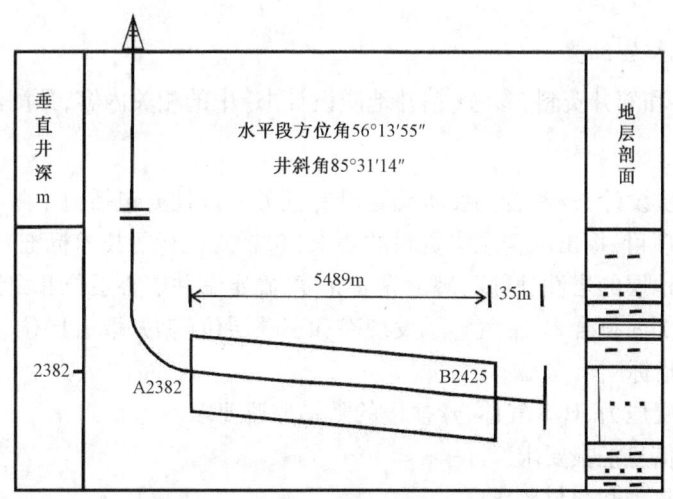

图1-9　××井井身轨迹示意图

2. 开发井钻井地质设计

开发井钻井地质设计工作按开发井内容设计,与探井钻井地质设计的工作相比,其应加深研究、精细设计的内容如下。

1)收集资料

主要是详细收集邻井资料和各开发层系的精细构造资料,特别是收集邻井采油、注水(汽)层位、动态压力等资料,了解油气层连通情况及注水(汽)后的影响,收集邻井储层物性资料和油气水性质资料,了解各项施工作业过程对储层和油气水层的不良影响。

2)地层剖面设计

应以大量的邻井资料进行详细地层分析对比,精确设计地层剖面。

3)设计钻井液类型、性能及提出油气层保护要求

开发区块资料较多,为保护好油气层提供了基础。应以邻井物性资料和油气水性质资料、注(汽)水资料、动态压力资料为基础,设计合理钻井液类型、性能,最大限度地保护好油气层。

钻井地质设计是石油钻井、地质录井工作的第一个重要环节,在油气勘探和开发中起着重要的作用。随着勘探难度的加大,它的作用将会越来越大。

三、录井工程设计

录井工程设计的设计理念与钻井地质设计基本相同,主要是从工程施工的角度,对录井工程进行设计,制定施工措施,有利于录井现场施工。

(一)主要内容

1. 地质简介

提取《钻井地质设计书》中"地层构造概况"的主要内容,并根据邻井资料、区域资料、构造图和地震测线时间剖面完善相关内容。

2. 基本数据

按《钻井地质设计书》依次填写井号、井别、井位(井位坐标、井口地面海拔、地理位置、构造位置和测线位置)、设计井深、目的层、完钻层位、完钻原则、钻探目的及地层分层数据

等内容。

3. 预测油气水层位置

根据区域资料和邻井资料,参考《钻井地质设计书》中的相关内容,预测油气水层的位置。

4. 录井任务

根据《钻井地质设计书》和合同要求确定录井任务。该任务包括但不限于下列内容:

(1)确定录井项目,提出取全取准资料的要求(包括应执行的技术标准)。

(2)预测钻遇地层的岩性、厚度、潜山界面深度,确定钻井取心层位和完钻层位。

(3)确定录井剖面符合率、油气显示发现率和三项层位(钻井取心层位、潜山界面、完钻层位)卡准率的技术指标。

(4)提出对地层压力、H_2S气体、膏盐侵的随钻监测要求。

(5)提出录井信息汇报要求。

(6)提出资料整理和交付要求。

5. 录井设备

根据《钻井地质设计书》和合同要求,确定所需的录井设备及其主要技术指标。

6. 录井队伍

根据《钻井地质设计书》、合同要求以及风险辨识结果,提出所需录井队伍的资质等级和录井人员的素质、数量、持证要求。

7. 关键录井施工环节的确定及其质量控制

(1)关键录井施工环节的确定:根据录井任务,确定各个关键录井施工环节。该环节至少包括油气显示的地质层位的确定。

(2)关键录井施工环节的质量控制:根据各个关键录井施工环节的技术特性,制定相应的质量保证措施,其内容包括但不限于相关单位和人员的质量职责与权限、技术及技术管理要求、特殊要求。

8. 健康、安全、环保措施

根据设计井所在国家的法律法规以及地面环境条件和地质情况,制定录井健康、安全、环保措施。

9. 录井工程预算

根据合同约定或甲方认可的定额标准预算录井工程费用。

10. 设计依据

列出设计依据的主要文件(资料)名称,包括:钻井地质设计书及钻井地质补充设计书,录井合同,有关法律法规,有关标准,有关地震、录井、测井和试油的资料。

11. 附表和附图

如果用附表和附图提供信息更有利于设计书的理解,则宜编制附表和附图。

(二)设计的基本工作程序

对每一口井的录井工程设计,设计人员应接到任务并做好设计准备工作后,根据设计程序进行单井设计。

1. 设计前的准备工作程序

准备工作程序包括:了解掌握设计井的部署目的、地理位置和构造位置;收集、分析研究相关资料:除钻井地质设计包括的相关资料外,还应收集录井队伍、设备性能资料,健康、安全、环保资料等;学习、掌握钻井地质设计精神,明确录井任务和设计井施工关键环节等。

2. 单井设计工作程序

严格按 ISO 9000 质量管理体系控制设计质量,设计阶段的主要程序有:通过钻井地质设计和相关资料的研究,编制详细的录井任务,确定完成录井任务所需录井队伍、设备和关键录井施工环节,并制定关键环节质量保证措施,制定录井健康、安全、环保措施,完成录井工程预算,完成相应的地质图件。

在录井工程设计书的编制工作程序上,应注意的事项有:

一是录井工程设计书由取得相应设计资格认证的设计单位负责编制。

二是在设计过程中,若发现问题,及时议定解决方案,请示甲方,或以书面形式提出合理化建议,呈交甲方批准。

三是录井工程设计书由审核人审核或专家组审核。

四是录井工程设计书由批准人批准。

五是录井工程设计书的变更,应取得批准人的批准。

六是录井工程设计书封面应加盖设计单位的公章。

【任务实施】

一、目的要求

(1)能够识读分析钻井地质设计。
(2)能够根据钻井地质设计编制录井工程设计书。

二、资料、工具

(1)工作任务单。
(2)钻井地质设计案例。

【任务考评】

一、理论考核

(1)钻井地质设计的作用是什么?
(2)井分哪几类?
(3)各类井的命名原则是什么?
(4)水平井设计的主要工作有哪些?
(5)落实定向井井位需要哪些步骤?
(6)探井钻井地质设计的主要内容是什么?
(7)怎样进行地层剖面设计?

二、技能考核

(一)考核项目

在给定某井钻井地质设计基础上,编制录井工程设计书。

(二)考核要求

(1)准备要求:工作任务单准备。
(2)考核时间:30min。
(3)考核形式:口头描述和笔试。

任务三　相关录井工程资料的收集

【任务描述】

在油气勘探中,录井工作起着至关重要的作用,被称为"钻井的参谋、勘探的眼睛"。录井过程中录井资料的有效收集填写是钻井进程、油气层发现的有力保障。工作中,地质值班人员需认真负责,根据现场所观察到的现象,按规定要求用文字记录当班工程简况、录井资料收集情况、油气水显示情况等工作成果,为油气藏开发提供第一手原始资料。本任务主要介绍地质观察记录的填写内容及方法,不同工程情况下地质观察记录的填写内容不同,需重点分析钻进过程中的几种特殊情况下的资料收集。通过本任务的学习,要求学生能够正确填写地质观察记录,正确收集相关录井工程资料。

【相关知识】

一、地质观察记录的填写

地质观察记录是地质值班人员根据现场所观察到的现象,按规定要求用文字记录下来的工作成果,是重要的第一手原始资料。观察记录的填写是地质录井工作的一项重要内容,填写得好坏与否直接关系到地质资料的齐全准确,甚至影响油气田的勘探开发。举例来说,如果油气显示资料记录不全不准,就会影响资料的整理,影响试油层位的确定。因此,有经验的现场地质人员都非常重视这项工作。

地质观察记录填写的内容包括以下几个方面的内容。

(一)工程简况

微课视频
地质观察
记录的填写

按时间顺序简述钻井工程进展情况、技术措施和井下特殊现象,如钻进、起下钻、取心、电测、下套管、固井、试压、检修设备及各种复杂情况(跳钻、蹩钻、遇阻、调卡、井喷、井漏等)。

第一次开钻时,应记录补心高度、开钻时间、钻具结构、钻头类型及尺寸、用清水开钻或钻井液开钻。

第二、三次开钻时,应记录开钻时间、钻头类型及尺寸、水泥塞深度及厚度、开钻钻井液性能。

(二)录井资料收集情况

录井资料收集情况是观察记录的主要内容之一,填写时应力求详尽、准确。一般应填写下列内容。

(1)岩屑:取样井段、间距、包数,对主要的岩性、特殊岩性、标准层应进行简要描述。

(2)钻井取心:取心井段、进尺、岩心长、收获率、主要岩性、油砂长度。

(3)井壁取心:取心层位、总颗数、发射串、收获率、岩性简述。

(4)测井:测井时间、项目井段、比例尺以及最大井斜和方位角。

(5)工程测斜:测时井深、测点井深、斜度。

(6)钻井液性能:相对密度、黏度、失水、滤饼厚度、含砂量、切力、pH 值。

(三)油、气、水显示

将当班发现的油、气、水显示按油、气、水显示资料应收集的内容逐项填写。

(四)其他

填写迟到时间实测情况、使用的迟到时间,当班工作中遇到的问题和下班应注意的事项。

二、在钻进过程中有关几种特殊情况的资料收集

在钻进过程中的特殊情况有:钻遇油气显示、钻遇水层、中途测试、原钻机试油、井涌、井喷、井漏、井溺、跳钻、蹩钻、放空、调阻、遇卡、卡钻、泡油、倒扣、套铣、断钻具、掉钻头(或掉牙轮或掉刮刀片)、打捞、井斜、打水泥塞、侧钻、卡电缆、卡取心器以及井下落物……出现这些情况对钻井工程和地质工作有不同程度的影响。钻进中遇到这些情况时,收集好有关的资料,对于制定工程施工措施,搞好地质工作都有一定的意义。

下面对常见的一些特殊情况下的资料收集作简要介绍。

(一)钻遇油气显示

钻遇油气显示时应收集下列资料:

(1)观察钻井液槽液面变化情况:记录槽面出现油花、气泡的时间,显示达到高峰的时间,显示明显减弱的时间;观察槽面出现显示时油花、气泡的数量占槽面的百分比,显示达到高峰时占槽面的百分比,显示减弱时占槽面的百分比;油气在槽面的产状、油的颜色、油花分布情况(呈条带状、片状、星点状及不规则形状)、气泡大小及分布特点等;槽面有无上涨现象,上涨高度有无油气芳香味或硫化氢味等,必要时应取样进行荧光分析和含气试验等。

(2)观察钻井液池液面的变化情况:应观察钻井液池面有无上升、下降现象,上升、下降的起止时间,上升、下降的速度和高度,池面有无油花、气泡及其产状。

(3)观察钻井液出口情况。油气侵严重时,特别是在钻穿高压层后,要经常注意钻井液流出情况,是否时快时慢、忽大忽小,有无外涌现象。如有这些现象,应进行连续观察,并记录时间、井深、层位及变化特征。

(4)观察岩性特征,取全取准岩屑,定准含油级别和岩性。

(5)收集钻井液相对密度、黏度变化资料。

(6)收集气测数据变化资料。

(7)收集钻时数据变化资料。

(8)收集井深数据及地层层位资料。

(二)钻遇水层显示

钻遇水层时应收集钻遇水层的时间、井深、层位;收集钻井液性能变化情况;收集钻井液槽和钻井液池显示情况;定时或定深取钻井液滤液做氯离子滴定,判断水层性质(淡水或盐水)。

(三)中途测试

中途测试应收集的资料有：

1. 基本数据

基本数据包括井号、测试井深、套管尺寸及下深、调试层井段、厚度、测试起止时间、测试层油气显示情况和测井解释情况(包括上、下邻层)、井径。

2. 测试资料

1) 非自喷测试资料

(1)测试管柱数据：测试器名称及测试方法、仪器下深、压力计下深、坐封位置、水垫高度。

(2)测试数据：坐封时间、开井时间、初流动时间、初关井时间、终流动时间、解封时间、初静压、初流动压力、初关井压力、终流动压力、终关井压力、终静压、地层温度。

(3)取样器取样数据：油、气、水量，高压物性资料。

(4)测试成果：回收总液量，折算油、气、水日产量。

2) 自喷测试资料

(1)自喷测试地面资料：放喷起止时间，放喷管线内径或油嘴直径，管口射程，油压，套压，喷口温度，油、气、水日产量，累计油、气、水产量。

(2)自喷测试井下资料包括高压物性取样资料和地层测压资料。

高压物性取样资料：饱和压力、原始气油比、地下原油黏度、地下原油密度、平均溶解系数、体积系数、压缩比、收缩率、气体密度。

地层测压资料：流压、流温、静压、静温、地温梯度、压力恢复曲线。

中途测试还应收集地面油、气、水样分析资料。

(四)原钻机试油

原钻机试油应收集的资料有：

1. 基本数据

基本数据包括井号、完钻井深、油层套管尺寸及下深、套补距、阻流环位置、管内水泥塞顶深、钻井液相对密度、黏度、试油层位、井段、厚度、测井解释结果。

2. 通井资料

通井资料包括通井时间、通井规外径、通井深度。

3. 洗井资料

洗井资料包括洗井管柱结构及下深、洗井时间、洗井方式、洗井液性质及用量、泵压、排量、返出液性质、返出总液量、漏失量。

4. 射孔资料

射孔资料包括时间、层位、井段、厚度、枪型、孔数、孔密、发射率、压井液性质、射孔后油气显示、射孔前后井口压力等。

5. 测试资料

测试资料同中途测试应收集的测试资料。

（五）井涌、井喷

井内液体喷出转盘面1m以上称为井喷，喷高不到1m或钻井液出口处液量大于钻井泵排量称为井涌。

发生井涌、井喷时应收集下列资料：

(1)收集记录井涌、井喷的起止时间及井深、层位、钻头位置。

(2)收集记录指重表悬重变化情况、泵压变化情况。

(3)收集记录喷、涌物的性质、数量（单位时间的数量及总量）及喷、涌方式（连续或间歇喷、涌），喷出高度或涌势。

(4)收集记录井涌及井喷前、后的钻井液性能。

(5)观察收集放喷管线压力的变化情况。

(6)记录压井时间、加重剂及用量，记录加重过程中钻井液性能的变化情况。

(7)取样做油、气、水试验。

(8)记录井喷原因。

（六）井漏

井漏时应收集下列资料：

井漏起止时间、井深、层位、钻头位置；漏失钻井液量（单位时间漏失的钻井液量及漏失的总量）；漏失前后及漏失过程中钻井液性能及其变化；返出量及返出特点，返出物中有无油、气显示，必要时收集样品送化验室分析；堵漏时间、堵漏物名称及用量、堵漏前后井内液柱变化情况、堵漏时钻井液退出量；堵漏前后的钻井情况，以及泵压和排量的变化。此外，还应分析记录井漏原因及处理结果。

（七）井塌

井塌是指井壁坍塌，主要是地层被钻井液浸泡后造成的垮塌。井塌容易堵塞井眼、埋死钻具、引起卡钻，或因垮塌堵塞钻井液循环空间而造成憋泵，将地层憋漏。比较严重的井壁坍塌是有先兆的，或者在刚开始出现时就可以从一些现象间接观察到，如钻具转动不正常，泵压突然升高（憋漏时降低）、岩屑返出也不正常等。井塌时应分析井塌的原因，查明可能出现井塌的井深、岩性，以备讨论处理措施时参考，同时还应记录泵压、钻井液性能变化情况、处理措施及效果。

（八）跳钻、蹩钻

钻进中钻头钻遇硬地层时（如石灰岩、白云岩或胶结致密的砾岩），常不易钻进，并且使钻具跳动。这种钻具跳动的现象就是跳钻。跳钻、钻具损坏，也容易造成井斜。

在钻进中，因钻头接触面受力及反作用力不均匀，使钻头转动时产生蹩跳现象，这就是蹩钻。刮刀钻头钻遇硬地层或软硬间互的地层时常产生蹩钻现象。

在跳钻或蹩钻时应记录井深、地层层位、岩性、转速、钻压及其变化、处理措施及效果。但须注意的是应将地层引起的跳钻、蹩钻现象与钻头旷动、钻头磨损、井内落物引起的跳钻、蹩钻现象区别开来。

（九）放空

当钻头钻遇溶洞或大裂缝时，钻具不需加压即可下放而有进尺，这种现象就叫放空。放空少则几寸，多则几米，由溶洞或裂缝的大小而定。遇到放空时要特别注意井漏或井喷发生。放空时应记录放空井段、钻具悬重、转速变化、钻井液性能及排量的变化,并应记录是否有油气显示等。如同时发生井漏、井喷,则应按井漏、井喷资料收集内容做好记录。

(十)遇阻、遇卡

由于井壁坍塌、滤饼黏滞系数大、缩径井段长、循环短路、井眼形成"狗腿子"、"镕槽"等原因都可能引起遇阻、遇卡。有时钻井液悬浮力差,岩屑不能返出也可能引起遇阻、遇卡。遇阻、调卡时应记录遇阻、遇卡的井深、地层层位,遇阻时悬重减少数,调卡时悬重增加数及原因分析、处理情况等。

(十一)卡钻

由于种种原因使遇阻、调卡进一步恶化,造成井中的钻具不能上提或下放而被卡死,这就是钻井工程中的卡钻。

常见的卡钻有井壁黏附卡钻、键槽卡钻、砂桥卡钻或井下落物造成卡钻等。

卡钻以后,地质人员应记录好卡钻时间、钻头所在位置、钻井液性能、钻具结构、钻具长度、方入、钻具上提下放活动范围、钻具伸长和指重表格数的变化情况。同时应及时计算卡点,根据岩屑剖面或测井资料查明卡点层位、岩性,以便分析卡钻原因,采取合理解卡措施。

1. 卡点深度计算

根据胡克定律,在弹性极限内金属管柱受拉后弹性伸长的原理,测取拉力与伸长的对应值,即可算出卡点的位置。单一管柱卡点的计算,钻柱的绝对伸长与轴向拉力成正比,而与其横截面积成反比,即

$$\Delta L = \frac{PL}{EF}$$

$$L = \frac{EF\Delta L}{P}$$

令 $K = EF$,则

$$L = \frac{K\Delta L}{P}$$

式中 L——卡点深度,m;
ΔL——钻柱的绝对伸长量,cm;
E——钢材的弹性系数,$2.1 \times 10^4 \text{kN/cm}^2$;
F——管体的截面积,cm^2;
P——上提拉力,kN;
K——计算系数,可以单独计算或查表。

2. 解卡方法

卡钻事故发生后,一般都是上提、下放钻具或转动钻具,并循环钻井液,以便迅速解卡。如果这些方法无效或无法进行时,常采用下列方法解卡:

1)泡油

泡油是较常用的一种解卡办法。由于泡油的结果,必然使钻井液大量混油,污染地层,造成一些假油、气显示现象,在泡油时,地质人员应详尽记录好油的种类、数量、泡油井段、泡油方

式(连续或分段进行)、泡油时间、替钻井液情况及处理过程并取样保存。这些资料数据的记录对于岩屑描述、井壁取心描述和气测、测井资料的分析应用有相当重要的参考意义。

一般情况下,应使卡点以下全部钻具泡上油,并使钻杆内的油面高于管外油面。泡油时,必须用专门配制的解卡剂,一般不用原油和柴油。

还须注意的是,对于已经钻遇油、气、水层的井,特别是钻遇高压油、气、水层的井,泡油量不能无限度地加大。若泡油量太大,将使井筒内钻井液柱的压力小于地层压力,导致井涌、井喷等新情况的出现,不但不能解卡,反而会使事故恶化。在这种情况下,地质人员应提供较确切的油、气、水显示及地层压力资料,以备计算泡油量时参考。

2) 倒扣和套铣

当卡钻后泡油处理无效时,就要倒扣或套铣。

倒扣时钻具的管理及计算是相当重要的,尤其是在正扣钻具与反扣钻具交替使用的情况下,更应做到认真细致。否则,由于钻具不清或计算有误,都可能造成下井钻具的差错,影响事故的处理。因此,值班人员应详细了解、记录落井钻具结构、钻具长度、方入、倒扣钻具以及落井钻具倒出情况。

套铣时除记录钻具变化情况外,还应记录套铣筒尺寸、套铣进展情况等。

3) 井下爆炸

在井比较深而且卡点位置也比较深的情况下,当采用其他解卡措施无效时,常被迫采用井下爆炸,以便迅速恢复钻进。井下爆炸时,应收集预定爆炸位置、井下遗留钻具长度以及实探爆炸位置、实际所余钻具长度。爆炸结束,打水泥塞侧钻时,还应收集有关的资料数据。

(十二)断钻具、落物及打捞

1. 断钻具

钻具折断落入井内称为断钻具。可以从泵压下降、悬重降低判断出来。断钻具时应收集落井钻具结构、长度、钻头位置、鱼顶井深,还应记录原因分析及处理情况。

2. 落物

落物指井口工具、小型仪器落入井内,如掉入测斜仪、测井仪、手锤、牙轮、扳手或电缆等。落物时应收集落物名称、长度、落入井深、处理方法及效果。

3. 打捞

在打捞落井钻具及其他落物时除收集落鱼长度、结构及鱼顶位置外,还应收集打捞工具的名称、尺寸、长度,以及打捞时的钻具结构、钻具长度、打捞经过及效果。必须强调指出的是,在打捞落井钻具时,地质人员应准确计算鱼顶方入、造扣方入、造好扣时的方入,并在方钻杆上分别做好记号,以便配合打捞工作的顺利进行。

(十三)打水泥塞和侧钻

在预计井段用一定数量的水泥将原井眼固死,然后重新设计钻出新井,就是打水泥塞和侧钻的过程。当井斜过大,超过质量标准或井下落入钻具和其他物件,不能再打捞时,都采用打水泥塞侧钻的办法处理。事前,地质人员应查阅有关地质资料,配合工程人员,选择合理的封固井段及侧钻位置。此外,应收集以下资料:

(1)打水泥塞时应记录预计注水泥井段、水泥面高度、水泥厚度及打水泥塞的时间和井深、注入水泥量、水泥浆相对密度(最大、最小、平均)、注入井段。

(2)侧钻时应记录水泥面深度、侧钻井深、钻具结构,同时要注意钻时变化、返出物变化,为准确判断侧钻是否成功提供依据。

(3)侧钻时需作侧钻前后的井斜水平投影图,求出两个井眼的夹壁墙,以指导侧钻工作的顺利进行。

另外,由于侧钻前后的两个井眼中同一地层的厚度和深度必然不同,以致相应录井剖面也不相同。因此,在侧钻过程中,应从侧钻开始时的井深开始录井,避免给岩屑剖面的综合解释工作带来麻烦。

【任务实施】

一、目的要求

(1)能够正确填写录井观察记录;
(2)能够根据虚拟钻进过程中有关特殊情况收集相关录井资料。

二、资料、工具

(1)工作任务单;
(2)录井观察记录案例。

【任务考评】

一、理论考核

(1)地质观察记录的填写包括哪些内容?
(2)什么是中途测试?
(3)什么是井涌、井喷、井漏?
(4)什么是遇阻?
(5)什么是跳钻?
(6)什么是蹩钻?
(7)什么是泡油?
(8)什么是落鱼?
(9)什么是倒扣?
(10)什么是套铣?

二、技能考核

(一)考核项目

请根据所学知识,模拟填写正常开钻、井漏、侧钻、卡钻、泡油、打捞、填井等工况下的地质观察记录,格式见表1-3。

(二)考核要求

(1)准备要求:工作任务单准备。
(2)考核时间:30min。
(3)考核形式:口头描述和笔试。

表 1-3 地质观察记录表

观察记录					
日期	年 月 日	班次		值班人	
接班井深		交班井深		进尺	
捞岩屑总包数			审核人		
钻具情况	钻头规范×长度		岩心筒长		
	钻铤+配合接头长		钻杆长		方入	
地层、岩性、油气水综述及其他情况					
工程参数	钻压,kN	泵压,MPa	排量,L/min	转盘转数,r/min	

— 31 —

项目二　钻井井深监控

录井技术以直观、快捷的方式反映着井下地质信息,钻井井深的监控是地下地质信息可靠性的第一保障,同时也是钻井作业进程的有利监控指导。在录井作业中,必须掌握井深监控方法,以确保有效地录取地质资料,指导钻井作业。

【知识目标】

(1)掌握井深计算方法；
(2)掌握钻具记录填写方法。

【技能目标】

(1)能够实施钻具丈量、管理；
(2)能够正确填写钻具记录。

任务一　钻具丈量

微课视频
钻具丈量及管理

【任务描述】

钻具丈量在地质录井工作中看似简单,但其作用不可小视。钻具丈量的准确与否直接决定着录井资料的符合率好坏。工作中需要工作人员认真对待,以严谨的职业态度、一丝不苟的敬业精神,确保钻具丈量准确无误,保证井深、录井资料相匹配。本任务重点介绍钻具的丈量方法、丈量要求。通过本任务的学习,要求学生认识常见钻具,掌握不同钻具的丈量方法,通过实物模拟丈量,学会钻具丈量的操作步骤、要点及注意事项。

【相关知识】

一、丈量钻具的要求

(1)对下井钻具(钻铤、钻杆、接头、钻头等),录井队需协助钻井队技术员按照下井顺序编号,标明丈量长度并登记成册。丈量次数不得少于两次,以保证准确无误,并做到钻井队与录井队钻具资料对口。

(2)钻具记录必须用钢笔(圆珠笔)认真填写,做到记录清晰、数据准确,记录有误时,不得任意涂改、撕毁,只能划改,并注明修改时间及原因,重抄时必须保留原记录。

(3)钻具丈量时,工程和录井人员需同时丈量。丈量一遍后,丈量人员需互换位置重复丈量一次,复核校对记录,单根允许误差为±5mm,计算数据需精确到厘米。

(4)出井、入井钻具均需丈量并记录。井内钻具的种类、规格、尺寸、长度应做到"五清楚"(钻组合清楚、钻具总长清楚、方入清楚、井深清楚、下接单根清楚)、"二对口"(钻井对口、录井对口)、"一复查"(全面复查钻具),严把钻具倒换关,确保井深准确无误。

(5)对有损伤的坏钻具,丈量后需填入专用记录,并做好明显记录。

(6)每次起下钻时要准确丈量方入,误差不得超过1cm。

二、钻具丈量方法

(一)钻头的丈量

钻头是破碎岩石的主要工具。石油钻井常用的钻头有刮刀钻头、牙轮钻头、金刚石钻头和金刚石复合片(PDC)钻头。

1. 钻头的表示方法

钻头用钻头类型和尺寸(单位为mm,保留整数)及钻头长度(单位为m,保留两位小数)表示。例如:尺寸为215.90mm的三牙轮钻头,其长度为0.24m,则应表示为3A215mm×0.24m。

2. 钻头的丈量方法

将钢圈尺零米处对准刮刀钻头刮刀片顶端、牙轮钻头牙轮的牙齿顶端、取心钻头顶端或磨鞋底面,拉直钢圈尺,在另一端螺纹的底部读数(内螺纹量的顶端),长度丈量要求精确到厘米。

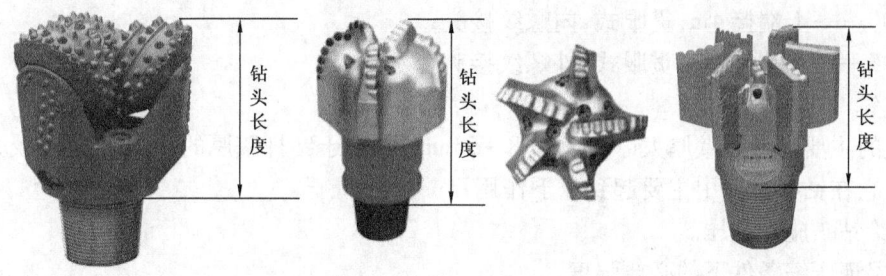

图2-1 钻头丈量示意图

(二)钻柱的丈量

钻柱由方钻杆、钻杆段和下部钻具组合三大部分组成。方钻杆位于钻柱的最上端,有四方形和六方形两种;钻杆段包括钻杆和接头,有时也装有扩眼器;下部钻具组合的主体为钻铤,也可能安装稳定器、减振器、震击器、扩眼器及其他特殊工具。

1. 钻柱简介

1)方钻杆

钻进时,方钻杆与方补心、转盘补心配合,将地面转盘扭矩传递给钻杆,以带动钻头旋转。标准方钻杆全长为12.19m,驱动部分长为11.25m。方钻杆也有多种尺寸和接头类型。方钻杆的壁厚一般比普通钻杆的壁厚厚3倍左右,并用高强度合金钢制造,故具有较大的抗拉强度及抗扭强度,可以承受整个钻柱的重量和旋转钻柱及钻头所需要的扭矩。

2)钻杆

钻杆是用无缝钢管制成,壁厚一般为9~11mm。其主要作用是传递扭矩和输送钻井液,并靠钻杆的逐渐加长使井眼不断加深。

3)加重钻杆

加重钻杆的特点是壁厚比普通钻杆的壁厚厚2~3倍,其接头比普通钻杆接头长,钻杆中间还有特制的磨辊。加重钻杆主要用于以下几个方面:

(1)用于钻铤与钻杆的过渡区,缓和两者弯曲刚度的变化,以减少钻杆的损坏;
(2)在小井眼钻井中代替钻铤,操作方便;
(3)在定向井中代替大部分钻铤,以减少扭矩和黏附卡钻等的发生,从而降低成本。

4)接头

接头分为钻杆接头和配合接头两类。其中钻杆接头是钻杆的组成部分,用以连接钻柱。其类型有内平式接头、贯眼式接头和正规式接头三种。

内平式接头适用于外加厚及内加厚的钻杆。其优点是钻井液流过接头阻力小,但易于磨损,强度较低。

贯眼式接头适用于内加厚及内外加厚的钻杆。其磨损接头比内平式接头小,流动阻力较大。

正规式接头适用于内加厚钻杆。其流动阻力最大,但它外径小、磨损小,强度较高。

接头类型的表示法:三位数字表示接头的类型。第一位数字表示钻杆外径(钻具的直径尺寸,单位为in,1in = 2.54cm);第二位数字表示接头类型,用1、2、3分别表示接头类型,即"一平二贯三正规"(1—内平式接头,2—贯眼式接头,3—正规式接头);第三位表示螺纹类型,"1"表示外螺纹,"0"表示内螺纹。如420 × 521代表:

"420"——上端接4in,贯眼式,内螺纹接头;
"521"——上端接5in,贯眼式,外螺纹接头。

5)钻铤

钻铤的主要特点是壁厚大(一般为38 ~ 53mm,相当于钻杆壁厚的4倍),具有较大的重力和刚度。它在钻井过程中主要起到以下作用:

(1)给钻头施加钻压。
(2)保证压缩条件下的必要强度。
(3)减轻钻头的振动、摆动和跳动等,使钻头工作平稳。
(4)控制井斜。

2. 钻柱的丈量方法

(1)钻铤和钻杆的丈量方法:丈量钻铤和钻杆的长度,需将钢圈零米处对准钻具内螺纹顶端,拉直钢圈尺,在另一端螺纹台阶处进行读数(需精确到厘米,厘米以下按四舍五入法记录),公扣丝扣部分不计入长度,单位为m。对钻铤、钻杆还要查明钢号。将钢圈零米处对准钻具内螺纹顶端,拉直钢圈尺,在另一端螺纹根部进行读数,螺纹部分不计入长度(见图2 - 2)。

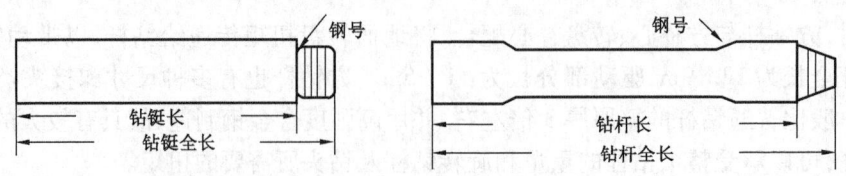

图2 - 2 钻铤、钻杆长度丈量示意图

(2)接头的丈量方法:与钻杆的丈量方法相同,因其使用频繁,又不被人们注意,易出错,应有专门记录。

(3)方钻杆的丈量方法:与钻杆的丈量方法相同,方钻杆需有整米记号以备丈量方入之用,见图2 - 3。

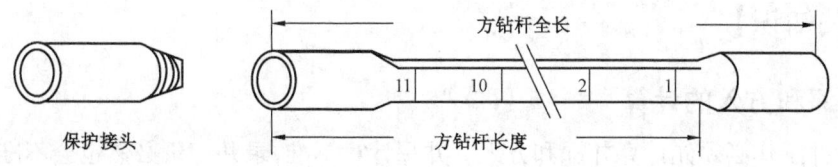

图2-3 方钻杆长度丈量示意图

（三）补心高的丈量

补心高是指基础顶面到转盘面（方补心）的垂直距离。从转盘面用钢卷尺自然下垂至基础顶面，其长度即为补心高。

【任务实施】

(1)丈量、管理钻具；
(2)填写钻具记录。

【任务考评】

一、理论考核

(1)钻具丈量时有哪些要求？
(2)什么叫补心高？

二、技能考核

（一）考核项目

请根据所学知识，通过角色模仿实施钻具的丈量及管理操作。

（二）考核要求

(1)准备要求：工具准备、工作任务单准备。
(2)考核时间：10min。
(3)考核形式：口头描述和实际练习。

任务二 钻具管理

【任务描述】

钻具丈量后需对钻具进行编号、制作钻具卡片、制作钻具记录表。钻井过程中要确保钻具按顺序下入井内，工作人员需明确钻具使用情况，当有钻具损坏需要更换时还需记录钻具倒换情况。钻具管理过程中一是要确保钻具记录的准确性，二是要做好工作人员的配合，确保钻具使用与钻具记录的一致性。钻具管理工作做好了，井深数据才可靠，资料录取才会真实。本任务主要介绍钻具记录的填写方法、井深计算方法及钻具的日常管理规范。通过本任务的学习，要求学生学会井深计算方法，掌握钻具记录的填写方法，学会钻具管理。通过钻具记录表模拟填写，实现教学目标。

【相关知识】

一、井深和方入的计算

进行录井工作必须先计算井深和方入。井深计算不准,录井记录必然也会不准,还会影响到岩屑录井、岩心录井的质量,造成一系列无法纠正的错误。

(一)井深的计算

井深的计算是钻时录井中一项最基本的工作,地质录井工作人员必须熟练地掌握计算方法,要求计算得又快又准确。

井深的计算公式为

$$井深 = 钻具总长 + 方入$$

$$钻具总长 = 钻头长度 + 接头长度 + 钻铤长度 + 钻杆长度$$

(二)方入的计算

方入是指方钻杆下入钻盘面的深度,单位是 m。

方余则是指方钻杆在钻盘面以上的长度。

方入包括到底方入和整米方入。到底方入是指钻头接触井底时的方入,整米方入是指井深为整米时的方入。

方入的计算公式为

$$到底方入 = 井深 - 钻具总长$$

$$整米方入 = 整米井深 - 钻具总长$$

二、钻具记录表的填写

(1)填单根编号、长度:要按钻杆入井的顺序进行编号,将丈量后的钻杆单根长度保留两位小数位数填写。

(2)填写立柱编号、立柱长及累计长:三个单根为一立柱,要按下井次序编写立柱序号。钻具累计长度为本单根长度与前钻具总长之和。

(3)填写单根打完井深:单根打完井深为钻具累计长度与方钻杆长度之和。

(4)填写备注栏:要正确填写钻铤、钻杆的钢印号,钻具组合情况,钻头、钻铤、配合接头信息。

(5)记录倒换钻具情况:当需要倒换钻具时,需在备注栏倒换钻具列记录替入、替出钻具的长度、钢印号、倒换位置等。倒换钻具记录位置需与原位置对应,倒换后钻具总长、单根打完井深需重新计算。

(6)记录钻具结构情况:当发生工程事故时需查证井下钻具组合情况,钻具不得前后颠倒、错乱不清。

三、钻具管理

(1)编写钻杆立柱序号。每次起下钻,钻杆和钻铤应一柱一柱地按顺序摆放在钻台上,应逐柱编号。起钻按序号排列,下钻按编号依次下井,如发现有坏钻具应及时做标记,并在钻具记录上注明。

(2)记录甩下钻台的坏钻具。起下钻时如有坏钻具被甩下钻台,应丈量其长度,查对钢印号,并做好记录。

(3)丈量并记录替入钻具。替入钻具,必须丈量其长度、内径、外径,查明钢印号,并记录替入位置。

(4)填写钻具交接班记录。详细填写钻具变化情况、丈量方入,计算交接班时井深。填写前要计算好倒换钻具后的钻具总长、到底方入等。

(5)交接班时,交班人应向接班人交代本班钻具变化情况,交代正钻单根编号、小鼠洞单根编号、大门坡道处单根编号,接班人查清后方可接班。

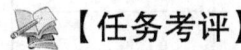【任务实施】

填写钻具记录表。

【任务考评】

一、理论考核

(1)什么是方入?
(2)请列出井深计算公式。

二、技能考核

(一)考核项目

请根据所学知识,通过角色模仿实施钻具记录填写工作。

钻具记录表如表2-1所示。

表2-1 钻具记录表

编号	长度 m	立柱编号	累积长 m	方完井深 m	备注	
					钢号	倒换情况
16	9.65	6	160.00	171.20	SY	
17						
18						
19						
20						
21						
22						
23						
24						
25						
26						

续表

编号	长度 m	立柱编号	累积长 m	方完井深 m	备注	
					钢号	倒换情况
27						
28						
29						
30						
31						
32						
33						
34						
35						
36						
37						
38						
39						
40						

(二)考核要求

(1)准备要求:工作任务单准备。

(2)考核时间:10min。

(3)考核形式:口头描述和实际练习。

项目三　钻时录井资料分析与解释

钻时是指在钻井过程中,每钻进单位厚度的岩层所用的纯钻进时间(换句话说,钻时是指钻头钻进单位进尺所需的纯钻进时间),单位为 min/m 或 h/m,多保留整数。钻时录井就是指系统地记录钻时并收集与其有关的各项数据、资料的全部工作过程。简单地说,钻时录井是指从开钻到完钻、连续不断地记录(连续测量)每单位进尺所需的时间,常用的钻时录井间距有 1.0m 和 0.5m 两种。一般每米为一个记录单位,特殊情况按需要加密。钻时录井具简便、及时的优点,钻时资料对于现场地质和工程人员都十分重要,是识别地层岩性、判断井下钻头质量的有利方法,是地质录井的重要组成。

【知识目标】

(1)掌握钻时录井仪的安装操作方法;
(2)掌握钻时记录方法。

微课视频
钻时录井

【技能目标】

(1)能够正确记录钻时;
(2)能够正确绘制钻时曲线,分析应用钻时曲线。

任务一　钻时测量

【任务描述】

钻时可以反映井下岩层的可钻性,从而间接反映岩性,同时还是判断钻头新旧程度的主要信息。钻时测量的准确性决定着钻时资料应用的可靠性。本任务主要介绍钻时的记录方法、钻时录井技术规范及钻时的影响因素。通过本任务的学习,要求学生理解钻时记录方法,理解钻时影响因素,通过实物模拟,学会钻时记录操作方法、要点及注意事项。

【相关知识】

一、记录钻时

记录钻时的早期装置有链条式、滚筒式和记录盘三种,由于其操作原始,耗费人力,准确度低,现在已经基本淘汰不用。钻时录井工作中经常使用钻时记录仪来记录钻时。

钻时记录仪是一种简易的钻时记录装置,通过钻台上的绞车传感器将电流信号传输到计算机中,由计算机按一个单根的间隔将所得钻时绘制成钻时曲线并显示出来,以此来记录钻时。钻时记录仪的缺点是设备功能单一、精确度差、耗费人力、工作繁琐、影响因素较多。

如今在现场由气测仪器或综合录井仪记录钻时,它是通过钻台上的传感器将电流信号传输到计算机中,由计算机软件综合其他数据进行分析处理,按设计好的间距得出有关钻时的各项数据,并在计算机屏幕上显示出来,既节省了人力又提高了精确度,同时也相应提高了石油录井工程的质量。

二、钻时录井的技术规范

(一)录取数据

钻时录井施工时录取的数据有:井深、钻时、放空(起止时间、井段、钻压、层位、大钩负荷)。

(二)井深及误差要求

(1)井深以钻具计算为准,单位为m,取值保留到小数点后2位。

(2)准确丈量钻具,做到"五清楚"(钻具组合、钻具总长、方入、井深、下接单根)、"二对口"(钻井、录井)、"一复查"(全面复查钻具),钻具倒换应记录清楚。钻具丈量,单根允许误差为±5mm,记录精确到0.01m。

(3)以钻具长度为基准,及时校正仪器显示和记录的井深,每单根应校对井深,每次起下钻前后,应实测方入校对井深,录井深度误差小于0.2m,不能有累计误差。

三、影响钻时变化的因素

钻进速度的大小受很多因素的影响,这些影响因素可归纳为两大类:其一是地下岩石的可钻性;其二是钻井施工时的钻井参数,如钻压、转数、钻井泵排量、钻井液性能、钻头类型及其使用情况等。

在钻井施工中,掌握了地下岩层的类型及其可钻性后,可优选、确定钻井参数;反过来,在钻井参数一定的情况下,根据钻时的大小可以帮助判断井下地层岩性的变化和岩层中缝、洞的发育情况,还可以帮助钻井工程人员掌握钻头的使用情况,以提高钻头利用率、改进钻进措施、提高钻速和降低钻井成本。

(一)岩石性质

岩石性质不同,可钻性不同,其钻时的大小也不同。在钻井参数相同的情况下,软地层比坚硬地层钻时低,疏松地层比致密地层钻时低,多孔、缝的碳酸盐岩地层比致密的碳酸盐岩地层钻时低。这是利用岩石性质进行钻时录井的主要依据。

(二)钻头类型与新旧程度

在钻井过程中,应根据所钻地层的软硬程度来选择使用不同类型的钻头,才能达到快速优质钻进的目的。

在岩石性质相同的条件下,相同的钻头,其新旧程度对钻时的影响是非常明显的,特别是在同一段地层中可以清楚地反映出来,新钻头比旧钻头钻进速度快、钻时小。因此,当钻头使用到后期时,钻时会逐渐增大。

(三)钻井方式

不同的钻井方式的机械钻速不同,钻时也不同。涡轮钻的钻速一般比旋转钻的钻速大10倍左右,因此涡轮钻的钻时比旋转钻的钻时要低得多。

(四)钻井参数

在地层岩性相同的情况下,若钻压大、转速快、钻井泵的排量大、钻头喷嘴水功率大,则钻头对岩石的破碎效率高,钻时低;反之,钻时就高。

(五)钻井液性能与排量

钻井液的使用对钻时的影响很大。一般来说,使用低密度、低黏度的钻井液且钻井泵的排量较大时,钻进的速度快,钻时低;而使用高密度、高黏度的钻井液和钻井泵的排量较小时,钻进的速度慢,钻时高。

(六)人为因素的影响

钻机司钻的操作技术与训练程度对钻时的影响也是很大的。有经验的司钻送钻均匀,能根据地层的性质采取相应的措施,所以其钻进速度较快,钻时就低;反之,钻时就高。

【任务实施】

模拟记录钻时,填写钻时记录。

【任务考评】

一、理论考核

(1)什么是钻时?
(2)有哪些钻时的影响因素?
(3)有哪些钻时测量的方法?

二、技能考核

(一)考核项目

请根据所学知识,通过角色模仿实施钻时记录填写工作。

(二)考核要求

(1)准备要求:工作任务单准备。
(2)考核时间:10min。
(3)考核形式:口头描述和实际练习。

任务二 钻时资料分析应用

【任务描述】

利用钻时曲线可定性判断岩性,解释地层剖面,判断油气显示层位,确定钻井取心位置,及时发现,确定油、气、水层,在识别地下地质信息方面有着显著作用。本任务主要介绍钻时曲线的绘制方法及钻时曲线的应用。通过本任务的学习,要求学生会根据钻时记录绘制钻时曲线,会根据岩层信息模拟绘制钻时曲线,在理解钻时曲线的应用前提下,分析解释实际钻时曲线。

【相关知识】

一、钻时曲线的绘制

钻时曲线很少单独绘制,为了便于实际应用,通常将钻时曲线和岩屑录井剖面绘制在一

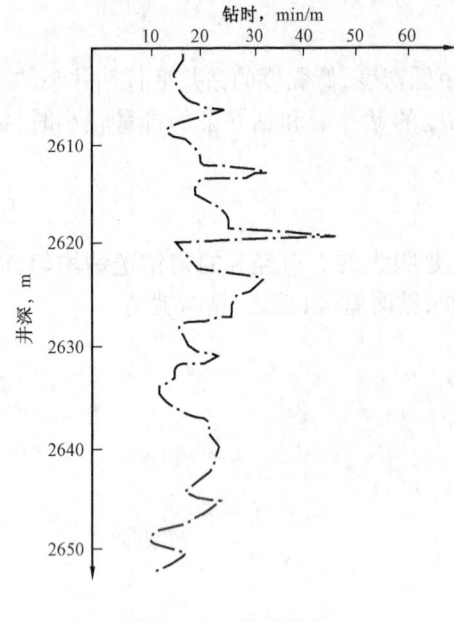

图 3-1 钻时曲线

起。以纵坐标代表井深,单位为 m,纵向比例尺通常为 1∶500,与岩屑录井草图和标准测井曲线一致;以横坐标代表钻时,单位为 min/m,横向比例尺可根据钻时的大小来选择,以能表示出钻时的变化为原则(图 3-1)。

绘制钻时曲线,就是将一口井所取得的钻时数据,用平面直角坐标法,按一定的比例、按井深顺序逐点连接。

绘制钻时曲线时,分别在相应深度上标出其对应的钻时点,然后将各点连接成一条折线,即为钻时曲线。

为了便于解释和应用,在绘制钻时曲线时,要在钻时曲线旁用符号或文字在相应深度上标注接单根、起下钻、跳钻、蹩钻、溜钻、卡钻,以及更换钻头的位置、钻头尺寸、钻头类型、不同类型钻头所钻井深等信息。

二、钻时曲线的应用

(一)一般钻井条件下的应用

1. 判断岩性,划分地层

钻时曲线是岩屑描述过程中进行岩性分层的重要参考资料。地层的岩性不同、可钻性不同,其钻时曲线的反映也不同。利用钻时曲线可定性判断岩性,解释地层剖面。

当其他条件不变时,钻时的变化反映了岩性差别:疏松含油砂岩的钻时最小;普通砂岩的钻时较小;泥岩、石灰岩的钻时较大;玄武岩、花岗岩的钻时最大。

2. 预告目的层,确定取心位置

在无测井资料或尚未进行测井的井段,钻时曲线与录井剖面相结合,是划分层位、与邻井作地层对比、修正地质预告并卡准目的层、判断油气显示层位、确定钻井取心位置的重要依据。

3. 确定割心位置,判断是否堵心

在钻井取心过程中,钻时曲线可以帮助确定割心位置。在地层变化不大的时候,钻时急剧增大,有助于判断是不是发生堵心现象。

4. 分析井下钻进状况

钻井工程人员可以利用钻时分析井下情况,正确选用钻头,修正钻井措施,统计纯钻进时间,进行时效分析。

5. 发现、确定油、气、水层

在探井钻井过程中,可以根据钻时由慢到快的突变,及时采取停钻循环的措施,停止钻进、循环钻井液,观察油、气、水显示,以便采取相应的措施。

6. 判断裂缝、孔洞发育的井段

对于碳酸盐岩地层,利用钻时曲线可以帮助判断岩层中缝、洞的发育井段。如突然发生钻时变小、钻具放空现象，说明井下可能遇到缝洞渗透层。

在钻时曲线应用过程中，应该特别注意的是，钻时应用的原则是钻井参数大致相同，在一个钻头内变化不大。若钻井条件不同，钻头的类型及新旧程度也不一样，相同的地层也会使钻时出现较大的变化，在应用钻时的时候，应综合考虑各种影响因素，才能使得到的结果更加接近地下的真实情况。

(二)特殊钻井条件下的应用

1. PDC 钻头钻井

PDC 钻头与牙轮钻头有着不同的破碎机理，对不同岩性岩石的敏感程度也不一样，但总的说来，在地质条件相似时，使用 PDC 钻头的钻时要比使用牙轮钻头的钻时低得多。

在 PDC 钻头钻井的条件下，应用钻时要注意以下几点：

(1) PDC 钻头钻进时，砂岩、泥岩的钻时近乎一样，或有轻微的变化，但无规律性。这种情况主要发生在压实小、成岩性差的浅部地层。

(2) PDC 钻头钻进时，砂岩钻时低，泥岩钻时高。这种情况主要发生在深部地层或成岩性好的地层中。

(3) PDC 钻头钻进时，砂岩钻时高，泥岩钻时低。这种情况主要发生在砂岩的碎屑颗粒较大(砂质岩性较粗)的地层中，或是砂岩中石英含量高的地层，或是砂岩为硅质胶结的地层。

2. 定向井和水平井钻井

由于钻时参数受钻井参数的影响很大，在普通直井钻进中，在较大的井段内，各种参数是相对稳定的，因此钻时可以比较真实地反映地层的可钻性。而在定向井、水平井的钻进中，为满足造斜、增斜、降斜等工程上的需要，随时都可能调整钻压、转盘转数和钻井泵的排量，使取得的钻时资料不能真实地反映地层的可钻性。

为了克服上述情况给钻时资料带来的影响，在应用钻时资料时，采取随时了解钻井参数的变化、分段参考使用钻时资料的办法，以钻井参数相对稳定的井段内钻时的相对大小来判断岩石的可钻性，这样可以初步消除钻井参数对钻时的影响，提高定向井、水平井钻时资料的使用价值。

一般来说，定向井、水平井钻时在水平段和稳斜段与地层的可钻性符合较好，而在斜率变化段符合不好，必须根据钻时参数的变化情况分段使用。

【任务实施】

(1) 给定岩性绘制钻时曲线。
(2) 给定钻时曲线，分析井下地质信息。

【任务考评】

一、理论考核

(1) 简述钻时曲线的绘制方法。
(2) 钻时曲线的应用有哪些？
(3) 钻时曲线的分析解释方法有哪些？

二、技能考核

(一)考核项目

(1)给定岩性绘制钻时曲线。

(2)给定钻时曲线,分析井下地质信息。

(二)考核要求

(1)准备要求:工作任务单准备。

(2)考核时间:10min。

(3)考核形式:口头描述和实际练习。

项目四　钻井液录井资料分析与解释

钻井液是石油天然气钻井工程的血液。普通钻井液是由黏土、水和一些无机或有机化学处理剂搅拌而成的悬浮液和胶体溶液的混合物,其中黏土呈分散相,水是分散介质,组成固相分散体系。

由于钻井液在钻遇油、气、水层和特殊岩性地层时,其性能将发生各种不同的变化,因此根据钻井液性能的变化及格面显示,来判断井下是否钻遇油、气、水层和特殊岩性的方法称为钻井液录井。

【知识目标】

(1)掌握钻井液录井原理;
(2)掌握钻井液性能测定方法。

微课视频
钻井液录井

【技能目标】

(1)能够测定钻井液性能参数;
(2)能够正确记录钻井液录井资料。

任务一　钻井液性能测量

【任务描述】

钻井液性能包括钻井液相对密度、钻井液黏度、钻井液切力、钻井液失水量和滤饼、钻井液含砂量、钻井液酸碱值(pH 值)、钻井液含盐量,其中钻井液相对密度、钻井液黏度又称为钻井液半性能。本任务主要介绍钻井液的功能、钻井液的录井要求、钻井液性能参数及钻井液录井资料收集方法,重点介绍了钻井液相对密度、钻井液黏度的测量方法及钻井液录井资料收集。通过本任务学习要求理解钻井液性能参数,掌握钻井液录井中的资料收集内容,通过实训练习,掌握钻井液相对密度、黏度的测量方法。

【相关知识】

一、钻井液的功能

(1)带动涡轮,冷却钻头和钻具。
(2)携带岩屑,悬浮岩屑,防止岩屑下沉。
(3)保护井壁,防止地层垮塌。
(4)平衡地层压力,防止井喷与井涌。
(5)将水动力传给钻头,破碎岩石。

二、钻井液的录井原则和要求

(1)任何类别的井孔钻进或循环过程中都必须进行钻井液录井。

（2）区域探井、预探井钻进时不得混油，包括机油、原油、柴油等，不得使用混油物，如磺化沥青等。处理井下事故必须混油时，需经探区总地质师同意，事后必须除净油污后方可钻进。

（3）必须用混油钻井液钻进时，要收集油品及混油量等数据，并且一定要做混油色谱分析。

（4）下钻划眼或循环钻井液过程中出现油气显示，必须进行后效气测或循环观察，取样做全套性能分析，并落实到具体层位或层段上。

（5）遇井涌、井喷，应采用罐装气取样进行钻井液性能分析。

（6）遇井漏，应取样做全套性能分析。

（7）钻井液处理情况，包括井深、处理剂名称、处理剂用量、处理前后性能等都要详细记入观察记录中。

三、钻井液性能概述

钻井液种类繁多，其分类各异，主要有水基钻井液、油基钻井液和清水。

水基钻井液一般是用黏土、水、适量药品搅拌而成，是钻井中使用最广泛的一种钻井液。油基钻井液以柴油（约占90%）为分散剂，加入乳化剂、黏土等配成，这种钻井液失水量小、成本高、配制条件严格，一般很少使用，主要用于取心分析原始含油饱和度。清水钻进适用于井浅、地层较硬、无严重垮塌、无阻卡、无漏失的先期完成井。

地质录井人员必须了解钻井液的基本性能及其测量方法，在不同的地质条件下合理使用钻井液。

（一）钻井液性能参数

1. 钻井液相对密度

钻井液相对密度是指钻井液在20℃时的质量与同体积4℃的纯水质量之比，用专门的钻井液天平测量（图4-1），读数取两位小数。调节钻井液相对密度主要是用来调节井内钻井液柱的压力。相对密度越大，钻井液柱越高，对井底和井壁的压力越大。在保证平衡地层压力的前提下要求钻井液相对密度尽可能低些，这样，易于发现油气层，且钻具转动时阻力较小，有利于快速钻进。当钻入易垮塌的地层和钻开高压油、气、水层时，为防止地层垮塌及井喷，应适当加大钻井液相对密度；而钻进低压油气层及漏失层时，应减小钻井液相对密度，使钻井液柱压力近于低压层压力，以免压差过大发生井漏。总之调节钻井液相对密度，应做到对一般地层不塌不漏，对油气层压而不死，活而不喷。

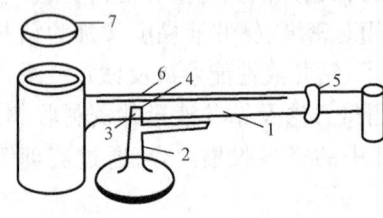

图4-1 钻井液天平
1—天平横梁；2—支架底座；3—刀口架；4—刀口；5—游码；6—水平泡；7—盖子

2. 钻井液黏度

钻井液黏度是指钻井液流动时的黏滞程度。一般用漏斗黏度计测定其大小，常用单位为s（时间）。对于易造浆的地层，钻井液黏度可以适当小一些；而易于垮塌及裂缝发育的地层，黏度则可以适当提高，但不宜过高，否则易造成泥包钻头或卡钻，钻井液脱气困难，影响钻速。

因此钻井液黏度的高低要视具体情况而定。通常在保证携带岩屑的前提下，黏度低一些好。一般正常钻进,钻井液黏度为20~25s。现场录井,通常都用漏斗黏度计(图4-2)测量。测量时,要注意取样测量应及时,黏度计应常用清水校正检查。测量时通过滤网向漏斗中倒入700mL的钻井液,用秒表计下流满500mL量杯的时间(单位:s),即代表所测钻井液的黏度。

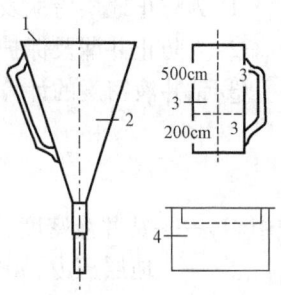

图4-2 漏斗黏度计
1—漏斗;2—管口;
3—量杯;4—量筒

3. 钻井液切力

使钻井液自静止开始流动时作用在单位面积上的力,即钻井液静止后悬浮岩屑的能力称为钻井液切力,其单位为mg/m^2。切力用浮筒式切力仪测定。钻井液静止1min后测得的切力称为初切力,静止10min后测得的切力称为终切力。

钻井液要求初切力越低越好,终切力适当。切力过大,钻井泵启动困难,钻头易泥包,钻井液易气侵。若终切力过低,钻井液静止时岩屑在井内下沉,易发生卡钻等事故,对岩屑录井工作也带来许多困难,使岩屑混杂,难以识别真假。

一般要求钻井液初切力为$0~10mg/cm^2$,终切力为$5~20mg/cm^2$。

4. 钻井液失水量和滤饼

当钻井液柱压力大于地层压力时,在压差的作用下,部分钻井液水将渗入地层中,这种现象称为钻井液的失水性。失水的多少称为钻井液失水量。其大小一般以30min内在一个大气压力作用下,渗过直径为75mm圆形孔板的水量表示,单位为mL。

钻井液失水的同时,黏土颗粒在井壁岩层表面逐渐聚结而形成滤饼。滤饼厚度以mm为单位表示。测定滤饼厚度是在测定失水量后,取出失水仪内的筛板,在筛板上直接量取。

钻井液失水量小,滤饼薄而致密,有利于巩固井壁和保护油层。若失水量太大,滤饼厚,易造成缩径现象,下钻遇阻,并且降低了井眼周围油层的渗透性,对油层造成伤害,降低原油生产能力。

5. 钻井液含砂量

钻井液含砂量是指钻井液中直径大于0.05mm的砂粒所占钻井液体积的百分数。一般采用沉砂法测定含砂量。钻井液含砂量高易磨损钻头,损坏钻井泵的缸套和活塞,易造成沉砂卡钻,增大钻井液密度,影响滤饼质量,对固井质量也有影响。所以做好钻井液净化工作是十分重要的。

6. 钻井液酸碱值(pH值)

钻井液的pH值表示钻井液的酸碱性。钻井液性能的变化与pH值有密切的关系。例如pH值偏低,将使钻井液水化性和分散性变差,切力、失水上升;pH值偏高,会使黏土分散度提高,引起钻井液黏度上升。所以对钻井液的pH值应要求适当。

7. 钻井液含盐量

钻井液的含盐量是指钻井液中含氯化物的数量。通常以测定氯离子(Cl^-)的含量代表含盐量,单位为mg/L。它是了解岩层及地层水性质的一个重要数据,在石油勘探及综合利用找矿等方面都有重要的意义。

(二)钻井液性能的一般要求

(1)相对密度,一般要求为1.05~1.25,根据各探区地层压力确定。

① 为防止地层垮塌及井喷等,要适当提高密度。
② 为防止井漏及保护低压油气层等,要适当降低密度。
③ 钻井液密度的计算公式如下:

$$\gamma = \frac{10p}{H} \times 1.2 \tag{4-1}$$

式中　γ——钻井液密度,kg/m^3;
　　　p——地层压力,MPa;
　　　H——油气层深度,m。

在式(4-1)中,p 可用已钻井或邻近已知构造地层压力资料,或用区域地层压力估计,或用静水柱压力确定。

(2)黏度,一般要求 20~40s。
① 易造浆地层应适当小;
② 易垮塌地层应适当高;
③ 黏度过高,易气侵,会造成泥包钻头或卡钻,砂子不易下沉而含砂量增大,影响钻进速度。一般地层钻进以低黏度、大泵量为好。

(3)含砂量越小越好,小于 4% 为合格,过大会增加相关设备的磨损。

(4)失水量,特别是易垮塌地层钻进中,越小越好,要求严格控制失水,一般以小于 10mL 为合格。

(5)滤饼,过厚易造成缩径,诱发阻塞和卡钻,一般小于 2mm 为合格。

(6)切力,对付易垮塌地层可适当提高,但过高时砂子难以排除,钻头易泥包,钻井液易气侵,钻井泵启动困难,影响钻进。一般要求初切力 $0~10mg/cm^2$,终切力 $5~20mg/cm^2$。

四、钻井液录井资料的收集

钻进时,钻井液不停地循环,当钻井液在井中和各种不同的岩层及油、气、水层接触时,钻井液的性质就会发生某些变化,根据钻井液性能变化情况,可以大致推断地层及含油、气、水情况。当油、气、水层被钻穿以后,若油、气、水层压力大于钻井液柱压力,在压力差作用下,油、气、水进入钻井液,随钻井液循环返出井口,并呈现不同的状态和特点,这就要求进行全面的钻井液录井资料收集。油、气、水显示资料,特别是油气显示资料,是非常重要的地质资料。这些资料的收集有很强的时间性,如错过了时间就可能使收集的资料残缺不全,或者根本收集不到资料。

一般来说,无论任何类别的井,在钻进或循环过程中都必须进行钻井液录井。钻井液录井的主要内容有以下几项。

(一)油气水显示的分级

按钻井液中油、气、水显示的情况,依次分为四级。
(1)油花气泡:油花或气泡占槽面面积 30% 以下。
(2)油气侵:油花或气泡占槽面面积 30% 以上,钻井液性能变化明显。
(3)井涌:钻井液涌出至转盘面以上不超过 1m。
(4)井喷:钻井液喷出转盘面 1m 以上。喷高超过二层平台称为强烈井喷。

(二)钻井液性能资料的收集

钻遇油、气层时由钻井人员定时连续测量钻井液密度、黏度,直到油气显示结束为止。地质人员除收集钻井液性能资料外,也应随时观察,详细记录钻井液性能变比情况,供以后综合解释、讨论下套管及试油层位时参考。

钻井液性能资料包括钻井液类型、测点井深、相对密度、黏度、滤失量、切力、pH 值、含砂量、氯离子含量以及钻井液电阻率等。

(三)钻井液荧光分析沥青含量资料的收集

钻井液荧光分析沥青含量资料包括取样井深及荧光分析钻井液中的沥青质量等。

(四)钻井液处理资料的收集

钻井液处理资料的收集包括收集处理剂名称、浓度、数量及处理时的井深、时间和处理前后性能变化情况。

(五)钻井液显示基础资料的收集

正常钻进中收集显示出现的时间、井深、层位;显示类型包括气测异常、钻井液油气侵、淡水侵、井涌、井喷、井漏等及其延续时间、高峰时间、消失时间等。

下钻时应注意收集钻达井深、钻头位置、开泵时间、出现显示时间、延续时间、高峰时间、显示类型、消失时间及钻井液返出时间等。

(六)油、气显示资料的收集

钻入目的层后应注意观察钻井液槽、钻井液池液面和出口情况,并定时测量钻井液性能。

1. 观察钻井液槽液面变化情况

观察槽面时应着重观察以下四方面的内容:槽面出现油花、气泡的时间,显示达到高峰的时间,显示明显减弱的时间,并根据迟到时间推断油、气层的深度和层位;槽面出现显示时油花、气泡的数量占槽面的百分比,显示达到高峰时占槽面的百分比,显示减弱时占槽面的百分比;油气在槽面的产状、油的颜色、油花分布情况(呈条带状、片状、点状及不规则形状)、气泡大小及分布特点等;槽面有无上涨现象,上涨高度,有无油气芳香味或硫化氢味等,必要时应取样进行荧光分析和含气试验等。

2. 观察钻井液池液面的变化情况

应观察钻井液池面有无上升、下降现象,上升、下降的起止时间,上升、下降的速度和高度;池面有无油花、气泡及其产状。

3. 观察钻井液出口情况

油气侵严重时,特别是在钻穿高压油、气层后,要经常注意钻井液流出情况,是否时快时慢、忽大忽小,有无外涌现象。如有这些现象,应进行连续观察,并记录时间、井深、层位及变化特征。井涌往往是井喷的先兆,除应加强观察外,还应做好防喷准备工作。

4. 收集钻井液性能资料

钻遇油气层时由钻井人员定时连续测量钻井液密度、黏度,直到油气显示结束为止。地质人员除收集钻井液性能资料外,也应随时观察、详细记录钻井液性能变比情况,供以后综合解释、讨论下套管及试油层位时参考。

(七)水侵显示资料的收集

1. 水侵的分类

钻开水层以后,地层水在压力差的作用下进入钻井液中,引起钻井液性能的一系列变化,这就是水侵现象。由于地层水含盐量的不同,可分为淡水侵和盐水侵。

淡水侵的特点是:钻井液被稀释,密度、黏度均下降,失水量增加,流动性变好,钻井液量随水量的增加而增加,钻井液池液面上升。

盐水侵的特点是:钻井液性能将受到严重破坏,黏度和失水增大,流动性迅速变差,呈不能流动的"豆腐脑"状或呈清水状,氯离子含量剧增。

2. 水侵资料明细

水侵时应收集下列资料:

(1)水侵的时间、井深、层位;
(2)钻井液性能、流动情况、水侵性质;
(3)钻井液槽和钻井液池显示情况;
(4)定时取样做氯离子滴定实验。

3. 氯离子滴定实验

钻进过程中若钻遇盐水层,特别是高压盐水层时,氯离子含量的变化很快,其含量突然剧增至百分之几至百分之十几,并迅速破坏钻井液性能,常引起井下事故或井喷。因此对氯离子含量的测定是很有现实意义的。现将氯离子含量测定的原理、方法及注意事项分述如下。

1)测定原理

以铬酸钾溶液(K_2CrO_4)作指示剂,用硝酸银溶液($AgNO_3$)滴定氯离子(Cl^-)。因氯化物是强酸生成的盐,首先和$AgNO_3$作用生成$AgCl$白色沉淀。当氯离子(Cl^-)和银离子(Ag^+)全部化合后,过量的Ag^+即与铬酸根(CrO_4^{2-})反应生成微红色沉淀,指示滴定终点。

2)使用试剂

(1)5%铬酸钾溶液(5g铬酸钾溶于95mL蒸馏水中);
(2)稀硝酸溶液(HNO_3);
(3)0.02mol/L、0.1mol/L硝酸银溶液;
(4)pH试纸;
(5)硼砂溶液或小苏打溶液;
(6)双氧水(H_2O_2)。

3)操作步骤

取钻井液滤液1mL,置入三角烧杯中,加蒸馏水20mL,调节混合液的pH值至7左右,加入5%铬酸钾溶液2~3滴,使溶液显淡黄色,以硝酸银溶液(盐水层用0.1mol/L,一般地层用0.02mol/L硝酸银溶液)缓慢滴定,至滤液出现微红色为止。记下硝酸银溶液的消耗量,则滤液中的氯离子含量可由下式求出:

$$\rho_{Cl^-} = \frac{C_{AgNO_3}VM}{Q} \times 10^3 \qquad (4-2)$$

式中 C_{AgNO_3}——硝酸银溶液的浓度,mol/L;
V——硝酸银溶液用量,mL;
M——氯的摩尔质量(为35.45,取35.5),g/mol;
Q——滤液体积,mL;

ρ_{Cl^-}——滤液中氯离子的质量浓度，mg/L。

滤液体积取 1mL 时，上式可简化为：

$$\rho_{Cl^-} = 35.5 \times 10^3 C_{AgNO_3} V \quad (mg/L) \tag{4-3}$$

4）注意事项

（1）滴定前必须使滤液的 pH 值保持在 7 左右。若 pH 值大于 7，用稀硝酸溶液调整，若 pH 值小于 7，用硼砂溶液或小苏打溶液调整。

（2）加入铬酸钾指示剂的量应适当。若过多，会使滴定终点提前，使计算结果偏低；若过少，会使滴定终点报后，则计算结果偏高。

（3）滴定不宜在强光下进行，以免 $AgNO_3$ 分解造成终点不准。

（4）当滤液呈褐色时，应先用双氧水使之褪色，否则在滴定时会妨碍滴定终点的观察。

（5）滴定前应将硝酸银溶液摇均匀，然后再滴定。

（6）全井使用试剂必须统一，以免造成不必要的误差。

五、油气上窜速度的计算

当油气层压力大于钻井液柱压力时，在压差作用下，油气进入钻井液并向上流动，这就是油气上窜观象。在单位时间内油气上窜的距离称为油气上窜速度。

油气上窜速度是衡量井下油气活跃程度的标志。油气上窜速度越大，油气层能量越大，反之则越小。所以，在现场工作中准确地计算油气上窜速度有重要参考价值，是做到油井"压而不死、活而不喷"的依据。

通常在钻过高压油气层后，当起钻后再下钻循环钻井液时，要对油气侵作观察、记录，并计算油气上窜速度。计算方法有以下两种。

（一）迟到时间法

迟到时间法比较接近实际情况，是现场常用的方法。其计算公式为：

$$v = \frac{D_w - \dfrac{D}{T_{上M}}(T_1 - T_2)}{T_0} \tag{4-4}$$

式中　v——油气上窜速度，m/h；

D_w——油气层深度，m；

D——循环钻井液时钻头所在井深，m；

$T_{上M}$——钻头所在井深 D 处钻井液迟到时间，min；

T_1——见到油气显示的时间，min；

T_2——下钻至井深 D 处后的开泵时间，min；

T_0——井内钻井液静止时间（指起钻时停泵到下钻至 D 时的开泵时间），h。

（二）容积法

$$v = \frac{D_w - \dfrac{Q}{V_a}(T_1 - T_2)}{T_0} \tag{4-5}$$

式中　　Q——钻井泵排量,L/min;

　　　　V_a——井眼环形空间理论容积,L/m。

下钻过程中,多次替钻井液时适用于用容积法计算上窜速度,但误差较大。实际计算时,常用每米井眼容积代替井眼每米理论容积。在钻遇高压水层时,也可以用上述两个公式计算上窜速度。

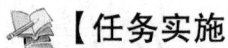【任务实施】

测定钻井液密度、黏度。

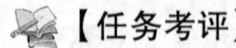【任务考评】

一、理论考核

(1)什么叫钻井液?

(2)钻井液有什么作用?

(3)钻井液的性能参数有哪些?

二、技能考核

(一)考核项目

请根据所学知识,在实验室环境下实施钻井液密度及黏度的测定工作。

(二)考核要求

(1)准备要求:工具准备、工作任务单准备。

(2)考核时间:10min。

(3)考核形式:口头描述和实际练习。

任务二　钻井液录井资料分析应用

【任务描述】

了解钻井过程中影响钻井液性能的地质因素,对于准确判断井下地质情况和油气显示是十分重要的。钻遇不同的地层对钻井液性能有不同的影响效应,根据钻井液性能变化情况则可判断分析地下地质信息,从而实现钻井液录井资料分析应用。本任务主要介绍钻井液性能影响因素及钻井液录井资料应用。通过本任务的学习,要求学生理解钻井液影响因素,通过实训练习,学会钻井液录井资料分析应用的方法。

【相关知识】

一、钻井中影响钻井液性能的地质因素

影响钻井液性能的地质因素是比较复杂的,归纳起来有以下几方面。

(一)高压油、气、水层

当钻穿高压油气层时,油气侵入钻井液,造成密度降低、黏度升高。当钻遇淡水层时,密度、黏度和切力均降低,失水量增大。钻遇盐水层时,黏度增高后又降低,密度下降,切力和含盐量增大,水侵会使钻井液量增加。

(二)盐侵

当钻遇可溶性盐类,如岩盐、芒硝或石膏时,会增加钻井液中的含盐量,使钻井液性能发生变化。由于岩盐和芒硝这些含钠盐类的溶解度大,使钻井液中 Na^+ 浓度增加,使其黏度和失水量增大。当盐侵严重时,还会影响黏土颗粒的水化和分散程度,而使黏土颗粒凝结,黏度降低,失水量显著上升。

(三)钙侵

钻遇石膏层或钻水泥塞而带入了氢氧化钙时,均发生钙侵,使钻井液黏度和切力急剧增加,有时甚至使钻井液呈豆腐块状,失水量随之上升。当氢氧化钙侵入时还将使钻井液的pH值增大。

(四)砂侵

砂侵主要因黏土中原来带有的砂子及钻进过程中岩屑的沙子未清除所致。含砂量高,则使钻井液密度、黏度和切力增大。

(五)黏土层

钻通黏土层或页岩层时,因地层造浆使钻井液密度、黏度增高。

(六)漏失层

在钻井过程中钻井酸漏失是经常遇到的。轻微的漏失,类似于高度的失水现象。在一般情况下,钻进漏失层时要求钻井液具有高黏度、高切力,以阻止钻井液流入地层。但在漏失严重时,应根据发生漏失的地质原因采取具体措施。

二、钻遇各种地层时钻井液性能变化表

钻遇各种含流体地层时,钻井液性能变化参见表4-1。

表4-1 钻遇各种地层时钻井液性能变化表

岩层 钻井液性能	油层	气层	盐水层	淡水层	黏土	石膏	盐层	疏松砂岩
密度	减	减	减	减	微增	不变 ↓ 微增	增	微增
黏度	增	增	增—减	减	增	剧增	增	微增
失水量	不变	不变	增	增	减	剧增	增	
切力	微增	微增	增	减	增	剧增	增	
含盐量	不变	不变	增	减			增	

续表

岩层 钻井液性能	油层	气层	盐水层	淡水层	黏土	石膏	盐层	疏松砂岩
含砂量								增
滤饼厚度				增		增	增	
酸碱值				减	减	减	减	
电阻	增	增	减	增	减	增	减	

三、钻井液录井资料的应用

（1）在钻进过程中通过钻井液槽、钻井液池油气显示发现并判断地下油气层,通过钻井液性能的变化分析研究井下油气水层的情况。

（2）利用钻井过程中钻井液性能的变化可以判断井下特殊岩性。

（3）通过进出口钻井液性能及量的变化,发现水层、漏失层或高压层。

（4）通过钻井液录井发现盐层、石膏层、疏松砂层、造浆泥岩层等。

（5）通过加强钻井液循环、池面观察及液面定时观测记录,可及时发现油气显示、井漏或井喷预兆、盐膏侵等异常情况,采取必要措施,确保安全钻进。

（6）合理调整钻井液性能、保证近平衡钻进,可以防止钻井事故的发生,保证正常钻进,加快钻井速度,降低钻井成本,为发现油气层、保护油气层提供措施依据,是打好井、快打井、科学打井的重要措施与前提。

【实训实施】

对钻井液进行记录分析。

【任务考评】

一、理论考核

（1）钻井液性能影响因素包括哪些？
（2）钻井液录井资料的应用有哪些？

二、技能考核

(一)考核项目

某井钻井液性能变化分析。

(二)考核要求

（1）准备要求：工作任务单准备。
（2）考核时间：10min。
（3）考核形式：分析演练。

项目五　岩屑录井资料收集、整理

岩屑录井是地下岩石被钻碎后,由循环的钻井液带到地面上,地质工作人员按照一定的取样间距和迟到时间,连续收集和观察描述岩屑,恢复地下地质剖面并按比例编制成地质柱状剖面的全部工作。

岩屑录井具有确定井下岩性及层位、了解油藏剖面含油气水层情况、了解储集层的物理性质、了解纵向生储盖层的组合关系的作用。由于岩屑录井具有成本低、简便易行、了解地下情况及时和资料系统性强等优点,因此在油气田勘探开发过程中被广泛采用。

【知识目标】

(1)理解岩屑录井原理;
(2)掌握岩屑迟到时间的计算方法;
(3)掌握岩屑的捞取收集方法;
(4)掌握真假岩屑识别、挑选方法;
(5)掌握岩屑描述、岩屑录井草图绘制方法;
(6)理解荧光录井原理;
(7)掌握荧光录井的工作方法。

【技能目标】

(1)能够计算、实测岩屑迟到时间;
(2)能够实现岩屑的捞取、清洗、晾晒、收集操作;
(3)能够识别、挑选真假岩屑;
(4)能够正确描述岩屑、绘制岩屑录井草图;
(5)能够实施岩屑荧光检查工作;
(6)能够正确填写岩屑荧光录井记录。

任务一　计算、实测岩屑迟到时间

【任务描述】

地下的岩石被钻头破碎后,随钻井液被带到地面,这些岩石碎块就叫岩屑,又常被称为"砂样"。岩屑迟到时间的计算是井下岩性层位确定、地下地质剖面建立的关键所在,是岩屑捞取的重要参考,因此计算、实测岩屑迟到时间在录井工作中受到重要关注。通过本任务的学习,主要要求学生掌握岩屑迟到时间的计算方法。

微课视频
岩屑迟到
时间的计算

【相关知识】

一、岩屑录井必须做好的工作

(1)严格取样条件,尽力消除或避免影响岩屑代表性的各种因素。

— 55 —

① 取样时间准,要求迟到时间的计算与实际应用经常校对,使取出的岩样与钻时吻合。
② 取样位置直接影响岩屑代表性,因此以不漏取、不误取的恰当位置为宜。
③ 取样后必须立即清除滞留在取样处的剩余岩屑,以确保岩样代表性好。
④ 正确的洗样方法能保证岩屑显露本色,并防止含油砂岩、疏松砂岩、沥青块、煤屑、石膏、盐岩、造浆泥岩等不被冲散流失。
⑤ 烘样方法适当,最好是自然晾干,若是用蒸气烘箱、电烤箱或炉火烘样,温度不得超过70℃。
⑥ 装样数量足500g,若是区域探井、重点预探井,必须分装2袋,每袋各500g样。一袋供描述选样用,另一袋入库长期存查。
(2)为了及时发现油气层,必须及时对岩屑进行荧光湿照、滴照。肉眼不能鉴定含油级别的储集层岩性要逐包浸泡定级。
(3)钻井队必须保证钻井液携砂性能良好。
(4)及时正确观察描述岩屑,并绘制随钻岩屑柱状剖面,做到当日捞取的岩屑当日描述完,以利随时掌握井下钻头所在岩性及层位。
(5)岩性描述必须定名准确,特殊岩性必须与测井曲线解释吻合,有化验分析资料考证。
(6)岩屑中若发现与设计剖面的岩性、层位有较大差异时,应及时通报钻井队,并向上级业务部门汇报,钻井队应适当改变钻进措施,确保安全钻进。
(7)对岩屑代表性差或难以定名描述的井段,应有井壁取心考证,并及时分析影响岩屑代表性差的因素。
(8)区域探井、预探井必须按1:500比例作岩屑实物柱状剖面,碳酸盐岩目的层段作1:200比例的岩屑实物柱状剖面。评价井、开发井只作特殊岩性及含油气层岩性的岩样汇集。
(9)及时进行地层对比,以便为钻井队预告地下岩性及层位、油气水层、潜山界面,便于进行钻进取心、故障提示等。

二、岩屑迟到时间的测定

岩屑录井时要获取具有代表性的岩屑,关键是做到两点:一是井深准,二是岩屑迟到时间准。井深准是指必须管理好钻具,迟到时间推测必须按一定间距测准岩屑迟到时间。岩屑迟到时间是指岩屑从井底返至井口取样位置所需的时间。岩屑迟到时间准确与否,直接影响岩屑的代表性和真实性。常用的测定岩屑迟到时间的方法有理论计算法和实测法。

(一)理论计算法

岩屑迟到时间的理论计算公式为

$$T_{迟} = \frac{V}{Q} = \frac{\pi(D^2 - d^2)}{4Q} \times H \tag{5-1}$$

式中 $T_{迟}$——岩屑迟到时间,min;
Q——钻井泵排量,m³/min;
D——钻头直径,m;
d——钻具外径,m;
H——井深,m;
V——井眼与钻杆之间的环形空间容积,m³。

这个计算公式是将井眼看成是一个以钻头为直径的圆筒,而实际井径常大于理论井径,在计算时也未考虑岩屑在钻井液上返过程中的下沉,所以理论计算的迟到时间与实测迟到时间往往不符。因此,在实际工作中,仅用理论值做参考,或只在井深1000m以内的浅井使用。

另外,在作理论计算过程中,当井径或钻具外径不一致时,要分段计算环空容积并求和,有

$$\sum V = V_1 + V_2 + \cdots \tag{5-2}$$

(二)实测法

实测法是现场中最常用的方法,也是比较准确的方法。其具体步骤为:以与岩屑大小、相对密度相近似的物质为指示物,如染色的岩屑、红砖块、瓷块等,在接单根时,将它们从井口投入到钻杆内。指示物从井口随钻井液经过钻杆内到井底,又从井底随钻井液沿钻杆外的环形空间返到井口振动筛处,记下开泵时间和发现第一片指示物的时间,两者之间时间差即为循环周时间。指示物从井口随钻井液到达井底的时间称为下行时间,从井底上返至振动筛处的时间称为上行时间,所求的迟到时间就是指示物的上行时间。

实测迟到时间的工作步骤如下:

1. 实测钻井液循环周时间和岩屑滞后时间

接钻杆时,将轻、重指示物投入钻杆水眼内。轻指示物一般用彩色或白色玻璃纸、软塑料条;重指示物一般选用与岩屑大小、密度相近似的物质,如染色的岩屑、红砖块、白瓷块等。开泵后,轻、重指示物从井口随钻井液经过钻杆内到井底,又从井底随钻井液沿钻杆外的环形空间返到井口振动筛处。此时,记录井口投入测量物质开泵时间 T_0,观察振动筛,分别记录捞到软塑料条的时间 $T_轻$ 和捞到白瓷碎片或染色岩屑的时间 $T_重$。

2. 计算钻井液下行时间

开泵后,钻井液从井口到达井底的时间叫下行时间。因为钻杆、钻铤内径是规则的(如果用内径不同的混合柱时,要分段计算)。所以,下行时间 $T_{下行}$ 的计算公式为

$$T_{下行} = \frac{C_1 + C_2}{Q} \tag{5-3}$$

式中 C_1——钻杆内容积,m^3;
C_2——钻铤内容积,m^3;
Q——钻井泵排量,m^3/min。

3. 计算迟到时间

迟到时间的计算公式为

$$T_迟 = T_{一周} - T_{下行} \tag{5-4}$$

式中 $T_迟$——岩屑或钻井液迟到时间,min;
$T_{一周}$——实际测量一周的时间,min;
$T_{下行}$——测量物质下行时间,min。

岩屑迟到时间 T_1 的计算公式为

$$T_1 = (T_重 - T_0) - T_{下行} \tag{5-5}$$

钻井液迟到时间 $T_1'(\min)$ 的计算公式为

$$T_1' = (T_{轻} - T_0) - T_{下行} \tag{5-6}$$

式中，$(T_{重} - T_0)$、$(T_{轻} - T_0)$ 计算结果的单位为 min。

实物测定法确定迟到时间所用的实物颜色鲜艳、易辨认，并且与地层密度相似或接近，所以所测迟到时间一般比较准确。

使用实测法，要求在钻达录井井段前 50m 左右实测岩屑迟到时间，进入录井井段后，每钻进一定录井井段，必须实测成功一次迟到时间，以提高岩屑捞取的准确性。

（三）特殊岩性法

这种方法是利用大段单一岩性与其中出现的特殊岩性钻时之间的显著差别（在钻时上表现出特高或特低值），即大段的慢钻时岩性中出现快钻时岩性或大段的快钻时岩性中出现慢钻时岩性，如大段砂岩中的泥岩、大段泥岩中的石砂岩、大段泥岩中的石灰岩或白云岩等。记录特殊岩性层的钻遇时间和其返出时间，二者之差即为真实的岩屑迟到时间。用这个时间校正正在使用的迟到时间，可以保证取准岩屑资料。

注意：以上介绍的岩屑迟到时间测定方法，仅是指地层某一深度的迟到时间，实际中井是不断加深的，迟到时间也随之增长。为了保证岩屑录井质量，生产中一般每隔一定的间隔测算一次迟到时间，作为该间距内的迟到时间。间距的大小应视各地区实际情况而定。

（四）迟到时间测定要求

（1）非目的层，井深在 0~1500m，实测一次；井深在 1501~2500m，每 500m 实测一次；井深在 2501~3000m，每 200m 实测一次；井深在 3000m 以上，每 100m 实测一次。

（2）目的层之前 200m 及目的层，每 100m 实测一次。

（3）每次进行实物迟到时间测定后，对理论迟到时间进行校正。理论计算迟到时间应与实物迟到时间相对应。

还应特别注意的是，在两次实测之间，泵排量发生变化时，必须按反比法对岩屑迟到时间及时进行修正。目前，这项工作由录井仪器实时完成。

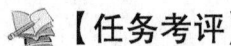
【任务实施】

计算、实测岩屑迟到时间。

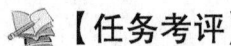
【任务考评】

一、理论考核

（1）什么是岩屑？

（2）什么是迟到时间？

（3）如何计算岩屑迟到时间？

（4）岩屑迟到时间的计算有何作用？

（5）某井用 3A215mm 钻头钻至井深 1700m，所用钻杆外径均为 127mm，已知钻井液排量为 40L/s，若钻铤和其他配合接头的长度忽略不计，则井深 1700m 的理论迟到时间为多少？

（6）某井钻铤外径为 178m，长 90m，内容积为 0.04m³/m；钻杆长 3000m，外径为 127mm，内容积为 0.0093m³/m；钻井液排量为 1.80m³/min，钻井液循环一周的时间为 65min，求迟到时间。

二、技能考核

(一)考核项目

请根据所学知识,在实验室环境下模拟演练计算、实测岩屑迟到时间。

(二)考核要求

(1)准备要求:工具准备、工作任务单准备。
(2)考核时间:10min。
(3)考核形式:模拟演练。

任务二 捞取、清洗、晾晒、包装岩屑

【任务描述】

岩屑是井下地质信息的直接反映物质。岩屑返出地面后,地质人员根据设计的捞样间距在振动筛前捞取岩屑。岩屑捞取后要进行洗样、晒(或烤)样、描述、装袋、入库等工作。岩屑取样及整理直接关系着下一步岩屑描述及荧光检查工作,正确地捞取、清洗、晾晒、收集岩屑是岩屑录井工作的质量前提。本任务以教师讲解、学生操练实现,通过本任务的学习,主要要求学生掌握捞取、清洗、晾晒、包装岩屑的具体方法。

【相关知识】

一、岩屑的捞取

要准确捞取岩屑,必须做好以下工作:

首先,计算准确取样时间,岩屑的捞取必须严格按照迟到时间连续进行,以确保岩屑的真实性、准确性。

其次,严格按设计要求的取样间距取样,地质设计规定的取样间距是根据探区地质情况和本井的钻探任务科学、合理确定的,录井人员不能随意变更。

第三,选好取样位置,一般把砂样盆放在振动筛前,确保岩屑沿筛布斜面连续落入盆内。

第四,使用正确的取样方法,要保证捞取的岩屑纯净、分量足、有代表性、有连续性,当取样时间未到、砂样盆已满时,不能将上面的岩屑除掉,应采用"四分法"处理砂样盆内的岩屑,即:应垂直切去盆内岩屑的一半,将留下的另一半岩屑拌匀;若盆内岩屑再次接满,同样按上述方法处理,以保证岩屑捞取的连续性。

岩屑捞取数量按现行规定,一般无挑样任务时,岩屑每包不少于500g;有挑样要求时,岩屑每包不少于1000g。

(一)岩屑取样时间

$$取样时间 = 钻达时间 + 岩屑迟到时间$$

岩屑的捞取必须严格按照迟到时间连续进行,以保证岩屑的真实性和准确性。

1. 泵出口流量无变化

取样时刻 T_2(时:分)由钻达取样深度时刻 T_3(时:分)加上岩屑迟到时间 T_1(min)求得,有

$$T_2 = T_3 + T_1 \tag{5-7}$$

2. 变泵时间早于钻达取样深度的时间

取样时刻 T_2(时:分)由钻达取样深度时刻 T_3(时:分)加上变泵后岩屑迟到时间 $T_1\dfrac{Q_1}{Q_2}$(min)求得,即

$$T_2 = T_3 + T_1\frac{Q_1}{Q_2} \tag{5-8}$$

式中　Q_1——变泵前钻井泵排量,m^3/min；
　　　Q_2——变泵后钻井泵排量,m^3/min。

3. 变泵时间晚于钻达取样深度的时间,早于取样的时间

取样时刻 T_2(时:分)由变泵时刻 T_4(时:分)加上变泵时刻 T_4(时:分)与变泵前取样时刻 T_5(时:分)之差乘以 Q_1/Q_2 求得,即

$$T_2 = T_4 + (T_5 - T_4)\frac{Q_1}{Q_2} \tag{5-9}$$

4. 连续变泵

如果连续变泵,由式(5-9)求取岩屑取样时间,即

$$T_2 = T_4 + (T_5 - T_4)\frac{Q_1}{Q_2} \tag{5-10}$$

(二)取样间距

取样间距的大小,应根据对深区地质情况的了解程度和本井的任务而定。取样间距在地质设计中一般都有明确的规定,普通情况下每隔1m或2m取样,取心钻进中加密为每隔0.5m取样。

(三)取样位置

在一般情况下,岩屑是按取样时间在振动筛前连续捞取的,砂样盆放在振动筛前,岩屑沿筛布斜面落入盆内。

(四)取样要求

岩屑录井取样时,要做到以下九点:

(1)按资料录取要求取样,严禁随意取样。

(2)取样应严密观察槽罐液面的油气显示情况,记录油花、气泡占槽罐液面百分比,取样做气样点燃试验,记录火焰颜色、焰高、燃时等。

(3)每次钻进取第一包岩屑前,按岩屑迟到时间将取样位置处清除干净。

(4)每次取样后,应将取样位置处和接岩屑容器中的剩余岩屑清除干净。岩屑数量少时,应全部取样。数量多时,采用垂直切捞二分法、四分法等,从所接样中从顶到底取样。

(5)每次起钻前,应取全已钻岩样,不足一个录井间距且大于录井间距四分之一的岩屑应取样,标明井深,并与下次钻至取样点所取的岩屑合为一包。遇特殊情况起钻,未取全的岩屑,

下钻钻进前应补取。

(6)渗漏时,要校正迟到时间。井漏未取到岩屑,要注明井段及原因。

(7)钻遇特殊层段,取不到岩屑时,及时采取措施。

(8)侧钻井岩屑取样:侧钻点在已录井井段,从开始侧钻就应取观察样,一旦发现侧钻出原井眼地层,按取样要求连续取样,编号自原编号顺延。

(9)岩屑取样后应立即清洗干净,除去杂物和明显掉块。一般探井取单样,区域探井及重点探井目的层应取双样,分正、副样装袋,每袋样品干后质量不少于500g,副样用于现场描述、挑样使用。

二、岩屑的清洗

捞取出的岩屑应缓缓放水清洗,并进行充分搅动,水满时应慢慢倾倒,要防止悬浮的粉砂、细砂和较轻的物质(沥青块、油砂块、碳质页岩、油页岩等)被冲掉,直至清洗出岩屑本色。对一些固结不好或含油岩屑清洗时要注意不能冲洗太过,清洗时要注意观察盆面有无油气显示。

岩屑清洗时,要按以下要求进行。

(1)水基钻井液录井的岩屑应使用洁净的清水进行清洗;油基钻井液录井的岩屑应分别按照柴油、洗涤剂、清水等顺序进行清洗。

(2)清洗应充分显露岩石本色,以不漏掉油气显示、不破坏岩屑及矿物为原则。

(3)在清洗岩样时,应注意油气显示,如油味、油花、沥青等。

(4)岩屑倒在筛子里冲洗时,筛子下面用取样盆接收漏下的砂粒。疏松砂岩和造浆泥岩应用盆淘洗。密度小的物质(如沥青块、煤屑)用盆淘洗,充水不能过满,静置一会,轻轻地将水倒掉。易分散的岩屑(如软石膏、高岭土)应漂洗。易水溶的岩屑(如盐岩),应用饱和盐水清洗。

(5)清洗用水要清洁,严禁油污,严禁水温过高。

三、岩屑的晾晒

捞出的岩屑清洗干净后,要按深度顺序在砂样台上干燥、晾晒,在雨季或冬季需要烘烤时,要控制好烘箱温度。含油岩屑严禁火烤。

岩屑干燥时,主要注意以下两点:

(1)见含油气显示的岩屑严禁烘干,应自然晾干或风干。

(2)无油气显示的岩屑,环境条件允许,应自然晾干,并避免阳光直射,否则,可采取风干或烘干方法,烘干岩屑应控制温度不大于110℃,严禁岩屑被烘烤变质。

四、岩屑的包装

(一)岩屑袋标识

岩屑晾晒干后,有挑样任务的分装两袋:一袋供挑样用;一袋用来描述及保存;每袋不应少于500g。装岩屑时,要将同时写好井号、井深、编号的标签放入袋内。

岩屑袋标识工作中,要注意以下两点:

(1)正样袋上标明井号、井深,副样袋上标明井号、井深及副样。

(2)岩屑未取到或量极少时,在正、副样袋上注明原因。

(二)岩屑保管

(1)岩屑入袋后应从左至右、从上至下依次装入岩屑盒中,盒上及时贴上正、副样标签,标签应标明井号、盘号、井段、袋数。用于挑样的岩屑要分袋,挑样完毕后不必保存;供描述用的岩屑,描述完后,要按原顺序放好,并妥善保管。一口井的岩样整理完毕后作为原始资料入库保存。

(2)岩屑装盒,妥善保管,防止日晒、雨淋、损坏、倒换位置、丢失、沾染油污等。

(3)侧钻成功的井,原井眼与新井眼重复段的岩屑应保留,并标明新井眼、原井眼。

(三)百格盒装入规定

岩屑装入百格盒时,按以下规定执行。

(1)装入岩屑应具有代表性,每5格标明井深。

(2)装入顺序应按取样深度从左至右、从上至下依次装盒。

(3)取心井段可放入代表相应井深岩性的小块岩心。

(4)每格装90%,做到利于观察、方便搬运、不串格。

(5)发现少量特殊岩性或矿物,应用白纸包好,标明深度,放回原位。

(6)井喷、井漏岩屑未取到或量极少时,在相应格内放入"井漏(喷)无岩屑"或"井漏(喷)岩屑量少"等字条。

(7)百格盒的正面应贴上标签,标签内容:井号、盒号、井段。

【任务实施】

一、目的要求

(1)能够正确实施岩屑捞取、清洗、晾晒、包装操作。

(2)能够正确理解不同岩屑的清洗、晾晒规程。

二、资料和工具

(1)学生工作任务单。

(2)实物岩屑。

【任务考评】

一、理论考核

(1)岩屑捞取时间如何确定?

(2)清洗岩屑时注意哪些事项?

(3)岩屑晾晒有哪些基本要求?

(4)岩屑的包装、保管有哪些基本要求?

(5)岩屑袋表示内容包括哪些方面?

(6)岩屑百格盒制作中需注意哪些问题?

二、技能考核

(一)考核项目

捞取、清洗、晾晒、包装岩屑。

(二)考核要求

(1)准备要求:工具准备、工作任务单准备。

(2)考核时间:10min。
(3)考核形式:实际操练。

任务三　岩屑描述及岩屑录井草图绘制

【任务描述】

岩屑录井是目前钻进过程中了解地下地质情况及油气显示的主要手段,岩屑描述工作是建立"岩口簿"的基础,而岩屑录井草图则以直观、连续的图件建立了岩屑录井档案,岩屑录井草图的绘制既是录井历史的传承与创新,又是岩屑录井信息的形象客观反映,是进行地质综合研究的基础,是岩屑录井的核心内容。本任务主要介绍岩屑描述方法及岩屑录井草图绘制方法,通过实训操练,使学生学会岩屑描述,掌握岩屑录井草图绘制方法。

【相关知识】

一、岩屑描述

现场捞取的岩屑,由于受多种因素的影响。每包岩屑并不是单一的岩性,而是十分复杂的。这就要求我们进行岩屑描述工作,将地下每一深度的真实岩屑找出来,给予比较确切的定名,才能真实地恢复和再现地下地质剖面。因此,岩屑描述是地质录井工作中一项重要的工作。

微课视频
岩屑描述

(一)识别真假岩屑

1. 真岩屑

真岩屑是在钻井中被钻头刚刚从某一深度的岩层破碎下来的岩屑,也叫新岩屑。一般地讲,真岩屑具有下列特点:

(1)色调比较新鲜。
(2)个体较小,一般碎块直径2～5mm、依钻头牙齿形状大小长短而异,极疏松砂岩的岩屑多呈散砂状。
(3)碎块棱角较分明。
(4)如果钻井液携带岩屑的性能特别好,迟到时间又短,岩屑能及时上返到地面的情况下,较大块的、带棱角的、色调新鲜的岩屑也是真岩屑。
(5)高钻时、致密坚硬的岩类,其岩屑往往较小,棱角特别分明,多呈碎片或碎块状。
(6)成岩性好的泥质岩多呈扁平碎片状,页岩呈薄片状。疏松砂岩及成岩性差的泥质岩屑棱角不分明,多呈豆粒状。具造浆性的泥质岩等多呈泥团状。

各类岩屑形状见图5-1。

2. 假岩屑

假岩屑是指真岩屑上返过程中混进去的掉块及不能按迟到时间及时返到地面而滞后的岩屑,又称老岩屑。假岩屑一般有下列特点:

(1)色调欠新鲜,比较而言,显得模糊陈旧,表现出岩屑在井内停滞时间过长的特征;
(2)碎块过大或过小,毫无钻头切削特征,形态失常;
(3)棱角欠分明,有的呈浑圆状;

(4)形成时间不长的掉块,往往棱角明显、块体较大;

(5)岩性并非松软,而破碎较细,毫无棱角,呈小米粒状,井内经过长时间上下往复冲刷研磨成的老岩屑。

在真假岩屑识别中还应注重观察岩屑百分比变化及新成分的出现,结合岩屑形态、色调及邻井岩屑特征共同判定。

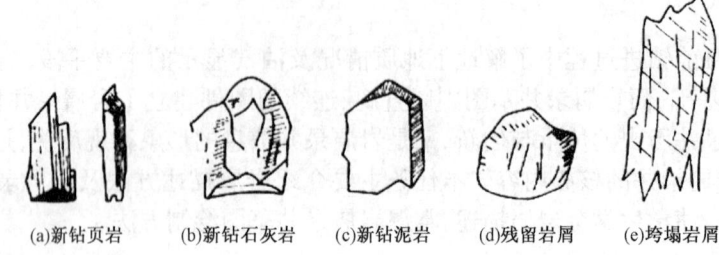

(a)新钻页岩　(b)新钻石灰岩　(c)新钻泥岩　(d)残留岩屑　(e)垮塌岩屑

图 5-1　各类岩屑形状示意图

(二)描述前的准备

(1)器材准备:包括稀盐酸、放大镜、双目实体显微镜、灯、有机溶液(氯仿或四氯化碳)、镊子、小刀及描述记录等。

(2)资料收集:包括钻时、蹩跳钻情况、取样间距、气测数据、槽面或盆面油气显示情况,还包括钻遇油气显示的层位、岩性、井段等。

(三)描述方法

(1)仔细认真、专人负责:描述前应仔细认真观察分析每包岩屑。一口井的岩屑由专人描述,如果中途需换人,二人应共同描述一段岩屑,达到统一认识、统一标准。

(2)大段摊开、宏观细找:岩屑描述要及时,应在岩屑未装袋前,在岩屑晾晒台上进行描述。若岩屑已装袋,描述时应将岩屑大段摊开(不少于 10 包岩屑)、系统观察分层描述前必须检查岩屑顺序是否准确。宏观细找是指大致看一遍摊开的岩屑,观察岩屑颜色、成分的变化情况,找出新成分出现的位置,尤其含量较少的新成分和呈散粒状的岩性更需仔细寻找。

(3)远看颜色、近查岩性:远看颜色,是指找出易于对比、区分颜色变化的界线。近查岩性是指对薄层、松散岩层、含油岩屑、特殊岩性应逐包仔细查找、落实并将含油岩屑、特殊岩性及本层定名岩性挑出,分包成小包,以备细描和挑样。

(4)干湿结合、挑分岩性:描述颜色时,以晒干后的岩屑颜色为准。但岩屑湿润时,颜色变化、层理、特殊现象和一些微细结构比较清晰,容易观察区分。挑分岩性是指分别挑出每包岩屑中的不同岩性,进行对比,帮助判断分层。

(5)参考钻时、分层定名:钻时变化虽然反映了地层的可钻性,但因钻时受钻压、钻头类型、钻头新旧程度、钻井泵排量、转速等因素影响,所以不能以钻时变化为分层的唯一根据。应该根据岩屑新成分的出现和百分含量的变化,参考钻时,用上追顶界、下查底界的方法进行分层定名。

(6)含油岩性,重点描述:对百分含量较少或呈散粒状的储集层及用肉眼不易发现、区分油气显示的储集层,必须认真观察,仔细寻找,并做含油气的各项试验,不漏掉油气显示层。

(7)特殊岩性,必须鉴定:不能漏掉厚度 0.5m 以上的特殊岩性。特殊岩性以镜下鉴定的定名为准。

(四)分层原则

(1)岩性相同而颜色不同或颜色相同而岩性不同,厚度大于0.5m的岩层,均需分层描述。
(2)根据新成分的出现和不同岩性百分含量的变化进行分层。
(3)同一包内出现两种或两种以上新成分岩屑,是薄层或条带的显示,应参考钻时进行分层。除定名岩性外,其他新成分的岩屑也应详细描述。
(4)见到少量含油显示的岩屑,甚至仅有一颗或数颗,必须分层并详细描述。
(5)特殊岩性、标准层、标志层在岩层中含量较少或厚度不足0.5m时,也必须单独分层描述。

(五)定名原则

定名以概括和综合岩石基本特征(包括颜色、特殊矿物、结构、构造、化石及含有物、岩性)为原则。

(六)岩屑描述内容

(1)分层深度:岩屑分层深度以钻具井深为准。连续录井描述第一层时,在分层深度栏写出该层顶界深度和底界深度,以后只写各层底界深度。
(2)岩性定名:以"颜色—突出特征(含油情况、胶结物成分、粒级、化石等)—岩石本名"顺序定名,如浅灰色油斑细砂岩,浅灰色灰质砂岩,灰色含螺中砂岩。定名时一般都将含油级别放在颜色之后,以突出含油情况,然后依次排列化石和粒度。岩屑含油级别中不使用饱含油级,而用含油、油浸、油斑、油迹、荧光五级定名。
(3)描述内容:包括颜色、矿物成分、结构、构造、化石及含有物、物理性质及化学性质、含油程度等,可按岩心描述中各类岩性描述内容参照执行。
(4)岩性复查:中途测井或完井测井后,发现岩电不符合处需及时复查岩屑。复查前需进行剖面校正,找出测井深度与钻具井深的误差,在相应深度的前后复查岩屑,寻找与电性相符的岩性并在描述中复查结果栏进行更正。若复查结果与原描述相同时,应注明已复查,表示原描述无误。

(七)岩屑描述时应注意的事项

描述岩屑时应注意下列问题:
(1)岩屑描述应及时,必须跟上钻头,以便随时掌握地层情况,做出准确地质预告,使钻井工作有预见性。
(2)描述要抓住重点,定名准确,文字简练,条理分明,各种岩石的分类、命名原则必须统一,描述中所采用的岩谱、色谱、术语等也应统一。颜色通常以代码标识(表5-1)。

表5-1 基本颜色代码表

序号	名称	符号	序号	名称	符号
1	白色	0	7	蓝色	6
2	红色	1	8	灰色	7
3	紫色	2	9	黑色	8
4	褐色	3	10	棕色	9
5	黄色	4	11	杂色	10
6	绿色	5			

注:两种颜色的以中圆点相连,如灰绿色为"7·5",颜色深浅用"+""-"号代表,如深灰色为"+7",浅灰色为"-7"。

(3)对岩屑中出现的少量油砂,要根据具体情况对待。若第一次出现可参考别的资料定层,若前面已出现过则应慎重对待,既不能直接定层,也不能草率否定,必须综合分析再下结论。如果综合分析后仍不能下结论,可将所见到的油砂及含油情况记录在岩屑描述记录纸上,供综合解释参考。对不易识别的油砂,应作四氯化碳试验,或用荧光灯照射。在新探区的第一批探井,应对所有岩屑进行荧光普查,以免漏掉油气层。

(4)要认真鉴别混油钻井液中的假油砂和地面油污染而成的假油砂,要对这种假油砂的形成追根求源,查明原因,证据确凿之后才能将其否定。

(5)对油气显示层、标准层、标志层、特殊岩性层进行描述时,要挑出实物样品,供综合解释和讨论试油层位时参考。另外,还应将少量样品用纸包好,待描述完后,仍放在岩屑袋中,供挑样和复查岩屑时参考。

二、岩屑录井草图的编制

岩屑录井草图就是将岩屑描述的内容(如岩性、油气显示、化石、构造、含有物等)、钻时资料等,按井深顺序用统一规定的符号绘制下来。岩屑录井草图有两种,一种为碎屑岩岩屑录井草图,一种为碳酸盐岩岩屑录井草图。下面着重介绍碎屑岩岩屑录井草图的编绘方法。

编制碎屑岩岩屑录井草图的步骤如下(图5-2):

(1)按标准绘制图框。

(2)填写数据,将所有与岩屑有关的数据填写在相应的位置上,数据必须与原始记录相一致。

(3)深度比例尺为1:500,深度记号每10m标一次,逢100m标全井深。

(4)绘制钻时曲线比例号,若有气测录井则还应绘制气测曲线。

(5)颜色、岩性按井深用规定的图例、符号逐层绘制。

(6)化石及含有物、油气显示用图例绘在相应的地层的中部。化石及含有物分别用"1""2""3"符号代表"少量""较多""富集"。

(7)有钻井取心时,应将取心数据对应取心井段绘在相应的栏上。

(8)有地化录井时,将地化录井的数据画在相应的深度上。

(9)完钻后,将测井曲线(一般为自然电位曲线或自然伽马曲线和电阻率曲线)绘制在岩屑草图上,以便于复查岩性。

(10)岩屑含油情况除按规定图例表示外,若有突出特征时,应在"备注"栏内描述。钻进中的槽面显示和有关的工程情况也应简略写出,或用符号表示。

三、岩屑录井的影响因素

这里所谈的影响因素是指影响岩屑代表性的因素。与钻井取心比较起来,岩屑录井虽然既经济又简便,同样能达到了解井下地层剖面及含油气情况的目的,但是由于种种影响因素的存在,使岩屑的代表性(即准确性)在不同程度上受到一定影响,以致影响到岩屑录井的质量。

影响岩屑代表性的因素包括以下六大方面。

(一)钻头类型和岩石性质的影响

由于钻头类型及新旧程度不同,所破碎的岩屑形态有差异,相对密度也有差异,所以上返速度也就不同。如片状岩屑与钻井液接触面积大,较轻,上返速度快;粒状及块状岩屑与钻井

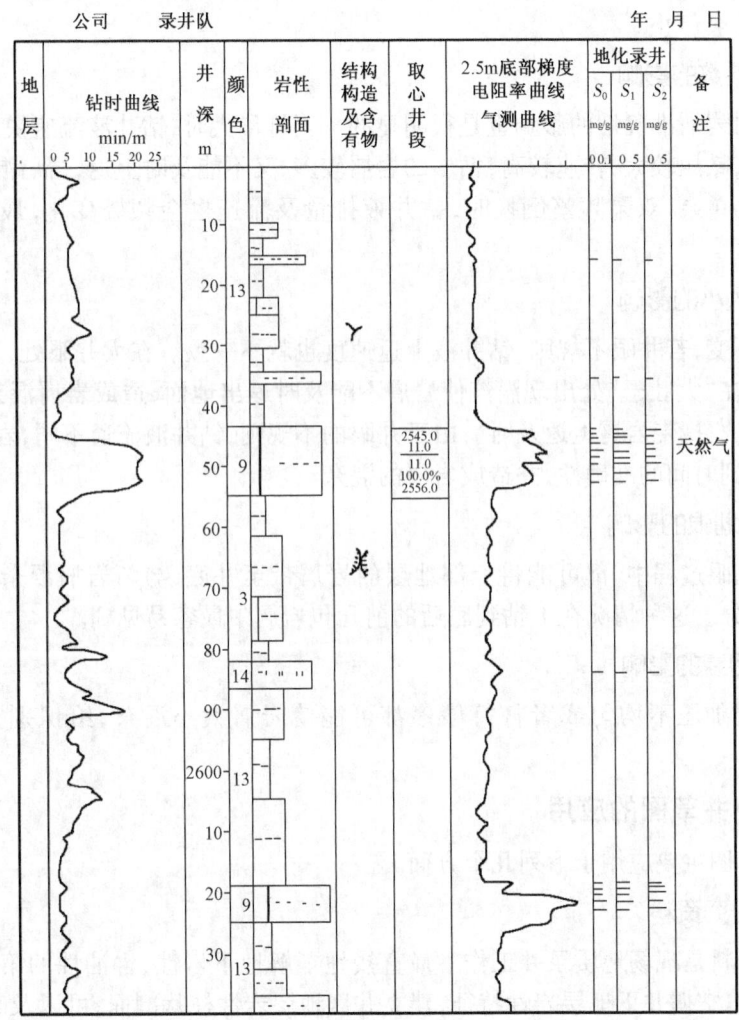

图 5-2 碎屑岩岩屑录井草图

液接触面积小,较重,上返速度较慢。由于岩屑上返速度的不同,直接影响到岩屑迟到时间的准确性,进而影响了岩屑深度的正确性和代表性。

(二)钻井液性能的影响

钻井液起着巩固井壁、携带岩屑、冷却钻头等作用。在钻进过程中钻井液性能的好坏将直接影响钻井工程的正常进行,也严重影响地质录井的质量。如采用低密度、低黏度钻井液或用清水快速钻进时,井壁垮塌严重,岩屑特别混杂,使砂样失去真实性。若钻井液性能好、稳定,井壁不易垮塌,悬浮能力强时,岩屑就相对单纯,代表性强。

在处理钻井液过程中,若性能变化很大,特别是当钻井液切力变小时,岩屑就会特别混杂。在正常钻进中,未处理钻井液时,钻井液在井筒环形空间中一般形成三带:靠近钻具的一带是正常钻井液循环带,携带并运送岩屑;靠近井壁的地方形成滤饼;二者之间为处于停滞状态的胶状钻井液带,而其中混杂有各种岩性的岩屑。当钻井液性能未发生变化时,胶状钻井液带对正常钻井液循环带的影响较小,所以在钻井液循环带里岩屑混杂情况较轻。处理时,钻井液性能突然变化,切力变小,破坏了三带的平衡状态。停滞的胶状钻井液带中混杂的各种岩屑进入循环带里,与所钻深度的岩屑一同返出地面,造成岩屑特别混杂。只有当新的平衡形成以后,这种混杂现象才会停止。

(三)钻井参数的影响

钻井参数对岩屑准确性的影响也是很明显的。当排量大时,钻井液流速快,岩屑能及时上返;如果排量小,钻压较大,转速较高,钻出的岩屑较多,又不能及时上返,岩屑混杂现象将更加严重。尤其是当单泵、双泵频繁倒换时,钻井液排量及流速也会频繁变化,最容易产生这种现象。

(四)井眼大小的影响

钻井参数不变,若井眼不规则,钻井液上返速度也就不一致。在大井眼处,上返慢,携带岩屑能力差,甚至在"大肚子"处出现涡流使岩屑不能及时返出地面,造成岩屑混杂,而在小井眼处,钻井液流速快,携带岩屑上返及时。由于井眼的不规则,钻井液流通不同,岩屑上返时快时慢,直接影响迟到时间的准确性,并造成岩屑的混杂。

(五)下钻、划眼的影响

在下钻或划眼过程中,都可能将上部地层的岩屑带至井底,与新岩屑混杂在一起返至地面,致使真假难分。这种情况在下钻到底后的前几包岩屑中最容易见到。

(六)人为因素的影响

司钻操作时加压不均匀或者打打停停都可能使岩屑大小混杂,给识别真假岩屑带来困难。

四、岩屑录井草图的应用

岩屑录井草图主要应用于下列几个方面。

(一)提供研究资料

岩屑录井资料是现场地质录井工作中最直接地了解地下岩性、含油性的第一性资料。通过岩屑录井,可以掌握井下地层岩性特征,建立井区地层岩性柱状剖面;可以及时发现油气层;通过对暗色泥岩进行生油指标分析,以便了解其区域的生烃能力。

(二)进行地层对比

将岩屑录井草图与邻井进行对比,及时了解本井岩性特征、岩性组合、钻遇层位、正钻层位,还可检查和验证本井地质预告的符合程度,以便及时校正地质预告,进一步推断油、气、水层可能出现的深度,指导下一步钻井工作的进行。

(三)为测井解释提供地质依据

岩屑录井草图是测井解释的重要地质依据。对探井来说,综合利用岩屑录井草图,可大大提高测井解释的精度。在砂泥岩剖面中,特殊岩性含油往往不能在电性特征上有明显反映,仅凭电性特征解释油气层常常感到困难,此时岩屑录井草图的重要性就更加突出。

(四)配合钻井工程的进行

在处理工程事故(如卡钻、倒扣、泡油等)的过程中,经常应用岩屑录井草图,以便分析事故发生的原因,制定有效的处理措施。

(五)为编绘完井综合录井图提供基础

完井综合录井图中的综合解释剖面就是以岩屑录井草图为基础绘制的。岩屑录井草图的质量直接影响着综合图的质量。岩屑录井草图的质量高,综合解释剖面的精度也就高,相反,岩屑录井草图质量低,不仅使综合解释剖面质量降低,而且将会大大增加解释过程中的工作量。

【任务实施】

一、目的要求

(1)能够正确识别描述岩屑样品;
(2)能够正确绘制岩屑录井草图。

二、资料、工具

(1)学生工作任务单;
(2)岩屑样品。

【任务考评】

一、理论考核

(1)如何识别真假岩屑?
(2)如何描述岩屑?
(3)岩屑录井草图的绘制步骤有哪些?
(4)岩屑录井的影响因素有哪些?
(5)岩屑录井资料有哪些应用?

二、技能考核

(一)考核项目

(1)真假岩屑识别;
(2)岩屑描述记录;
(3)给定岩屑录井资料,绘制岩屑录井草图。

(二)考核要求

(1)准备要求:工作任务单准备。
(2)考核时间:30min。
(3)考核形式:口头描述和笔试。

任务四　荧光录井操作

【任务描述】

　　钻井的最终目的就是发现和研究油气层,因此,在钻井过程中确定有没有油气显示及油气显示的程度,是一件非常重要的工作,现场录井要求对砂岩等储层做重点描述和观察之外,还要进行荧光分析。荧光分析是检验油气显示的直接手段,是发现井下油气显示的重要录井方法,具有成本低、简便易行的优点,对落实全井油气显示、油气丰度度量都极为重要,是地质录井工作中落实油气层不可缺少的分析资料。本任务主要介绍了荧光录井的基本原理、工作方法。通过本任务的学习,要求学生理解荧光录井原理,掌握荧光录井工作方法,通过实践演练,学会荧光检查及荧光录井记录填写。

【相关知识】

微课视频
荧光录井

一、荧光录井的原理

　　石油是碳氢化合物,除含烷烃外,还含有π—电子结构的芳香烃化合物及其衍生物。芳香烃化合物及其衍生物在紫外光的激发下,能够发射荧光。原油和柴油以及不同地区的原油,虽然配制溶液的浓度相同,但所含芳香烃化合物及其衍生物的数量不同,π—电子共轭度和分子平面度也有差别,故在365nm近紫外光的激发下,被激发的荧光强度和波长是不同的。这种特性称为石油的荧光性。荧光录井仪根据石油的这种特性,对现场采集的岩屑进行荧光灯照射检测后,便可直接测定砂样中的含油级别及含油量。

二、荧光录井的准备工作

　　(1)紫外光仪:发射光波长小于365nm的高灵敏度紫外岩样分析仪一台,内装15W紫外灯管一支或8W紫外灯管两支。

　　(2)滤纸:标准定性滤纸。

　　(3)有机溶剂(分析纯):使用分析纯的氯仿、四氯化碳或正己烷。

　　(4)其他设备:试管(直径12mm,长度100mm)、磨口试管(直径12mm,长度100mm)、10倍放大镜、双目显微镜、滴瓶(50mL)、盐酸(浓度5%～10%)、镊子、玻璃棒、小刀等。

三、荧光录井原则

　　(1)岩屑及钻井取心和井壁取心所获得的岩心都要及时进行荧光直照,另外需要区别真假油气显示,做一些特殊的试验。因此,岩屑必须清洗干净且代表性好,挑样要准确;钻井液无污染物,使用的钻井液无污染材料,无荧光;实验用的试剂、滤纸符合要求,无污染,无荧光,清洁可靠。

　　(2)目前应用的荧光分析方法有岩屑湿照、岩屑干照、点滴分析、系列对比、毛细分析、组分分析、荧光显微镜分析等。

　　(3)由于条件限制,现场荧光录井是用紫外光仪,俗称荧光灯,逐一照岩屑、岩心,观察其亮度、颜色、产状。通常对储集岩要进行湿照、干照、普照、选照、滴照、浸泡照、加热照、系列对比照等八照荧光,并记入专门荧光记录之中。

(4)实验程序必须符合规定和操作规程;荧光录井密度按照设计或者现场地质监督决定执行。

四、荧光录井的工作方法

现场常用的荧光录井工作方法有:岩屑湿照、干照、滴照和系列对比。

(一)岩屑湿照、干照

这是现场使用最广泛的一种方法。它的优点是简单易行,对样品无特殊要求,且能系统照射,对发现油气显示是一种极为重要的手段。为了及时有效地发现油气显示,尤其对轻质油,各油田采取了湿照和干照相结合的方法,使油气层发现率有了很大的提高。

(1)湿照:湿照是当砂样捞出后,洗净、控干水分,立即装入砂样盘,置于紫外光岩样分析仪的暗箱里,启动分析仪,观察描述。

(2)干照:干照是取干样置于紫外光岩样分析仪内,启动分析仪,观察描述。

(3)观察:观察岩样荧光的颜色和产状,与本井混入原油的荧光特征进行对比,排除原油污染造成的假显示(表5-2)。

表5-2 真假荧光显示判别表

项目	假显示	真显示
岩样	由表及里侵染,岩样内部不发光	表里一致,或核心颜色深,由里及表颜色变浅
裂缝	仅岩样裂缝边缘发光,边缘向内部侵染	由裂缝中心向基质浸染,缝内较重,向基质逐渐变轻
基质	晶隙不发光	晶隙发荧光,当饱和时可呈均匀弥漫状
荧光颜色	与本井混入原油一致	与本井混入原油不一致

(4)排出成品油干扰:观察荧光的颜色,排除成品油发光造成的假显示(表5-3)。

表5-3 原油、成品油荧光判别表

油品名称	原油	成品油				
^	^	柴油	机油	黄油	螺纹脂	红铅油	绿铅油
荧光颜色	黄色,棕褐色等	亮紫色、乳紫蓝色	天蓝色、乳紫蓝色	亮乳蓝色	蓝色、暗乳蓝色	红色	浅绿色

(5)挑样、标识:用镊子挑出有荧光显示的颗粒或在岩心上用红笔画出有显示的部位。

(6)观察:在自然光或白炽灯光下认真观察,分析岩样,排除上部地层掉块造成的假显示。

(7)分析:观察岩样的荧光结构:若仅见砾石或砂屑颗粒有荧光,而胶结物无荧光,可能为早期油层遭受破坏的再沉积或早期储层被后期充填的胶结物填死而形成的"假"显示。

(二)滴照

岩屑滴照分析可以发现岩石中极少量的沥青,达到定性认识的目的。滴照分析是在滤纸上放一些磨碎的样品,并在样品上滴1~2滴氯仿溶液,氯仿立即溶解样品中的沥青,随着溶液的逐渐蒸发,滤纸上满氯仿部分沥青的浓度也逐渐增大,留下各种形状和各种颜色的斑痕。然后在荧光灯下观察这些发光斑痕,便可大致确定沥青含量及沥青性质。

岩屑滴照的操作程序如下:

(1)检查滤纸:取定性滤纸一张,在紫外光下检查,确保洁净无油污。

(2)碾碎岩屑:将湿照挑出来的有荧光显示的一粒或数粒岩屑,放在备好的滤纸上,用有机溶剂清洗过的镊柄碾碎。

（3）观察荧光：悬空滤纸，在碾碎的岩样上滴1~2滴有机溶剂。待溶剂挥发后，在紫外光下观察。若为岩心，可先在岩心的荧光显示部位滴1~2滴有机溶剂，停留片刻，用备好的滤纸在显示部位压印，再在紫外光下观察。

（4）鉴别矿物发光：若滤纸上无荧光显示，则为矿物发光。

（5）划分滴照级别：观察荧光的亮度和产状，按表5-4划分滴照级别，若为二级或二级以上，则参加定名。

表5-4 荧光级别的划分

滴照级别	一级	二级	三级	四级	五级
荧光特征	模糊环状，边缘无亮环	清晰晕状，边缘有亮环	明亮，呈星点状分布	明亮，呈开花状、放射状	均匀明亮或呈溪流状

（6）鉴别稠油：观察荧光的颜色，划分轻质油和稠油（表5-5）。

表5-5 轻质油和稠油荧光的特征

轻质油荧光	稠油荧光
轻质油含胶质、沥青不超过5%，而油质含量达95%以上，其荧光的颜色主要显示油质的特征，通常呈浅蓝色、黄色、金黄色、棕色等	稠油含胶质、沥青质可达20%~30%，甚至高达50%，其荧光颜色主要显示胶质、沥青质的特征，通常为颜色较深的棕褐色、褐色、黑褐色

（三）系列对比法

这是现场常用的定量分析方法，其操作方法是：取1g磨碎的岩样，放入带塞无色玻璃试管中，倒入5~6mL氯仿，塞盖摇匀，静置8h后与同油源标准系列在荧光灯下进行对比，找出发光强度与标准系列相近似的等级。用下列公式计算样品的沥青含量：

$$Q = \frac{A \times B}{G} \times 100\% \tag{5-11}$$

式中　Q——岩石中的沥青含量，%；
　　　A——标准溶液所含沥青质量，g/mL；
　　　B——分析样品溶液量，mL；
　　　G——样品质量，g。

用求得的结果与标准系列石油沥青含量表对比，得到对应的荧光级别。

一般情况下，溶液的发光强度与溶液中沥青物质的含量（浓度）成正比。但是这个关系只有在溶液中沥青浓度非常小的情况下才能成立。当浓度增加时，溶液发光强度的增加慢，当浓度达到极限浓度时，浓度与发光强度之间的关系受到破坏，浓度再增加反而会使发光强度降低，产生浓度消光，此时荧光强度也将减弱。如定量分析含油情况，需要加以稀释后再进行对比定级。另外，系列对比结果的正确性取决于正确的操作和标准系列的配制。某些消光剂如石蜡、低沸点烃类等对溶液的发光强度均有影响。

配制标准系列，必须采用本探区及邻近探区石油、沥青或含沥青的岩石配制，才有可靠的对比性。标准系列在使用期间要加强保管，使用期不能超过半年，发现失效，立即更换。

五、混原油钻井液条件下的荧光录井

含油钻井液对岩屑的污染即假油气显示，在岩屑中的显示强度是由外向里逐渐减弱，而真

正含油的岩屑,在经受钻井液冲洗后,其含油性是由外向里逐渐增强。

据此可采用以下两种方法进行区别。

一种方法是四氯化碳多次荧光滴照法。即在滤纸上用四氯化碳对同一岩屑进行多次滴照,每次滴照后换一个地方,然后在荧光灯下观察显示情况。若岩屑本身含油,则每次滴照的发光强度不变或变化不大;若岩屑仅是钻井液污染,本身不含油,则第一次滴照发光较强,以后逐次减弱或显示消失。

另一种方法是四氯化碳浸泡法。在同一包岩屑中挑选砂岩和泥岩岩屑,分别用四氯化碳浸泡,与标准系列对比,以泥岩岩屑的荧光级别作为基值,标定砂岩样品的荧光级别,凡显示明显高于泥岩者,为含油岩屑,低于泥岩者为不含油岩屑。由于泥岩岩屑对钻井液中原油的吸附能力比砂岩强,所以,当砂岩含油级别比较低时,则可能与对比泥岩的含油级别接近或稍偏低,此时油气显示仍难以确定,应充分参考其他资料综合分析判断。

六、荧光录井记录内容

(1)填写样品井深,通常为1m或2m录井间距井段;
(2)结合岩屑观察描述结果对岩性定名;
(3)填写岩屑样品肉眼鉴定含油级别;
(4)填写岩屑湿照、干照颜色,强度和发光面积(百分比表示);
(5)填写滴照荧光颜色及产状;
(6)填写系列对比级别,荧光下颜色;
(7)目估荧光显示岩屑占同类岩性百分比,并填写;
(8)如为岩心样品,则需填写岩心和井壁取心样品的荧光面积百分比;
(9)填写岩性及含油性的综合描述。

七、荧光录井的应用

(1)荧光录井灵敏度高,能够及时发现肉眼难以鉴别的油气显示,尤其是轻质油。
(2)通过荧光录井可以区分油质的好坏和油气显示的程度,正确评价油气层。
(3)在新区新层系以及特殊岩性段,荧光录井可以配合其他录井手段准确解释油气显示层,弥补测井解释的不足。
(4)荧光录井成本低,方法简便易行,可系统照射,对落实全井油气显示极为重要。

【任务实施】

(1)岩屑荧光检查;
(2)填写荧光记录。

【任务考评】

一、理论考核

(1)什么是荧光?
(2)简述荧光录井的原理。
(3)简述荧光录井的工作方法。
(4)简述荧光录井的应用。

二、技能考核

(一)考核项目

(1)请根据所学知识,在实验室环境下实施岩屑荧光检查工作。
(2)请根据实物岩屑荧光检查情况,填写岩屑描述记录,具体格式见表5-6。

表5-6　××井岩屑描述记录表

岩屑编号	井段 m	P1 %	P2 %	荧光,% 干照	荧光,% 喷照	系列级别	岩屑占比,% 砾岩	岩屑占比,% 砂岩	岩屑占比,% 泥岩	岩屑占比,% 其他	岩性定名	岩性及含油性描述
1												
2												
3												
4												
5												
6												
7												
8												
9												

责任人:

注:P1代表含油岩屑占岩屑含量,单位为%;
　　P2代表含油岩屑占同类岩屑含量,单位为%;
　　其他代表其他岩性。

(二)考核要求

(1)准备要求:工具准备、工作任务单准备。
(2)考核时间:20min。
(3)考核形式:口头描述和实际操练。

任务五　岩屑样品保存

【任务描述】

岩屑样品是识别地下地质信息的一手材料,录井结束后需将样品统一保管,以备岩性复查或含油气性测试。本任务主要介绍岩屑样品的保存方法,通过实物观察、模拟操练,使学生学会岩屑样品的保存方法及注意事项。

【相关知识】

一、岩屑盒保存

按井深顺序依次将晾干的岩屑连同岩屑标签装入岩屑袋内,要求岩屑重量不少于500g;扎好岩屑袋,按从上往下、从左到右的顺序,依次将岩屑袋摆在岩心盒内;在岩心盒上标明井号、井段、盒号及岩屑包数;将岩屑装盒后,需盖好篷布,防止雨水渗入,完井后及时送至岩心库,由岩心库统一保管。入库时要求填写详细的入库清单,包括井号、井段、岩屑箱数等。

二、岩屑百格盒保存

由于岩屑样品数量多,体积大,现场多数井要求以百格盒形式收取岩屑样品即可。百格盒收取样品时,需按整百井深标注百格盒井深标签,现场通常以每1m或2m收集一个样品,收集岩屑重量要求在50g以上,按井深顺序依次装入百格盒内。百格盒摆放应按先后顺序依次落置,并用盖板封盖,用篷布盖严,以防雨水渗入、风沙吹蚀。下井后及时将百格盒送至岩心库保存,以备岩屑复查。

三、岩屑实物剖面图保存

对于重点探井,钻井地质设计中都会要求制作岩屑实物剖面图。岩屑实物剖面图的制作内容与岩屑录井综合图内容相同,只是在岩性列要求粘贴实物岩屑。在实物岩屑选择中需正确挑选岩屑样品,取相应井段真实岩屑颗粒,用白乳胶贴在相对应井段,最后附以岩屑描述、油气显示、层位标定、电测曲线等信息。岩屑实物剖面图是探井录井工作中的核心内容,综合反映了地层的岩性、电性、含油气性特征,是录井工程验收的重点项目。

四、岩屑罐装样保存

含油岩屑样品具有油气挥发及氧化的特征,为了保持样品的真实含油气情况,以供样品化验分析,需对岩屑样品进行罐装样封存(图5-3)。

图5-3 岩屑罐装样倒置保存示意图

现场岩屑罐为统一定制产品,采集前需用无烃清水把采集罐冲洗干净,根据设计要求确定采样井深,提前计算好岩屑捞取时间,按岩屑捞取时间采集岩屑样品,确保井深及时间准确无误;如所取样用作含气分析和判别油气水层,应将样品直接装罐,不能清洗;装罐时,岩屑量占罐体积的80%,加随钻钻井液10%,上留10%的空间(约2~3cm罐高);装好后,将罐口边缘清洗干净,套好橡胶皮垫圈,放正上盖,套好卡环,用手压紧,旋转一周,确保卡口旋紧、罐口密封、盖子上小螺帽不渗漏,盖好后将取样罐倒置保存。装好样品后要认真填写标签与样品清单,内容包括井号、序号、取样深度、层位、岩性、取样日期、取样人等,并将样品标签贴于罐上,样品清单一式三份,一份留底、两份随样品送化验单位。样品分析项目,参考地质任务书或由使用单位确定。

【任务实施】

(1)岩心库参观。
(2)采集岩屑罐装样。

【任务考评】

一、理论考核

(1)岩屑盒样品保存时的注意事项有哪些?
(2)岩屑百格盒样品保存时的注意事项有哪些?
(3)请简述岩屑实物剖面图的制作方法。
(4)请简述岩屑样品罐装样实施步骤。

二、技能考核

(一)考核项目

请根据所学知识,在实验室环境下实施岩屑罐装采集工作。

(二)考核要求

(1)准备要求:工具准备、工作任务单准备。
(2)考核时间:10min。
(3)考核形式:口头描述和实际操练。

项目六　岩心录井资料收集、整理

在露头区,地质家可以方便地观察研究岩层的各种特征。但在覆盖区,岩石深埋地下,在勘探开发过程中,当地质家需要直接研究岩石时,就需要把岩石从地下取出来进行研究。所谓"岩心录井",就是在钻井过程中用一种取心工具,将井下岩石取上来(这种岩石就叫岩心)并对其进行分析化验,综合研究而取得各项资料的方法。岩心录井与岩屑录井方法类同,但其直观性更强,更具说服力,是常规录井中关键的录井方法。

【知识目标】

(1)理解岩心录井原理;
(2)掌握岩心取心原则及取心层位确定原则;
(3)掌握岩心出筒、丈量和整理方法;
(4)掌握岩心描述方法;
(5)掌握岩心录井草图绘制方法。

微课视频
岩心录井

【技能目标】

(1)能够实现钻井过程中取心层位的确定;
(2)能够实现岩心出筒、丈量和整理操作;
(3)能够正确进行岩心描述;
(4)能够绘制岩心录井草图。

任务一　取心层位选定

【任务描述】

岩心录井具有直观了解井下地质信息的绝对优势,但取心成本昂贵,合理地布置取心井段在钻井成本控制中起到至关重要地位,如能既获取区域地下地质信息,又能兼顾钻井成本则为上上之策。本任务主要介绍取心层位选定方法及取心中的注意事项,通过本任务学习要求学生了解常见取心方法,掌握取心层位选定原则。

【相关知识】

一、取心前的准备工作

(1)取心前应收集好邻井、邻区的地层、构造、含油气情况及地层压力资料,若在已投入开发的油田内取心,则应收集邻井采油、注水、压力资料。在综合分析各项资料后,根据地质设计的要求,作好取心井目的层地质预告图。

(2)丈量取心工具和专用接头,确保钻具、井深准确无误。分段取心时,取心钻具与普通钻具的替换,或连续取心时倒换使用的岩心筒长度,都应分别做好记录。要准确计算到底方入,并记录清楚,为判断真假岩心提供依据。

(3)取心工作要明确分工,确保岩心录井工作质量。一般分工是:地质录井队长负责具体组织和安排,对关键环节进行把关;地质大班负责岩心描述和绘图;岩心采集员负责岩心出筒、丈量、整理、采样和保管等工作;小班地质工负责钻具管理、记录钻时,计算并丈量到底方入、割心方入,收集有关地质、工程资料、数据。岩心出筒时,各岗位人员要通力配合,专职采集人员做好出筒、丈量、整理和采样工作。

(4)卡准取心层位。在钻达预定取心层位前,应根据邻井实钻资料及时对比本井实钻剖面,抓住岩性标准层或标志层、电性标准层或标志层,卡准取心层位。若该井无岩性标准层或标志层,或者地层变化较大,则必须进行对比测井。对比测井后,根据测井对比结果,决定取心层位。

(5)检查各种工具、器材是否齐全,如岩心盆、标签、挡板、水桶、帽子、刮刀、劈刀、手锤、塑料筒、玻璃纸、牛皮纸、石蜡、油漆、放大镜、钢卷尺、熔蜡锅等。

二、取心工具和取心方式

取心工具主要由取心钻头、岩心筒、岩心爪、回压阀、扶正器等组成(图6-1)。

钻井取心方式根据钻井液的不同,可分为水基钻井液取心和油基钻井液取心两大类。

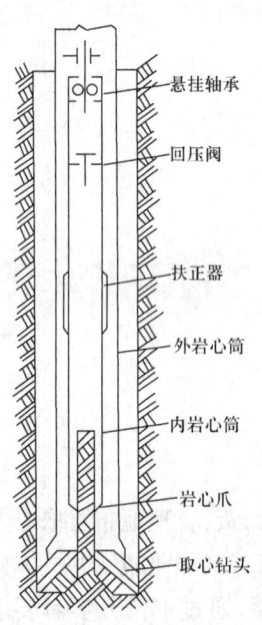

图6-1 取心钻具结构示意图

(1)水基钻井液取心:具有成本低、工作条件好的优点,是目前广泛采用的一种取心方法。但其最大缺陷是钻井液对岩心的冲刷作用大,侵入环带深,所取岩心不能完全满足地质分析的要求。

(2)油基钻井液取心:多数在开发准备阶段采用。其最大的优点是保护岩心不受钻井液冲刷,能取得接近油层地下原始状态下的油、水饱和度资料,为油田储量计算和开发方案的编制提供准确的参数。但其工作条件极差、对人体危害大、污染环境、成本高。为克服油基钻井液取心的缺点,又研究出了一种替代方法——密闭取心。这种方法仍采用水基钻井液,但由于取心工具的改进和内筒中装有密闭液,岩心受密闭液保护,免受钻井液的冲刷和侵入,能达到近似油基钻井液取心的目的。

在实际工作中采用哪种取心方式,应根据油气田在勘探开发中的不同阶段所需完成的地质任务来确定。如在勘探阶段,为了解岩性和含油性情况,采用水基钻井液取心,在开发阶段,为了取得开发所需的资料数据,可采用油基钻井液取心或密闭取心。

三、取心原则和取心层位的确定

(一)取心原则

虽然岩心录井是取得油层物性,油层含油、气、水情况,油田开发效果等宝贵资料的重要方法,但由于钻井取心成本高、速度慢,在勘探开发过程中,只能根据地质任务要求,适当安排取心。

(1)新区第一批探井应采用点面结合、上下结合的原则将取心任务集中到少数井上,或者用分井、分段取心的方法,以较少的投资,获取探区比较系统的取心资料。根据油气显示确定取心,利用少数井取心资料获得全区地层、构造、含油性、储油物性、岩电关系等资料。

(2)针对地质任务的要求,安排专项取心。如开发阶段,要检查注水效果,部署注水检查井取心;为求得油层原始饱和度,采用油基钻井液取心和密闭取心;为了解断层、接触关系、标准层、地质界面而布置专项任务取心。

(3)其他地质目的取心,包括过渡带的取心等。

(二)取心层位的确定

为了加快油气田的勘探开发步伐,在已确定的取心井中不是全井都取心,而常常是分段取心。因此,要合理选择取心层位。一般以下情况应当进行取心:

(1)储集层的孔隙度、渗透率、含油饱和度、有效厚度不清楚的层位;
(2)岩电关系不明,影响测井解释精度的层位;
(3)地层对比变化较大或不清楚的区域,应对标准层进行取心;
(4)当地层层位不清时,需要取心证实;
(5)研究生油岩特征的层位,应对生油岩进行取心;
(6)需要检查开发效果及注水效果的层位;
(7)有特殊目的需要取心的层位。

四、取心过程中应注意的事项

(一)准确丈量方入

取心钻进中只有量准到底方入和割心方入,才能准确计算岩心进尺和合理选择割心层位。实际工作中,常见到底方入与实际井深不符,主要原因是井底沉砂太多,或井内有落物,或井内有余心使钻具不能到底,或者钻具计算有误差等。遇到这种情况,应及时查明原因,方可开始取心钻进。

丈量割心方入时,指重表悬重与取心钻进时悬重应该一致,这样计算出的取心进尺与实际取心进尺才相符,否则就会出现差错。

(二)合理选择割心层位

合理选择割心层位是提高岩心收获率的主要措施之一。如割心位置选择不当,常使疏松油砂岩心的上部受到钻井液冲刷而损耗、下部岩心抓不牢而脱落。理想的割心层位是"穿靶戴帽",顶部和底部均有一段较致密的地层(如泥岩、泥质砂岩等)以保护岩心顶部不受钻井液冲刷损耗,底部可以卡住岩心不致脱落。

现场钻遇理想割心层位的机会不多。当充分利用内岩心筒的长度仍不能钻穿油层时,应结合钻时,在钻时较大部位割心,若钻时无变化,则采取干钻割心的办法。

(三)取全取准取心钻进工作中的各项地质资料

在进行取心钻进时,应齐全准确地收集好各项地质资料,以配合岩心录井工作的进行。

钻时和岩屑资料可供选择割心位置参考。在岩心收获率低时,岩屑资料还是判断岩性的主要依据。

在油、气层取心时,应及时收集气测资料及观察槽面油、气、水显示,并做好记录,供综合解释时参考。必要时还应取样分析。

(四)在取心钻进时不随意上提下放钻具

当上提后再下放时,易使活动接头卡死或失灵,折断、损耗已取的岩心,降低岩心收获率。取心时还应根据岩心筒的长度掌握好取心进尺,以免因岩心进不去岩心筒而将大于岩心筒长度的岩心磨掉。

【任务实施】

某井取心井段设计方案探讨。

【任务考评】

一、理论考核

(1)取心层位应如何确定?
(2)取心设计过程中应注意哪些问题?

二、技能考核

(一)考核项目

某井取心井段设计方案探讨。

(二)考核要求

(1)准备要求:工作任务单准备。
(2)考核时间:10min。
(3)考核形式:小组讨论和口头描述。

任务二　岩心出筒、清洗、丈量和整理

【任务描述】

取心结束后,需对岩心开展出筒、清洗、丈量和整理工作。本任务主要介绍岩心出筒、清洗、丈量和整理的方法。通过实物模拟操练,使学生掌握岩心出筒、清洗、丈量和整理。

【相关知识】

一、岩心出筒及清洗

(1)岩心筒起出井口后,要防止岩心滑落。
(2)岩心出筒前应丈量岩心内筒的顶底空。顶空是岩心筒内上部无岩心的空间距离,底空是岩心筒内下部(包括钻头)无岩心的空间距离。

(3)岩心出筒的关键在于保证岩心的完整和上下顺序不乱。岩心出筒的方法有多种,现场常用的有水压泵出心法、钻机(或电葫芦)提升出心法和水泥车出心法等。用机械出心法出筒时,岩心筒内的胶皮塞长度应等于或大于岩心筒内径的1.5倍,胶皮塞直径应等于内筒内径。用水泥车、水压泵出心时,必须使用本井取心钻进时所用的钻井液,严禁用清水或其他液体顶心。接心要特别注意顺序,先出筒的为下部岩心,后出筒的为上部岩心,应依次排列在出心台上,不能弄乱顺序。岩心全部出完要进行清洗,但对含油岩心要特别小心,不能用水冲洗,只能用刮刀刮去岩心表面的滤饼,并观察其渗油、冒气情况,做好记录(图6-2)。油基钻井液取出的岩心,用无水柴油清洗。密闭取心的岩心,用三角刮刀刮净或用棉纱擦净即可。严禁储集层岩心与外界水接触。

井岩心出筒油气显示记录(供参考)							
第　次井深　～　　m,心长　　m,收获率　　%							
序号	岩心编号	距顶cm	长度cm	显示面积百分比			描述
				渗油	冒气	含油	荧光	

图6-2　出筒岩心油气水显示记录样式图

(4)冬季出心,一旦发生岩心冻结在岩心筒内,仅可用蒸汽加热处理,严禁用明火烧烤。

(5)岩心出筒时,必须有地质人员严守筒口,负责接心,保证岩心顺序不乱。

二、岩心丈量

(一)判断真假岩心

假岩心松软,像滤饼,手指可插入,剖开后成分混杂,与上下岩心不连续,多出现在岩心顶部,可能为井壁掉块或余心碎块与滤饼混在一起进入岩心筒而形成的。假岩心不能计入长度。

另外,凡超出该筒岩心收获率的岩心要特别注意,只有查明井深后,才能确定是否为上筒余心的套心。

(二)岩心丈量

岩心清洗干净后,对好岩心茬口,磨光面和破碎岩心要堆放合理,用红铅笔或白漆自上而下划一条丈量线,箭头指向钻头的方向,标出半米和整米记号。岩心由顶到底用尺子一次性丈量,长度精确到厘米(图6-3、图6-4、图6-5)。

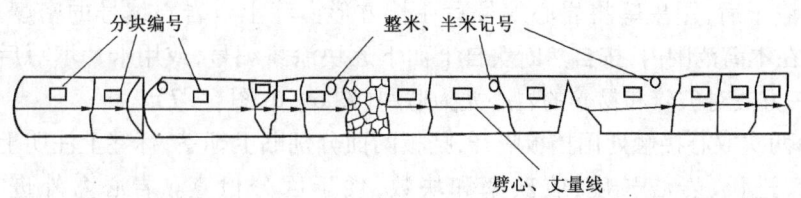

图6-3　岩心一次性丈量示意图

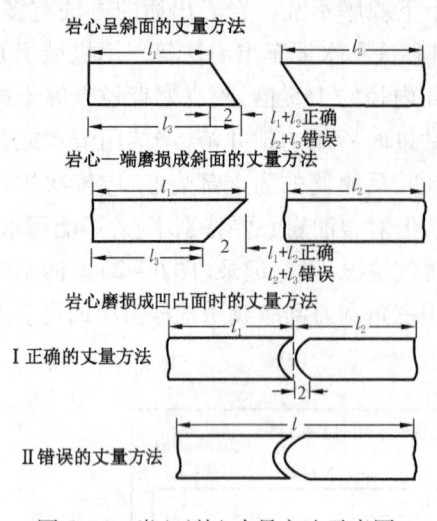
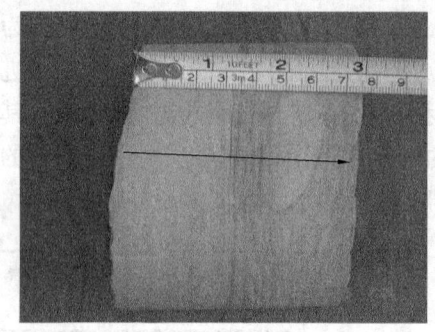

图 6-4 岩心(块)丈量方法示意图　　图 6-5 岩心丈量示意图

(三)岩心收获率计算

用具体公式计算岩心收获率,有

$$岩心收获率 = 实取心长度(m) \div 取心进尺(m) \times 100\%$$

每取心一筒均应计算一次收获率,当一口井取心完毕,应计算出全井岩心收获率(即平均收获率),有

$$总岩心收获率 = 累计岩心长(m) \div 取心进尺长度(m) \times 100\%$$

计算结果取小数点后两位。

三、岩心整理

(1)将丈量好的岩心按井深顺序自上而下、从左到右依次装入岩心盒内。放岩心时,如有斜口面、磨损面、冲刷面和层面都要对好,排列整齐。若岩心为疏松散砂或为破碎状,可用塑料袋或塑料筒装好,放在相应位置。

(2)每筒岩心部应做好 0.5m、1m 长度记号,便于进行岩心描述,以免分层厚度出现累计误差。岩心盒内的岩心应进行编号。岩心编号可用代分数表示,如 $2\dfrac{25}{30}$ 是表示这块岩心是第二次取心,该次取心共分 30 块,该块是其中第 25 块,编号方法是在岩心柱面上涂一小块长方形白漆,待白漆干后,用墨笔将岩心编号写在长方形白漆上。岩心编号的密度一般以 20～30cm 为宜。在本筒范围内,按自然断块自上而下逐块涂漆编号,或用卡片填写后贴在该块岩心之上。这一方法对破碎和易碎的岩心尤为适用(图 6-6、图 6-7)。

(3)盒内两次取心接触处用挡板隔开,挡板两面分别贴上标签,标签上注明上下两次取心的筒次、井段、进尺、岩心长度、收获率和块数,便于区分检查。岩心盒外进行涂漆编号(图 6-8、图 6-9)。

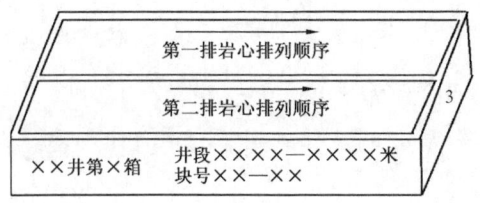

图6-6　岩心盒号和岩心排列示意图

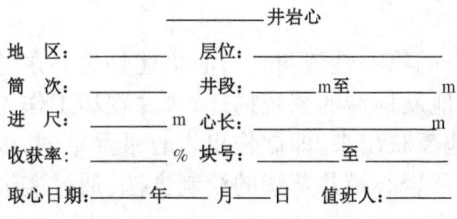

__________井

筒次：________　井段：______m至________m

盒号：________　块号：______　至________

层位：________________________________

日期：__________年________月________日

图6-7　岩心盒标签

__________井岩心

地　区：________　层位：________________

筒　次：________　井段：______m至________m

进　尺：________m　心长：______________m

收获率：________%　块号：________至________

取心日期：______年______月______日　值班人：________

图6-8　岩心底部标签

图6-9　岩心装盒实例

在岩心整理过程中，应对岩心的出油、出气及其他含油气情况进行观察，在出油出气的地方用彩色铅笔加以标定，并作文字记录。对大段碳酸盐岩地层的岩心，还应及时作含油、含气试验。试验的具体方法详见岩心描述。

整理工作完成以后，对于用作分析含油饱和度的油砂应及时采样、封存，以免油气扩散，对于保存完整的、有意义的化石或构造特征应妥善加以保护，以免弄碎或丢失。

【任务实施】

一、目的要求

(1)能够正确实施岩心出筒、清洗、丈量和整理操作。

(2)能够正确理解不同岩心的清洗、整理规程。

二、资料、工具

(1)学生工作任务单；

(2)实物岩心。

【任务考评】

一、理论考核

(1)请简述岩心在岩心盒内的正确摆放顺序。

(2)岩心盒标签包括哪些内容？

(3)如何正确实施岩心编号？

二、技能考核

(一)考核项目

请根据所学知识，在实验室环境下实施岩心出筒、清洗、丈量和整理工作。

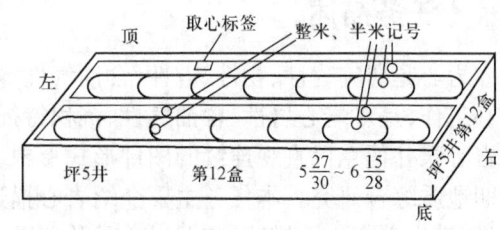

(二)考核要求

(1)准备要求:工具准备、工作任务单准备。
(2)考核时间:10min。
(3)考核形式:口头描述和实际操练。

任务三　岩心描述及岩心录井草图绘制

【任务描述】

岩心是研究岩性、物性、电性、含油气性等最可靠的第一性资料。岩心描述是岩心录井的核心工作,是对岩心岩性、含油气性、沉积特征、地下地质构造的系统描述;录井现场工作人员将岩心录井信息以直观连续的图件形式形象、客观地反映出来,即制作出岩心录井草图,以供后期地质综合研究。本任务主要介绍岩心描述方法及岩心录井草图的绘制方法,通过实训操练,使学生学会岩心描述,掌握岩心录井草图绘制方法。

【相关知识】

一、岩心描述

(一)岩心描述前的准备工作

在描述岩心之前应作好下列准备工作:

微课视频
岩心描述

(1)收集取心层位、次数、井段、进尺、岩心长度、收获率、岩心出筒时的油气显示情况等资料和数据。

(2)准备浓度为5%或10%的稀盐酸、放大镜、双目实体显微镜、试管、荧光灯、荧光对比系列、氯仿(或四氯化碳)、镊子、滤纸、小刀、2m的钢卷尺、手锤、劈岩心机、铅笔、描述记录本及做含水试验所用的器材。

(3)将岩心抬到光线充足的地方,检查岩心排放的顺序是否正确,如有放错位置的岩心,要查明原因,放回正确位置,并进行岩心长度的复核丈量,以免造成描述失误。

(4)检查岩心编号、长度记号是否齐全完好,岩心卡片内容填写是否齐全准确,发现问题要查明原因,及时整改。

(5)沿岩心同一轴线(尽量垂直层面),将岩心对半劈开,当长度记号被损坏时,应立即补好。

(二)岩心描述的分层原则

(1)一般长度大于或等于10cm,颜色、岩性等有变化者均需分层描述。
(2)岩心磨光面或岩心的顶、底部,或油浸级别以上的含油岩性、特殊岩性、标准层、标志层,即使厚度小于10cm,也要进行分段描述(作图时可扩大到10cm)。

(三)岩心描述的内容

岩心是研究岩性、物性、电性、含油性等最可靠的第一性资料。通过对岩心的观察描述,对于认识地下地质构造、地层岩性、沉积特征、含油气情况以及油气的分布规律等都有相当重要的意义。

1. 碎屑岩的描述

岩心描述时,首先应当仔细观察岩心,在此基础上给予恰当定名;然后,分别详细描述颜色、成分(碎屑成分和胶结物)、胶结类型、结构构造、含油情况、接触关系、化石及含有物、物理性质、化学性质等,对有意义的地质现象应绘素描图或照相。

1) 定名

采用的定名原则是:颜色—突出特征(含油情况、胶结物成分、粒级、化石等)—岩石本名,如浅灰色油斑细砂岩、浅灰色灰质砂岩、灰色含螺中砂岩。定名时,一般都将含油级别放在颜色之后,以突出含油情况,然后依次排列化石和粒度。

定名时还应注意下列几种情况:

(1) 当岩石中砾石、灰质、白云质含量在5%~25%之间时,定名时可用"含"字表示;含量在25%~50%之间时,定名中用"质"或"状"字表示,如浅灰色含白云质粉砂岩、灰色灰质砂岩、灰白色砾状砂岩等。

(2) 若岩石粒级不均一,可用含量大于50%的粒级定名,其余粒级可在描述中加以说明。除粗细砂岩外,不定复合粒级。如可定浅灰色粉细砂岩,不能定浅灰色中粗砂岩。

(3) 当同一段岩心中出现两种岩性时,都要在定名中体现出来。主要岩性在前,次要岩性在后,如浅灰绿色砂质泥岩及浅灰色粉砂岩。但对已作条带或薄夹层处理的岩性,不必在定名中表现出来。

应该强调指出的是,在定名时一定要统一定名原则,否则就失去了对比的基础。

2) 颜色

颜色是沉积岩最醒目的特征,它既反映了矿物成分的特征,又反映了当时的沉积环境。因此,对颜色的观察描述不仅有助于岩石鉴定,而且可以推断沉积环境。描述颜色时,应按统一色谱的标准,以干燥新鲜面的颜色为准。岩石的颜色是多种多样的,描述时常遇到以下几种情况。

(1) 单色:指岩石颜色均一,为单一色调,如灰色细砂岩。为表示同一颜色色调的差别,可用深浅来形容,如深灰色泥岩、浅灰色细砂岩。

(2) 单色组合(也称复合色):由两种色调构成,描述时,次要颜色在前,主要颜色在后,如灰白色粉砂岩,以白色为主,灰色次之。单色组合也有色调深浅之分,如浅灰绿色细砂岩、深灰绿色细砂岩。

(3) 杂色组合:由三种或三种以上颜色组成,且所占比例相近,即为杂色组合,如杂色砾岩。

3) 含油、气、水情况

岩心的含油、气、水情况是岩心描述的重点内容之一,描述时既要进行详细观察,做好文字记录,还应做一些小型试验,以帮助判断地层的含油气丰富程度。

(1) 含油产状:是指油在岩心纵向、横向上的分布状况。观察含油产状时,将含油岩心劈开,在未被钻井液侵入的新鲜面上,观察岩心含油情况与岩石结构、胶结程度、层理、颗粒分选程度的关系。描述时,可用斑点状、斑块状、条带状、不均匀块状、沿微细层理面均匀充满等词语分别描绘不同的含油产状。

(2) 含油饱满程度:分三种情况描述。

① 含油饱满:颗粒孔隙全部被原油充满,达到饱和状态,岩心呈棕褐色或黑褐色(视原油

颜色而不同),新鲜面上油汪汪的,出筒时原油外渗,染手,油脂感强。

② 含油较饱满:颗粒孔隙被原油均匀充填,但未达到饱和状态,颜色稍浅,新鲜面上原油均匀分布,没有外渗现象,捻碎后可染手,油脂感较强。

③ 不饱满:颗粒孔隙的一部分或不同程度被原油充填,远未达到饱和状态,颜色更强,呈浅棕褐色或浅棕色,新鲜面上发干或有含水迹象,油脂感弱。

(3)含油级别:砂岩含油级别主要根据含油产状、含油饱满程度、含油面积等综合考虑确定。胜利油田将其分为以下六个含油级别。

① 饱含油:含油面积大于或等于95%,含油饱满,分布均匀,孔隙充满原油并外渗,颗粒表面被原油糊满,局部少见不含油斑块和条带,棕褐色或黑褐色,基本不见岩石本色,疏松—松散,油脂感强,极易染手,油味浓,具原油芳香味,滴水不渗呈圆珠状。

② 富含油:含油面积在75%~95%,含油较饱满,分布较均匀,有封闭的不含油斑块或条带,棕褐色、棕黄色,疏松,油脂感较强,手捻后易染手,油味较浓,具原油芳香味,滴水不渗呈圆珠状。

③ 油浸:含油面积在40%~75%,含油不饱满,分布较均匀,黄灰—棕黄色、不含油部分见岩石本色,油脂感弱,可染手,有水渍感,原油芳香味淡,含油部分滴水呈馒头状。

④ 油斑:含油面积在5%~40%,含油不饱满、不均匀,呈斑块状、条带状或星点状,颜色以岩石本色为主,无油脂感,不染手,原油味很淡,含油部分滴水呈馒头状。

⑤ 油迹:含油面积小于5%,含油极不均匀,肉眼可见含油显示,呈零星斑点状或薄层条带状分布,基本呈岩石本色,无油脂感,不染手,略有原油味,含油部分滴水缓渗。

⑥ 荧光:肉眼看不见含油部分,荧光系列对比在六级或六级以上,颜色为岩石本色。

(4)含油、气、水实验及观察。

① 四氯化碳(CCl_4)试验:将岩样捣碎,放入干净试管内加入约两倍的四氯化碳(或氯仿),摇匀浸泡10min。若溶液变为淡黄、棕黄或棕褐、黄褐等色时,证明岩心含油;若溶液未变色,可将溶液倾在洁白干净的滤纸上,待挥发后用荧光灯照射观察滤纸上的颜色、产状并做好记录。

② 丙酮试验:将岩样粉碎,放入试管内,加两倍于岩样体积的丙酮,摇匀后,再加入与丙酮体积等量的蒸馏水。如含油,则溶液变混浊;若无油,则仍保持透明。

③ 含气试验:在地下,岩层的孔隙、裂缝空间常被液体或气体充填。岩心取出地面后。由于压力逐渐降低,岩心里的气体就要外逸。试验方法是取出刚出筒的岩心,立即冲去岩心表面的钻井液,并将岩心放入预先准备的一盆清水中进行观察,看看有无气泡冒出。若有气泡,应记录冒出气泡的部位、强弱、声响程度、气味、数量及延续时间等内容,供综合解释时参考。

④ 含油砂岩的含水程度观察:观察含油岩心劈开面的含水程度,对判断含油岩心是油层、水层或油水同层有一定实际意义。

观察时应将岩心劈开,看新鲜面上含油部分颜色是否发灰(含水时呈灰色),是否有水外渗,然后进行滴水试验。

滴水试验通常是用滴管将水滴在含油岩心的新鲜面上,观察水的渗入速度和停止渗入后所呈现的形状。通常根据渗入速度和形状可分为五级(图6-10):一级,滴水立即渗入;二级,10min内渗入,水滴呈薄膜状;三级,10min内水滴呈凸透镜状,浸润角小于60°;四级,10min内水滴呈球状,浸润角为60°~90°;五级,10min内水滴呈圆珠状或半珠状,浸润角大于90°。

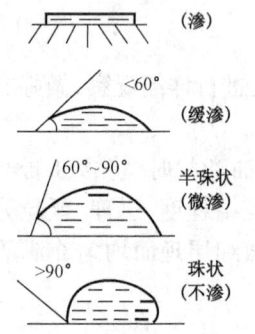

图6-10 滴水级别的划分图

油和水几乎是互不溶解的。因此,可以根据滴水试验的结果,大致确定含油砂岩中的含水程度。含水多时为一、二级,含油多时为四、五级。在油、水过渡带取心或检查井取心时,可根据滴水试验定性地了解油、水分布规律及水洗油程度。

⑤ 含油砂岩被钻井液浸入程度的观察:在用水基钻井液取心时,含油岩心被浸泡在钻井液之中。钻井液侵入岩心柱形成了侵入环。侵入环的深度和颜色变化,反映了岩层的胶结程度和亲水性能,也反映了岩层本来的含水程度,所以也叫"含油岩心水洗程度"。对于疏松、分选好的砂岩,钻井液水可以侵入很深,即侵入环很厚,有时甚至将岩心内大部分原油排出岩心,只剩下岩心柱中心含油。在岩性相同的条件下,含水多的砂岩,亲水性能好,侵入环厚;而含油多、含水少的砂岩,侵入环较薄。根据对钻井液水侵入程度的观察、分析,可以帮助判断油层、油水同层及含油水层。

⑥ 含水级别:含水砂岩的含水级别一般可分为含水和弱含水两级。

含水:岩心具明显水湿感,灰色,新鲜面有渗水现象,久置仍具有潮湿感,滴水呈薄膜状,或立即渗入,多伴有硫化氢味(地层水中含硫化氢)。

弱含水:微具水湿感,稍放后水湿感消失。

4) 矿物成分

在现场工作中,用肉眼或借助放大镜、实体双目显微镜可见的矿物成分均应描述,如石英、长石、暗色矿物、岩块、砾石等。描述时,主要矿物以"为主"表示,其余矿物含量在 30%~20% 时,用"次之"表示;含量在 10%~5% 时,用"少量"表示;含量小于 5% 时,用"微含"表示;当含量不能估计百分比时,用"少见"或"偶见"表示。

5) 结构

结构描述的内容包括粒度、磨圆度、球度、分选程度、矿物成分、胶结程度等内容。

(1) 粒度:根据颗粒直径分为砾、粗砂、中砂、细砂、粉砂、黏土六级。

砾——颗粒直径大于 1mm;

粗砂——颗粒直径 1~0.5mm;

中砂——颗粒直径 0.5~0.25mm;

细砂——颗粒直径 0.25~0.10mm;

粉砂——颗粒直径 0.10~0.01mm;

黏土——颗粒直径小于 0.01mm。

(2) 圆度:指碎屑颗粒原始棱角被磨圆的程度,分为滚圆状、圆状、次圆状、次棱角状、棱角状和尖棱角状这几个级别(图 6-11)。

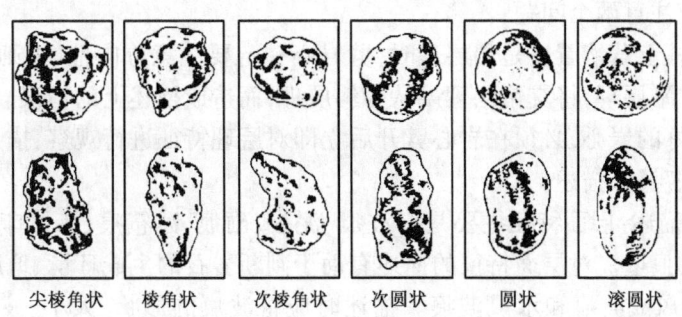

图 6-11 碎屑颗粒的圆度分级示意图

(3)球度:根据碎屑颗粒三个轴的长度比例分为球状、次球状、扁球状、长扁球状四种形状。

(4)分选程度;分为好、中等、差三级。

分选好——主要粒级颗粒含量大于75%；

分选中等——主要粒级颗粒含量约为50%；

分选差——颗粒含量均小于50%。

(5)胶结物的成分:常见的有泥质、高岭土质、灰质、白云质、石膏质、凝灰质、硅质、铁质等。

(6)胶结程度一般分为三级——松散、疏松、致密。介于两级之间而近于某级时,可在某级之前加"较"表示,如胶结较疏松。

6)构造

构造描述的内容应包括层理、层面特征、颗粒排列、地层倾角及其他特征(如擦痕、裂纹、裂缝、错动等)。其中以层理的描述最为重要。

(1)层理描述:层理除着重描述其形态、类型及其显现原因和清晰程度外,还应描述组成层理的颜色、成分、厚度;对不同类型的层理,描述重点也有所区别(图6-12)。

① 水平层理:应描述显示层理的矿物颜色和成分、粒度变化、层的厚度、界面清晰程度、连续性,界面上是否有生物碎片、云母片、黄铁矿等及其分布情况。

② 波状层理:应描述显示层理的矿物颜色和成分、界面清晰程度、波长、波高及对称性、连续性、粒度变化等内容。

③ 斜层理:应描述显示层理的矿物颜色和成分、界面清晰程度、粒度变化、顶角、底角、形态(直线或曲线)。

④ 交错层理:应描述显示层理的矿物颜色和成分、层厚度、连续性、倾角、交角、形态。

⑤ 压扁层理和透镜状层理:应描述显示层理的矿物颜色、成分、厚度、形态、对称性等。

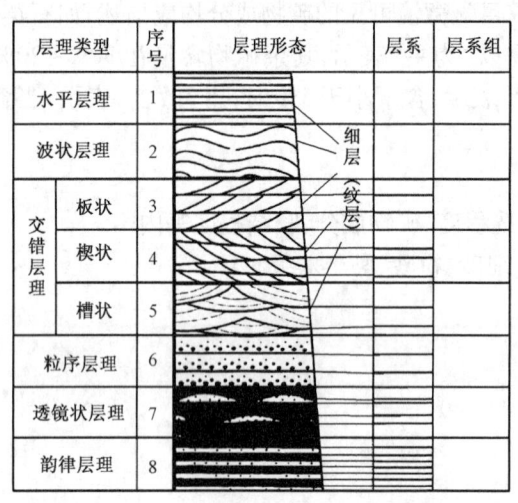

图6-12 层理的基本类型(据赵澄林等,2001)

⑥ 递变层理:描述粒度变化情况、厚度等。

描述层理时应注意两个问题:

第一,在岩心柱上若能看出是斜层理时,劈岩心一定要注意方向性,否则将岩心劈开后会将斜层理误认为水平层理,将交错层理误认为斜层理,而造成描述上的错误。

第二,含油较好的岩心,必须在岩心劈开后立即对层理特征进行观察、描述,否则层理很快会被油污染而无法辨认、描述。

(2)层面特征描述:层面特征主要是指波痕、泥裂、雨痕、冰雹痕、晶体印痕、生物活动痕、冲刷面和侵蚀下切痕迹。对层面特征的描述有助于判断岩石的生成环境、地层的顶底。

① 波痕:包括风成波痕和水成波痕。描述时应将波痕的形状、大小、波高、波长、波痕指数、对称性详细记录下来,以判断波浪的形成条件,进而推断岩层形成时的沉积环境。由于岩心柱较小,观察波痕时,有时只能见到波痕的一部分,见不到完整的波痕。在这种情况下,就应

该实事求是,见到多少描述多少,切忌生搬硬套。

②雨痕:多为椭圆或圆形,凹穴边沿耸起,略高于层面。

③冰雹痕:较大且深,形态不规则,应描述凹穴形状、大小、深度及分布情况。

④晶体印痕:应描述形状、大小、充填或交代物质的性质等。

⑤生物活动痕:应描述数量、大小、分布状况、充填物的成分、与层面的关系等内容。

⑥冲刷面和侵蚀下切痕迹:描述时应注意观察其形态、侵蚀深度,尤其要注意观察冲刷面或侵蚀面上下的岩性、构造、化石、含有物特征以及上覆沉积物中有无下伏沉积物碎块等,据此判断沉积环境,分析有无沉积间断。

(3)颗粒排列情况的描述:主要指砾石的排列情况。对砾石描述时应主要注意砾石排列有无方向性,其最大扁平面的倾向是否一致,倾角多少,以及倾向与斜层理的关系等。这些资料是判断砾石形成时沉积环境的重要依据。

砂粒排列方面应主要观察颗粒排列与成分的关系、与层理的关系,以及颗粒排列是否带韵律性特征等。

(4)对地层倾角的描述:岩心倾角的大小反映了构造的形态。在岩心中,对清晰完整的层面都应测量其倾角,并将测量结果记录下来。

此外,在描述裂缝、小错动时,应记录数量、产状,有无充填物及充填物性质等特征。

对揉皱构造、搅混构造、虫孔构造、斑点和斑块构造等都应详加描述。

7)接触关系

描述接触关系时应仔细观察上下岩层颜色、成分、结构、构造的变化及上下岩层有无明显的接触界线、接触面等,综合判断两岩层的接触关系。接触关系分为渐变接触、突变接触(角度不整合、平行不整合)、断层接触、侵蚀接触等。

(1)渐变接触:不同岩性逐渐过渡,无明显界线。

(2)突变接触:不同岩性分界明显,见到风化面时,应描述产状及特征。

(3)断层接触:在岩心中见到断层接触时,应描述产状、上下盘的岩性、伴生物(断层泥、角砾)、擦痕、断层倾角等。

(4)侵蚀接触:一般侵蚀面上有下伏岩层的碎块或砾石的沉积,上下岩层接触面起伏不平。应描述侵蚀面的形态、侵蚀深度、砾石成分及形态、分布状况等。

对在岩心上见到的断层面、风化面、水流痕迹等地质现象,应详细描述它们的特征及产状。

8)化石

对化石的描述包括化石的颜色、成分、大小、形态、数量、产状、保存情况等。

(1)颜色:与描述岩石一样,按各地统一色谱描述。

(2)成分:动物化石的硬壳部分是否为灰质或被其他物质(如硅质方解石、白云质、黄铁矿)所交代。

(3)大小:介形虫和蚌壳的长轴、短轴的长度,塔螺的高度,体螺环的直径、平卷螺的直径等。

(4)形态:化石的外形,纹饰特征,清晰程度。

(5)数量:化石数量的多少可用"少量"、"较多"、"富集"等词描述。"少量"表示数量稀少,不易发现;"较多"表示分布普遍,容易找到;"富集"表示数量极多,甚至成堆出现。描述时少量、较多、富集可分别用"+"、"++"、"+++"表示。对大化石可直接用数字表示,当量多不易指出数量时,可用较多或富集表示。

(6)产状:指化石的分布是顺层面分布,或是自身成层分布,或是杂乱分布,化石的排列有无一定方向,化石分布与岩性的关系等。

(7)保存情况:指化石保存的完整程度。可按完整、较完整、破碎进行描述。

9)含有物

含有物指地层中所含的结核、团块、条带、矿脉、斑晶及特殊矿物等。描述时应注意其名称、颜色、数量、大小、分布特征以及它们和层理的关系等。

10)物理性质

物理性质方面应描述硬度、断口、光泽、风化程度等内容。

11)化学性质

化学性质主要指岩石遇稀盐酸反应情况。现场常用浓度为5%~10%的盐酸溶液对岩心进行实验,观察并记录反应情况。反应强度可分为四级。

(1)强烈:加盐酸后立即反应,反应强烈、迅速冒泡(冒泡星多),并伴有吱吱响声,用"+++"符号表示。

(2)中等:加盐酸后立即反应,虽连续冒泡,但不强烈,响声也较小,用"++"符号表示。

(3)弱:加盐酸后缓慢起泡,冒泡数量少且微弱,用"+"符号表示。

(4)加盐酸后不冒泡,无反应,用"-"符号表示。

12)素描图

岩心中的重要地质现象或用文字无法说明的地质现象,如层理的形态特征、砾石或化石的排列情况、上下岩层间的接触关系、裂缝的分布特点、含油产状等都应当绘素描图予以说明。每幅素描图应注明图名、比例尺、所在岩心柱的位置(用距顶的尺寸表示)和图幅相对于岩心柱的方向。

2. 黏土岩的定名和描述

黏土岩主要有高岭土黏土岩、蒙脱石黏土岩、伊利石黏土岩、海泡石黏土岩、泥岩、页岩等几种类型。

1)黏土岩定名

黏土岩定名包括颜色、含油级别、特殊矿物(如硫黄)、特殊含有物、非黏土矿物和黏土矿物。

2)黏土岩的描述

黏土岩的描述的内容包括:颜色、黏土矿物成分及非黏土矿物的含量变化和分布情况、遇盐酸反应情况、物理性质、化学性质、结构、构造、含有物及化石、含油情况、接触关系等。

(1)颜色:按标准色谱确定,同时描述岩石颜色的变化及分布等情况。

(2)黏土矿物成分及非黏土矿物的成分、含量、变化等情况,并描述遇盐酸的反应情况。有机质含量较多时,应详细描述。

(3)物理性质:包括黏土岩的软硬程度、可塑性、断口、吸水膨胀性、可燃程度、燃烧气味、裂缝等。软硬程度分为软(指甲可刻动)、硬(小刀可刻动)、坚硬(小刀刻不动)三级。介于二者之间时,可用"较"字形容,如较软、较硬。

(4)化学性质:描述同碎屑岩。

(5)结构:黏土岩结构按颗粒的相对含量可分为黏土结构、含粉砂(砂)黏土结构、粉砂(砂)质黏土结构,按黏土矿物的结晶程度及晶体形态可分为非晶质结构、隐晶质结构、显晶质结构、黏土岩的结构还包括豆粒结构、内碎屑结构、残余结构等几种。

(6)构造:包括层理、泥裂、雨痕、晶体、印痕、生物活动痕迹、水底滑动等。

① 层理的描述:黏土岩多在静水或水流较微弱的环境下沉积而成,故以水平层理为主,且常具韵律性。其描述方法与碎屑岩水平层理的描述相同。

② 层面特征的描述:黏土岩层面特征指泥裂、雨痕、晶体印痕等。这些特征是判断沉积环境的重要标志。

③ 泥裂:描述时要注意裂缝的张开程度、裂缝的连通情况以及裂缝内充填物的性质,同时,还应注意上覆岩层的岩性特征。

④ 雨痕:描述时要注意雨痕的大小、分布特点以及上覆岩层的岩性特征。

⑤ 晶体印痕:描述时要注意印痕的大小、分布特点以及上覆岩层的岩性特征。

此外,黏土岩中还可见结核、团块构造、斑点构造、假角砾构造等,都应详细描述。

(7)含油情况:黏土岩一般是层面或裂缝中具有含油显示。含油级别为油浸(含油面积大于25%)、油斑(含油面积小于25%到肉眼可见到的含油显示)两级,达不到饱含油程度和含油级,并且油斑与油迹的划分界线不易掌握,荧光级显示作用意义不大,故仅采用油浸、油斑两个含油级别。应描述含油显示的颜色、产状等。

(8)含有物及化石:描述同碎屑岩。

(9)接触关系:描述同碎屑岩。

3. **碳酸盐岩定名和描述**

1)碳酸盐岩定名

碳酸盐岩的定名包括岩石的颜色、结构、构造、岩石名称。

2)碳酸盐岩的描述

碳酸盐岩的描述应特别重视裂缝、溶洞的分布状态、开启程度、连通情况和含油气产状等。描述内容包括颜色、结构组分及化学性质、构造、化石、含有物、含油程度、接触关系等内容。

(1)颜色:按标准色谱确定,还应描述颜色的变化和分布状况。

(2)结构组分:碳酸盐岩主要由颗粒、泥、胶结物、晶粒、生物格架五种结构组分组成。

① 颗粒:包括内碎屑颗粒、生物颗粒、球粒、藻粒等。描述前用浓度5%或10%的稀盐酸浸蚀岩石新鲜面2min,再用水洗净,在放大镜下观察,描述其数量、大小、分布状况。

② 泥:描述其含量及分布状况。

③ 胶结物:应描述胶结物成分、胶结类型,如泥晶胶结、亮晶胶结。

④ 晶粒:描述晶粒形状、大小等内容,如晶族状胶结、粒状镶嵌胶结。

⑤ 生物格架:描述数量、大小、形态、排列及分布状况。

(3)化学性质:描述同碎屑岩。

(4)构造:包括层理、鸟眼构造、虫孔构造、缝合线、缝、洞等。应描述构造的形态、分布状况等。

① 层理:同碎屑岩描述。

② 鸟眼构造:描述形状。

③ 虫孔构造:描述形态、直径、延伸情况、数量、与层面的关系、充填程度、充填物成分等内容。

④ 缝合线：描述数量、形态、凹凸幅度、延伸方向、与层面关系等。

⑤ 间隙缝：描述数量、大小、形态、开启程度、充填物质成分等。

⑥ 缝、洞：裂缝宽度大于2mm称为大缝，宽度为1~2mm称为中缝，宽度小于1mm称为小缝。洞包括溶洞和晶洞，孔径大于10mm称为大洞，孔径5~10mm为中洞，孔径2~5mm称为小洞，孔径小于2mm称为溶孔、针孔。孔洞被张开缝所串通，称为缝连洞；裂缝有两次充填，称为缝中缝；被充填的宽裂缝中的晶洞，称为缝中洞；不同期次的裂缝相互穿插，称为切割缝。

未被充填或未全部充填的裂缝，称为张开缝；全部被充填的裂缝，称为充填缝。

(5) 应描述缝隙的类型、数量、长度、宽度(洞为直径)、形态、充填情况、充填物成分、缝洞关系、分布状况及以层为单位统计缝洞的密度、连通程度、开启程度。

裂缝密度 = 裂缝条数 / 岩心长度　　 （条/m）

孔洞密度 = 孔洞个数 / 岩心长度　　 （个/m）

裂缝开启程度 = 张开缝条数 / 裂缝总数 × 100%

孔洞连通程度 = 连通孔洞数 / 孔洞总数 × 100%

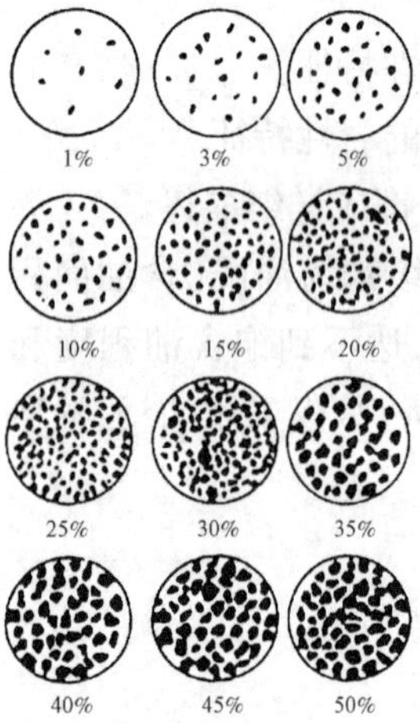

(6) 含油情况：包括岩心含油的颜色、产状、原油性质及钻遇该层时的钻时变化、槽面显示，洗岩心时的盆面显示、气测值的变化情况、钻井液性能变化情况等。碳酸盐岩含油级别的划分见表6-1。

图6-13　面洞率目测图版

表6-1　碳酸盐岩含油级别的划分

级别	含油缝洞占岩石总缝洞,%	含油产状	颜色	油脂感	气味	滴水试验
富含油	≥50	裂缝、孔洞发育，原油浸染明显，含油均匀，有外渗现象	油染部分呈棕褐或棕黄色，其他部分呈岩石本色	较强，可染手	原油芳香味很浓	油染部分不渗，呈圆珠状
油斑	<50	肉眼可见，含油不均匀，呈斑块状或斑点状	油染部分呈浅棕色或浅棕黄色，其他部分呈岩石本色	较弱	原油芳香味淡	沿裂缝孔隙缓渗
荧光	肉眼看不见	荧光系列对比在六级以上(含六级)	岩石本色	—	—	—

碳酸盐岩岩心在出筒静置8h后，必须复查含油情况。描述时，对用肉眼未发现油气显示的岩心，必须用荧光灯进行干照、滴照、系列对比。确定含油级别及产状，各项试验结果必须记录在描述中。岩心越破碎，越应仔细观察并做试验，证实是否有油气显示。

(7) 化石及含有物：描述同碎屑岩。

(8) 接触关系：描述同碎屑岩。

4. 可燃有机岩定名和描述

可燃有机岩主要指煤、沥青、油页岩等。

1）可燃有机岩定名

可燃有机岩的定名要素包括颜色、岩性等信息。

2）可燃有机岩的描述

（1）煤：主要描述颜色、纯度、光泽、硬度、脆性、断口、裂隙、燃烧时气味、燃烧程度、含有物及化石的数量及分布状况等。

（2）油页岩、碳质页岩、沥青质页岩：描述颜色、岩石成分、页理发育情况、层面构造、含有物及化石情况、硬度、可燃情况及气味等内容。

5. 蒸发岩定名和描述内容

蒸发岩包括石膏岩、硬石膏岩、岩盐、钾镁盐岩、芒硝—钙芒硝岩等几种类型。

1）蒸发岩定名

蒸发岩的定名要素包括颜色、岩性。定名时以含量大于50%的矿物命名，如石膏岩。含量小于50%时，参考其他岩石定名方式。

2）蒸发岩的描述

蒸发岩的描述包括颜色、成分、构造、硬度、脆性、含有物及化石等内容。

6. 岩浆岩定名及描述内容

岩浆岩主要有安山岩、玄武岩、花岗岩、橄榄岩、辉长岩、闪长岩、流纹岩等。

1）岩浆岩定名

根据颜色、含油级别、结构、构造、矿物成分综合命名。岩浆岩必须选样进行镜下鉴定，以鉴定后的定名为准。

2）岩浆岩描述内容

岩浆岩描述内容包括颜色、矿物成分、结构、构造、含油情况、特殊含有物等内容。

（1）颜色：应描述岩石颜色的变化及所含矿物颜色的变化、分布状况。

（2）矿构成分：描述用肉眼或借助放大镜观察到的各种矿物及含量变化。

（3）结构：包括全晶质结构、半晶质结构、玻璃质结构、等粒结构、不等粒结构、蠕虫结构等。应描述结构名称、组成某些结构的矿构成分等内容。

（4）构造：包括块状构造、带状构造、斑杂构造、晶洞构造、气孔和杏仁构造、流纹构造、原生片麻构造等。应描述组成某些构造的成分、颜色及晶洞、气孔的形状、直径、充填物成分等。

（5）含油情况：描述含油颜色、产状等情况，含油级别的划分与碳酸盐岩相同。

7. 火山碎屑岩定名和描述

火山碎屑岩包括集块岩、火山角砾岩、凝灰岩等几种类型。

1）火山碎屑岩定名

首先根据物质来源和生成方式，划分出火山碎屑岩类型，再根据碎屑物质相对含量和固结成岩方式划分岩类，然后根据碎屑粒度和粒级组分的种屑，划分基本种属，最后以碎屑物态、成分、构造作为形容词，进行定名（即颜色、含油级别、结构、岩性），例如灰色油斑凝灰岩。火山碎屑岩必须选样进行镜下鉴定。

2）火山碎屑岩的描述

火山碎屑岩的描述包括颜色、成分、结构、构造、含油气情况、化石及含有物等内容。

(1)颜色:火山碎屑岩颜色主要取决于物质成分和次生变化。常见的颜色有浅红、紫红、绿、浅黄、灰绿、灰、深灰等色。

(2)成分:火山碎屑物质按组成及结晶状况分为岩屑、晶屑、玻屑。应描述其物质成分。

(3)结构:包括集块结构(集块含量大于50%)、火山角砾结构(火山角砾含量大于75%)、凝灰结构(火山灰含量大于75%)、沉凝灰结构等。凝灰质含量小于50%时,参加其他岩性定名,如凝灰质砂岩、凝灰质泥岩等;含量小于10%时,不参加定名。另外还需描述磨圆度、分选情况等,描述同碎屑岩。

(4)构造:包括层理、斑杂、平行、假流纹、气孔、杏仁等构造,描述同碎屑岩。

(5)含油气情况:描述同碎屑岩。

(6)化石及含有物:描述同碎屑岩。

8. 变质岩定名和描述

变质岩常见的主要有片麻岩、片岩、千枚岩、大理岩等几种类型。

1)变质岩定名

根据原岩、主要变质矿物、结构、构造的特征进行分类定名,包括颜色、含油级别、变质矿物、构造、岩石基本类型。变质岩应选样进行镜下鉴定。

2)变质岩描述

变质岩的描述包括颜色、矿物成分、结构、构造、含油气情况、含有物等。

(1)颜色:应描述颜色的变化和分布情况。

(2)矿物成分:变质岩的矿构成分十分复杂,既有和岩浆岩、沉积岩共有的矿物类型,又有自身独具的矿物类型,如一些变质矿物(蓝晶石、红柱石、夕线石、阳起石、透闪石、蛇纹石、绿帘石等)。

(3)结构:主要有变余结构、变晶结构、交代结构、碎裂及变形结构。

(4)构造:主要有变余构造(包括变余流纹、变余气孔—杏仁、变余枕状、变余条带)、变成构造(包括斑点构造、板状构造、千枚状构造、片状构造、片麻状构造)、混合构造(网脉状构造、角砾状构造、眼球状构造、条带状构造、肠状构造、阴影状构造)。

(5)含油气情况:描述同碳酸盐岩。

(6)含有物:描述同碎屑岩。

二、岩心录井草图的编绘

为了便于及时分析对比及指导下一步的取心工作,应将岩心录井中获得的各项数据和原始资料(如岩性、油气显示、化石、构造、含有物及取心收获率等)用统一规定的符号,绘制在岩心录井草图上。岩心录井草图有两种,一种为碎屑岩岩心录井草图,一种为碳酸盐岩岩心录井草图。下面着重介绍碎屑岩岩心录井草图的编绘方法。

编制碎屑岩岩心录井草图的步骤如下(图6-14):

(1)按标准绘制图框。

(2)填写数据:将所有与岩心有关的数据(如取心井段、收获率等)填写在相应的位置上,数据必须与原始记录相一致。

(3)深度比例尺为1:100,深度记号每10m标一次,逢100m标全井深。

××凹陷　××井岩心录井草图

开钻日期	年　月　日	设计井深	m
取心层位		取心井段	m
岩心长度		岩心收获率	%
绘图人		审核人	

1∶100

公司　　录井队　　　　　　　　　　　　　　　　　年　月　日

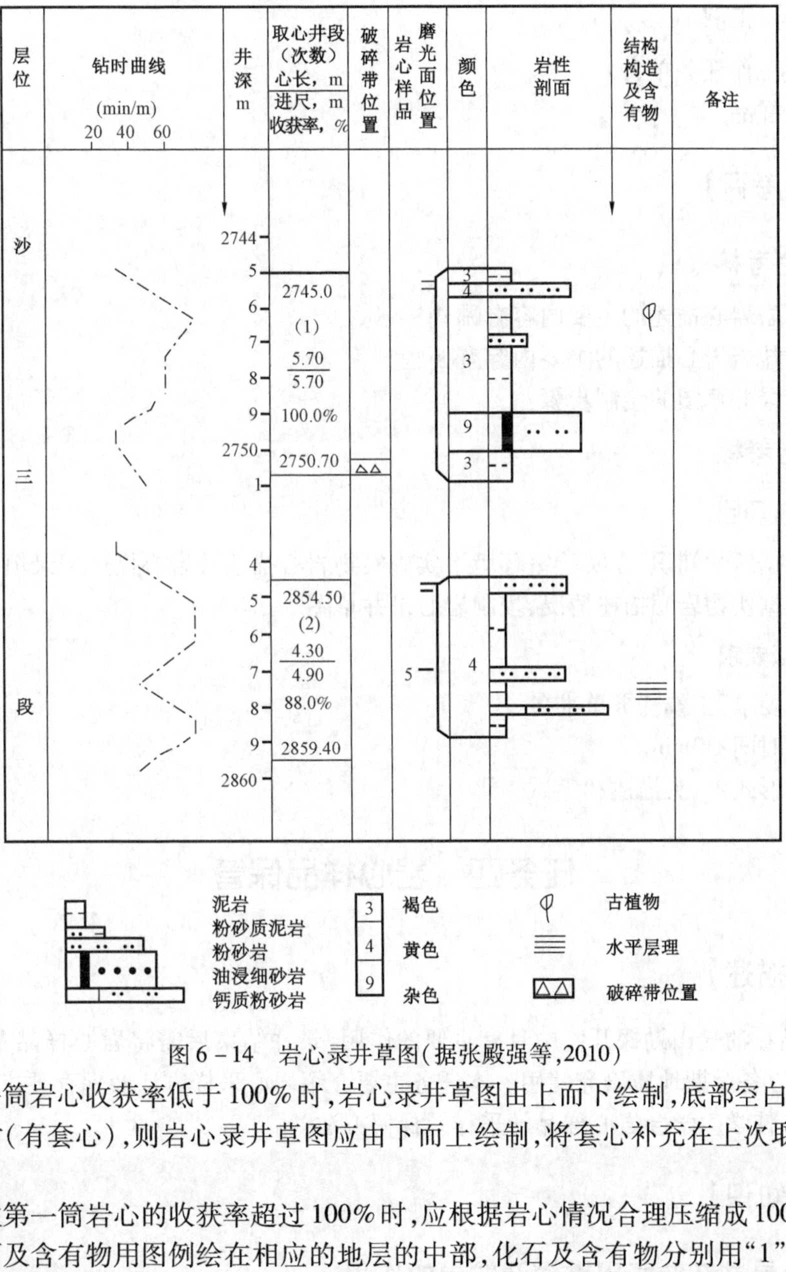

图 6－14　岩心录井草图(据张殿强等,2010)

(4)第一筒岩心收获率低于100%时,岩心录井草图由上而下绘制,底部空白;下次收获率大于100%时(有套心),则岩心录井草图应由下而上绘制,将套心补充在上次取心草图空白部位。

(5)每次第一筒岩心的收获率超过100%时,应根据岩心情况合理压缩成100%绘制。

(6)化石及含有物用图例绘在相应的地层的中部,化石及含有物分别用“1”“2”“3”代表“少量”“较多”“富集”。

(7)按该筒岩心的距顶位置,样品位置的磨损面和破碎带用符号分别表示在不同的栏内。

(8)岩心含油情况除按规定图例表示外,若有突出特征时,应在“备注”栏内描述。钻进中的槽面显示和有关的工程情况也应简略写出,或用符号表示。

【任务实施】

一、目的要求

(1)能够正确进行岩心描述;
(2)能够绘制岩心录井草图。

二、资料、工具

(1)学生工作任务单;
(2)岩心样品。

【任务考评】

一、理论考核

(1)碎屑岩岩心描述的主要内容有哪些?
(2)碳酸盐岩岩心描述的主要内容有哪些?
(3)岩心录井草图的绘制步骤?

二、技能考核

(一)考核项目

(1)请根据所学知识,在实验室环境下实施实物岩心描述及岩心描述记录填写工作。
(2)请根据实物岩心描述情况,控制岩心录井草图。

(二)考核要求

(1)准备要求:工作任务单准备。
(2)考核时间:30min。
(3)考核形式:口头描述和笔试。

任务四　岩心样品保管

【任务描述】

岩心样品在油气田勘探开发中具有重要的作用,录井结束后需将岩心样品及时送至岩心库统一保管,以备后期地质研究使用。本任务主要介绍岩心采样方法及保存要求,通过实物观察、模拟操练,使学生学会岩心样品的采样及保留方法。

【相关知识】

一、岩心录井在油气田勘探开发中的作用

岩心录井资料是可最直观地反映地下岩层特征的第一性资料。
对岩心的分析、研究可以解决以下问题:
(1)获得岩性、岩相特征,进而分析沉积环境;

(2)获得古生物特征，确定地层时代，进行地层对比；

(3)确定储集层的储油物性及有效厚度；

(4)确定储集层的“四性”(岩性、物性、电性、含油气性)关系；

(5)取得生油层特征及生油指标；

(6)了解地层倾角、接触关系、裂缝、溶洞和断层发育情况；

(7)检查开发效果，获取开发过程中所必需的资料。

二、岩心采样和岩心保留

(一)岩心采样

1. 采样要求

油浸以上的油砂每米取 10 块，油斑及以下砂岩和含水砂岩每米取 5 块。

样品长度一般 8 ~ 10cm，松散岩心取 3 ~ 8cm。

2. 注意事项

采样前首先要检查岩心顺序，核对岩心长度。

采样时应将岩心依次对好，沿同一轴侧劈开。一侧供取样用，另一侧保存。

用作含油饱和度的样品，必须在出筒后两小时内采样并封蜡。

水砂每米采一块样品，并填写标签，用纸包好。

样品必须统一编号，从第一筒岩心到最后一筒岩心顺序排列，不能一筒岩心编一次号(图 6 - 15)。

岩心样品分析项目，由地质任务书或使用单位确定。

采样完毕，应填写送样清单一式三份(两份上交，一份自存)，样品送分析化验单位。

________井岩心取样标签

取心筒次：______ 井段：______ m至 ________ m

岩样编号：______ 长度：____ m 距岩心顶：______ m

岩　　性：________________________

取样单位：________________ 取样人：________

分析单位：________________________

取样日期：________ 年 ________ 月 ________ 日

图 6 - 15　岩心取样标签

(二)岩心保管

将岩心装箱后，应按先后顺序存放在岩心房内，严防日晒、雨淋、倒乱、人为损坏、丢失。每取一个井段的岩心后应及时要求管理单位验收，验收合格后，将岩心送岩心库统一保管。入库时要求填写详细的入库清单，包括井号、取心井段、取心次数、心长、进尺、收获率、地层层位、岩心箱数等。

【任务实施】

一、目的要求

(1)能够正确填写岩心入库清单(表 6 - 2)；

(2)能够正确实施岩心入库清单的转交工作。

二、资料、工具

(1)学生工作任务单；

(2)岩心入库清单。

表6-2 ×××井岩心入库清单

序号	筒次	层位	井段,m	进尺,m	心长,m	收获率,%	盒号	块号	取样 块数	取样 长度,m

移交人：　　　　　　　　　接收人：　　　　　　　　　第　页

【任务考评】

一、理论考核

(1)请简述岩心录井的作用。
(2)请简述岩心样品采样规格要求。

二、技能考核

(一)考核项目

(1)请根据所学知识,模拟填写岩心入库清单;
(2)模拟操作岩心入库保存流程。

(二)考核要求

(1)准备要求:工作任务单准备。
(2)考核时间:10min。
(3)考核形式:口头描述和笔试。

任务五　井壁取心录井资料的整理

【任务描述】

井壁取心指用井壁取心器按预定的位置在井壁上取出地层岩样的过程。通常是在测井后进行。其目的是为了证实地层的岩性、物性、含油性以及岩电关系,在复杂岩性井段更显重要,是录井工程中常用方法之一。本任务主要介绍井壁取心原则、井壁岩心样的出筒与整理方法、井壁岩心样的描述方法,通过实物观察、模拟操练,使学生学会井壁岩心样的出筒与整理,能够正确进行井壁岩心样描述,能够填写井壁岩心样录井记录。

【相关知识】

一、井壁取心原理

取心器一般有36个孔,孔内装有炸药,通过电缆接到地面仪器上,在地面控制取心深度并点火、发射。点火后,炸药将取心筒强行打入井壁,取心筒被钢丝绳连接在取心器上,上提取心器可将岩样从地层中取出。

二、井壁取心作业

(1)井壁取心的工艺技术由现场地质人员同取心施工队伍制定,并完成作业任务。

(2)井壁取心是对油气探井完钻后,完成电测井时,视井下实际情况需要而进行的一项录井技术,由各油气田探区的勘探部(处)或相当的地质主管部门决定。

(3)录井单位和施工单位的有关技术人员在现场具体商定取心位置和取心颗数。

(4)拟定井壁取心,必须综合钻时、气测、岩屑及钻井液录井资料、电测资料,以综合测井曲线为重要依据。

(5)精心施工,确保井壁取心质量和准确的取心深度。

三、井壁取心层位的确定

井壁取心的目的是为了证实地层的岩性、含油性以及岩电关系,或者满足地质方面的特殊要求。因此,井壁取心并不是在全井或每口井都要进行,而是根据不同的取心目的选定一定的层位进行的。一般下列几种情况均应进行井壁取心:

(1)钻井过程中有油气显示但未取心的井段。

(2)证实油气层段及可疑油气层段。

(3)钻井取心收获率低,未能满足地质资料要求,或岩屑录井时漏取砂样,需要进一步落实的井段。

(4)录井资料中的岩性、含油性和电测解释中的电性不相符合的层位。

(5)某些具有研究意义的标准层、标志层以及其他特殊的岩性层位。

(6)为了满足地质特殊要求而选定的层位。如为了确定某段地层的地质时代等。

四、井壁取心位置的确定

在实际工作中,当一口井的某些层位已确定需要进行井壁取心后,还应具体确定其井壁取心的深度位置。进行这一工作,是由地质、气测、电测绘解等人员一方面根据地质设计的要求,另一方面根据岩心录井、岩屑录井、电测井中所发现的、急需解决的问题,在现场经综合分析研究确定的。还要将具体的取心位置、取心深度、取心颗数,自下而上标注在 1:200 的 0.45m 底部梯度视电阻率曲线上(个别情况也可标注在自然电位曲线上)。同时将取心顺序、深度、颗数、取心目的填写在井壁取心通知单上,以比为准进行施工。

应该指出的是,为了了解地层含油情况,取心时应优先考虑油层部位,确保重点部位都能取上岩心。在油层井段确定取心位置时,应定在电测显示最好的部位;若油层较厚,应分别在上、中、下各部位取心,以便了解油层含油性在纵向上的变化情况。有时为了了解油层的储油物性,地质设计规定每米取心 5 颗,此时只要将 5 颗取心位置均匀布置即可。

五、井壁取心的原则

(1)凡岩屑严重失真,地层岩性不清的井段均可进行井壁取心。

(2)凡应该进行钻进取心,而错过了其取心机会的井段,都应作井壁取心。

(3)油气层段钻井取心收获率太低,岩屑代表性又差,油气层情况不清时,要进行井壁取心。

(4)岩屑录井无显示,而气测有异常,电测解释为可疑层,邻井为油气层的井段要进行井壁取心。

(5)判断不准或需要落实的特殊岩性段要进行井壁取心。

(6)需要了解的具有特殊地质意义的层段,如断层破碎带、油气水界面、生油层特征等要井壁取心。

六、井壁取心质量要求

(1)取心密度依设计或实际需要而定。通常情况下,应以完成地质目的为准,重点层应加密,取出岩心必须是具有代表性的岩石。

(2)井壁取心的岩心实物直径不得小于12mm,岩心实物有效厚度不得小于5mm。若条件具备,应尽可能采用大直径井壁取心。每颗井壁取心在数量上应保证满足识别、分析、化验需要。若因滤饼过厚或枪弹打取井壁太少,不能满足要求时,必须重取。岩性出乎预料时,要校正电缆,重取。

(3)井壁取心出井后,要有效保证岩心的正常顺序,避免颠倒。应及时按出枪顺序由上而下系统编号、贴好标签,准确定名描述。及时观察描述油气水显示,选样送化验室。及时整理装盒妥善保存。岩性定名必须在井壁取心后一天内通知测井单位。

(4)井壁取心数量不得少于设计要求,收获率应达到70%以上。

(5)预计的取心岩性,应占总颗数的70%以上。

(6)确保岩心真实,严防污染。要求所用工具容器必须干净无污染。

(7)填写井壁取心清单一式两份,一份附井壁取心盒内,一份留录井小队附入原始记录中。岩心实物,现场及时观察描述完后,要及时送有关单位使用。

七、井壁取心资料的收集

(1)基本数据:取心井段、设计颗数、装炮颗数、实装颗数、实取颗数、发射率、收获率等。

(2)井壁取心粗描应包括每颗井壁取心深度、岩性定名及颜色、含油级别、岩性。

(3)壁心描述同岩屑描述,填写井壁取心描述专用记录。

(4)井壁取心情况用规范符号标在岩屑录井草图及综合录井图内。

(5)描述记录的几项统一要求:

① 井深单位用"m",取1位小数。编号由深至浅顺序。

② 荧光颜色以湿照荧光为准。系列对比浸泡溶液颜色和对比级别。

(6)系列对比浸泡溶液颜色的级别。

八、跟踪取心

跟踪井壁取心就是通过跟踪某一条测井曲线,找准取心深度,用取心器在井壁上取出岩心。目前常用的跟踪曲线有1:200比例尺2.5m底部梯度电阻率、自然电位曲线、深侧向电阻率曲线等。取心前,在被跟踪曲线上选一特征明显的曲线段,然后将带有测井电极系的取心器放到被跟踪的明显特征曲线以下,自下而上测一条测井曲线,对比跟踪图上两条曲线的幅度、形状是否一致,一致即可进行取心。若特征曲线深度不一致,则应调节跟踪图,使两条曲线深度一致,再进行取心(图6-16、图6-17)。

开始取心时,一边上提电缆,一边测曲线。当记录仪走到被跟踪曲线上的第一个取心位置时,说明井下电极系的记录点正好位于第一个预定的取心深度上,但各个炮口还在取心位置以下。为使第一个炮口与第一个取心深度对齐,还必须使取心器上提一段距离,这段上提值就是首次零长(图6-17)。首次零长就是测井电极系记录点到第一炮口中心的距离。各炮口间距为0.05m,第二个炮口的零长等于首次零长加0.05m,以下各炮口依次类推。

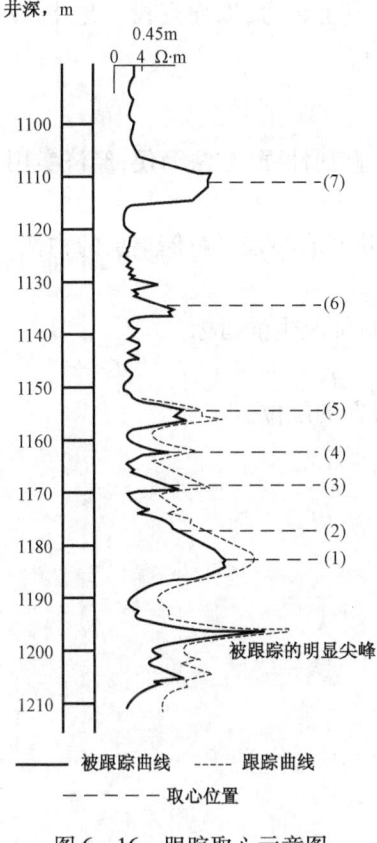

图 6-16 跟踪取心示意图

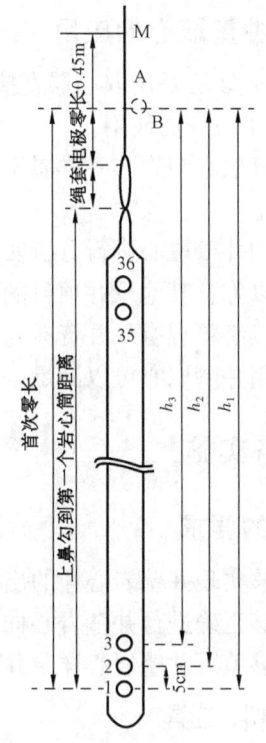

图 6-17 首次零长计算示意图

九、岩心出筒

当全部点火放炮后,即将炮身提出井口。这时工作人员应依次取下岩心筒,对号装入准备好的塑料袋中。岩心出筒时,每出一颗岩心,立即把深度标上,防止将深度弄乱。出筒时要注意不要把岩心弄碎,尽可能保持完整性。对已出筒的岩心,由专人用小刀刮去滤饼,检查岩心是否真实,岩性是否与要求相符。如不符合要求,应通知炮队重取。

十、井壁取心的描述和整理

井壁取心描述内容基本上与钻井取心描述相同。但由于井壁取心的岩心是用井壁取心器从井壁上强行取出的,岩心受钻井液浸泡、岩心筒冲撞严重,在描述时,应注意以下事项:

(1)在描述含油级别时应考虑钻井液浸泡的影响,尤其是混油和泡油的井,更应注意。

(2)在注水开发区和油水边界进行井壁取心时,岩心描述应注意观察含水情况。

(3)在可疑气层取心时,岩心应及时嗅味,进行含气试验。

(4)在观察和描述白云岩岩心时,有时也会发现白云岩与盐酸作用起泡。这是岩心筒的冲撞作用使白云岩破碎,与盐酸接触面积大大增加的缘故。在这种情况下应注意与灰质岩类的区别。

(5)如果一颗岩心有两种岩性时,则都要描述。定名可参考测井曲线所反映的岩电关系来确定。

(6)如果一颗岩心有三种以上的岩性,就描述一种主要的,其余则以夹层和条带处理。

岩心描述完后,将岩心用玻璃纸包好,连同标签一起装入井壁取心盒内,并在盒上注明井号、井深和编号。通常用红笔对有油气显示的含油岩心打上记号,以便查找。此外,应填写送样清单,并将送样清单和井壁取心描述记录送交指定单位。

十一、井壁取心的应用

由于井壁取心是用取心器直接将井下岩石取出来,直观性强,方法简便,经济实用,因此,在现场工作中被广泛使用。

(1)井壁取心与岩心一样属于实物资料,可以利用井壁取心来了解储集层的物性、含油性等各项资料。

(2)利用井壁取心进行分析实验,可以取得生油层特征及生油指标。

(3)用以弥补其他录井项目的不足。

(4)用以解释现有录井资料与测井资料不能很好解释的层位。

(5)利用井壁取心可以满足一些地质的特殊要求。

【任务实施】

一、目的要求

(1)能够实现井壁岩心样的出筒与整理;

(2)能够正确进行井壁岩心样描述;

(3)能够填写井壁岩心样录井记录。

二、资料、工具

(1)学生工作任务单;

(2)井壁岩心样品。

【任务考评】

一、理论考核

(1)确定井壁取心的原则是什么?

(2)如何确定井壁取心层位?

(3)什么叫跟踪取心?

(4)井壁取心有哪些应用?

二、技能考核

(一)考核项目

(1)井壁岩心出筒和整理;

(2)填写井壁岩心样描述记录。

(二)考核要求

(1)准备要求:工作任务单准备。

(2)考核时间:10min。

(3)考核形式:口头描述和笔试。

项目七　综合录井资料分析与解释

综合录井技术是在钻井过程中应用电子技术、计算机技术及分析技术,借助分析仪器进行各种石油地质、钻井工程及其他随钻信息的采集(收集)、分析处理,进而达到发现油气层、评价油气层和实时钻井监控目的的一项随钻石油勘探技术。应用综合录井技术可以为石油天然气勘探开发提供齐全、准确的第一手资料,是油气勘探开发技术系列的重要组成部分。

综合录井技术主要作用为随钻录井、实时钻井监控、随钻地质评价及随钻录井信息的处理和应用。

综合录井技术的特点有录取参数多、采集精度高、资料连续性强、资料处理速度快、应用灵活、服务范围广等。

在我国,综合录井技术作为一项独立的石油天然气勘探技术,是 20 世纪 80 年代才发展起来的,是一项新兴的、综合性的录井技术。我国大量推广使用综合录井仪是从 1985 年引进法国 TDC 联机综合录井仪开始的。通过逐步吸收国外先进技术,国产综合录井仪已有了长足的进步,在石油勘探中已取得了明显的效益,并将发挥更重要的作用。

【知识目标】

(1)了解综合录井录取项目;
(2)理解综合录井仪各传感器原理;
(3)了解综合录井仪各传感器安装方法;
(4)理解综合录井实时监控原理。

微课视频
综合录井

【技能目标】

(1)能正确识读综合录井仪录取参数;
(2)能正确识别常见综合录井仪传感器;
(3)能够实现综合录井资料分析应用;
(4)能够根据综合录井资料实时监控钻进。

任务一　综合录井资料认识

【任务描述】

综合录井录取参数多、采集精度高、资料连续性强,可以为石油天然气勘探开发提供齐全、准确的第一手资料,本任务主要介绍综合录井仪组成、综合录井录取参数、综合录井传感器基本原理及测量参数,通过实物观察、录井模拟器参观,使学生认识常见录井传感器,了解录井传感器原理及安装位置,理解录井参数意义。

【相关知识】

一、综合录井仪的工作流程及录井项目

随着综合录井技术的发展,综合录井仪的结构也在不断地变化。早期的综合录井仪仅有部分传感器、二次仪表及部分显示记录系统,系统结构简单,测量参数少。

我国 20 世纪 80 年代大量引进的法国 TDC 综合录井仪是一种联机型录井设备,主要有传感器、二次仪表、联机计算机系统、显示记录装置等。

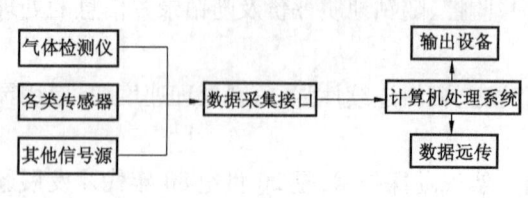

图 7-1 综合录井仪基本结构图

目前,国际、国内先进的综合录井仪在参数检测精度上有了大幅度的提高,扩展了计算机系统功能,形成了随钻计算机实时监控和数据综合处理网络,部分配套了随钻随测(MWD)系统,增加了远程传输等功能,实现了数据资源的共享(图 7-1)。

(一)基本概念

1. 传感器

传感器又称一次仪表或换能器,它用来实现从一种物理量到另一种物理量的转换,其输入信号为待用物理量,如温度、压力、电阻率等,输出信号为可以被二次仪表或计算机接收的物理量,如电流、电压等。传感器是综合录井仪的最基础部分,其工作性能的好坏直接影响着录井质量。

2. 二次仪表

二次仪表又称信号处理器,对来自传感器的信号进行放大或衰减、滤波及运算处理,将处理结果输送到记录仪、计算机及其他的出设备。因其硬件庞大、难以维护,目前先进的录井仪中已无此部分。

3. 计算机系统

计算机技术的发展及应用,使得大规模的录井数据处理成为可能。综合录井仪联机计算机担负着参数的采集、处理、存储和输出的任务。它把来自二次仪表或来自数据采集器的信息进行转换和处理,按用户规定的格式和内容进行资料的存储,以直观的方式进行屏幕显示或打印输出。其存储的资料还可以按照用户的要求,应用其他专用软件进行进一步处理,以完成地质勘探、钻井监控及其他录井任务。计算机系统是综合录井仪的核心部分,经不断地改进、完善,目前已形成多用的网络化联机计算机系统。

目前,先进的综合录井联机系统采用多用户与近程或远程工作站连接,便于数据资源的共享。

4. 输出设备

综合录井仪输出设备主要有显示器、记录仪、打印机、绘图仪等等。其用途是将二次仪表或计算机采集、处理的信息通过直观的方式呈现给用户,以进行进一步的应用。

(二)综合录井仪工作流程

各类传感器将待测物理量转变成可被二次仪表或计算机接收的物理量,这些信号被送到

二次仪表或数据采集板进行放大或衰减、滤波、模/数转换及运算处理,经初步处理的参数以模拟量被送到笔式记录仪和计算机系统处理后,由打印机输出,进行曲线(图7-2)或数字记录,作为原始资料被永久保存。同时被送到终端显示器、图像重复器等监控设备供有关工作人员随时掌握施工状况(图7-3)。计算机按一定数据格式及内容,按一定的间隔和方式将所测量的数据或处理的资料存入计算机硬盘或软盘。利用井场工作站或远程工作站对这些资料按不同的要求进行处理、解释及综合应用,并制作相应的报告和图件。录井人员及其他有关人员根据这些资料进行油气评价、实时钻井监控、指导钻井施工,达到录井目的。

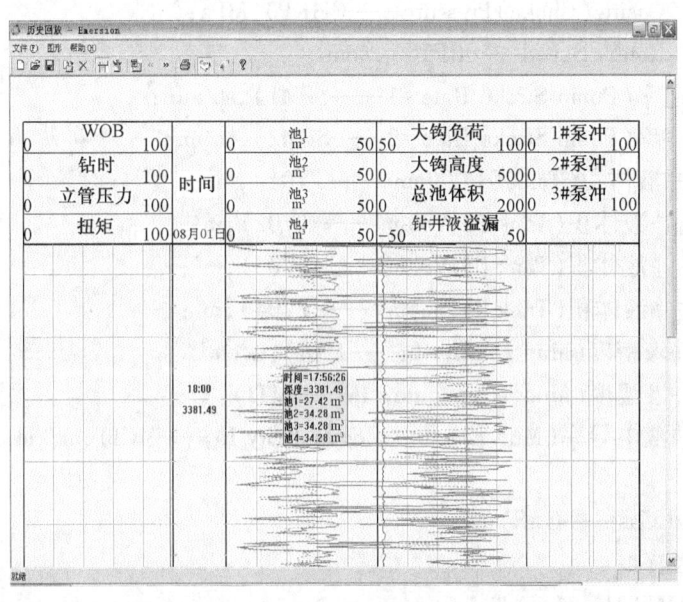

图7-2 综合录井录取曲线记录

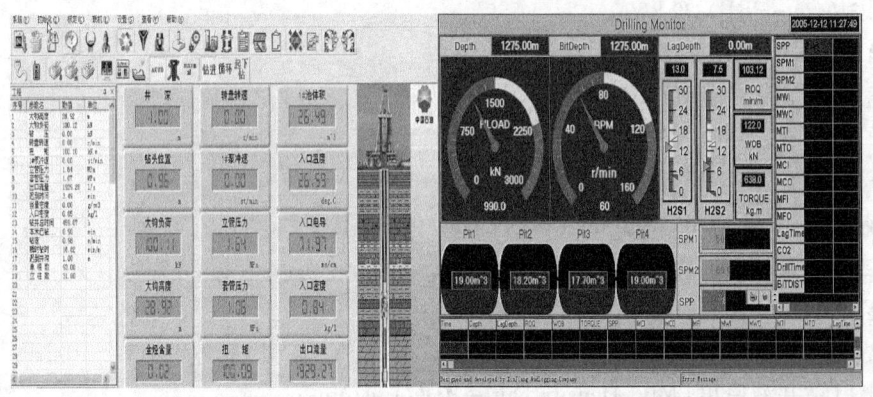

图7-3 综合录井仪录井参数数据显示及模拟监测画面

(三)综合录井仪的录井项目

按测量方式的不同,综合录井测量项目可分为直接测量项目、基本计算项目、分析化验项目及其他录井项目。

1. 直接测量项目

直接测量项目按被测参数的性质及实时性可分为实时参数和迟到参数。

1) 实时参数

(1) 大钩负荷(Hook Load/WOH——HKL),kN;

(2) 大钩高度(Hook Height——HKH),m;

(3) 转盘扭矩(Rotary Torque——TORQ),kN;

(4) 立管压力(Standpipe Pressure——SPP);MPa;

(5) 套管压力(Casing(Choke)Pressure——CHKP),MPa;

(6) 转盘转速(Rotary Speed——RPM),r/min;

(7) 1号泵冲速率(Pump Stroke Rate #1——SPM1),st/min;

(8) 2号泵冲速率(Pump Stroke Rate #2——SPM2),st/min;

(9) 1号池钻井液体积(Tank 01 Volume——TV01),m^3;

(10) 2号池钻井液体积(Tank 02 Volume——TV02),m^3;

(11) 3号池钻井液体积(Tank 03 Volume——TV03),m^3;

(12) 4号池钻井液体积(Tank 04 Volume——TV04),m^3;

(13) 入口钻井液密度(Mud Density In——MDI),g/cm^3;

(14) 入口钻井液温度(Mud Temperature In——MTI),℃;

(15) 入口钻井液电导率(Mud Electro—Conductivity In——MCI),mS/m。

2) 迟到参数

(1) 全烃(Total Gas——GAS),%;

(2) 烃类气体组分:

① 甲烷(C_1 – METH),%;

② 乙烷(C_2 – ETH),%;

③ 丙烷(C_3 – PRP),%;

④ 异丁烷(iC_4 – IBUT),%;

⑤ 正丁烷(nC_4 – NBUT),%;

⑥ 异戊烷(iC_5 – IPENT),%;

⑦ 正戊烷(nC_5 – NPENT),%;

(3) 硫化氢(Hydrogen – Sulfide – H_2S),%;

(4) 二氧化碳(Carbon – Dioxide – CO_2),%;

(5) 氢气(Hydrogen – H_2),%;

(6) 氦气(Helium – He),%;

(7) 出口钻井液密度(Mud Density Out – MDO),g/cm^3;

(8) 出口钻井液温度(Mud Temperature Out – MTO),℃;

(9) 出口钻井液电导率(Mud Electro – Conductivity Out – MCO),mS/m;

(10) 出口钻井液流量(Mud Flow Out – MFO),%。

2. 基本计算项目

(1) 井深(Depth Hole):

① 标准井深(Depth Hole——DMEA),m;

② 垂直井深(True Vertical Depth——TVD),m;

③ 迟到井深(Depth Reture——DRTM),m;

(2)钻压(Weight on Bit——WOB),kN;

(3)钻时(Time of Penetration——TOP),min/m;

(4)钻速(Rate of Penetration——ROP),m/h;

(5)钻井液流量(Mud Flow——MF),L/s;

(6)钻井液总体积(Tank Volume(Total)——TVT),m³;

(7)迟到时间(Lag Time/LAG B——S),min;

(8)dc 指数(Corr. Drilling Exponent——DXC),无量纲;

(9)Sigma 指数(Sigma Exponent——SIGMA),无量纲;

(10)地层压力梯度(Formation Pore Pressure Graduation——FPPG),g/m³;

(11)破裂地层压力梯度(Formation Fracture Pressure Graduation——FFPG),g/m³;

(12)地层孔隙度(Formation Porosity——PORO),%;

(13)每米钻井成本(Cost——COST),元/m。

3. 分析化验项目

(1)页岩密度(Shale Density——SDEN),g/cm³;

(2)灰质含量(Calcimetry Calcite——CCAL),%;

(3)白云质含量(Calcimetry Dolomite——CDOL),%。

4. 其他录井项目

其他录井项目有岩屑(Cutting)、岩心(Core)、随钻随测(MWD)、电测井(E. Log)等。随着综合录井技术的不断发展,综合项目和服务范围也在不断扩展。

二、综合录井仪传感器

(一)深度测量系统

深度测量系统主要用于测井深、悬重等与井深及悬吊系统重量有关的参数。主要有以下功能:

可以测量悬重、钻压、大钩高度、钻头位置、井深、钻时、钻速、管具等参数,用于判断大钩重载、大钩轻载(或称坐卡瓦)、钻头离井底等钻井状态,并可向记录仪发送时间及深度记号。

该系统有两个传感器,即绞车传感器和大钩负荷传感器(悬重传感器),分别用于测量井深及悬重。通过换算可得到其他参数,如钻压、钻时等。

1. 绞车(深度)传感器

1)工作原理

绞车(深度)传感器(图7-4)通过检测钻井过程中绞车转动所产生的角位移,自动识别转角的正反向。在传感器中安装有两个位移角度相差 90°的电磁感应开关,在其轴上安装有 20 齿等距金属片,用以切割电磁感应开关的磁力线,使开关输出脉冲。

2)绞车传感器现场安装方法

(1)传感器安装在绞车滚筒的导气龙头轴端(图7-5)。

图7-4 绞车传感器

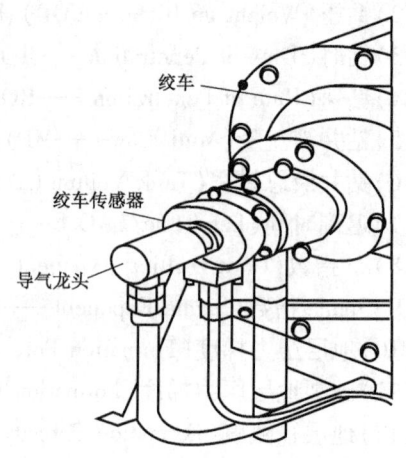

图7-5 绞车传感器安装位置示意图

(2)卸下绞车滚筒轴端导气密封接头。
(3)将传感器用自备转换接头拧在轴端上。
(4)将气密封接头拧在转换接头上。
(5)将对接电缆插头接上。
(6)将绞车传感器的引线杆和气管固定。

3)传感器安装注意事项
(1)安装时要严格佩戴安全防护用品。
(2)安装前通知技术员,确保天车处于静止状态。
(3)防止水直接接触传感器。
(4)连接电缆捆扎时应放有余量。
(5)发现绞车转动方向与显示大钩位置相反时,设置安全隔离栅上的SW1开关位置。
(6)安装时要按高空作业规程执行,定期检查,确保无松动。

2. 大钩负荷传感器

1)工作原理

大钩负荷传感器(图7-6)是用来测量悬吊系统的负荷。它是将液压压力应变信号通过放大和电压与电流变换电路,将压力信号转换成4~20mA电流信号。

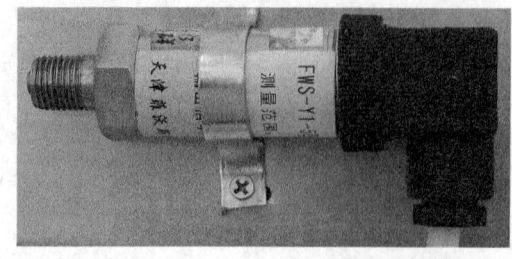

图7-6 大钩负荷传感器

2)现场安装

现场安装时将传感器快速接头和悬吊系统的死绳固定器的加液快速接头相连即可。

3)传感器安装注意事项
(1)安装时要严格佩戴安全防护用品。
(2)安装时要通知钻井工程技术人员,安装后要供压检查不漏油。
(3)在接线时不要将正、负极接反。

(4)快速接头之间的油路应当畅通。
(5)安装前通知司钻,确保大钩静止且处于轻载状态。

(二)立管压力及套管压力传感仪

立管压力又称泵压,是计算钻井水力参数及压力损失的一项重要参数。在钻井施工中,正确地控制立管压力,对于提高钻井效率具有重要意义。此外它还是反映钻井安全的重要参数,可以反映钻具刺穿、钻具断裂或脱落、钻头水眼堵塞及泵故障等多种地下或地面情况。立管压力在综合录井联机系统中是用于钻井状态判断的必不可少的参数之一。

套管压力是反映地层压力的一个重要参数,套管压力传感器的工作原理与立管压力传感器完全相同。

立管中的高压钻井液进入与其直接相连的压力转换器,转换成油压传递给通过高压软管相连或直接相连的压力传感器。

1. 立管压力传感器

1)工作原理

立管压力传感器是由压力隔离缓冲器和压力传感器组成,是用来测量立管中的钻井液压力。首先钻井液通过隔离缓冲器将钻井液压力变换成液压油压力信号给压力变送器,再变换成电信号。

2)现场安装

(1)拧下立管上堵头。
(2)将缓冲器的接头接上,用管钳拧紧密封。
(3)装上缓冲器,用大锤使其密封。
(4)用高压液压管线将压力变送器和缓冲器通过快速液压接头相连。
(5)将手动加油泵液压管线和压力变送器通过快速液压接头相连,打开缓冲器液压室排气孔,为缓冲器充油,在排空其中空气后,关闭排气孔,继续为缓冲器充油,使其中隔离套向中间鼓起。
(6)开泵试压时检查应无钻井液漏出,液压室无漏油。

传感器接线方法与大钩负荷传感器相同。

2. 套管压力传感器

1)工作原理

套管压力传感器(图7-7)是由压力隔离缓冲器和压力传感器组成,是用于将测量套管中气体压力变换成液压油压力信号给压力变送器,再变换成电信号。

2)现场安装

(1)拧下放喷管线上堵头。
(2)将缓冲器的接头接上,用管钳拧紧密封(图7-8)。
(3)试压时检查应无漏气、液压室无漏油。

图7-7 套管压力传感器

(三)转盘扭矩传感仪

转盘扭矩是反映地层变化及钻头使用情况的一项重要参数。
转盘扭矩的检测方式有液压式、霍尔效应式(电扭矩)等。

1. 液压扭矩传感器

液压扭矩传感器包括一个压力转换器和一个压力传感器。

1) 工作原理

压力转换器由承压轮(过桥轮)、承压室、液压软管及支架等组成。安装在钻机传动链条下面,链条移动时带动承压轮转动。当转盘扭矩增大时,柴油机负荷增大,链条拉紧,承压轮向下移动,承压室内的液压油被挤加压,通过液压软管将压力传递到压力传感器,再由压力变送器变换成 4~20mA 的电信号。

2) 现场安装(图 7-9)

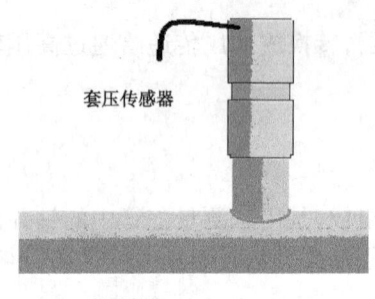
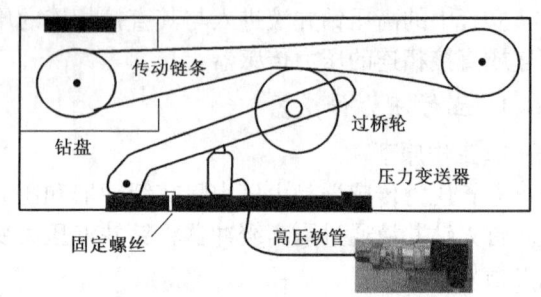

图 7-8　套管压力传感器安装位置示意图　　图 7-9　液压扭矩传感器安装位置示意图

(1)打开转盘链条盒,在链条正下方的位置焊装一个固定过桥轮装置的平台,高度距离链条 50cm。

(2)安装过桥装置时,使轮子和链条平行,能使链条刚好和轮子的凹凸槽相吻合,将传感器底部的固定钢板装置固定。

(3)将压力变送器和过桥装置液缸的液压管线通过快速接头相连。

(4)用手动加油泵为液缸加液压油,使轮子和转轮链条接触,并刚好使链条绷直即可。

传感器接线方法与大钩负荷传感器相同。

2. 电扭矩传感器

1) 工作原理

电扭矩传感器是根据导体周围的磁场大小来测量电流的大小,用于测量驱动转盘电动机的电流变化来代表转盘扭矩变化。

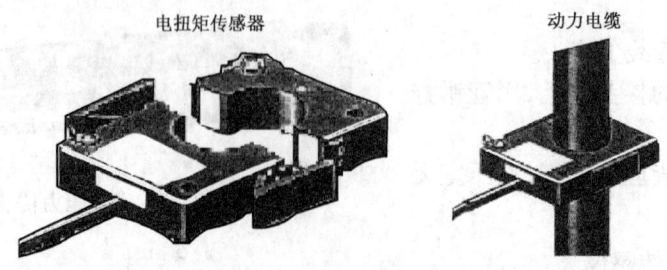

图 7-10　电扭矩传感器安装示意图

2)现场安装(图7-10)

(1)将传感器按正确电流方向卡在驱动转盘直流电动机的电缆上即可。

(2)安装时通知电气工程师,确保安装方向正确。

(四)泵冲速传感器

泵冲速指单位时间内钻井泵作用的次数,单位为次数/min。它是计算钻井液入口排量及钻井液迟到时间的重要参数,还可用于判断泵故障,与立管压力等参数综合分析,可以判断井下钻具事故等。

1. 工作原理

泵冲速传感器(图7-11)是一种邻近传感器,外形为长柱形,前端装有邻近探测头。

钻井泵工作时,其活塞作往复运动,安装在活塞上的金属片交替地通过探测头前方,使探测头电路输出一系列高电压与低电压相间的脉冲信号,这些脉冲信号被送到信号处理放大器和单稳线路中加以处理,从而得出"不探测"(高电压)和"探测"(低电压)的脉冲信号。

2. 泵冲传感器现场安装(图7-12)

泵冲传感器用传感器固定支架安装在钻井泵活塞处,调整感应平面和活动金属片距离≤20mm。

图7-11 泵冲速(转盘转速)传感器

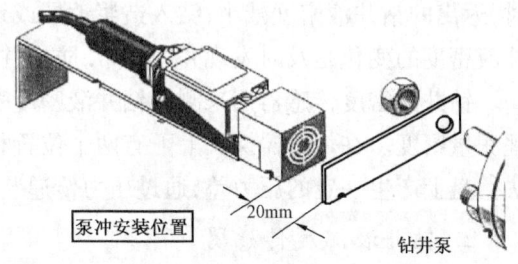

图7-12 泵冲传感器安装示意图

(五)转盘转速传感器

转盘转速为单位时间转盘转动的因数,单位为 r/min。它是进行钻井参数优选、钻井状态判断及地层可钻性校正和气测资料环境因素校正的必不可少的资料。

转盘转速传感器工作原理同泵冲速传感器。

转盘转速传感器现场安装(图7-13):将转盘转速传感器用传感器固定支架安装在转盘转动之处,调整感应平面和转盘带动的金属片距离≤20mm。

(六)钻井液性能传感器

钻井液性能传感器包括钻井液密度传感器、钻井液温度传感器和钻井液电导率传感器(图7-14),传感器均安装在钻井液槽内。

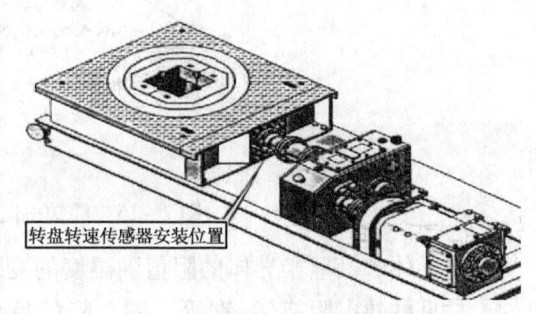

图7-13 转盘转速传感器安装示意图

— 111 —

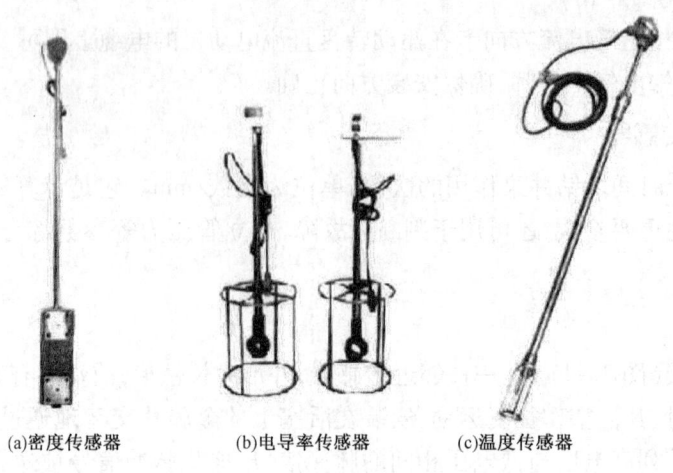

(a)密度传感器　　　(b)电导率传感器　　　(c)温度传感器

图 7-14　几种钻井液性能传感器

1. 钻井液密度传感器

钻井液密度是实现平衡钻井、提高钻井效率的一项重要的钻井液参数，也是反映钻井安全的重要参数。在正常情况下，泵入井内和从井内返出的钻井液密度应相等。但当有流体侵入时，返出的钻井液密度减小；钻入造浆地层或地层失水过大时，会引起密度增加。因此，监测钻井液密度的变化是及时发现井内异常，防止井喷、井漏等事故发生的重要手段。

钻井液密度传感器用来测量钻井液密度变化，利用两种不同深度的压差与密度有关的原理测量密度。在传感器探头上下有两个位置相对固定的法兰盘，当探头放入钻井液后，在两个法兰盘上产生一定的压力差，通过压力传递装置送给信号转换器，输出一定的电流信号。

2. 钻井液温度传感器

钻井液温度是在地面检测的进出口钻井液温度，是反映地层温度梯度的参数。根据钻井液温度变化可判断井下侵入流体的性质及地层压力变化情况。

常见的钻井液温度传感器是一个热电阻式传感器，它是由纯铂(Pt)电阻丝感应头（图 7-15）、绝缘导管组成。

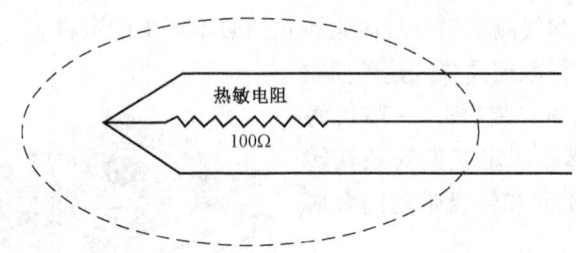

图 7-15　纯铂电阻丝感应头工作原理

金属导体和某些半导体的阻值随温度的变化而变化，热电阻传感器就是根据这一原理制成的。常见的热电阻有铂、铜等。铂电阻的特点是精度高、稳定性好，在温度不太高时(0~630.74℃)，其阻值与温度存在近似线性关系，线性度好。

感应头的铂阻丝经过热处理,并密封到一个耐热玻璃筒中,经调节使其阻值与温度保持良好的线性关系,测量中将检测到的 0~100℃ 温度变化转化为 100~138.5Ω 的电阻变化,转换为 4~20mA 电流信号,从而实施模拟记录。

3. 钻井液电阻(导)率传感器

钻井液电阻(导)率是分析评价地层流体性质的一个重要参数,同时是检测钻井液中矿化度的基本方法。

电阻(导)率传感器由两个线圈组成的感应元件、温度补偿元件及支架等组成,见图 7-16。

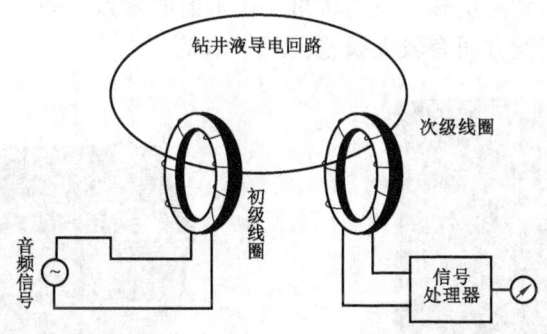

图 7-16 钻井液电导率传感器工作原理

感应元件的两个线圈,一个称为初级线圈,一个称为次级线圈。给初级线圈提供一个 20kHz 的交变电流驱动信号,在其周围产生一个交变电磁场,在次级线圈中感应出电流。当传感器处于空气中时,由于空气的电导率很小,在次级线圈中感应出的电流就小。设想有一根导线通过两磁环而闭合,那么初级线圈中磁通的变化会在该闭合导线中感应出电流,而该电流又会在次级线圈中感应出电信号,而且次级线圈中感应电动势的大小取决于闭合导线中电流值。当初级线圈中所加的交流电压一定时,该电流值的大小又由闭合导线的电流值决定。综上所述,次级线圈感应电势的大小完全取决于闭合导线的电阻值,这种情况的等效电路如图 7-16 所示。这两个线圈和导线可以看作是两个理想变压器。如果把初级线圈置于钻井液中,则钻井液就起了闭合导线的作用。在理想情况下,次级线圈的输出电压的大小与钻井液的电阻率成反比。传感器的温度补偿装置,补偿了由于温度变化而产生的电阻率的变化。

(七)钻井液体积传感器

在钻井液循环过程中,连续地监测钻井液体积是及时发现钻井液增加或减少的基本方法,钻井液体积变化是预报井喷、井漏,保证钻井安全的必不可少的资料。

目前,检测钻井液体积的传感器有浮子式、超声波式、雷达式等。通过检测钻井液池液面的高度,进而计算出钻井液的体积。

1. 超声波钻井液体积传感器工作原理

钻井液池体积传感器用于测定钻井液池内的钻井液液面的绝对深度。从换能器发射出一系列超声波脉冲,每一个脉冲由液面反射产生一个回波并被换能器接收,并采用滤波技术区分来自液面的真实回波及由声电噪声和运动的搅拌器叶片产生的虚假回波,脉冲传播到被测物并返回的时间经温度补偿后转换成距离。

2. 现场安装

在探头下方钻井液罐面预先割一直径约 20cm 见方口,将钻井液超声波传感器固定在金属支架上,距离钻井液罐面 30cm 高度(图 7-17)。

(八)出口流量传感器

1. 工作原理

出口流量传感器用来测量钻井液槽出口内钻井液流量。利用流体连续性原理和伯努利方程及挡板受力分析,可得到流量和电位器转角变化阻值的函数关系。本传感器在使用时只研究相对变化,测量绝对流量方面有较大误差(图 7-18)。

图 7-17 钻井液体积传感器安装示意图

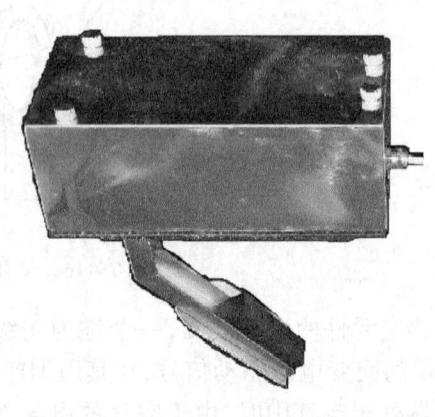
图 7-18 钻井液出口流量传感器

2. 现场安装(图 7-19)

(1)传感器安装在钻井液槽出口处,根据钻井液槽深度调整挡板下放高度。
(2)安装前要先在钻井液导管正上方,割一长方形开口,大小按照传感器实际大小测量。
出口流量传感器的接线方法与立管压力传感器相同。

(九)硫化氢传感器

1. 工作原理

硫化氢传感器(图 7-20)用于测量井口、仪器房等处空气中的 H_2S 浓度含量,利用硫化氢中的氢硫离子产生的电化学反映原理来测量硫化氢的浓度变化。

2. 现场安装

(1)硫化氢传感器安装在仪器房内,串联在样品气进气管线中进行检测。
(2)硫化氢传感器以开放式安装在井口处。
(3)硫化氢传感器以开放式安装在钻井液振动筛下方钻井液池开口处。
硫化氢传感器的接线方法与立管压力传感器相同。

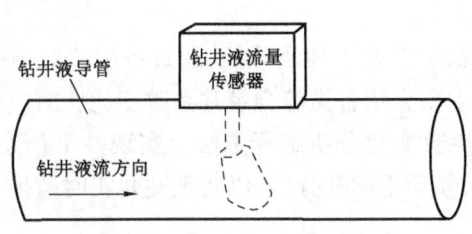

图7-19 钻井液出口流量器安装示意图

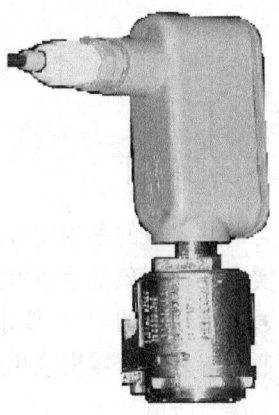

图7-20 硫化氢传感器

【任务实施】

一、目的要求

(1)认识综合录井组成；
(2)认识常见综合录井传感器,理解传感器测量原理。

二、资料、工具

(1)学生工作任务单；
(2)综合录井传感器；
(3)综合录井仪。

【任务考评】

一、理论考核

(1)综合录井技术的定义、作用及特点是什么？
(2)什么是传感器？什么是二次仪表？
(3)简述综合录井仪的基本结构及工作流程。
(4)综合录井仪有哪些直接测量项目？
(5)简述绞车传感器的工作原理。
(6)简述霍尔效应扭矩传感器工作原理。
(7)简述压差式钻井浓密度传感器测量原理。

二、技能考核

(一)考核项目

(1)综合录井仪参观；
(2)综合录井传感器识别。

(二)考核要求

(1)准备要求：工作任务单准备。
(2)考核时间：30min。
(3)考核形式：参观学习和口头描述。

任务二 综合录井实时钻井监控

【任务描述】

综合录井录取的参数间接反映着井的技术状况及井下地质特征,通过各项参数值变化特征即可实现井下现象及地质信息识别。本任务主要介绍各类综合录井参数变化所对应的可能原因。通过本任务的学习,要求学生掌握不同参数变化分析解释方法。实现井下信息判别。教学中通过录井模拟器模拟相关数据变化特征,使学生学会分析,以实现钻井实时监控。

【相关知识】

根据综合录井资料组合,结合计算机处理资料随钻分析判断钻井状态,可以指导钻井施工,进行随钻监控,提高钻井效率,保证安全生产,避免钻井事故的发生。

一、实时钻井监控原理

钻井过程中的最重要的五项实时监控项目是:快钻时或钻进放空、钻井液体积的增加/减少、钻井液流量的增加/减少、钻井液密度的变化及油气显示。

(1)导致以上五项参数变化的原因见表7-1。

表7-1 录井参数变化及可能原因

参数变化	可能原因
快钻或钻进时钻空	低阻抗力地层(较软,孔隙度/渗透率增加,欠压实地层)储层
钻井液的体积增加/减少	由于流体的侵入而增加,由于地层漏失而降低,由于地面流体的稀释而降低,由于地面损失而降低
钻井液的流量增加/减少	由于流体的侵入而增加,由于地层漏失而降低,由于地面流体的稀释而降低,由于泵的故障而降低
钻井液密度升高,降低	由于地面钻井液的稀释而变化,由于流体的侵入而降低,由于水的流失而增加,由于地层流体的污染而变化
气体含量的增加	接单根/起下钻,释放气体,生产气体,重循环气体,污染气体

(2)钻速变化(瞬间变化)的原因及处理措施见表7-2。

表7-2 钻速变化的原因及处理措施

描述	可能原因	检查/咨询	措施
钻进放空(快钻时)	假信号;低阻抗力地层(砂层,盐层层);欠压实储层	传感器电缆,属性对比	按照客户的指示进行流量检查,按照地质师的指示将井底物质循环出来
钻时突然变大	电缆粘连或传感器故障;钻头磨损;泥包钻头;地层变化	对比岩性;扭矩增大,扭矩减小;扭矩及先前的岩性	维修或重新放置,通知甲方通知地质师

(3)钻井过程中钻井液池液面变化(瞬间变化)的原因及处理措施见表7-3至表7-5。

表7-3 钻井液体积增加的原因及处理措施

描述	可能原因	检查/咨询	措施/通知
较慢和正常,0.5~3m³/h,波动<1m³/h	地面水或钻井液的加入;水或油的低速侵入;气体侵入;浮船运动;钻井液搅拌器	钻井液池/钻工;阻抗/气体/流速记录;阻尼系数	注意体积图表;通知司钻/甲方;如果需要,重置传感器,以减小变化
快而小,1到3m³/h	水或者流体的侵入;气体侵入(可能有先前气体膨胀的缓慢增加)	泵冲/压力记录;司钻/钻工;钻速/气体/流速/密度/阻抗/H_2S记录	注意与图表有关的体积和钻井液池的变化;通知司钻、甲方代表、地质师,注意图表上的体积变化
快速且较大>20m³/h	停泵;钻井液转移;水或油的侵入;气体侵入	泵冲/压力记录;钻工;钻速/气体/流速/密度/阻抗/H_2S记录	注意与图表有关的体积和钻井液池的变化;通知司钻、甲方代表、地质师,注意图表上的体积变化

表7-4 钻井液体积无变化的原因及处理措施

描述	可能起因	检查/咨询	措施/通知
无变化	流速很缓慢;漂流物的阻塞;传感器安装在活动钻井泵循环系统以外;设备故障	钻速记录;钻井液池;钻工	清洗、重置或维修传感器

表7-5 钻井液体积下降的原因及处理措施

描述	可能原因	描述/咨询	描述/通知
慢且规则,0.5~3m³/h	井眼体积正常增加;除泥设备工作;在裸眼井口由于过滤作用形成流失	钻开井同钻井眼体积下降量之比;钻工	钻井液工维修
快速下降	钻井液被转移没有被安装;传感器的钻井液池;正常循环路线由旁器替代;在地面上的损失;在裸眼井中部分或全部漏失到地面	泵冲/压力记录;钻工;钻速/流速/密度	注意图表上的体积变化;通知司钻、甲方代表、钻井液工程师

(4)接单根过程中钻井液池液面变化(瞬间变化)的原因及处理措施见表7-6至表7-8。

表7-6 接单根过程中钻井液体积增加的原因及处理措施

描述	可能起因	检查/咨询	描述/通知
瞬间的变化达到3m³/h	接单根时停泵	泵冲/压力记录	钻工/钻井液工程师
恢复钻速以后	钻井液流入或转移;接单根时的抽汲	钻工/钻井液工程师;钻井液密度,钻井液黏度	注意表上的体积增加和通知接单根时的全烃图;通知钻工/钻井液工程师

表7-7 接单根过程中钻井液体积不变的原因及处理措施

描述	可能原因	检查/咨询	措施/通知
当关泵时没有体积变化	设备故障；传感器安装在循环系统外	传感器位置/操作	清洁、重置或维修传感器

表7-8 接单根过程中钻井液体积下降的原因及处理措施

描述	可能起因	检查/咨询	措施/通知
瞬间的变化达到$4m^3/h$	重新开泵	泵冲/压力记录	注意图表体积变化
恢复钻井以后	在地面上的损失；由于正压力差造成的地层漏失	司钻；泵冲/压力/流速记录	注意图表体积变化；通知司钻/地质师

(5)在起下钻过程中钻井液池液面变化(瞬间变化)的原因及处理措施见表7-9至表7-11。

表7-9 起下钻过程中钻井液体积增加的原因及处理措施

描述	可能原因	检查/咨询	措施/通知
起钻过程中的增加	钻井液混入或转移；井涌的开始（由于正压力差或抽汲）	钻井液工程师；井眼充填体积（对钻具移开后的补偿）；大钩速度	注意图表体积变化；通知司钻/甲方代表；如果需要，应关井循环
钻具在井眼中运动过程中的增加	替换钻井液的钻具体积；井涌开始	钻井液工程师；相当的钻具体积与钻井液池容积的增加量；替换量	注意图表体积的变化；通知司钻/甲方代表；如果需要，应关井循环

表7-10 起下钻过程中钻井液体积不变的原因及处理措施

描述	可能原因	检查/咨询	措施/通知
起下钻过程中没有体积变化	一个或多个传感器故障；起下钻池/活动钻井液循环	传感器/地质师	维修传感器

表7-11 起下钻过程中钻井液体积下降的原因及处理措施

描述	可能起因	检查/咨询	措施/通知
起钻	不能快速替换由于钻具起出造成的空间；相当的钻具体积与钻井液池液面的减少量	钻井液体积变化量	注意图表体积的变化；通知司钻/地质师
钻具在井眼中运动时引起的下降	地面损失；地层中的漏失(由于急救)	起下钻池/活动钻井液循环；替换体积；大钩速度	注意图表体积的变化；通知司钻/地质师

(6)全烃及组分变化(迟到)的原因及处理措施见表7-12。

表7-12 全烃及组分变化的可能原因及处理措施

描述	可能起因	检查/咨询	措施/通知
背景气	冷钻井液含气	钻井液配比；全烃组分变化范围；钻井液工程师	测量背景气值，排除影响；通知甲方代表/地质师/钻井液工程师
热导全烃的负值	检测器故障；高钻井液黏度；在混合样气中有CO_2和N_2	色谱组分	维修或重新校正全烃检测器
接单根气(在单根后一个迟到时间内有限的增加，接着是背景气回到正常)	钻杆运动中的抽汲动作	烃基线变换时间；理论迟到时间；以先前的峰值和后面的气体峰值进行校正	通知司钻/地质师；观察峰值开始出现和峰值变化
起下钻气(经起下钻恢复循环后的一个迟到时间内气体的增加)	钻杆运动中的抽汲动作	烃基线偏移；以先前的峰值和后面的气体值进行校正	通知司钻/地质师；观察峰值开始出现后和峰值变化
快钻时后一个迟到时间内的增加(然后回到背景气水平)	由于钻入大孔隙的岩层或破碎岩石体积增加而释放出来的气体	岩层的岩性/样品的荧光性/烃类的百分含量	通知地质师/甲方代表；注意背景气/最大值/平均值含量
快钻时后一个迟到时间内的增加(然后连续维持高值)	从负压力的渗透性岩层中释放出气体	钻井液池体积/流速/钻井液密度/样品的荧光性/钻杆地层压力	通知司钻/甲方代表/地质师；注意背景气/最大值
没有接单根气	钻井液的密度超重；地层孔隙度/渗透率很低	估计破裂压力梯度	通知甲方代表/钻井液工程师
先缓慢增加然后再降低(与接单根和快钻时无关)	循环气体/污染气体	与循环周期有关钻井液工程师	注意图表上的背景气/最大值含量

（7）钻井液密度变化(瞬间的入口密度和出口密度)的原因及处理措施见表7-13。

表7-13 钻井液密度变化的原因及处理措施

描述	可能起因	检查/咨询	措施/通知
不稳定的入口密度	钻井液中充气；钻井液池的搅动；传感器故障	传感器位置/情况	通知钻井液工程师；维修/重置传感器
不稳定的出口密度	搅动；空气或烃百分含量的变化；传感器故障	传感器位置/情况	通知钻井液工程师；维修/重置传感器
出口密度不连续,与入口密度变化不一致	岩屑沉积物；传感器故障	传感器位置/情况	清除传感器上的岩屑；维修/重置传感器
出口密度突然降低	气体侵入；水或油的侵入；接单根或起下钻气	钻井液池的液面/流速/全烃/电阻率	通知司钻/甲方代表/地质师；注意图表上的变化

续表

描述	可能起因	检查/咨询	措施/通知
出口密度显著增大	地层中水的损失；返出钻井液中岩屑量增加	钻井液黏度；振动筛页岩密度	通知钻井液工程师；注意图表上的变化
入口密度下降	被稀释(有意的、成分外的)	钻工	通知钻井液工程师；注意图表上的变化
入口密度增大	加重	钻工	通知钻井液工程师；注意图表上的变化

(8)钻井液电导率变化(入口瞬间变化、出口迟到型变化)的原因及处理措施见表7-14。

表7-14 钻井液电导率变化的原因及处理措施

描述	可能起因	检查/咨询	措施/通知
入口电导率增加	钻井液添加剂	钻工；钻井液工程师	通知地质师/钻井液工程师
入口电导率下降	附加的水/混入水	钻工；钻井液工程师	通知地质师/钻井液工程师
出口电导率增加	钻遇盐岩层 盐水侵入	钻速/钻井液池液面/岩屑	通知地质师/钻井液工程师/甲方代表
出口电导率下降	淡水侵入 油/气侵入 钻井液中充气	钻井液池液面/流速/全烃	通知司钻/地质师/甲方代表
无变化	传感器位于钻井液液面之上或被埋进岩屑；油基钻井液；传感器故障	传感器位置/安装条件；钻井液工程师	清洗、重置或维修
突然变化	传感器部分侵入	传感器位置	重置

(9)钻井液温度变化(入口瞬间变化、出口变化)的原因及处理措施见表7-15。

表7-15 钻井液温度变化的原因及处理措施

描述	可能起因	检查/咨询	措施/通知
入口或出口温度无变化	传感器位于钻井液液面之上；传感器故障	传感器位置/安装条件	重置或维修
入口温度快速递减	地面上添加的流体；开放式钻井液池接受暴雨	钻工 钻井液池液面	调整性能
入口温度梯度递减	在欠压实的页岩中热导率下降	钻速/"d"指数	通知甲方代表/地质师

(10)其他参数变化的原因及处理措施见表7-16。

表 7-16 其他参数变化的原因及处理措施

描述	可能起因	检查/咨询	措施/通知
扭矩突然增大	钻遇井底落物; 钻具上的滤饼黏附; 地层变化	岩屑;钻速	通知司钻/甲方代表
扭矩逐渐增大	钻头磨损	岩屑中的金属物; 钻头使用周期	通知甲方代表
扭矩突然下降	地层变化; 钻头严重泥包	岩屑;钻速	通知司钻/甲方代表
泵压下降,下降之后又上升	钻井液密度增加	入口钻井液密度	调整性能
泵压缓慢下降	钻具刺穿;泵漏; 钻井液密度变化	使泵转速稳定	通知司钻/甲方代表
泵压突然下降	传感器故障; 钻具断裂; 掉水眼	动力线路破损; 查看液体中的钻井液; 大钩载荷/钻速/扭矩	通知司钻(下次起钻时维修);通知司钻/甲方代表
泵压突然升高	水眼堵	使泵转速稳定	通知司钻/甲方代表
泵压缓慢上升	钻井液黏度升高	使泵转速稳定; 钻井液工程师	通知司钻/甲方代表
上提钻具时超拉	地层垮塌,压差卡钻	岩屑/扭矩	通知司钻/甲方代表
H_2S 传感器报警	H_2S 传感器被打湿; 设备的测试; H_2S 气体流入	传感器; 井队人员/安全经理; 气体含量;传感器	注意图表上的测试和故障信息; 通知司钻/甲方代表

(11)地质参数变化的原因及处理措施见表 7-17。

表 7-17 地层、岩性等参数变化的原因及处理措施

描述	可能起因	检查/咨询	措施/通知
岩性变化	可能由于硬石膏/岩盐的污染	用先前的样品进行校正	通知地质师/钻井液工程师
垮塌物	井壁侵蚀; 软地层或塑性地层; 异常流体压力	根据地层变化进行校正; 钻速/烃/"d"指数/扭矩	通知地质师/甲方代表
荧光湿照	钻井液添加剂(如柴油); 钻杆螺纹脂(铅油); 矿物荧光; 原油	颜色; 溶解测试(或切片); 显微镜检查; 样品气泡实验	注意录井图上的荧光颜色和类型; 通知地质师; 准备显示报告
岩屑荧光干照	沥青或死油; 原油	反射直照荧光; 颜色;百分含量	通知地质师
岩屑中的金属物	钻头/钻具/套管磨损	扭矩/钻速/烃类中的氢含量	通知甲方代表; 通知司钻

二、实时钻井监控方法

(1)钻具(或泵)刺穿:泵冲数及钻井液出口流量稳定,立管压力逐渐下降,钻时、扭矩增大。

(2)井涌:钻井液入口流量稳定时,体积增加、密度减小、出口流量增大、温度升高(油浸)或降低(水或气侵)、电阻率升高(油气或淡水侵)或降低(盐水侵)、立管压力下降。

(3)井漏:钻井液入口流量稳定时,体积减小、出口流量减小、立管压力下降。

(4)钻头寿命终结:钻压及转盘转速不变时,扭矩增大并大幅度波动、钻时增大、钻井成本增加、岩屑变细或有铁屑。

(5)溜钻或顿钻:钻压突然增大,大钩负荷突然减小,大钩高度和钻时骤减。

(6)卡钻;扭矩增大或大幅度波动、上提钻具时大钩负荷增大、下放钻具时大钩负荷减小、立管压力升高。

(7)掉水眼:入口流量不变时,立管压力突然减小、钻时增大。起下钻过程中,大钩负荷突然减小。

(8)水眼堵:钻井液入口流量稳定时,立管压力增加、钻时增大、扭矩增大。

(9)井壁坍塌:扭矩增加。岩屑量增多且多呈大块状。

【任务实施】

一、目的要求

(1)能够实现综合录井资料分析;
(2)能够根据综合录井参数实时监控钻井。

二、资料、工具

(1)学生工作任务单;
(2)综合录井传感器;
(3)综合录井仪。

【任务考评】

一、理论考核

(1)实时钻井监控的项目主要有哪些?
(2)简述实时钻井监控的原理、方法和处理措施。

二、技能考核

(一)考核项目

虚拟动态数据实时监控。

1. 井壁垮塌预报

2009年5月5日7:03钻至井深1115.70m(C_2),转盘突然蹩停,扭矩由正常的5.10~11.20kN·m上升至5.12~23.40kN·m,钻压由230.00~260.00kN上升至180.00~360.00kN,随后发现出口岩屑返出量增多,且多为掉块,请分析原因,并提出解决方案。

2. 泵压异常预报

2009年6月26日8:27钻至井深1925.52m(C_1n)时井壁垮塌,至13:04情况复杂化,调整钻井液性能,处理过程中泵冲129.00次/min,泵压14.40MPa。13:07接单根后开泵,泵冲135.00次/min,泵压16.50MPa,泵压增长量异常于泵冲增长量,及时对泵压异常进行预报,建议井队检查循环系统。井队采取边钻进边观察至18:30(井深1929.60m),泵压不降,又洗井观察至20:08,泵压不降。短提至井深1754.28m开泵,泵冲137次/min,泵压16.60MPa,泵压仍不正常,请分析原因,并提出解决方案。

3. 井漏异常预报

2009年4月18日11:21钻至井深777.16m(P_1),总池体积由11:17的138.70m³降至137.50m³,漏失钻井液(密度1.18g/cm³、黏度36s)1.20m³,漏速18.0m³/h,请分析原因,并提出解决方案。

4. 钻具工程参数异常预报

2008年5月5日0:42,钻进至井深3573.09m,层位风城组二段,泵压由8.75MPa降至8.38MPa,泵速由132次/min升至136次/min,扭矩由9.03kN·m降至8.52kN·m,请分析原因,并提出解决方案。

5. 溢流工程参数预报

2008年7月14日1:20,钻进至井深4240.83m,层位风城组一段,气测全烃由77.9053%升至89.8416%,总池体积由104.33m³升至105.83m³,上涨了1.50m³。立管压力由17.34MPa降至17.05MPa,请分析原因,并提出解决方案。

(二)考核要求

(1)准备要求:工作任务单准备。
(2)考核时间:30min。
(3)考核形式:口头描述和笔试。

项目八 气测录井资料分析解释

气测录井是综合录井的重要组成部分,是随钻油气发现和评价的重要手段。利用气测录井资料进行随钻油气层评价是每一个录井工作者所必须掌握的技能之一。

【知识目标】

(1)了解气测录井原理;
(2)掌握气测录井资料分析解释方法。

【技能目标】

(1)认识相关气测录井设备;
(2)能够根据气测录井资料发现钻遇油气层。

微课视频
气测录井

任务一 气测录井资料认识

【任务描述】

气测录井是通过对钻井液中的石油、天然气的含量及组分进行分析,直接发现并评价油气层的一种地球化学录井方法。本任务主要讲述气测录井基本理论、气体检测方法、气测录井参数、气测录井基本术语和气测录井的影响因素,通过录井模拟器参观,使学生理解气测录井基本理论及气体检测方法,掌握气测录井基本术语及气测录井的影响因素。

【相关知识】

一、气测录井基础理论

(一)石油与天然气的成分及性质

1. 成分

石油是一种以烃类为主的混合物,由 C、H 和少量的 O、S、N 等元素组成,常温常压下,C_1 至 C_4 以气态的形式溶解在石油中。石油的成分组成依成因、生成的条件和生成年代等诸多因素的不同有很大的差异,因此,不同油田生产的石油所含各类碳氢化合物不尽相同。我国大多数油田所产的石油以烷烃为主,其次是环烷烃,而芳香烃一般较少。

广义上的天然气指的是岩石圈中一切天然生成的气体。主要成分是甲烷(CH_4),含量一般在 80%~90% 之间,其次是乙烷(C_2H_6)、丙烷(C_3H_8)、丁烷(C_4H_{10})、少量的氮气(N_2)、二氧化碳(CO_2)、一氧化碳(CO)、氢气(H_2)、硫化氢(H_2S)等(表 8-1)。

表 8–1 含油气性的气体标志

气体标志	标志与油气藏关系	标志与其他关系
重烃	油气藏组成部分	原油和湿气的主要成分
甲烷(CH_4)	油气藏组成部分	在煤气和沼气中可能有少量的甲烷
硫化氢(H_2S)	石油和天然气还原,含硫化合物和石油中硫化物的分解	还原作用中可能产生硫化氢
二氧化碳(CO_2)	石油和烃气的氧化和石油中含氧物质的分解	煤和有机物氧化以及碳酸盐分解的产物
氢(H_2)	石油和烃气分解时的可能产物	水和有机物分解时同样能产生氢
二氧化氮(NO_2)	通过生物化学作用而与运移烃气有关的间接指标	生物化学作用在土壤中和底土中能产生二氧化氮

我们所研究的天然气是地层的天然气,主要以油田气、气田气、煤田气、地层水含气为主要对象。

2. 性质

以气测录井角度来分析石油与天然气,主要有以下特性。

1) 可燃性

天然气中的烷烃极易燃烧,燃烧后的产物为 CO_2 和 H_2O。它与空气混合后,当温度在 800~850℃时,在铂丝的催化作用下全部燃烧,而在温度为 500~550℃时,只有重烃才能燃烧。

2) 导热性

导热性是指气体传播热量的能力,一般用导热系数或导热率来表示。导热系数是指单位距离上温度变化1℃时,在单位时间内垂直通过单位截面的热量。不同成分的气体,其导热系数不同。一般天然气中烷烃的导热系数随相对分子质量的增加而逐渐减小。

3) 吸附性

由于固体表面分子和气体表面分子间存在着引力,当气体分子与固体表面发生碰撞时,气体分子会暂时停留在固体表面上,这种现象称为吸附。天然气具有被某种物质吸附的特性,吸附量除与温度和压力有关外,主要与吸附能力以及气体本身相对分子质量有关,相对分子质量越大,越易被吸附。这种吸附特性是气相色谱分离技术的理论基础。

4) 溶解性

天然气易溶于石油,微溶于水,其溶解能力一般用溶解度来表示,即在一定的温度和压力下,单位体积溶剂所能饱和溶解某气体的体积,称为溶解度,反映天然气溶解于石油和水中的能力。

（二）地层中石油与天然气的储集状态

一般情况下,大多数的石油与天然气以不同的数量和储集形式存在于沉积岩层中,储集岩性一般是砂岩和碳酸盐岩类地层的裂隙中和节理发育的地方。泥质岩类的地层中,有时也会有油气的聚集。

石油、天然气不仅储集在不同的地层和岩性中,而且在同一地层和岩性中的储集形态也不同。烃类气体的储集状态一般有游离状态、溶解状态和吸附状态3种。

1. 游离气的储集

游离气的储集是指纯气藏形成的天然气储集和油气藏中气顶形成的天然气储集。这种类型的气体储集,是以游离状态存在于地层中。

2. 溶解气的储集

天然气具有溶解性。它不仅能溶解于石油,而且还能溶解于水,这样就形成了溶解气的储集。天然气的各组分在石油和水中的溶解度极不相同,烃类气体和氮气在水中的溶解度很小,二氧化碳和硫化氢的溶解度较大。烃类气体在石油中的溶解度比在水中的溶解度大得多,属于最易溶解在石油中的气体。以甲烷为例,在石油中的溶解度为水中溶解度的 10 倍。

不同的烃类气体在石油中的溶解度也不同,它随烃气的相对分子质量的增大而增大。假如:甲烷在石油中的溶解度为 1,则乙烷为 5.5,丙烷为 18.5,丁烷以上的烃气,可按任意比例与石油混合。

二氧化碳和硫化氢在石油中的溶解度比在水中要稍大一些,氮气则不易溶解于石油中。

总之,烃类气体属于极易溶解于石油而难溶解于水的气体。所以,在油藏内有大量的烃类气体储集,一般以液态形式存在于油田内或以气态的形式存在于凝析油田内。在地层水中,烃类气体的储集量很少,特别是含残余油的水层,天然气的含量更少。

3. 吸附状态的储集

吸附状态的天然气多分布在泥质地层中,它以吸附着的状态存在于岩石中,如储集层上、下井段的泥质盖层,或生油岩系。这种类型的气体聚集,称为泥岩含气,一般没有工业价值,但在特殊情况下,大段泥岩中夹有薄裂隙或孔隙性砂岩薄层等,会形成具有工业价值的油气流。

(三)石油、天然气进入钻井液的方式与分布状态

1. 石油、天然气进入钻井液的方式

(1)被钻碎的岩屑中的油气进入钻井液形成破碎气。钻井过程中,石油、天然气以两种方式进入钻井液。其一是来自钻碎的岩石中的油气进入钻井液;其二是由钻穿的油气层中的油气,经渗滤和扩散的作用而进入钻井液。

油气层被钻开后,岩屑中的油气由于受到钻头的机械破碎的作用,有一部分逐渐释放到钻井液中。单位时间钻开的油气层体积越大,进入钻井液的油气越多。

(2)被钻穿的油气层中的油气,经渗滤和扩散作用进入钻井液。

① 油气层中的油气经扩散作用进入钻井液。油气层中油气的扩散是指油气分子通过某种介质从浓度高的地方向浓度低的地方移动而进入钻井液。

② 油气层中的油气经渗滤作用进入钻井液。油气层中油气的渗滤是指油气层的压力大于液柱压力时,油气在压力差的作用下,沿岩石的裂缝、孔隙以及构造破碎带,向压力较低的钻井液中移动。

2. 石油、天然气进入钻井液后的分布状态

(1)油气呈游离状态与钻井液混合。游离气以气泡形式与钻井液混合,然后逐渐溶于钻井液中。一般情况下,天然气与钻井液接触面积越大,溶解越快;接触时间越长,溶解程度越大。

(2)油气呈凝析油状态与钻井液混合。凝析油和含有溶解气的石油从地层进入钻井液后,在钻井液上返过程中,由于压力降低,凝析油大部分会转化为气态烃;高气油比地层 C_1 至 C_4 含量较高。随着钻井液的上返,含有溶解气的石油,由于压力降低,会释放出大量的天然气。(释放出天然气的数量取决于石油的含量与质量)。

(3)天然气溶解于地层水中与钻井液混合。溶解于地层水中的天然气进入钻井液后与之

混合,一般而言地层水量比钻井液量少得多,因此会被钻井液所冲淡,这时地层水中的天然气将以溶解状态存在于钻井液中,而且钻井液中的天然气浓度不会太大。随着钻井液的上返,压力降低,天然气将不会游离出来而变成气泡。只有在地层水量较大的情况下,水被钻井液冲淡不大,当地层水中溶解气量较大时,才会天然气游离成气泡状态。

(4)油气被钻碎的岩屑吸附着与钻井液混合。当油气被钻碎的岩屑所吸附,与钻井液混合后,随着钻井液的上返,压力降低,岩屑孔隙中所含的游离气或吸附气体积将会膨胀而脱离岩屑进入钻井液。岩屑返出后,孔隙中以重质油为主。

上述的这些过程在某种程度上可能相互重叠。在地层的孔隙中,可能有游离气和凝析油同时存在,或者游离气与石油同时存在,但总体认为:进入钻井液中的油气,在钻井液由井底返至井口的过程中,在井底部主要是游离气溶解在钻井液中,而随着钻井液的上返压力降低,钻井液中所溶解的天然气已达饱和,此时溶解气可从钻井液中分离出来形成气泡。

二、气体检测

石油、天然气具有挥发、可燃、导热、吸附、溶解等性质。油田气主要组成为 C_1、重烃(C_2、C_3、……)及少量 H_2、CO_2、N_2、CO、H_2S 等气体。一般油田气重烃相对含量为 10%~35%,气田气重烃相对含量为 0~2%,凝析气重烃相对含量为 10%~13%。气体检测(气测)是通过对钻井液中石油、天然气含量及组分的分析,直接发现并评价油气层的一种地球化学录井方法。主要硬件设备包括:全烃检测仪、烃类组分检测仪、非烃组分检测仪(或二氧化碳检测仪)、硫化氢检测仪、脱气器、氢气发生器及空气压缩机等。以下分别对几个主要的分析检测单元及分析检测原理加以介绍。

(一)脱气器

脱气器是一种将循环钻井液中的天然气及其他气体分离出来,通过样气管线为气测仪提供样品气的设备。

现场使用的脱气器主要有以下几种类型:

1. 浮子式连续钻井液脱气器

浮子式连续钻井液脱气器简称浮子式脱气器,由钻井液破碎叶片、集气室、输气孔等组成,是一种结构简单、价格低廉的脱气器。它利用钻井液流动产生的动力破碎钻井液,使其中的气体自动逸出。因其只能破碎钻井液表层,故脱气效率低,仅5%左右。利用该类脱气器只能采集钻井液中的游离气。目前该类脱气器已基本被淘汰。

2. 电动式连续钻井液脱气器

电动式连续钻井液脱气器简称电动式脱气器,它应用电动搅拌破碎钻井液,使其中的气体逸出。它由防爆电动机、搅拌棒、钻井液室、钻井液破碎挡板、脱气室及安装支架等部分组成(图8-1)。

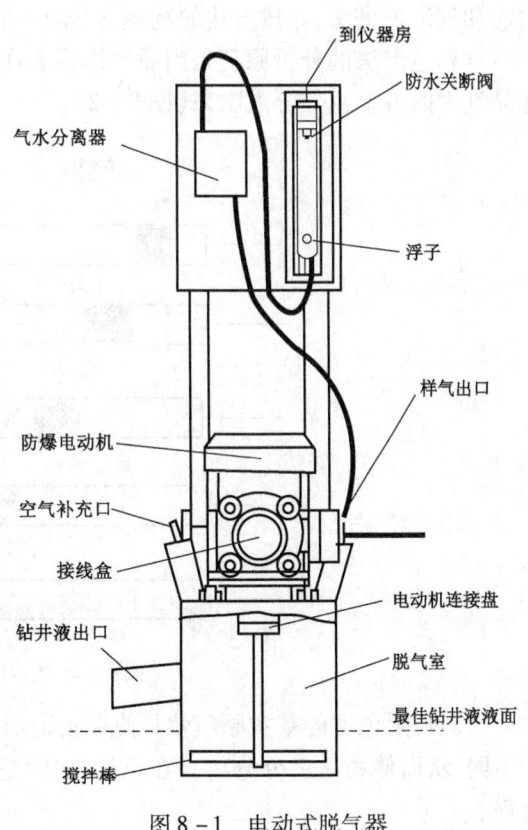

图 8-1 电动式脱气器

— 127 —

防爆电动机可使用220V或380V,50/60Hz三相交流电,其额定功率一般在0.5~0.75kW,转速一般在1350r/min左右。

接通电源时,电动机带着搅拌棒高速旋转,搅拌棒带动钻井液旋转。由于离心作用及筒壁的限制,使钻井液呈旋涡状沿筒壁快速上升。钻井液中的气体大量逸出,通过样气出口进入气水分离器及干燥筒净化,通过样气管线进入分析仪器分析。应用该脱气器可采集钻井液中的游离气及部分吸附气,脱气效率较高,约20%。

3. 定量脱气器(QGM)

定量脱气器是一种通过对一定量的钻井液进行彻底脱气的电动脱气器。

4. 热真空蒸馏脱气器

热真空蒸馏脱气器(VMS)俗称全脱,是一种利用加热真空蒸馏方式进行间断取样脱气的装置,脱气效率高,一般可达95%以上。利用全脱分析资料可对随钻连续分析的气测资料进行校正,或对主要油气层进行详细分析。

(二)色谱柱

色谱法最早是用来分离用一般化学方法很难分离的植物叶绿素、叶黄素的一种方法。由于分离出来的物质是带色的,故名色谱法。

在色谱法分析中有两相,即流动相和固定相。若按流动相物理状态的不同而分类,色谱法可分为气相色谱法和液相色谱法两种。流动相是气态,称为气相色谱法;流动相是液态,称为液相色谱法。气测井使用的是气相色谱法。气相色谱法按固定相物理状态不同可分为气固色谱法和气液色谱法;若按方法的物理、化学性质分类,则又可分为吸附色谱和分配色谱。

气相色谱法的分析原理是当载气携带着样品气进入色谱柱后,色谱柱中的固定相就会将样品气中的各个组分分离出来(图8-2)。

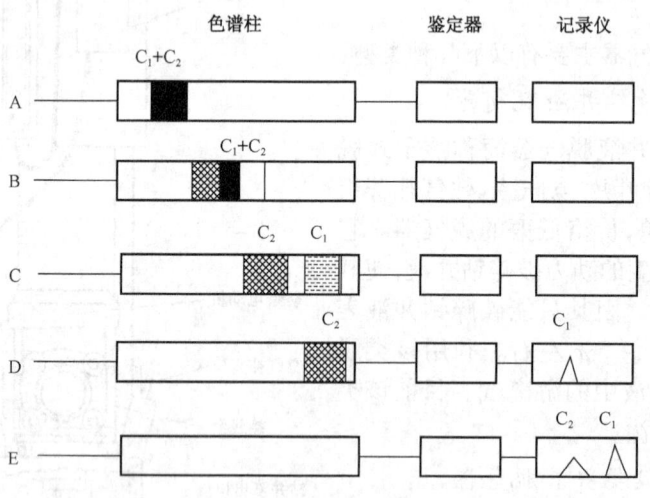

图8-2 色谱柱工作原理图

气固吸附色谱的基本原理就是使用吸附剂,利用固体表面对被分离物质各组分吸附能力的不同,从而使物质组分分离。在色谱柱中,它是一个不断吸附—解吸—再吸附—再解吸的过程。

气液分配色谱中流动相是气体,固定相是一种惰性固体(常称担体,它应该没有或只有很弱的吸附能力）表面涂一层高沸点有机物的液膜（称为固定液）。气液分配色谱基本原理就是利用不同物质组分在装有固定液的固定相中溶解度的差异，从而在两相中有不同的分配系数而使组分分离。各组分吸附能力不同，从而使物质组分分离。在色谱柱中，是一个溶解—挥发—再溶解—再挥发的过程。

（三）鉴定器

鉴定器（检测器）是将色谱柱流出组分变成电信号，从而鉴别各组分浓度及含量的仪器，它是色谱仪中关键部件之一。常用鉴定器可分为两类，即积分型鉴定器和微分型鉴定器。我国色谱气测仪采用的是微分型鉴定器。这类鉴定器最广泛使用的是热导池鉴定器和氢火焰离子化鉴定器等。

1. 热导池鉴定器

不同的物质有不同的热传导系数。由于样品气与载气的热传导率不同，当样品气未通入热导池时由于载气的成分和流速是稳定的，调节热导桥使其输出为零（图8-3），电桥平衡。当样品气通入热导池时，引起热敏元件的阻值发生变化，使电桥平衡破坏，产生电信号，被记录器所记录。样品浓度越大，引起热敏元件的阻值变化越大，电桥不平衡越显著，产生电信号就越大；在相反情况下，产生的电信号就越小。故热导池鉴定器属于浓度鉴定器。

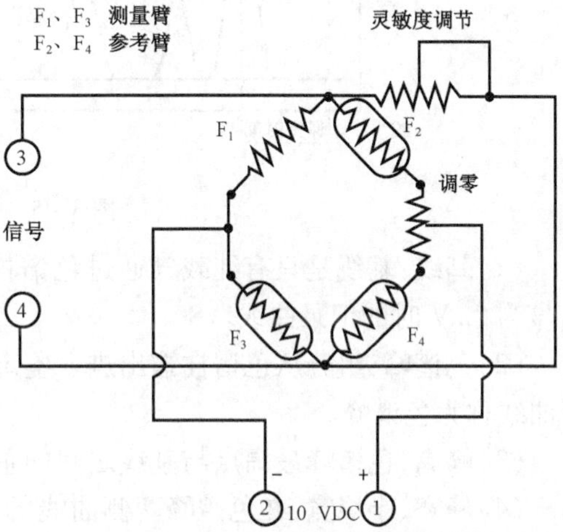

2. 氢火焰离子化鉴定器

图8-3 热导池惠斯登电桥原理图

氢火焰离子化鉴定器以氢气在空气中燃烧所生成的火焰为能源，使被分析的含碳有机物中的碳元素离子化，产生了数目相等的正离子和负离子（电子）。由于离子室的收集极和底电极（发射极）间有电位差，在电场作用下，正负离子各往相反的电极移动，产生微电流。产生的电流将通过图8-4所示的电阻R。电离电流越大，则这一电阻两端的电位差也越大，电位差经放大后输给记录器的电信号也越大。电离电流的大小与有机物的含碳量和浓度有关。因此，根据氢火焰鉴定器信号的强弱可以判断有机物的浓度。该鉴定器是碳离子鉴定器，一般只对含碳有机物有反应。

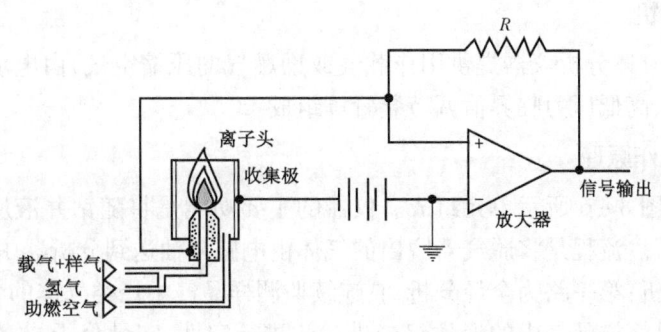

图8-4 氢火焰离子化鉴定器测量原理图

(四)记录器

记录器的作用是将鉴定器输入的电信号用曲线的形式记录下来。根据这些曲线可以进行色谱气测井资料的定性和定量分析。

有一定压力和流速的载气携带样品气进入色谱柱,经色谱分离将样品分离成不同组分,以先后顺序进入鉴定器,经鉴定器所产生的电信号至记录器,记录数据与曲线(图8-5)。

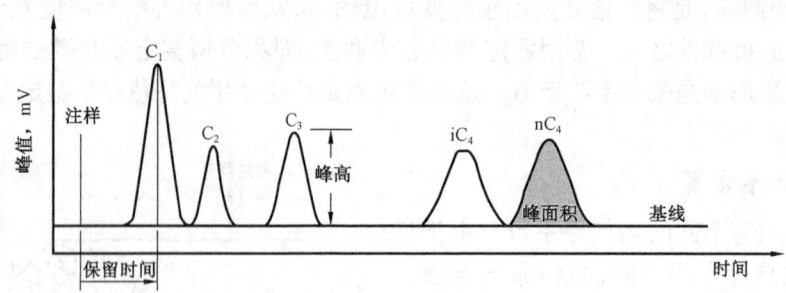

图8-5 色谱分析峰值图

(1)基线:基线是只有纯载气通过色谱柱和鉴定器时的记录曲线,通常为一条直线,即电信号为0mV时的记录曲线。

(2)色谱峰:组分从色谱柱馏出进入鉴定器后,鉴定器的响应信号随时间变化所产生的峰形曲线称为色谱峰。

(3)峰高:色谱峰最高点与基线之间的垂直距离称为峰高。

(4)峰宽、半峰宽:在色谱峰两侧曲线的拐点作切线,与基线相交于两点之间的线段称为峰宽;半峰高处色谱峰的宽度称为半峰宽。

(5)峰面积:色谱峰与峰宽所包围的面积称为峰面积。

(6)保留时间:从进样开始到某一组分出峰顶点时所需要的时间,称为该组分的保留时间。

(7)死时间:表示色谱柱中既不被吸附又不被溶解的物质(惰性物质)在色谱柱中出现浓度极大值的时间称为死时间。

(五)氢气发生器

氢气发生器为气体分析仪器提供用作燃气的氢气。

(六)空气压缩机

空气压缩机为气体分析仪器提供用作载气或助燃气的压缩空气,由电动机、气体泵、储气罐、压力表、稳压阀、高低压力临界值调节装置等组成。

(七)气测仪工作原理

气测仪整机由图8-6所示单元组成。仪器的主要功能是将随钻井液所携带出来的气体进行定性、定量分析。流程是将脱气器脱出的气体由电磁泵抽送到分析器中进行分析。

气体分三路分析:第一路为全烃分析,它连续监测样品气中烃类气体的含量。第二路为烃组分分析,其目的是将样品气中的烃类组分进一步进行定性、定量分析,一般只分析C_1至C_5各组分。第三路为热导组分分析,其目的是将样品气中的非烃类气体进一步进行定性、定量分析,一般分析$H_2(He)$、CO_2及烃类甲烷气(CH_4)。通过计算机变更分析周期可分析更多或较

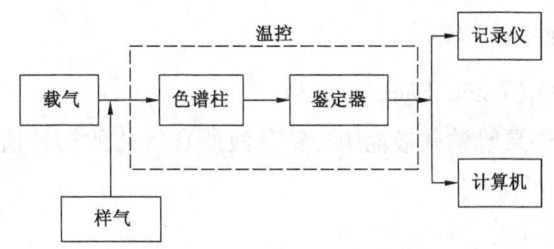

图 8-6 气体检测仪工作原理图

少的组分。全烃和烃组分分析采用氢焰离子化检测器,其检测信号经微电流放大器放大后分别送记录仪和计算机做记录、打印和储存。热导组分分析采用热导检测器,热导检测器输出信号直接送记录仪和计算机。整机程序控制由计算机执行,在不使用计算机时则可由程序控制器单元来执行。

三、气测录井基本术语

下面列举一些气测资料的解释应用的基本概念。

(一)烃气

烃气指轻质烷族烃类($C_1 \sim C_5$)可燃气,即狭义的天然气,包括甲烷、乙烷、丙烷、丁烷、戊烷、在大气条件下,前四种是气态烃,后者在一定条件下也是气态烃。

(二)全脱气

用热真空蒸馏脱气器几乎能脱出钻井液中的全部气体,输入到气测仪进行分离。通过计算,可以得到钻井液中气体的真实浓度。

(三)全烃曲线

全烃曲线是一条连续的测井曲线,它测定出钻井液中轻烃与重烃的总含量,单位通常用百分比浓度(%)表示。

(四)色谱曲线

用色谱柱分离出来的气体,通过仪器周期性测定所得到的曲线称为色谱曲线,包括烃组分曲线(C_1、C_2、C_3、iC_4、nC_4)和非烃组分曲线(H_2、CO_2),单位为百分比浓度(%)。

(五)气油比

气油比是指每吨原油中含有天然气的多少,一般气油比越高,钻井液中的气显示也就越高,单位为 m^3/t。

(六)气体零线(Zero Gas)

气体零线是一条人为确定的气测曲线的基线,是读取气体含量的基准。

1. 真零值(True Zero)

真零值是指气体检测仪鉴定器中通入的气体不是来自钻井液中的天然气而是纯空气时的记录曲线。

2. 系统零值(System Zero)

系统零值是钻头在井下转动,但未接触井底,钻井液正常循环时,气测仪器所测的天然气值。

(七)背景气(Background Gas)

1. 钻井液池背景气(Ditch Background)

钻井液池背景气指停泵时钻井液池中冷钻井液所含气体的初始值,一般情况下它与气体真零值相符。

2. 背景气(Background Gas)

当在压力平衡条件下钻入黏土岩井段,由于黏土岩中的气体和上覆地层中一些气体浸入钻井液,使全烃曲线呈现为变化很小、相对稳定的曲线,称这段曲线的平均值为背景气,又称基值。

(八)起下钻气(Tripping Gas)

起下钻时,由于钻井液长时间静止,已钻穿的地层中的油气浸入钻井液。当下钻到底开泵循环时,在气测曲线上出现的气体峰值称为起下钻气。

(九)接单根气(Connection Gas)

(1)接单根时,由于停泵,钻井液静止,井底压力相对减小;另外,钻具上提产生的抽汲效应导致已钻穿的地层中的油气浸入钻井液,当再次开泵循环恢复钻进时,在对应迟到时间的气测曲线上出现的弧峰值称为接单根气。

(2)接单根后,在新接的单根和钻具中夹有一段空气,这段空气通过钻柱下到井底,再由环形空间上返到井口而出现的气体显示峰值,该值也称为接单根气,又称"空气垫"。该接单根气的显示时间相当于钻井液循环一周的时间。

(十)钻后气(Post-Drilling Gas)

已被钻穿的油气层中的流体向井眼中渗滤和扩散而产生的气显示称为钻后气,又称为生产气(Produced Gas)。

(十一)重循环气(Recycled Gas)

进入钻井液中的天然气如果在地表除气不完全,再次注入井内而产生持续时间较长的气显示,称为重循环气,它往往使背景气逐渐升高。

(十二)钻井气(Drilled Gas)

钻进过程中,由于破碎岩柱释放出的气体而形成的气显示称为钻井气,又称释放气(Liberated Gas),它是钻井液中天然气的主要来源之一。

(十三)气显示(Gas Show)

钻遇油气层时,由于破碎岩层及地层中油气渗滤和扩散而形成的高于背景气的显示,这部分气体反映油气层的情况,是录井中最重要的部分,又称气测异常。

(十四)试验气(Calibrated Gas)

为了检查脱气器、气管线或气测仪的工作状态,从脱气器、气管线或气测仪前面板注样而形成的气显示峰值称为试验气。

(十五)岩屑气(Cutting Gas)

储藏在岩屑孔隙中的气体称为岩屑气或岩屑残余气。它可以通过搅拌器搅拌或热真空蒸馏的方法而取得。岩屑气是评价油气层的重要参数。

常见气测录井图解见图 8-7。

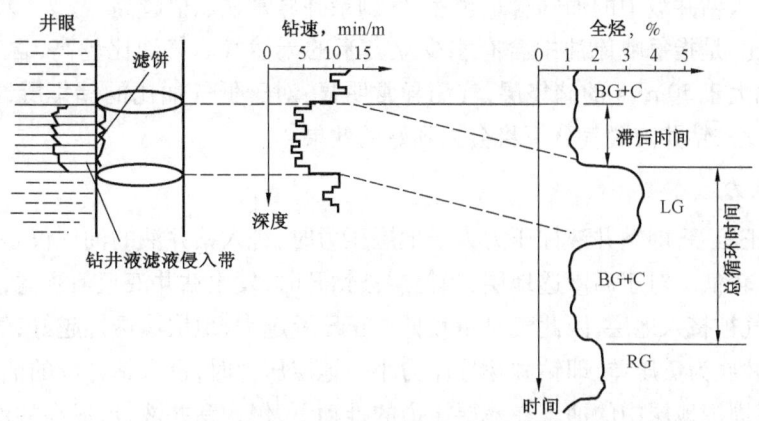

(a) 当井底循环压力大于地层压力时,在地面分离测量出的气体

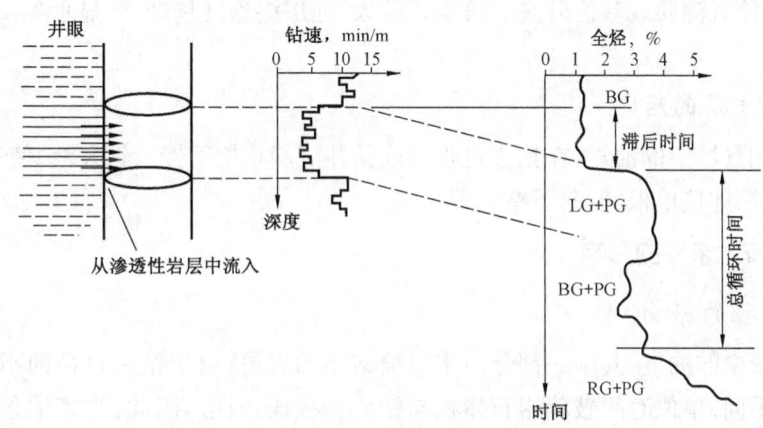

(b) 当井底压力小于地层压力时,从地面分离测量的气体

图 8-7　常见气测录井图解
BG—背景气；LG—释放气；RG—重循环气；C—污染气；PG—生产气

四、气测录井的影响因素

在录井过程中,气测录井资料受到来自地层因素的影响、来自钻井技术条件的影响和录井技术自身条件的影响。在进行气测录井资料油气层纵向连续解释评价时,首先要分析影响气测录井资料的因素。

(一) 地质因素的影响

1. 储层特性及地层油气性质的影响

气测录井是直接分析钻井液中油气含量的一种录井方法。在钻井过程中,钻井液中的油气主要来自被钻碎的岩石中的油气和被钻穿油气层中的油气经过渗滤和扩散作用而进入钻井液的油气。当油气层的厚度越大,地层孔隙度和渗透率越大,地层压力越大,则在钻穿油气层时,进入钻井液中的油气含量多,气测录井异常显示值高。

对于储层渗透性的影响可分为两种情况：其一是当钻井液柱压力大于地层压力时,钻井液发生超前渗滤。由于钻井液滤液的冲洗作用,向地层深处挤跑了一部分油气,使进入钻井液的油气含量减少,气测录井异常显示值降低。其二是当钻井液柱压力小于地层压力时,储集层的渗透率越高,进入钻井液中的油气含量越多,气测录井异常显示值越高。

所谓气油比,是指每吨原油中含有多少立方米的天然气。气油比越高,含气浓度就会越高,一般气油比大于$50m^3/t$的储集层,气测异常明显;对于低气油比的储集层,提高脱气效率或进行岩屑、岩心、钻井液脱气分析将会见到好的效果。

2. 地层压力

若井底为正压差,即钻井液柱压力大于地层压力时,进入钻井液的油气仅是破碎岩层而产生的,因此显示较低。对于高渗透地层,当储层被钻开时,发生钻井液超前渗滤,钻头前方岩层中的一部分油气被挤入地层,因此气显示较低。正压差越大,地层渗透性越好,气显示越低,甚至无显示。若井底为负压差,即钻井液柱压力小于地层压力时,进入钻井液的油气除破碎岩层而产生外,井筒周围地层中的油气在地层压力的推动下,侵入钻井液,形成高的油气显示,且接单根气、起下钻气等后效气显示明显。钻过油气层后,气测曲线不能回复到原基值,而是保持一高显示,从而使气测曲线基值升高。负压差越大,地层渗透性越好,气显示越高,严重时会导致井涌、井喷。

3. 上覆油气层的后效

已钻穿的油气层中的油气,在钻进过程中或钻井液静止期间侵入钻井液,使气显示基值升高或形成假异常,如接单根气、起下钻气等。

(二)钻井技术条件的影响

1. 钻头直径的影响

进入钻井液中的油气,其中一部分是来自被钻碎的岩屑,由于钻头直径的不同,破碎岩石的体积和速度不同,单位时间破碎岩石体积与钻头直径成正比。因此,当其他条件一定时,钻头直径越大,破碎岩石体积越多,进入钻井液中的油气含量越多,气测录井异常显示值越高。

2. 钻井速度的影响

在相同的地质条件下,钻速越大,单位时间破碎岩石体积越大,进入钻井液中的油气含量越多。同时当钻速越大时,使单位时间破碎岩石的表面增大,因在较短的时间内,钻井液未能在刚钻开的井壁表面上全部生成滤饼,所以钻速增加时钻井液渗滤的速度也在增加,在一定程度上影响了进入钻井液中的油气的含量,呈现出在较低钻时的录井井段气测录井异常显示值不是很高的情况。

3. 钻井液排量的影响

气测录井异常显示值的高低与钻井液排量有着密切关系,钻井液排量越大,钻井液在井底停留的时间越短,通过扩散和渗滤方式进入钻井液中的油气含量相对减少,气测录井异常显示值降低。

4. 钻井液密度的影响

在相同的地质条件下,钻井液密度增大,气测录井异常显示相应降低。一般情况下,为了保证钻井施工正常进行,总要使钻井液柱压力略大于地层压力。由于钻井液密度增大,压差随之而增大,地层中的油气不易进入钻井液,使气测录井异常显示值较低。若钻井液密度较小,钻井液柱压力低于地层压力,在压差的作用下,地层中的油气易进入到钻井液中,使气测录井异常显示值增高。同时由于钻井液柱压力的降低,地层上部已钻穿的油气层中的油气可能会因滤饼的剥落而进入钻井液中,产生后效影响。

5. 钻井液黏度的影响

钻井液黏度大,降低了气测录井的脱气效率,使气测录井异常显示值较低。但由于油气长时间保留在钻井液中,气测录井的基值会有不同程度的增加。钻井液黏度大,油气的上窜现象不明显。

6. 后效气的影响

当钻开油气层后,钻井工程进行起下钻作业时,由于钻井液在井内静止时间较长,油气层中的油气受地层压力的影响,同时受起钻过程的抽汲作用,使地层中的油气不断地进入钻井液中。下钻到底后,当钻井液返至井口时,气测录井会出现假异常。

7. 接单根的影响

接单根的影响一般出现在较浅的井段。接单根时,在高压管线和方钻杆内充满了空气,开泵后由于压力的改变,空气段会急剧地从钻井液中分离出来,分离过程在井底的油气层段较为强烈,带出了地层中的烃类气体,形成气测录井假异常。而在较深的井段,钻井液循环时间加长,接单根时钻具内的空气被分散在大段的钻井液中,当钻井液返至井口时,钻井液中烃类气体的浓度相对降低,形成的气测录井假异常较小。在接单根的过程中,由于钻具的上提与下放,也存在抽汲作用的影响。以上两种情况共同形成接单根的影响。

8. 钻井液处理剂的影响

在目前的钻井过程中,要根据不同的钻井施工需求,向钻井液中加入一定数量的钻井液处理剂。一般情况下,钻井液处理剂对气测录井均会产生不同程度的影响。

(三)脱气器安装条件及脱气效率的影响

不同类型脱气器的脱气原理和效率不同,因此气显示高低不同。脱气效率越高,气显示越高。脱气器的安装位置及安装条件也直接影响气显示的高低。电动脱气器可直接搅拌破碎循环管路深部的钻井液,但安装高度过高或过低都会降低脱气效率,甚至漏失油气显示。

(四)气测仪性能和工作状况的影响

气测仪的灵敏度、管路密封性好坏及标定是否准确都将对气测显示产生重大影响。因此必须保证仪器性能良好,工作正常。

【任务实施】

一、目的要求

(1)认识相关气测录井设备;
(2)了解气测录井资料内容。

二、资料、工具

(1)学生工作任务单;
(2)气测录井仪。

【任务考评】

一、理论考核

（1）常用的脱气器有哪几种？工作原理是什么？
（2）简述气相色谱法的分析原理。
（3）简述氢火焰离子化鉴定器的工作原理。
（4）简述气测录井基本概念。
（5）影响气测录井的因素有哪些？
（6）随钻分析化验项目有哪些？

二、技能考核

（一）考核项目

（1）气测录井仪观察认识；
（2）气测录井仪原理解说。

（二）考核要求

（1）准备要求：工作任务单准备。
（2）考核时间：30min。
（3）考核形式：参观学习和口头描述。

任务二　气测录井资料解释

【任务描述】

气测录井录取的参数间接反映着井下流体特征，通过全烃、组分烃数值变化特征即可实现井下流体信息识别。本任务主要介绍气测资料油气层解释方法，通过本任务的学习，要求学生理解气测录井资料解释的基本原理，掌握常规油气层直观判别法及油气层定量解释方法。

【相关知识】

一、气测录井资料解释的基本原理

气测录井的理论基础是建立在任何一种气体聚集都力求扩散的基础上。由于气体的扩散作用，因此在油气藏上部或周围某一范围内发现气体浓度增加的现象，而离油气藏远的地方，气体浓度降低到零或为一个微小的数值。

在地球内部，气体的聚集和扩散作用是同时发生的，但是在某一地区不同的地史时期，有时是扩散作用占优势，有时是聚集作用占优势。如果有油气藏存在，说明该区的地史中聚集作用比扩散作用占优势。

相同或相近的地球化学环境中，生油母岩会产生具有相似成分的烃。也就是说，同一地区同样性质的油气层产生的异常显示的烃类组分是相似的。如果通过对已经证实的、储层的流体样品进行色谱分析，找出不同性质油气层烃类组分的规律，那么就可以利用这些规律来对气测资料进行解释,对未知储层所含流体的性质做出评价。

(一)划分异常的基本原则

一般情况下,全烃含量与围岩基值的比值大于2倍的层段为气测异常井段。

(二)气测解释井段的分层原则

(1)以全烃含量变化及钻时、岩性进行分层;

(2)在砂泥岩地层中,对全烃异常显示井段,参照钻时曲线划分解释层的起止深度,对钻时变化不明显的井段应选择全烃曲线高峰的起止值,尽可能照顾全烃显示幅度;

(3)在岩性比较复杂的地层中,可根据地质录井资料和测井资料划分解释层的顶底深度。

(三)气测解释流程

气测解释流程见图8-8。

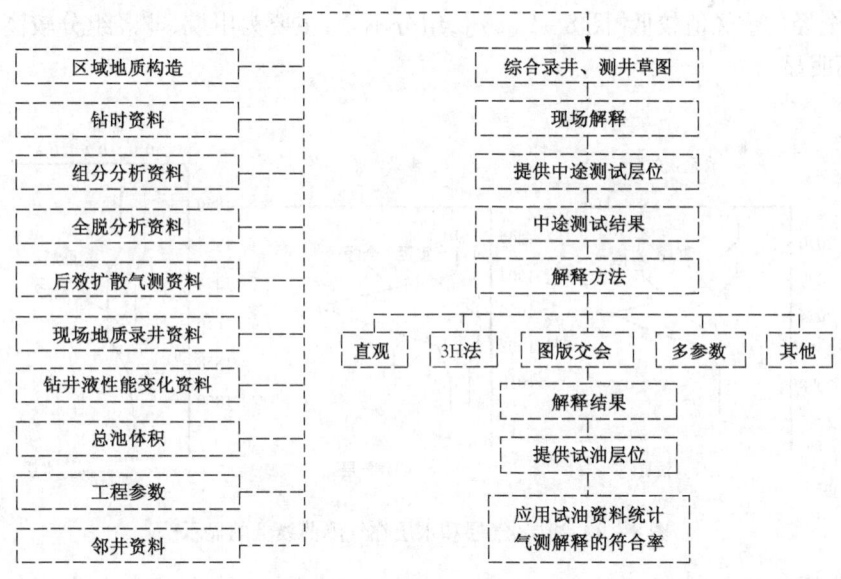

图8-8 气测解释流程

(1)气测资料定性解释以现场录井资料为基础,以气测油气显示为依据,充分应用全脱气分析资料和随钻气测资料显示确定油气层。

(2)完钻后根据气测资料、地质录井资料及其他有关资料,提出该井的完井方法和试油意见。

二、常规油气层直观判别法

(一)区分油层、气层、水层

根据气测录井资料可以比较容易地解释油层、气层与水层。油层、气层与水层的特征是:

1. 油层

油层部位的重烃与全烃显示均为高异常,两条曲线同时升高,两条曲线幅度差较小,全烃含量较高,曲线峰宽且较平缓,幅度比值较大,烃组分齐全,甲烷、乙烷、丙烷、丁烷都较高,甲烷相对含量一般低于气层,重烃(乙烷、丙烷、丁烷)含量高于气层,钻时低,后效反应明显[图8-9(a)],岩屑含油,且滴水不渗,钻井液密度下降,黏度上升,槽面有油花、气泡。

油层气体的重烃含量比气层高,而且包含了丙烷以上成分的烃类气体。气层的重烃含量不仅低,而且重烃成分中只有乙烷、丙烷等成分,没有大分子的烃类气体。所以油层在气测曲线上的反映是全烃和重烃曲线同时升高,两条曲线幅度差较小。而气层在气测曲线上的反映是全烃曲线幅度很高、重烃曲线幅度很低,两条曲线间的幅度差很大。

2. 气层

全烃含量高,曲线幅度高,曲线呈尖峰状,幅度比值较大,烃组分不全,甲烷的相对含量一般在95%以上,乙烷、丙烷含量低,一般小于5%或无。钻时低,后效反应明显,钻井液密度下降,黏度上升,槽面有气泡,钻井液体积增大;重烃曲线幅度很低,两条曲线间的幅度差很大[图8-9(b)],岩屑不含油或仅有荧光显示。

3. 水层

不含溶解气的纯水层气测无异常,含有溶解气的水层(油田水一般都溶解有一定量的天然气)一般全烃与重烃值较低[图8-9(c)],组分不全,主要为甲烷,非烃组分较高,无后效反应或反应不明显。

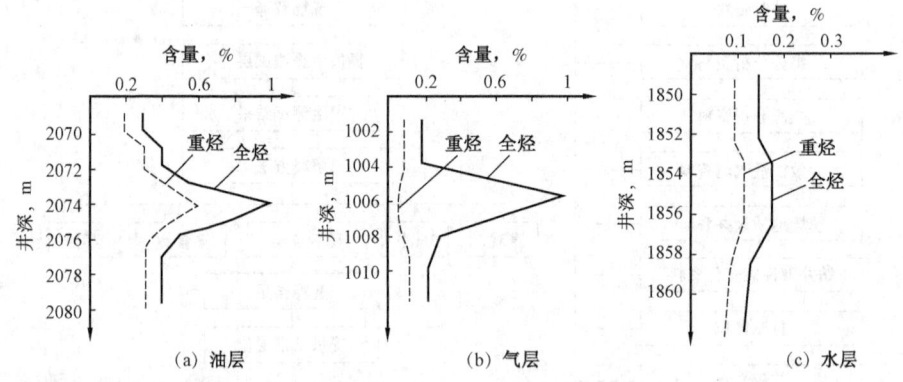

图8-9 油层、气层和水层在气测曲线上的显示

4. 气水同层

气水同层的全烃显示、烃组分相对含量、岩屑显示等与气层显示基本相同,但气测显示时间小于所钻储层时间(图8-10)。

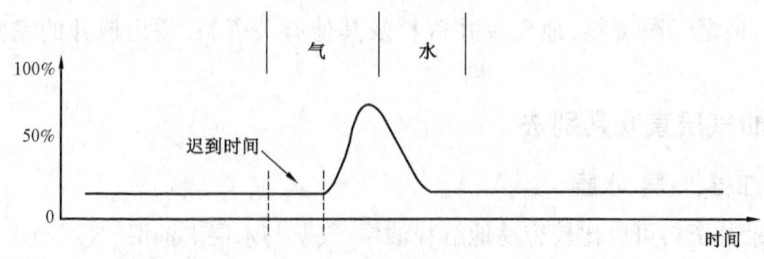

图8-10 典型气水同层的气测曲线图

5. 油水同层

油水同层的全烃显示、烃组分相对含量、岩屑显示等与油层基本相同或略低于油层显示,气测显示时间小于所钻储层时间。

6. 含油水层

含油水层的全烃显示、烃组分相对含量、岩屑显示等低于油水同层显示，显示时间小于所钻储集层时间，岩屑录井一般为含油级别较低的油砂。

7. 水层（含气）

不含有溶解气和残余油的水层，气测曲线上无异常显示，有时出现 H_2 和 CO_2 非烃气体。含有少量溶解气和残余油的水层，全烃增高，烃组分相对含量高低不等，有时 H_2 增高，岩屑不含油。

8. 可能油气层

可能油气层的全烃显示、烃组分与油层或气层基本相同，岩屑、井壁取心中未见油；或岩屑、井壁取心见油迹以上含油级别，而气测显示不够明显。

9. 干层

干层的钻时无变化，全烃显示低于油气层显示，烃组分分析具油气层特征，甲烷相对含量一般较高，储层为致密性或泥质含量高的岩性。

（二）区分轻质油层和重质油层

根据气测资料区分稀油与稠油：稀油部位全烃与重烃都有很高的显示，而稠油则显示较高的全烃含量和较低的重烃含量（图 8-11）。

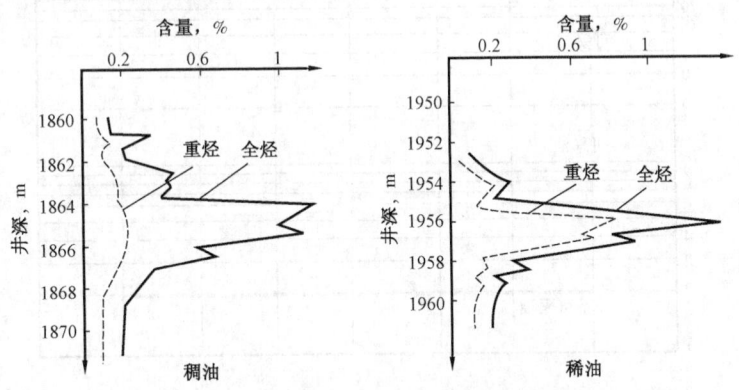

图 8-11 不同性质的油层在气测曲线上的反映

由于烃类气体在石油中的溶解度基本上是随相对分子质量的增大而增加的，所以在不同性质的油层中重烃的含量是不一样的。轻质油的重烃含量要比重质油的重烃含量高。因此，轻质油的油层气测异常明显，而重质油的油层气测异常显示远不如轻质油的油层显示明显。它们各自呈现完全不同的特征。烃类气体是难溶于水中的，所以一般纯水层中气测没有显示。若水层含少量溶解气，在气测曲线上也会有一定显示，反映在全烃、重烃时增高，或只是全烃增高而重烃无异常。但是，水层比油层异常显示低。

利用气测录井资料可以及时发现钻进过程中的油气显示，及时预报井喷，从而提前采取应急措施，这在新区新层的钻探中尤其重要。

三、油气层定量解释方法

钻井液录井中的烷烃色谱分析对确定储集层流体性质和生产能力起了重要作用。但直接应用从仪器中分析出来的天然气组分对储集层流体性质和产能进行评价是困难的。利用参数标准化或比值分析的方式消除环境因素的影响,利用多参数综合分析定量评价油层是气测资料解释方法的指导思想。常用的气测资料解释方法有对数比值图版解释法、三角形比值图版解释法和3H轻质烷烃比值法。

(一)对数比值图版解释法

该方法是利用色谱分析的烃类组分比值 C_1/C_2、C_1/C_3、C_1/C_4、C_1/C_5 的大小,采用对数比值图版来判断油气层的性质。

1. 标准图版

制作适合一个地区的标准图版,是气测比值图版解释的基础。根据已知性质的储集层流体样品的资料,以 C_1/C_2、C_1/C_3、C_1/C_4、C_1/C_5 为横轴制作一个图版[纵坐标为对数坐标,表示比值,如 $\log_{10}(C_1/C_2)$;横坐标为等间距,代表各组分比值名称]。将同一测点的各组分比值连起来,称为烃比值曲线,并在图版上划分区域(图8-12)。

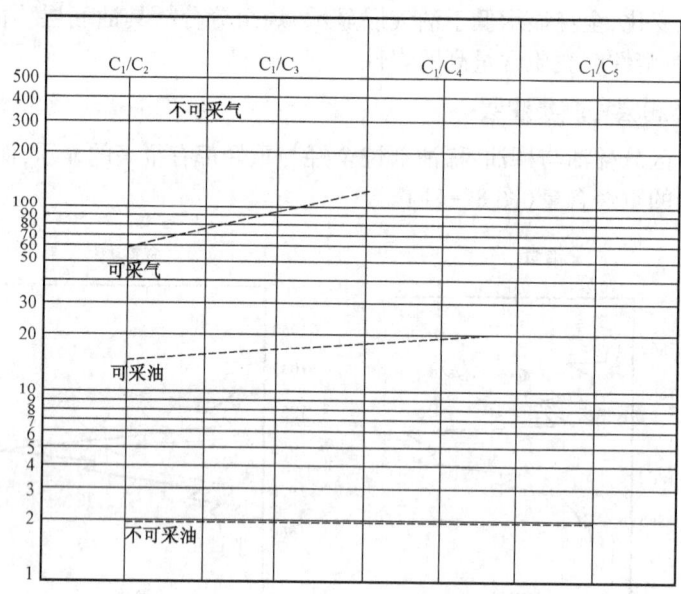

图8-12 气体组分比值图版

2. 标准图版分区

标准图版一般分为三个区,其上部、下部为无产能区,中部为油区或气区。

油区:$C_1/C_2 = 2 \sim 10$;$C_1/C_3 = 2 \sim 14$;$C_1/C_4 = 2 \sim 21$。

气区:$C_1/C_2 = 10 \sim 35$;$C_1/C_3 = 14 \sim 82$;$C_1/C_4 = 21 \sim 200$。

无产能区:$C_1/C_2 < 2$ 或 >35;$C_1/C_3 < 2$ 或 >82;$C_1/C_4 < 2$ 或 >200。

若只有 C_1,则是气,C_1 很高,则为盐水层。

若在油区内 C_1/C_2 较低或在气区内 C_1/C_2 较高,则无产能。

若曲线斜率为正,则有产能。

若曲线斜率为负,则无产能。

将气测取得的色谱组分比值数据在图版上画出曲线,曲线落在哪个区域,储集层则属于什么性质。

(二)三角形比值图版解释法

1. 三角形比值图版的制作

三角形比值图版由三角形坐标系和坐标系中的椭圆形的储层产能划分区域组成(图8-13)。三角形坐标系为一个正三角形(外三角),三角形的三条边分别代表坐标系的三个轴——C_2/SUM、C_3/SUM、C_4/SUM,三角形图版中的椭圆区域是根据大量的统计资料而圈定的,它是有无产能的划分界限,根据它可以对储层的产能进行评价。

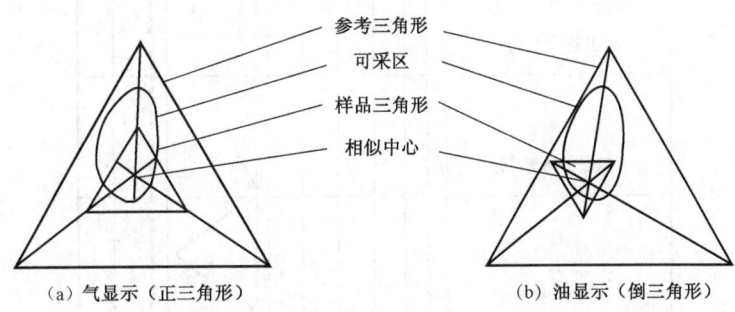

(a) 气显示(正三角形)　　　(b) 油显示(倒三角形)

图8-13　烃类比值三角图版

2. 解释方法

(1)计算组分比值:C_2/SUM、C_3/SUM、C_4/SUM。

(2)将各比值在对应的轴上标出,然后通过轴上的点作各相应坐标轴原点相邻底边的平行线,组成小三角形(称内三角)。

(3)将得到的三角形顶点分别与三角形坐标对应的零点相连,得到一个交点(相似中心)。根据所作的三角形和交点的位置,可对储层进行评价:

① 正三角形(顶点向上)为气层。
② 倒三角形(顶点向下)为油层。
③ 大三角形为干气层或低气油比油层。
④ 小三角形为湿气层或高气油比油层。
⑤ 若交点在椭圆形圈内为有产能,否则为无产能。

内三角形的大小,以内三角与外三角边长之比而定。大于外三角边长75%为大,在25%~75%为中,小于25%为小。内三角形顶角与外三角形顶角方向一致为正三角,反之为倒三角。

已知:某解释层的组分含量为$C_2/\sum C = 16.5\%$;$C_3/\sum C = 11.5\%$;$C_4/\sum C = 4.5\%$,试做组分三角形图。

作图步骤:作正三角形(称外三角),各边分别为$C_2/\sum C$、$C_3/\sum C$、$C_4/\sum C$百分值坐标轴(图8-14)。某解释层的组分含量为$C_2/\sum C = 16.5\%$;$C_3/\sum C = 11.5\%$;$C_4/\sum C = 4.5\%$,过各点做各相应坐标轴原点相邻底边的平行线,组成一小三角形(称内三角),连接内、外三角形的相对顶角,交于M点。

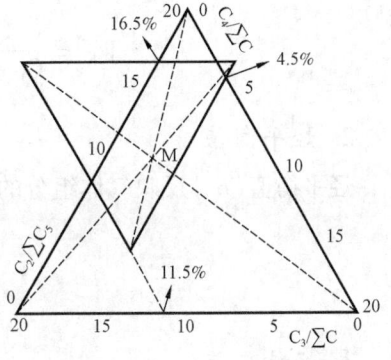

图8-14　组分三角形图

(三)3H 轻质烷烃比值法

这种方法引用了烃的湿度值 W_h、烃的平衡值(对称值)B_h 和烃的特性值 C_h 这三个参数,见图 8-15。

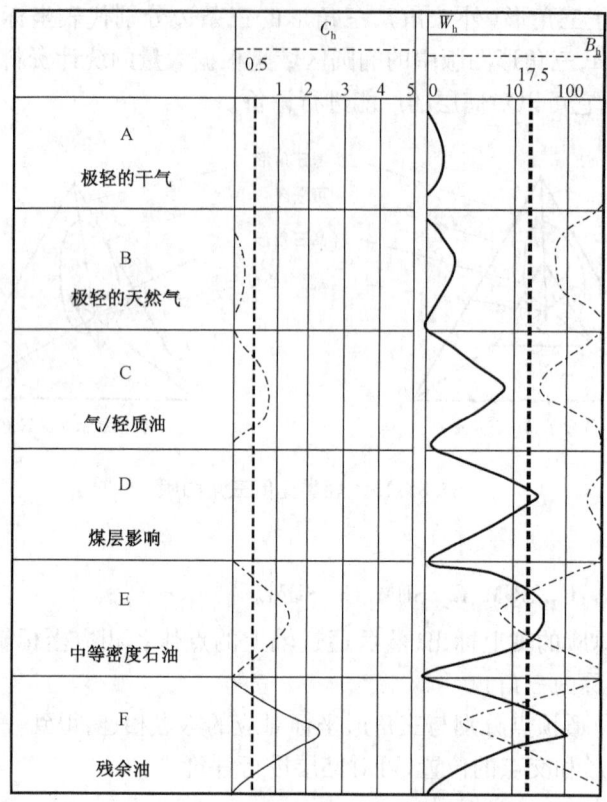

图 8-15 烃气比值与流体类型的理想曲线

1. 烃湿度值

烃湿度值(W_h)是重烃与全烃之比,它的大小是烃密度的近似值,是指示油气基本特征类型的指标,其计算公式为

$$W_h = \frac{C_2 + C_3 + iC_4 + nC_4 + C_5}{C_1 + C_2 + C_3 + iC_4 + nC_4 + C_5} \times 100 \tag{8-1}$$

2. 烃平衡值

烃平衡值(B_h)反映气体组分的平衡特征,可以帮助识别煤层效应,其计算公式为

$$B_h = \frac{C_1 + C_2}{C_3 + C_4 + C_5} \tag{8-2}$$

3. 烃特征值

烃特征值(C_h)是对以上两种比值的补充,解决使用以上两种比值时出现的模糊显示(三种比值参数要组合使用),其计算公式为

$$C_h = \frac{C_4 + C_5}{C_3} \tag{8-3}$$

式中 $C_1 \sim C_5$ 指各烷烃所测含量，C_4 与 C_5 包括所有的同分异构体。这种方法的解释规则见表 8-2。

表 8-2　3H 法烃类比值评价标准

序号	项目参数	W_h	W_h、B_h	W_h、B_h、C_h
1	分区值	$W_h < 0.5$	$W_h < 0.5$, $B_h > 100$	
	解释	该区含有极轻的、非伴生的天然气，但开采价值低	该层含有极轻的没有开采价值的干气	
2	分区值	$0.5 < W_h < 17.5$	$0.5 < W_h < 17.5$ $B_h < W_h < 100$	
	解释	该区含有开采价值的天然气，且天然气的湿度随着 W_h 值增大而增大	该层含有可开采的天然气，同时 W_h 的值与 B_h 的值越接近（即 W_h 越大 B_h 越小），则表明所含天然气的湿度和密度越大，为可产气层	
3	分区值	$17.5 < W_h < 40$	$0.5 < W_h < 17.5$, $B_h < W_h$	$0.5 < W_h < 17.5$, $B_h < W_h$, $C_h < 0.5$
	解释	该区含有开采价值的天然气且油层的相对密度随 W_h 减小而减小	该层含有可开采的凝析气或者该层为低相对密度、高气油比油层	该层含有可采的湿气或凝析气
4	分区值	$W_h > 40$	$17.5 < W_h < 40$, $B_h \leq W_h$	$0.5 < W_h < 17.5$, $B_h < W_h$, $C_h > 0.5$
	解释	该区可能含有低开采价值的重油或残余油	含有可开采价值的石油（两条曲线汇聚的时候，石油相对密度降低）。可产油层	可产低相对密度或高气油比油
5	分区值		$17.5 < W_h < 40$ $B_h \leq W_h$	
	解释		含有无开采价值的残余油	

表 8-2 中"可开采"或"无开采价值"并不十分严格，因为某一油气区的生产能力是由储层厚度、渗透率及基本的经济可行性决定的。

四、油气水综合解释

气测录井解释评价油气层方法是通过地面检测到的烃类气体与储层中的流体进行比较而开发的。由于地面所能检测到的烃类气体源于地层流体中的轻烃（$C_1 \sim C_4$ 或 C_5），因此两者之间在数量和特征上的趋势是一致的。储集层中的流体类型及性质是多种多样的，常用流体的密度、黏度等来区分流体类型、判断流体性质。这种性质的变化与流体中溶解烃的组成有着密切的关系。因此,根据流体中烃组成及含量可判断出储层中流体的性质。

在气测录井过程中,全烃曲线是唯一连续测量的一项重要参数,全烃曲线幅度的高低、形态变化,均富含储层信息(油气水信息、地层压力信息等)。全烃曲线形态特征法解释评价油气层就是应用这些直观的信息,对储层流体性质进行判别。

在钻开地层时,储集层中的油气一般是以游离、溶解、吸附三种状态存在于钻井液中。如果储层物性好,含油饱和度高,储层中的油气与钻井液混合返至井口时,气测录井就会呈现出较好的油、气显示异常。所以,建立全烃曲线形态特征与油气水的关系,意义重大。

在探井中根据半自动气测成果可以发现油气显示,但是不能有效地判断油气性质,对于油质差别不很大的油层和凝析油、气层就更不容易判断。

色谱气测则可以判断油气层性质,划分油层、气层、水层,提高解释精度。

(一)储集层的划分

以钻时、dc 指数、岩性及分析化验资料为主划分储集层。

(二)显示层的划分

根据气体全量(烃)、岩屑及岩心含油显示等资料划分油气显示井段,并根据地层压力变化、钻井液性能变化及地层含气量等资料综合评价油气显示井段。

(三)流体性质的确定

应用气体烃组分比值、岩心(屑)含油气显示级别及含水性、地化录井成果等,结合非烃气录井资料、钻井液参数(密度、温度、电阻率、体积、黏度)的变化和槽面油气显示,应用计算机软件综合评价划分流体性质。常用的油气划分的方法有三角图版法、比值图版法、3H 法等。

(四)气测井油气层计算机解释系统

气测井油气层计算机解释系统是在人工经验及烃类比值图版解释的基础上研究出来的一种新的气测井油气层多参数评价技术,目前在国内外气测录井行业中较为先进,它具有以下 4 个特点:

(1)采用多参数,不仅包括烃类比值,也采用烃组分浓度及有关的地质参数,这些参数较全面地反映了油气特征。

(2)逐一将两种不同流体应用于费歇尔准则,用大量的已知井建立判别模型,求取判别向量。该方法准确地计算了各种参数在两两判别中的权数,大大提高了判别效果。

(3)以标准化校正公式、分类和比值等方法进行了参数校正,适应性强。

(4)系统操作简单,解释周期短。

【任务实施】

分析解释气测录井资料。

【任务考评】

一、理论考核

(1)常用的气测资料解释方法有哪些?分别简述其评价方法。

(2)写出 3H 法烷烃比值法的计算公式。

(3)简述油气层综合解释方法。

二、技能考核

(一)考核项目

气测资料解释;分别对下列层段进行气测评价(表8-3)。

表8-3 气测资料数据表

序号	层位	含油产状	气测显示段 m	厚度 m	钻时 min^{-1}	气测值,10^{-6}						
						TG	C_1	C_2	C_3	iC_4	nC_4	C_5
1	T_1b	干照荧光2%,金黄色,中发光	1903~1914	11	9~32	21216~162177	1632~126208	1577~11563	904~4872	513~2106	619~2086	325~1088
2	T_1b	干照荧光2%~3%,金黄色,中发光	1918~1920	2	6~22	119299~201756	92480~233920	8614~27448	3758~11136	1647~4185	1662~4270	745~2106
3	T_1b	干照荧光1%~5%,金黄色,中发光	1926~1932	6	15~22	4321~10890	3321~8149	28~96	0~25	0~18	0~20	0~4

(二)考核要求

(1)准备要求:工作任务单准备。
(2)考核时间:30min。
(3)考核形式:实际操练和软件应用。

学习情境二

地球物理测井资料分析与解释

【情境描述】

地球物理测井是应用地球物理学的一个重要分支,它是以物理学、数学、地质学为理论基础,采用先进的电子、计算机和数据处理等技术,借助专门的探测仪器设备,沿钻井剖面观测岩层的物理性质,从而了解地下地质情况的一门应用技术学科。

石油测井源于1927年9月,法国的马科尔·斯伦贝谢和科纳德·斯伦贝谢兄弟发明的电阻率测井仪器在法国皮切尔布朗进行首次测井。我国的测井工作源于1939年12月20日,我国著名的地球物理勘探专家翁文波首次在四川石油沟一号井测出一条电阻率曲线和一条自然电位曲线,并划分出了气层的位置。随着油气田勘探的不断进行及电子技术、计算机技术的进步,石油测井得到了迅速发展。20世纪测井技术的发展可划分为5个阶段:第一阶段(20年代至40年代),半自动测井;第二阶段(40年代至60年代),全自动测井;第三阶段(60年代至70年代),数字测井;第四阶段(70年代至80年代),数控测井;第五阶段(90年代以来),成像测井。

随着科技的发展,在测井工作者的艰辛努力下,测井已由起初的普通电阻率法定性解释,发展为现今完善的测井系列和计算机定量化测井资料解释,实现了较为全面的定量解释与地层评价及油气分析。现今常用的测井方法有电法测井、声法测井、放射性测井和其他测井几大类。

(1)电法测井:自然电位测井、普通电阻率测井、侧向测井、感应测井、微电阻率测井等。

(2)声法测井:声幅测井(固井声幅测井、声波变密度测井、超声波电视测井等)、声速测井(声速测井、补偿声速测井、高分辨率声速测井等)。

(3)放射性测井:伽马测井、中子测井、密度测井、放射性同位素测井、核磁共振测井等。

(4)其他测井:井径测井、电磁波测井、地层倾角测井、成像测井、温度测井、压力测井、流量测井、持水率测井等。

石油测井是石油勘探、开发的"眼睛",概括起来主要有以下应用。

(1)勘探阶段:划分岩性确定渗透层并进行地层对比;判断油、水层;综合解释有关参数及油气的地质储量;判断和指导固井质量和井身工程;进行地层对比、绘制相关地质图件;指导打直井、斜井、定向井。

(2)开发阶段:监测油、水井动态情况;诊断生产异常,提出解决方案;检验油井生产情况;预测油井生产动态。

正因为石油测井在石油勘探开发中起着重大作用,地球物理测井资料分析与解释被列为石油勘探开发行业所必备的技术能力,准确的分析与解释地球物理测井资料是油气田有效勘探开发的必备途径。

项目九　测井现场日常管理

野外钻探往往代表着巨大的经济投入,"时间就是金钱"在钻井现场体现得尤为突出。科学管理钻井进程至关重要。如何合理安排测井工程、做好测前准备、即时了解钻井地质信息及工程信息、准确记录相关测井信息、有效调度现场工作人员以顺利完成测井作业是下一步作业的关键所在。测井现场日常管理内容包括测井仪器管理、测井仪器标定、测井质量管理、测井工程运行管理等。有效的测井现场管理不仅可以减短测井时间,提高测井质量,还可以节约井队运行成本。

【知识目标】

微课视频
测井方法与
仪器设备概述

（1）了解常见测井仪器结构组成；
（2）掌握测井仪器调试及标定方法；
（3）了解测井现场作业流程；
（4）掌握测井系列选择方法；
（5）掌握测前准备工作要点及测井资料质量要求；
（6）掌握测井任务单填写方法；
（7）掌握相关测井工程资料的收集方法。

【技能目标】

（1）能够识别常见测井仪器；
（2）能够进行测井仪器的调试及标定工作；
（3）能够正确选择测井系列及仪器设备；
（4）能够实现测前准备工作及测井资料质量检查；
（5）能够正确填写测井工作通知单；
（6）能够正确收集相关测井工程资料。

任务一　测前准备

【任务描述】

在油气勘探钻井作业过程中,测井是了解井下地质信息的必要手段。测井仪器及测井系列的正确选择是地下地质信息有效获取的关键,测前准备工作是测井工程进展的重要保证。本任务主要通过教师讲解、实例分析、学生实训观察分析、学生完成工作任务单来实现任务训练目的。通过本项任务的学习,要求学生能够识别常见测井仪器、进行测井仪器的调试及标定工作、正确选择测井系列及仪器设备、实现测前准备等工作。

【相关知识】

三维动画
测井用井口设备
维修保养

一、常见测井仪器识别

测井仪形态多为长柱状,外层为钢结构,内含电路连接系统,有些测井仪有推靠系统(如微电极测井仪、中子密度测井仪等),测井仪可相互连接,可多个测井仪组合测量。测井仪两端均有电缆接头,主要用于连接电缆或连接组合测井时的测井仪器。每种测井仪都有着各自独特的作用,设计外形也各不相同,具体形态见图9-1、图9-2。

二、测井仪器调试及标定

测井仪在使用前需对其进行调试与标定,使其达到规范要求方可下井测量。具体要求见表9-1。

表9-1 常见测井仪器的标定要求

名称	单位	标定要求
自然伽马测井仪	nC/(kg·h)	1. 在各测程档线性范围内,单位时间的计数与照射量率应呈直线关系,其标定的精度应能满足设计或合同要求。 2. 各测程的线性范围应与出厂指标相符。 3. 仪器的灵敏度应能满足设计或合同要求
伽马测井仪	nC/(kg·h)	与自然伽马测井仪标定要求相同
电阻率测井仪	Ω·m	1. I和ΔV关系图应呈直线。 2. 确定仪器常数K值在做定量解释时,K值取2种标准溶液标定的平均值。 3. 用确定的数值计算在另一溶液中测量的电阻率值,相差不应大于5%
流量测井仪	L/s	1. 精度和灵敏度应达到出厂说明书或设计(合同)的要求,达到定量解释要求,启动流量值为0.02~0.05L/s。 2. 定性解释时,仪器读数与标准井径条件下的视流量值应线性相关,并计算流量标定系数β值(β=流量/读数)。 3. 定量解释时,应做井径改正量板
井斜仪	(°)	1. 方位角测量误差不大于5°。 2. 倾角测量误差不大于0.5°
井径仪	cm	1. 读数与井径的相关图应呈直线。 2. 确定量和D_0值,K和D_0值应取标定的平均值。 3. 用确定的K和D_0值,计算的各井径值与已知井径值相差不应超过±1.5cm
井温仪	℃	1. 读数与井温的相关图应呈直线。 2. 确定K和T_0值,K和T_0值应取标定的平均值。 3. 用确定的K和T_0值,计算的各井温值与已知井温值相差一般均不应超过±0.5℃;对高精度井温仪而言,均不应超过±0.2℃。 4. 仪器的时间常数和灵敏度应达到出厂指标要求。当时间常数不大于3s时,对一般井温仪而言,灵敏度不得低于0.1℃;对高精度井温仪而言不得低于0.01℃

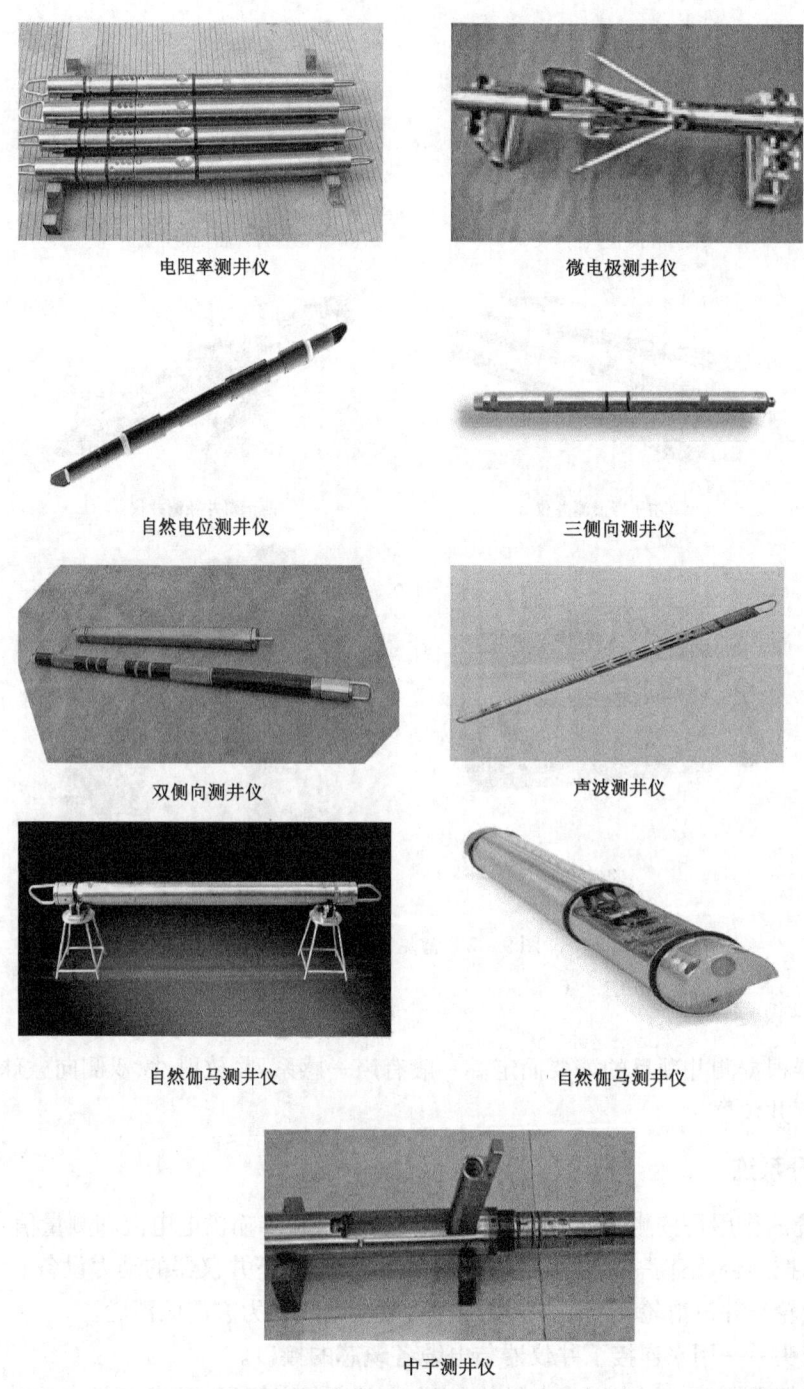

图 9-1 常见测井仪图一

三、测井现场简介

目前地球物理测井的一般设施如图 9-3 所示。其具体设备包括下井仪器、提升系统及测井车。

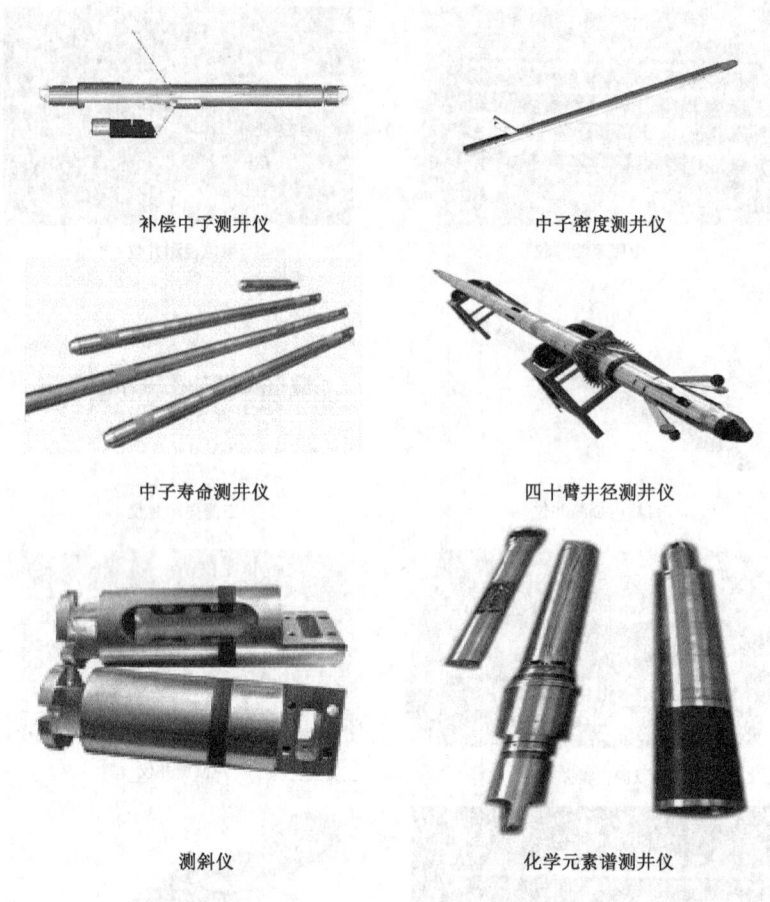

图 9-2 常见测井仪图二

（一）下井仪器

下井仪器根据测井项目的需要而定。一般有声—感系列、放射性、双侧向微球、地层倾角、地层测试等下井仪器。

（二）提升系统

提升系统的作用是按测量的需要上提或下放仪器,并传输供电电流和测量信号,包括：
(1)绞车控制台、滚筒——由电动机控制的上提、下放下井仪器的动力设备。
(2)天滑轮与井口滑轮——用来支撑电缆,改变电缆受力方向的滑轮。
(3)马笼头——用来连接下井仪器与电缆各缆芯的接口。
(4)深度解码器——用来以光电转换的形式完成深度解码,送出能代表测井速度和深度的电信号。

（三）测井车

测井车上包括车载计算机系统、模拟信号采集处理系统、测井数据实时显示系统、测井数据打印系统等,同时还具备下井仪器及提升系统的装载功能,是测井设备的主体(图9-4)。

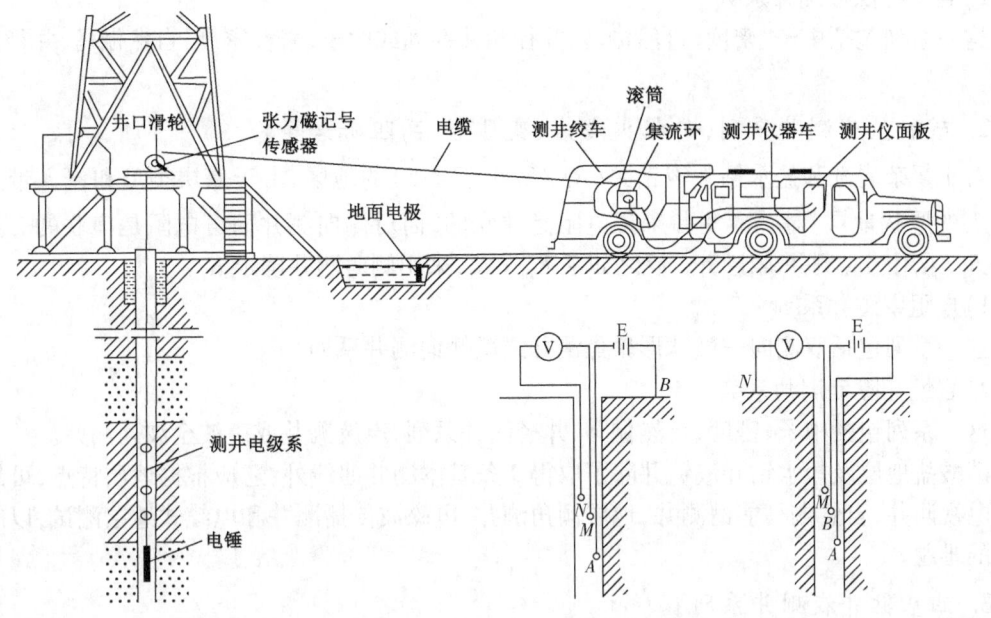

图 9-3 测井现场示意图(据丁次乾,2003)

四、油气藏测井系列的选择

(一)测井系列选择原则

由于各种测井方法的探测系统和测量原理及其作用各不相同,根据地质条件(岩性剖面和储层类型)、井眼条件(淡水钻井液、盐水钻井液或油基钻井液)以及调整井、稠油热采井的具体情况等,需组成各种测井系列,充分发挥测井解决地质问题的能力。因此,正确选择测井系列是规划测井工作的重要环节。

图 9-4 测井车

测井系列选择的原则如下:

(1)确定地层岩性成分,清楚地划分渗透层;

(2)准确地提供相关地质参数,包括孔隙度、含水饱和度、束缚水饱和度、可动油量、残余油气饱和度、泥质含量及渗透率的近似值;

(3)清楚地区分油层、气层和水层,确定油气层有效厚度;

(4)减小和克服环境影响,避免测井曲线失真;

(5)在解决预期地质任务的前提下,力求测井系列简化,降低测井费用。

(二)油气藏测井系列

1. 砂泥岩淡水钻井液测井系列

1)电阻率—声波测井系列

这一系列包括双感应—八侧向测井或球形聚焦测井、自然电位测井、自然伽马测井及声波测井。

2) 岩性孔隙度测井系列

这一系列包括中子、密度、自然伽马、井径测井系列或中子、岩性密度、自然伽马、井径测井系列。

2. 碳酸盐岩测井系列(包括火成岩、变质岩、高阻砾岩等)

对于复杂岩性和盐水钻井液钻井(R_{mf}/R_w小于2.5)的地区,由于储层类型和侵入带与未被侵入的原状地层,对感应测井来说电阻是并联的,而对侧向测井而言电阻是串联的。如果$R_{xo} > R_t$,采用感应测井确定R_t。反之如果$R_{xo} < R_t$,采用侧向测井确定R_t。

1) 电阻率测井系列

这一系列包括双侧向—微球形聚焦测井或微侧向测井系列。

2) 岩性孔隙度测井系列

这一系列包括中子、密度、自然伽马、井径测井系列,声波测井或声波全波列测井。

碳酸盐地层及盐水钻井液钻井除了取得9条基本测井曲线外,还应根据地质特点,可加测声波电视测井,自然伽马能谱测井、地层倾角测井、电磁波传播测井和电缆式地层测试,以解决更多的难题。

3. 油基钻井液测井系列

1) 电阻率测井系列

这一系列包括双感应—球形聚焦测井或八侧向测井,自然电位测井、自然伽马测井、声波测井。

2) 岩性孔隙度测井系列

这一系列包括中子测井、密度测井、自然伽马测井、自然伽马能谱测井、井径测井。

4. 稠油测井系列

稠油的黏度大,一般在地面超过600cP。稠油的气油比很低,而且受埋藏深度及地温梯度的影响,原油难以流入井筒。因此,稠油层与稀油层除电阻率测井相同外,还应满足:在三种孔隙度测井方法中,以密度测井效果较好,其他两种孔隙度测井方法(中子和声波)作为补充;资料井和观察井应加测碳氧比测井;另外对稠油含油饱和度进行监测可以作时间推移测井。

岩性系列应以搞清粒度变化和黏土含量及黏土矿物为目标。中子伽马测井曲线与粒度变化关系比较好。采用自然伽马能谱测井可以帮助识别黏土矿物。

稠油开发井还应增加下列测井项目:

(1) 在同一井场钻两口井,在注蒸气井旁边的井,用井温仪(200℃)测量井温和用微差井温仪测量微差井温,了解注蒸气井的热传导情况。

(2) 选择注热蒸气吞吐几次以后的井,先注少量热水,进行常规的同位素吸水剖面测井。

(3) 采用超高温的测试仪了解吸水剖面,该仪器可耐温350℃以上,耐压200atm。测量3个参数(即温度、压力和流量比例),使用软件计算出注蒸气的体积、层间影响、井筒损失、地层传热系数和扩散系数等。

5. 调整井水淹层测井系列

在调整井水淹层,一般应采用该地区的全套裸眼井测井系列,并选用以下几种测井方法:

(1) C/O比能谱测井;

(2) 热中子寿命测井;

(3) 自然电流测井与改进的自然电位测井。

五、测井前的准备和测井资料质量必须达到的标准

为了使测井工作能够顺利进行,并取全取准全套测井资料,对钻井队及测井队要求如下。

(一)测前准备必须达到的标准

1. 井场准备

(1)选择行车路线,采取措施,确保测井队安全到达井场;
(2)测井车停车位置与井口之间最少有 30m 长的清洁、平整的场地带供测井施工用;
(3)夜间作业应有灯光照明设施;
(4)井场电源电压要平稳,电压波动应小于 ±5%,频率为 50Hz。

2. 井身准备

(1)测前必须充分循环钻井液,使井内钻井液均匀,性能稳定;
(2)遇阻、遇卡井段要进行处理,确保测井施工安全顺利进行;测前起钻不能用转盘卸扣。

3. 详细介绍井下情况

(1)井身结构;
(2)油气显示井段以及有关情况;
(3)井下落物位置、套管或套管鞋破损情况;
(4)遇阻、遇卡井段等。

4. 测井施工中的协作

(1)测井作业前固定转盘,使其不能转动;
(2)配合测井队吊升测井设备及仪器;
(3)测井施工中禁止电焊和启动大功率电器设备,禁止妨碍测井工作的任何其他作业;
(4)特殊作业的井,包括井涌、井漏情况,钻井队应有专人观察井口。

5. 测井队必须做好测井前的准备工作

(1)调查行车路线;
(2)按测井目的及测井内容要求,作好地面仪器、井下仪器、绞车、电缆、车辆等的准备检查工作,确保测井装备良好;
(3)作好井下仪器的车间刻度工作;
(4)准时到达井场。

(二)测井资料质量必须达到的标准

1. 对原始测井资料(磁带、原图)的质量要求

1)一般要求

图面整洁、曲线清晰、字迹工整。图面上纵横线、基线、时间记号、刻度线清晰完整,曲线交叉处应注明,无不正常的抖动和跳动。

2)深度要求

在每张测井图上都应标出正确深度,测井深度与钻井深度在允许误差范围之内,与套管鞋的深度的误差在不同井深要求如下:

井深 <1000m,允许误差 ±0.5m;
井深 1000~2000m,允许误差 ±1m;

井深 2000~3000m,允许误差±2m;

井深 3000~4000m,允许误差±3m。

同一口井两次测井,在接头处应重复测量 50m(组合测井仪应重复自然伽马曲线),同次测井不同曲线间深度应一致,其误差要求同上。

3)测速要求

由于仪器的"时间常数效应",最大测速必须控制在仪器分辨能力范围之内。测量速度必须按各测井公司对各种仪器规定的测速容限进行,组合测井仪则应以主要曲线中的最低测速为准。

4)仪器重复性要求

要求每次测量曲线必须在井底上方重复测量 50m,检查仪器稳定性、重复性。如重复不好,应找出原因作出可接受的说明,必要时重测。带极板的测井曲线在不均质地层由于所走轨道不同,重复误差可酌情放宽。

5)仪器刻度要求

测前、测后刻度打印出刻度表或照相记录刻度线,误差要求在刻度指南所规定的容限之内,具体容限见表 9-2。

2. 各种测井曲线要求

1)电阻率曲线

(1)中、深感应电阻率曲线及深、浅侧向电阻率曲线在非渗透层数值形状一致,若有差异应查明原因。深感应电阻率与深侧向读值相近,与区域值吻合。电阻率为中等值井段,电阻率曲线无干扰和限幅。在套管内电阻率值趋于零,并能指明套管鞋位置。

(2)微电阻率曲线(R_{xo})在渗透层应与井壁保持良好的接触。

表 9-2 3700 常规测井质量检查表

井号_____ 测量井段_____

测井日期_____ 制表人_____ 审核人_____

测井系列	测井项目	刻度检查 容限 低	刻度检查 容限 高	刻度检查 实测 低值	刻度检查 实测 高值	刻度评价	单位	测速检查 容限 m/min	测速检查 实测	评价	重复性检查 形状	重复性检查 数值	重复性检查 评价	交会图检查 附加校正	交会图检查 质量评价	备注 质量说明或备注	单条评价
感应系列	CILD	±2	±25				mS/m	33									
感应系列	CILM	±2	±25				mS/m	33									
感应系列	CFOC	±2	±25				mS/m	33									
感应系列	SP						mV	33									
感应系列	GR		±10				API	9									
感应系列	CAL		±0.5				in	21									
侧向系列	DLL	±0.5	±50				Ω·m	18									
侧向系列	SLL	±0.5	±50				Ω·m	18									
侧向系列	MLL	±0.5	±100				mS/m	15									
侧向系列	GR		10				API	9									
侧向系列	CAL		±0.5				in	15									

续表

测井系列	测井项目	刻度检查 容限 低	刻度检查 容限 高	刻度检查 实测 低值	刻度检查 实测 高值	刻度评价	单位	测速检查 容限 m/min	测速检查 实测	评价	重复性检查 形状	重复性检查 数值	评价	交会图检查 附加校正	交会图检查 质量评价	备注 质量说明或备注	单条评价
中子密度系列	CN	±2					p.u.	9									
	CDL(corr)	±0.025					g/cm³	9									
	GR	±10%					API	9									
	CAL	±0.5%					in	9									
能谱测井	K	±10%					%	3									
	U	±7%					10⁻⁶	3									
	Th	±7%					10⁻⁶	3									
声速	BHC	±2%					μs/ft	36.6								用于D007软件单测BHC时所采用的测速	
声幅	CBL	±3%					%	9									
总评	项目	曲线总数		优等品条数		良等条数	合格品条数	不合格条数		深度检查		套管鞋深度					
	条数										测井	钻井	误差				
	百分率																

2) 放射性曲线

(1) 密度校正值 $\Delta\rho$ 应由正趋于零,除滤饼等原因造成 $\Delta\rho$ 为负值外,其他应作出合理解释,否则必须重测。

(2) 密度与中子孔隙度相对关系合理,泥岩 ϕ_N 大、ρ_b 小。砂岩 ϕ_N 中等、ρ_b 中等。气层 ϕ_N 小、ρ_b 小。致密层 ϕ_N 小、ρ_b 大。大井眼 ϕ_N 大、ρ_b 小。岩性与孔隙度与区域值应吻合。并做交会图检查,控制质量,确保孔隙度测井资料的精度。

(3) 自然伽马曲线测值与区域值吻合。

(4) 自然伽马能谱测井要求铀、钍、钾曲线变化正常,总计数率与其他系列所测自然伽马曲线一致,数值与区域值吻合。

3) 声波与井径测井

(1) 声波测井在套管内的读值为 57μs/ft 或 187μs/m,曲线无干扰,数值与区域岩性和孔隙度吻合。一般其数值不应出现大的异常,不应低于 40μs/ft 或 131μs/m,若有应说明原因,否则应重测。

(2) 井径曲线进套管数值准确。

4) 地层倾角测井、井眼几何形状测井

(1) 电导率曲线除致密层和仪器受卡外,一律不能出现高、低平头,平头井段不能超过全井段的 1%,否则重测。四条电导率曲线相关性好,仪器旋转一周不小于 12m。

(2) 双井径曲线变化正常,在套管内双井径曲线重叠,数值与套管内径一致,误差 ±0.5in。

井斜角与方位角曲线光滑无干扰。

5）水泥胶结变密度测井

(1) 套管接箍(CBL)显示清楚,深度正确。

(2) 自然伽马曲线深度与裸眼井所测一致。

(3) TT曲线表明仪器是否居中,发射是否正常。

(4) 声幅曲线(CBL)在套管无水泥井段与有水泥井段的声幅度是否清晰可辨。

(5) 变密度(VDL)测井图对比度是否清楚,首先到达的时间是否表明发射正确。

3. 数字磁带质量控制

井场操作者在测井前应对空白带进行预检查,确认质量良好,方能用于测井记录。要求鉴别号(拨轮号)正确无误,易于分辨。

每条测井曲线记录前后均有准确的内部高低刻度记录。

每个文件(无论是否有效)末尾应写结束标记,在重新开始测量之前,应将上一个文件末尾写上结束标。

每测量一次,资料需回放50m曲线,与原始记录(胶片或原图)对比,其幅度误差小于±5%,深度误差小于0.2m,否则应重测。每次测井后应填写磁带记录卡片(表9-3),连同磁带交给用户。

表9-3 磁带记录卡片

_____井磁带记录卡

（第 次完井） 测井公司

测井日期	年 月 日	测井队		操作员	
井深		仪器型号			
磁带机号		控制器号		磁带盘号	
采样密度		格式曲线数		拨轮号	

道号	测井曲线名	低刻度文件			高刻度文件			线性	对数	深度偏差	备注
		记录号	工程值	电压值	记录号	工程值	电压值				
1											
2											
3											
4											
⋮												

	拨轮号	记录号	记录始深	记录终深	备注
测井数据文件					
备注					

记录磁带上必须贴上标签、注明井号、测井次数、曲线名称、测井日期、测量井段、文件号等。

【任务实施】

一、目的要求

(1)能够识别常见测井仪器；
(2)能够进行测井仪器的调试及标定工作；
(3)能够正确选择测井系列及仪器设备；
(4)能够实现测前准备工作及测井资料质量检查。

二、资料、工具

(1)常见测井仪器；
(2)测井现场工作挂图；
(3)测井工作岗位职责；
(4)3700常规测井质量检查表；
(5)工作任务单。

【任务考核】

一、理论考核

(1)请简述常见测井仪器结构组成。
(2)请简述测井仪器标定方法。
(3)请简述测井系列选择原则。
(4)请简述测前准备工作要求。

二、技能考核

(一)考核项目

(1)常见测井仪器识别；
(2)感应测井仪标定；
(3)常见测井系列选择；
(4)测前准备工作及测井质量检查角色扮演模拟。

(二)考核要求

(1)准备要求:工作任务单准备。
(2)考核时间:30min。
(3)考核形式:口头描述和任务单完成。

任务二　测井工程资料的收集

【任务描述】

在油气勘探钻井作业过程中,经常会遇到井壁垮塌、卡钻、溢流等工程事故,同时在录井过程中也不断传来发现油气层的喜讯。测井前应做出测井事故的预防提示及可疑油气层预告；

同时在测井过程中往往也会出现遇阻、遇卡、落鱼等工程事故。本项任务通过教师讲解、学生观察分析、角色扮演模拟,学习相关测井工程资料的收集方法。通过本任务的学习,要求学生能够正确填写测井工作任务单,正确收集相关测井工程资料。

【相关知识】

一、测井任务接收

根据不同钻井进程及测井目的,可将测井任务分为中间对比电测、中间完井电测及完井电测。钻井过程中,当设计井深较深时,岩屑迟到时间准确性将变低,岩屑混杂程度将逐渐增大,为了更好地了解井下地质信息,需及时做中间对比电测,其目的在于卡准录井层位;当二开钻进结束,需要下技术套管之前,需要开展中间完井电测,其目的在于确定已钻井段地质信息;当钻井钻至设计井深,且钻井目的已实现,经甲方同意完井后,需开展完井电测。录井工程师及井队干部根据《钻井地质设计》中测井要求,及时通知测井公司开展测井工作,当遇到特殊情况时,需经地质监督、井队干部协商,上报上级主管部门,临时增加或修改测井要求。测井任务的下达通常以测井通知单(表9-4为电测通知单)的形式交予测井公司。测井公司接到测井通知单后需积极配合,作好人员、仪器及材料准备,及时赶赴钻井现场,与钻井队技术人员、录井技术人员共同协作,做好测前准备及地质交底工作,在熟悉井的技术状况及地下地质状况的前提下开展测井工作。

表9-4 电测通知单

中间对比电测通知单(地质、井队各留存一份)
_____钻井队: 　　通过邻井资料对比及剖面校对,为了卡准地层,经综合分析,确定_____井,钻至井深_____m进行中间对比电测。 　　测井项目为_____ _____。 　　　　地质监督:_____ 　　　　井队干部:_____ 　　　　通知时间:_____
中间完井电测通知单(地质、井队各留存一份)
_____钻井队: 　　通过校对剖面及岩屑捞取,经综合分析,确定_____井钻至井深_____m进行完井电测(测井系列为_____)。 　　测井项目_____ _____ 　　请井队作好电测计划及测井施工。 　　　　地质监督:_____ 　　　　井队干部:_____ 　　　　　　　　____年____月____日

续表

完井电测通知单(地质、井队各留存一份)

_____钻井队:
　　通过校对剖面及岩屑捞取,经综合分析,确定_____井钻至井深_____m进行完井电测(测井系列为_____)。
　　测井项目_____
_____
_____
　　请井队作好电测计划及测井施工。
　　　　地质监督:_____
　　　　井队干部:_____
　　　　　　____年____月____日

二、相关测井工程资料收集

测井工作开始前,现场工作人员需召开测前会议,由钻井技术人员做出钻井中所遇到井壁垮塌、卡钻、溢流等工程事故通告及录井油气层提示,以预防测井工程事故的发生,测井中应重点关注。测井过程中需做好相关测井工程记录。现场相关测井工程资料主要在地质观察记录(表9-5)及地质日志中记录。测井结束后,根据实际测井情况收集测井工程资料并填写电测资料清单(表9-6)、(表9-7)。

表9-5　地质观察记录

观察记录				班次:　　班	
日期	年　月　日	时间		值班人	
接班井深		交班井深		进尺	
捞取岩屑总包数			审核人		
钻具情况	钻头规范×长度			岩心筒长	
	钻铤+配合接头长		钻杆长		方入
地层、岩性、油气水综述其他情况					
工程参数	钻压,kN	泵压,MPa	排量,L/min		转盘转数,r/min

— 159 —

表 9-6 中间完井电测资料清单

地区_____井号_____钻具井深_____m 电测井深_____m
钻井液电阻率_____Ω·m_____℃

项目	井段,m	比例尺	备注
双侧向		1:200	
自然伽马		1:200	
微球聚焦		1:200	
连续井斜		1:200	
$X-Y$ 井径		1:200	
标准		1:500	
自然电位		1:200	
声波时差		1:200	
密度		1:200	
中子孔隙度		1:200	
声幅		1:500	
磁性定位		1:200	
放射性校深		1:200	

说明:

电测_____队队长_____地质监督_____测井日期_____年____月____日

表 9-7 完井电测资料清单

地区_____钻井队_____井号_____井型_____
钻头_____mm 钻具井深_____m 电测井深_____m
套管外径_____mm 阻位_____m 下深_____m
钻井液密度_____黏度_____钻井液电阻率_____
预定时间_____到井时间_____
测井开始时间_____测井结束时间_____测量_____h
射孔底界_____m 固井时间_____水泥预返_____m
实测标节位置_____固井质量_____水泥实返_____m

项目	井段,m	比例尺	备注
标准		1:500	
连续井斜		1:200	
$X-Y$ 井径		1:200	
自然电位		1:200	

续表

项目	井段,m	比例尺	备注
双侧向		1∶200	
微球聚焦		1∶200	
声波时差		1∶200	
密度		1∶200	
中子孔隙度		1∶200	
自然伽马		1∶200	
声幅		1∶500	
磁性定位		1∶200	
放射性校深		1∶200	

说明:

电测_____队队长_____井队队长_____地质师_____测井日期_____年_____月_____日

【任务实施】

一、目的要求

(1)能够正确填写测井工作通知书;
(2)能够正确收集相关测井工程资料。

二、资料、工具

(1)测井工作通知书;
(2)电测资料清单。

【任务考评】

一、理论考核

(1)总结测井工作通知单填写方法。
(2)总结测井工程资料收集填写方法。

二、技能考核

(一)考核项目

(1)正确填写砂泥岩剖面淡水钻井液井测井工作通知单;
(2)角色模仿,收集相关测井工程资料并填写电测资料清单。

(二)考核要求

(1)准备要求:工作任务单准备。
(2)考核时间:30min。
(3)考核形式:口头描述和笔试。

项目十　电法测井资料分析与解释

电法测井一般包括普通电阻率测井、微电极测井、自然电位测井、侧向测井、感应测井等内容,主要反映岩石导电特性及介电特征。本项目着重培养学生分析、解释电法测井曲线的能力。

【知识目标】

(1)理解普通电阻率测井、微电极测井、自然电位测井、侧向测井、感应测井的原理;
(2)掌握电阻率测井、侧向测井的电极系组成;
(3)掌握普通电阻率测井曲线、微电极测井曲线、自然电位测井曲线、侧向测井曲线、感应测井曲线的应用。

【技能目标】

(1)普通电阻率测井曲线的识读、分析与解释;
(2)微电极测井曲线的识读、分析与解释;
(3)自然电位测井曲线的识读、分析与解释;
(4)侧向测井曲线的识读、分析与解释;
(5)感应测井曲线的识读、分析与解释。

任务一　普通电阻率测井曲线分析与解释

【任务描述】

普通电阻率测井是油田常规测井方法之一,其测量的机理是:不同岩石的导电能力不同,并且油、气和地层水之间电阻率差异大,通过测量地层电阻率的大小,可以分析岩性,划分高阻层,判断油层、水层以及水淹等。通过本任务的学习,要求学生理解掌握均匀介质中点电源的球形电场原理、钻井剖面在纵向和径向上的非均质原理、视电阻率的概念、普通电阻率测井的影响因素分析和资料解释应用。

【相关知识】

微课视频
岩石电阻率

一、岩石电阻率

各种岩石具有不同程度的导电能力,岩石的导电能力可用其电阻率来表示,影响岩石电阻率的主要因素有岩石的岩性、地层水电阻率、岩石的孔隙度和孔隙形状、含油(气)饱和度。下面对这些影响因素分别进行讨论。

（一）岩石电阻率与岩性的关系

一般来说,岩浆岩电阻率较高,而沉积岩电阻率较低。由表 10-1 可以看出,不同矿物、不同岩石的电阻率各不相同。金属矿物的电阻率极低,而一些主要造岩矿物

(如石英、云母、方解石等)的电阻率很高,石油电阻率也很高。

表10-1 主要岩石矿物的电阻率

名称	电阻率,Ω·m	名称	电阻率,Ω·m
黏土	$(1\sim2)\times10^2$	硬石膏	$10^4\sim10^6$
泥岩	$5\sim60$	石英	$10^{12}\sim10^{14}$
页岩	$10\sim100$	白云母	4×10^{11}
疏松砂岩	$2\sim50$	长石	4×10^{11}
致密砂岩	$20\sim1000$	石油	$10^9\sim10^{18}$
含油气砂岩	$2\sim1000$	方解石	$5\times10^3\sim5\times10^{12}$
贝壳石灰岩	$20\sim2000$	石墨	$10^{-6}\sim3\times10^{-4}$
石灰岩	$50\sim5000$	磁铁矿	$10^{-4}\sim6\times10^{-3}$
白云岩	$50\sim5000$	黄铁矿	10^{-4}
玄武岩	$500\sim100000$	黄铜矿	10^{-3}
花岗岩	$500\sim100000$		

大部分岩浆岩非常致密坚硬,不含地层水,这种岩石主要靠岩石中少量的自由电子导电,所以电阻率较高。如果岩浆岩含有较多的金属矿物,其电阻率可能较低。

沉积岩有一定的孔隙(指岩石颗粒间的空间、裂缝和溶洞),在孔隙中含有地层水。地层水中含有氯化钠(NaCl)、氯化钙($CaCl_2$)、硫酸镁($MgSO_4$)等盐类。沉积岩主要靠其孔隙中的盐离子导电,导电能力较强、电阻率较低。

黏土岩与上述导电矿物不同,黏土岩的导电过程是一种离子交换过程。黏土矿物颗粒表面带负电,被其吸附的正离子一般情况下不能自由运动,但在外电场作用下可被溶液中其他自由运动的正离子交换出来(依次交换位置),从而使部分正离子发生移动,引起附加导电现象。将这种主要依靠离子交换导电的方式称为离子交换导电。

目前世界上发现的油气田主要埋藏在沉积岩内,所以下面主要讨论沉积岩电阻率的变化规律。

(二)岩石电阻率与地层水性质的关系

沉积岩是由造岩矿物的固体颗粒和孔隙物质组成,这些固体颗粒又称为岩石的骨架。一般来说,岩石骨架的自由电子很少,电阻率很高。沉积岩的导电能力主要取决于岩石孔隙中地层水的导电能力。地层水电阻率低,岩层的电阻率也低;反之岩层的电阻率高。

地层水电阻率的大小取决于地层水的性质——所含盐类、盐类浓度(矿化度)和地层水温度。

1. 地层水电阻率与所含盐类化学成分的关系

在温度、浓度相同的情况下,溶液内所含盐类成分不同,其电阻率也不同。地层水中的主要盐类为 NaCl(约占70%~95%),一般情况下可以把地层水视为 NaCl 溶液。

当地层水内除 NaCl 外还含有较多的其他盐类时($MgCl_2$、$CaCl_2$、KCl、Na_2SO_4、$CaCO_3$ 等),要得到地层水的电阻率,则应先用"求等效 NaCl 矿化度的换算系数图版"(图10-1)求出等效的 NaCl 矿化度。首先根据溶液总矿化度查出各种离子的换算系数,然后分别求出各种离子的换算系数与它的矿化度的乘积,这些乘积之和就是等效 NaCl 矿化度。之后即可用"NaCl 溶液的电阻率与其浓度和温度的关系图版"(图 10 - 2)求出地层水电阻率($1gr = 64.79891g$,$1gal = 4.546092L$)。

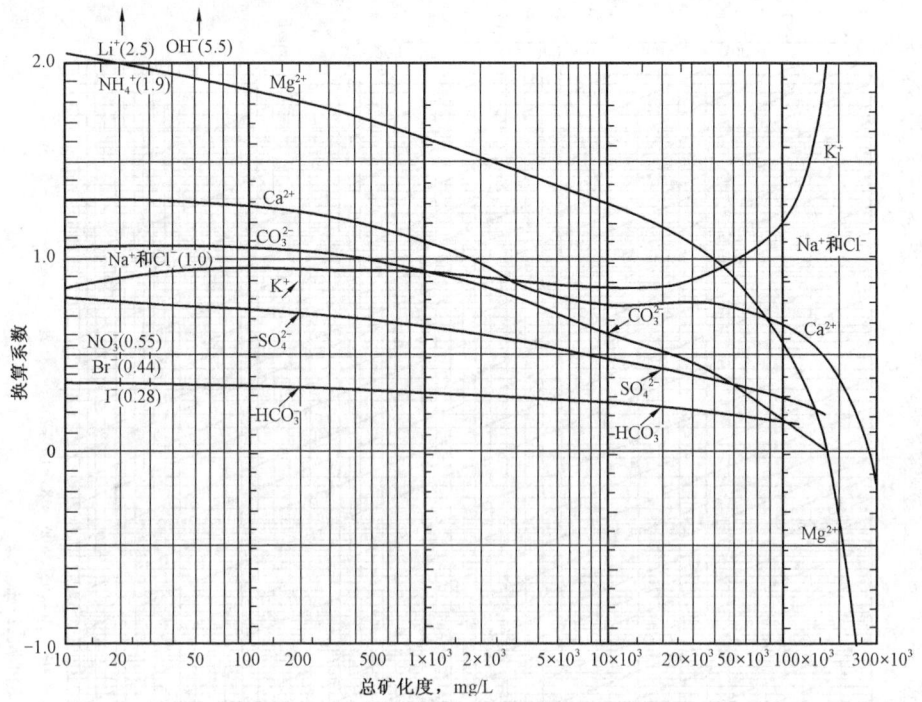

图 10 - 1　求等效 NaCl 矿化度的换算系数图版
(据丁次乾,2002)

例如地层水样品分析结果为 Ca^{2+} 460mg/L,SO_4^{2-} 1400mg/L,$Na^+ + Cl^-$ 19000mg/L,则总矿化度为 460 + 1400 + 19000 = 20860mg/L,从图 10 - 1 上横轴读数为 20860mg/L 处求得 Ca^{2+} 的换算系数为 0.81,SO_4^{2-} 的换算系数为 0.45,用相应的系数乘各自的矿化度后求得等效NaCl矿化度为 460 × 0.81 + 1400 × 0.45 + 19000 = 20000mg/L,在"NaCl 溶液的电阻率与其浓度和温度的关系图版"上找出标有 20000mg/L 的斜线,然后在纵轴上找出已知温度18℃,过该点作一条平行于横轴的直线与所选斜线相交,其交点的横坐标读数就是所求的地层水电阻率,为 $0.34\Omega \cdot m$。

2. 地层水电阻率和矿化度的关系

溶液的含盐浓度(矿化度)越高,溶液内离子数目增加,则溶液的导电性越好,电阻率越低。当地层水含盐浓度不是很大时,地层水电阻率与含盐浓度成反比。如果浓度很高(大于 70000mg/L),则地层水电阻率反而增大。因为浓度太大时,离子间运动阻力增大,离子迁移率减小。

3. 地层水电阻率与温度的关系

当矿化度不变时,如果溶液的温度升高,离子的迁移率增大,盐类的溶解度增加,离子数目也增加,溶液的导电能力加强,溶液的电阻率下降。

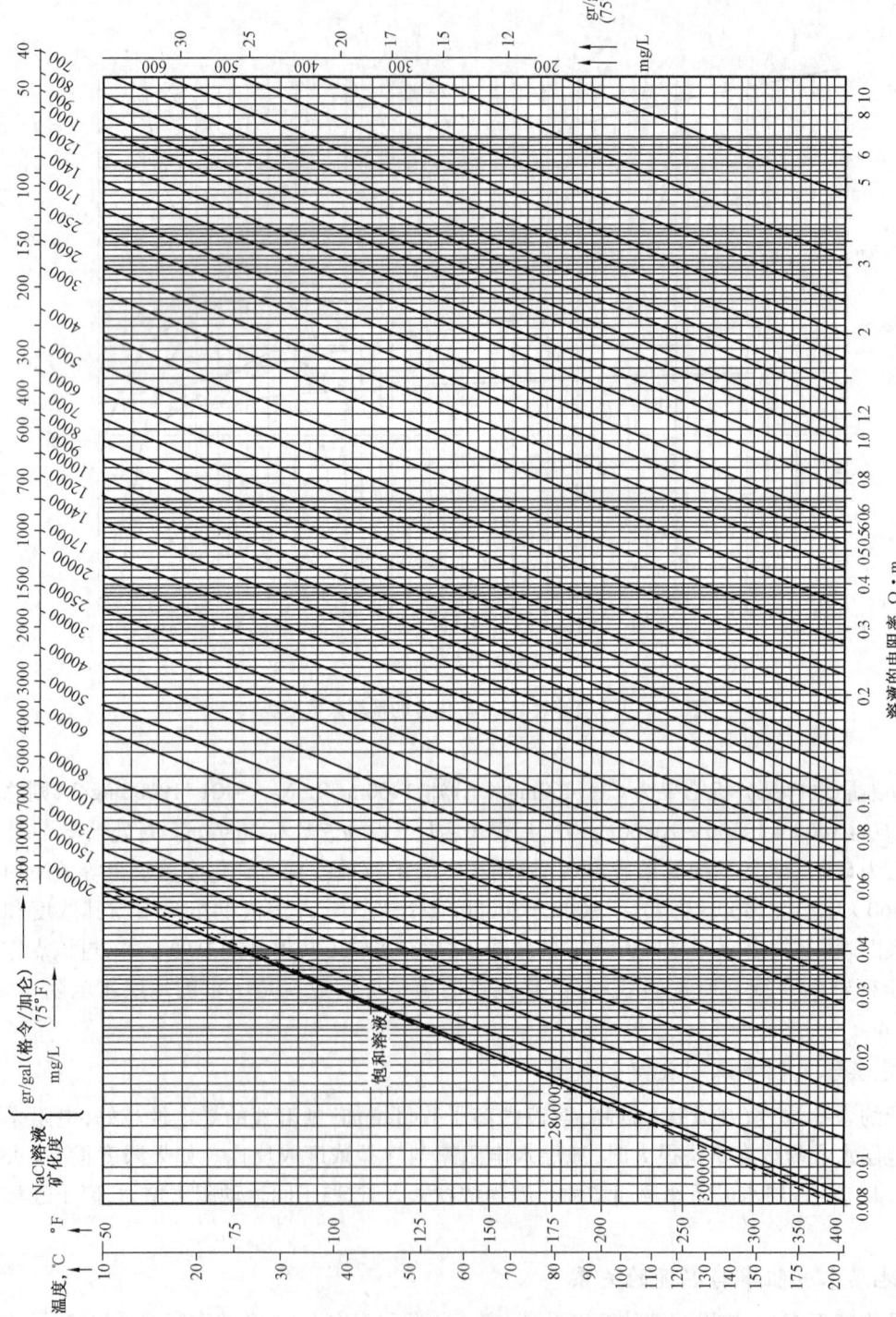

图10-2 NaCl溶液的电阻率与其浓度和温度的关系图版（据丁次乾，2002）

(三)岩石电阻率与孔隙度的关系

对于含水砂岩来说,岩石的孔隙度越高,所含地层水电阻率越低,胶结程度越差,岩石的电阻率越低。反之,岩石的电阻率越高。

岩石孔隙空间的大小可用孔隙度来定量描述。总孔隙度是总孔隙体积占岩石总体积的百分数。具有储集性质的有效孔隙体积占岩石总体积的百分数称为有效孔隙度,是说明储集层储集能力大小的重要参数。

假设岩石孔隙中充满地层水时的电阻率为 R_o,地层水电阻率为 R_w,二者的比值只与岩样的孔隙度、胶结情况和孔隙形状有关,而与饱含在岩样孔隙中的地层水电阻率无关。定义这个比值为岩石的地层因素或相对电阻率,用 F 表示,有

$$F = \frac{R_o}{R_w} \qquad (10-1)$$

式中 R_o——孔隙中100%含水的地层电阻率,$\Omega \cdot m$;

R_w——孔隙中所含水的地层水电阻率,$\Omega \cdot m$。

地层因素是孔隙度 ϕ 的函数,也和孔隙形状有关,在双对数坐标纸上,以 F 为纵坐标,以 ϕ 为横坐标作图,如图10-3所示。所有数据点基本上分布在一条直线上,当岩石的孔隙形状相同时,ϕ 大的岩石的 F 值较小,ϕ 小的岩石的 F 值较大;当岩石的孔隙度相同时,孔隙形状复杂的岩石 F 值较大,孔隙形状简单的岩石 F 值较小。归纳出阿尔奇(Archie)公式,即

$$F = \frac{a}{\phi^m} \qquad (10-2)$$

式中 a——与岩性有关的比例系数,取值范围为0.6~1.5;

m——胶结指数,又称孔隙度指数,随岩石胶结程度的不同而变化,取值范围为1.5~3。

利用式(10-2)计算岩石孔隙度时,应根据各地区、各种地层的实验统计结果确定 a、m 值。因为不同地区、不同地层的岩粒粗细、分选性、排列形式和胶结程度都不尽相同,而这些因素又影响孔隙度和孔隙形状,所以不同地层的 F 与 ϕ 和孔隙形状的关系也不相同。

(四)含油岩石电阻率与含油(气)饱和度的关系

一般来说,岩石的含油饱和度越高,岩石的电阻率越高,反之岩石电阻率越低。但有些低孔隙、低渗透油层由于束缚水的存在,虽然含油饱和度比较高,却常常表现为低阻油层。

含水饱和度 S_w 是含水孔隙体积占全部孔隙体积的百分数。当岩石孔隙内完全充满水时,其含水饱和度为100%。含油(气)饱和度 S_o 是含油气孔隙体积占全部孔隙体积的百分数。

含油岩石的孔隙中不是完全含油,而是含有油(气)和水的混合物。上述两个饱和度有下列关系:

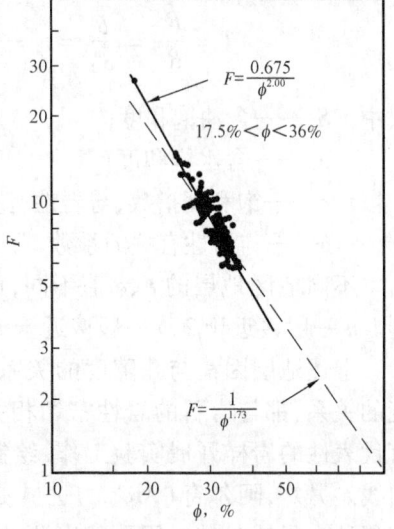

图10-3 地层因素与孔隙度关系实例(据丁次乾,2002)

$$S_w + S_o = 1 \quad (10-3)$$

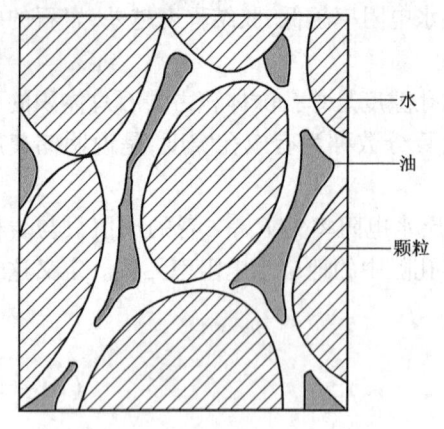

图 10-4 含油岩石油水分布示意图

在岩石孔隙中含有水和油时,油水在孔隙中的分布的一般特点是:水包围在岩石颗粒的表面,孔隙的中央部分充填着石油,如图 10-4 所示。由于石油电阻率很高,可看作是不导电的。岩性相同的含油与含水岩石相比,电流的路径变得更曲折,相当于导体的长度增加,导体的横截面积变小,因此含油岩石电阻率比该岩石完全含水时的电阻率要高。

在给定的岩样中,假设 ϕ 和 R_w 是确定不变的,改变岩样的 S_o,同时测量出对应的岩石电阻率 R_t。将含油岩石电阻率 R_t 与该岩石完全含水时的电阻率 R_o 之比称为电阻增大系数,用 I 表示,有

$$I = \frac{R_t}{R_o} \quad (10-4)$$

在同样岩石中,电阻率增大系数 I 只与岩石的含油饱和度有关,而与地层水电阻率、岩石孔隙度和孔隙形状等因素无关。这给研究岩石电阻率和含油饱和度的定量关系提供了可能。

在双对数坐标纸上,以 I 为纵坐标,以含水饱和度 S_w 为横坐标,改变岩石的含油饱和度,测得一系列 I 与 S_o 的值,做出 $I = f(S_w)$ 或 $I = f(S_o)$ 关系曲线(图 10-5),I 与 S_o 有近似直线的关系。

对于不同岩性的岩石进行上述实验,都可以得到规律相同的实验公式,有

$$I = \frac{R_t}{R_o} = \frac{b}{S_w^n} = \frac{b}{(1-S_o)^n} \quad (10-5)$$

式中 S_o——含油饱和度;
  S_w——含水饱和度;
  n——饱和度指数,与岩性有关;
  b——与岩性有关的系数。

不同地区地层的 n、b 值不同,可以用实验的方法得到。n 一般接近于 2,b 一般接近于 1。

上述地层因素与孔隙度的关系、电阻率与含油饱和度的关系,都与岩石的岩性密切相关。因此应选择当地有代表性的岩样开展实验工作,绘制适合本地区的关系曲线。另外,阿尔奇(Archie)公式是应用测井资料定量解释油水层的基础。用孔隙度测井求得岩层孔隙度后,再求出含水层的地层水电阻率 R_w、含油层的 R_o 值,进而可以计算出含油饱和度,判断油水层。

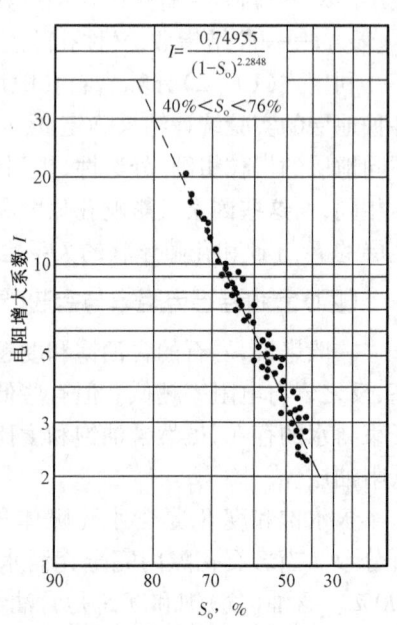

图 10-5 I 与 S_o 的关系曲线
(据丁次乾,矿场地球物理,2002)

二、普通电阻率测井的原理

普通电阻率测井是把一个普通的电极系放入井内,测量井内岩层电阻率变化的曲线,用来研究钻井剖面和判断油气水层的一种方法。

微课视频
普通电阻率测井

(一)均匀介质中电阻率的测量

井下地层剖面岩性复杂,电阻率变化很大,测量比较困难。下面通过对岩样电阻率的测量来说明电阻率的测量原理。

三维动画
普通电阻率测井

图10-6是测量岩样的原理图。岩样被加工成圆柱状,两端面与金属板电极 A 和 B 连接,A、B 称为供电电极,给岩样供直流电,用电流表测量流过岩样的电流强度 I。岩样中部相距 L 处绕有金属丝环状电极 M 和 N,用电压表测量岩样 M 和 N 之间的电位差 ΔU_{MN}。则岩样的电阻率为

$$R_t = \frac{\Delta U_{MN}}{I} \cdot \frac{S}{L} = K \frac{\Delta U_{MN}}{I} \tag{10-6}$$

式中 R_t——岩样电阻率,$\Omega \cdot m$;

  L——测量电极间的距离,m;

  S——岩样的横截面积,m^2;

  K——比例系数,$K = S/L$;

  ΔU_{MN}——测量电极间的电位差,V;

  I——流过岩样的电流强度,A。

由物理学可知,在均匀介质中,有

$$\boldsymbol{E} = R \cdot \boldsymbol{j} \tag{10-7}$$

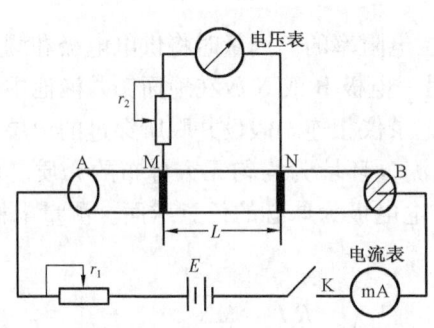

图 10-6 测量原理图

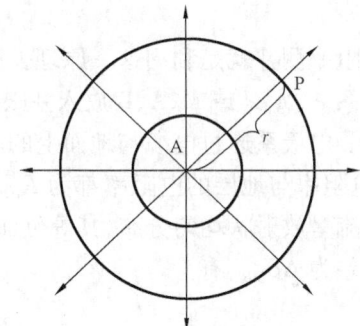

图 10-7 均匀介质中点电源的电场分布
(据刘国范,2010)

式(10-7)表明:在电阻率为 R 的介质中,任一点的电场强度,与该点的电流密度 j 成正比,电场强度的方向与电流密度的方向相同。

假定在电阻率为 R 的无限均匀的导电介质(简称均匀介质)中,有一点电源 A,其电流强度为 I,向四周发出电流,其电场分布如图 10-7 所示。以 A 为球心,r 为半径作一球面,球面积为 $4\pi r^2$,通过球面的总电流强度为 I,球面上任意一点 P 的电流密度为

$$j = \frac{R_t}{4\pi r^2} \tag{10-8}$$

式中　r——电源点 A 到任意测量点 P 的距离；
　　　j——球面上任意一点 P 的电流密度。

将式(10-8)代入式(10-7)，可得到均匀介质中点电源场内任意一点的电场强度 E 的表达式

$$E = R\frac{I}{4\pi r^2} \tag{10-9}$$

由电位与电场强度之间的关系

$$E = -\frac{dU}{dr} \tag{10-10}$$

$$-\frac{dU}{dr} = R\frac{I}{4\pi r^2} \tag{10-11}$$

对式(10-11)积分，得

$$U = \frac{RI}{4\pi} \cdot \frac{1}{r} + C$$

式中，C 为常数。根据物理学上电位的定义，电场无穷远边界条件确定 $C=0$，则

$$U = \frac{RI}{4\pi} \cdot \frac{1}{r} \tag{10-12}$$

由式(10-12)可以求出任意一点的电位，知道某点的电位后即可求出该点的电阻率，有

$$R = 4\pi r \frac{U}{I} \tag{10-13}$$

普通电阻率测井就是利用这一原理去测量地层电阻率的。测量时将供电电极和测量电极组成的电极系 A、M、N 或 M、A、B 放入井眼内，将另一电极 B 或 N 放在地面钻井液池中作为接地回路电极。电极系通过电缆与地面上的电源和记录仪相连。假设井眼所穿过的地层岩性相同，钻井液电阻率与地层的电阻率都为 R_t，即假定测量环境为均匀无穷分布的介质。供电电极流出的电流呈放射状均匀分布，其等位面是以供电电极为球心的任意球面。测量电极 M、N 之间的电位差为 ΔU_{MN}，有

$$\Delta U_{MN} = U_M - U_N = \frac{R_t I}{4\pi}\left(\frac{1}{\overline{AM}} - \frac{1}{\overline{AN}}\right) = \frac{R_t I}{4\pi}\frac{\overline{MN}}{\overline{AM}\cdot\overline{AN}}$$

于是得：

$$R_t = \frac{4\pi\cdot\overline{AM}\cdot\overline{AN}}{\overline{MN}}\cdot\frac{\Delta U_{MN}}{I} = K\frac{\Delta U_{MN}}{I} \tag{10-14}$$

式中　K——电极系系数，与各电极之间的距离有关。

在式(10-7)中，用类似的方法可得出其公式为

$$R_t = K\frac{\Delta U_{MN}}{I}$$

$$K = \frac{4\pi \overline{AM} \cdot \overline{BM}}{\overline{AB}} \tag{10-15}$$

由式(10-14)和式(10-15)可知,均匀介质的电阻率与测量电极系结构、供电电流的大小及测量的电位差有关。当电极系结构和供电电流大小一定时,均匀介质的电阻率与电位差成正比。

(二)非均匀介质中电阻率的测量

在实际测井环境中,电极系周围介质是不均匀的、非常复杂的。井内介质分布如图10-8所示。

图10-8中,纵向上(平行于井轴方向上)分布着不同厚度、不同岩性的地层。对砂泥岩剖面来说,砂泥岩是交互出现的。

图10-8中,横向上(或叫径向上,即垂直于井轴方向上),对于渗透层(砂岩)来说,从井内到无穷远处分布的介质有钻井液、滤饼、冲洗带、过渡带和原状地层。对非渗透层(泥岩)来说,从井内到无穷远处分布的介质有钻井液和原状地层。

由于在实际井内介质不均匀,电流分布是很复杂的,它受电极系周围各种因素的影响,从理论上得出R_t的计算公式是很困难的。测量的电位差除受地层电阻率的影响外,还受钻井液电阻率、围岩电阻率、侵入带电阻率和井径、侵入带直径、地层厚度以及电极系结构等因素的影响。因此,根据井中实际测量的电位差得到的电阻率与地层真电阻率有较大的差别,将这种计算得到的电阻率叫视电阻率,用R_a表示,有

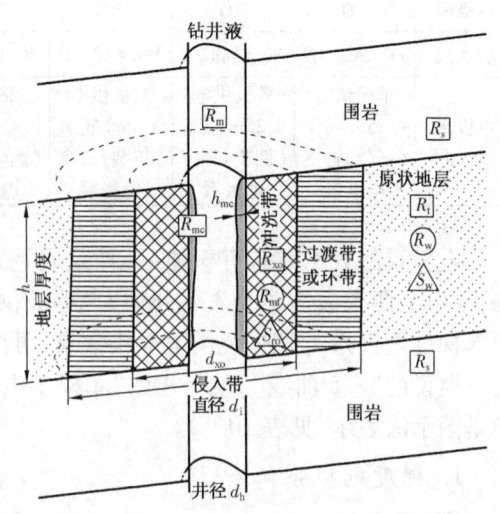

图10-8 渗透层井剖面图介质分布图

$$R_a = K\frac{\Delta U_{MN}}{I} \tag{10-16}$$

一般来说,地层的视电阻率R_a与地层的真电阻率不同。但只要选择合适的电极系和测量条件,可以使测得的视电阻率在一定程度上反映地层电阻率的相对大小。因此,可以用视电阻率曲线来判断地层的导电能力。

(三)电极系的分类

实际生产中使用的电极系通常分为两类,即梯度电极系和电位电极系。常用的梯度电极系是0.25m、0.45m、2.5m电极系;常用的电位电极系是0.5m电极系。

电极系是由供电电极A、B和测量电极M、N中的3个电极按一定相对位置,固定在1个绝缘体上构成的下井装置。在电极系的3个电极中,接在同一线路(供电线路或测量线路)的2个电极叫成对电极(或叫同名电极,如A和B是成对电极,M和N是成对电极),接在不同回路里的电极叫不成对电极(或叫单电极)。一般来说,单电极和在地面上接地电极接在同一个线路中。按照3个电极间的相对大小,将电极系分为梯度电极系和电位电极系两大类。在电极系的3个电极中,成对电极间距最小的电极系称为梯度电极系,见表10-2

左边的 4 个电极系。相邻不成对电极间距最小的电极系称为电位电极系,见表 10-2 右边的 4 个电极系。

表 10-2 电极系分类

类别	梯度电极系				电位电极系			
	单极供电		双极供电		单极供电		双极供电	
	正装	倒装	正装	倒装	正装	倒装	正装	倒装
图示	A● ● M● O● N●	N● O● M● ● A●	M● ● M● O● B●	B● O● A● ● M●	A● O● M● ● N●	N● ● M● O● A●	M● O● A● ● B●	B● ● A● O● M●
电极距	$\overline{AO}$	$\overline{AO}$	$\overline{MO}$	$\overline{MO}$	$\overline{AM}$	$\overline{AM}$	$\overline{AM}$	$\overline{AM}$
表达式	A0.2M0.1N	N0.1M0.2A	M0.4A0.1B	B0.1A0.4M	A0.5M4N	N4M0.5A	M0.5A4B	B4A0.5M
电极系名称	单极供电 0.25m 底部（正装）梯度电极系	单极供电 0.25m 顶部（倒装）梯度电极系	双极供电 0.45m 底部（正装）梯度电极系	双极供电 0.45m 顶部（倒装）梯度电极系	单极供电 0.5m 正装电位电极系	单极供电 0.5m 倒装电位电极系	双极供电 0.5m 正装电位电极系	双极供电 0.5m 倒装电位电极系

电极系的表示方法有 3 种:一种是表达式法,如 A0.2M0.1N、B0.1A0.4M;另一种是文字法,如以上两个表达式的命名分别为"单极供电 0.25m 底部梯度电极系"和"双极供电 0.45m 顶部梯度电极系",即先说供电电极数量、再说电极距大小、最后说电极系分类,实际生产中人们习惯说的"2.5 曲线",就是指用"单极供电 2.5m 底部梯度电极系"测量所得到的曲线;第三种是图示法表示,见表 10-2。

1. 梯度电极系

梯度电极系又分为底部（正装）梯度电极系和顶部（倒装）梯度电极系两种。

底部梯度电极系是成对电极在不成对电极下方。用底部梯度电极系测出的视电阻率曲线,极大值对应高阻岩层的底界面,而极小值对应高阻层的顶界面。

顶部梯度电极系是成对电极在不成对电极上方。用顶部梯度电极系所测出的视电阻率曲线,极大值对应高阻岩层的顶界面,而极小值对应高阻层的底界面。

当电极系中成对电极间的距离无限小时即 $\overline{MN}$（或 $\overline{AB}$）接近于零时,这种电极系叫理想梯度电极系。对于理想梯度电极系,$\overline{MN} \to 0$,则 $\frac{\Delta U_{MN}}{\overline{MN}} \to E_0$（其中 E_0 表示 O 点的电场强度）,$\overline{AM} = \overline{AN} = \overline{AO}$,由式(10-14)可知

$$R_a = \frac{4\pi \overline{AO}^2}{I} E_0 \qquad (10-17)$$

由式(10-17)可以看出所测视电阻率与 O 处沿井轴方向的电位梯度 E_0 成正比,这正是梯度电极系名称的由来。

2. 电位电极系

电位电极系测井曲线是关于高阻层中心对称的,因此,在实际生产中,并不区分正装和倒装。而是一律采用电极距较小的 0.5m 梯度电极系。

当电位电极系的成对电极间距无穷大时,即 $\overline{MN} \to \infty$ 或 $\overline{AB} \to \infty$ 时,这种电极系称为理想电

位电极系。

对于理想电位电极系，$\overline{MN}\to\infty$，$U_N\to 0$ 则 $\Delta U_{MN}\to U_M$，$\dfrac{\overline{AN}}{\overline{MN}}\to 1$，由式(10－15)可知，视电阻率

$$R_a = \frac{4\pi\overline{AM}\cdot\overline{AN}}{\overline{MN}}\cdot\frac{\Delta U_{MN}}{I} = \frac{4\pi\cdot\overline{AM}}{I}\cdot U_M \qquad (10-18)$$

上式表明，所测视电阻率 R_a 与 M 电极测量的电位成正比，电位电极系由此得名。

3. 电极系的记录点和电极距

电极系在井内的深度位置用记录点表示。电极系在井下测得的视电阻率数值被认为是电极系记录点所在深度的视电阻率值。

梯度电极系的记录点为成对电极的中点。所测得的视电阻率曲线的极大值和极小值正好对应地层界面。记录点一般用"O"点表示，不成对电极到记录点的距离叫电极距，用 L 表示，$L=\overline{AO}$ 或 $L=\overline{MO}$。

电位电极系的记录点为相邻不成对电极的中点。所测得的视电阻率曲线恰好与相应地层的中心对称。相邻不成对电极之间的距离叫电位电极系的电极距，$L=\overline{AM}$。

电极距是衡量电极系探测范围大小的，对于同一个地层，用不同电极距的电极系测量所得到的测量值差别较大。对于视电阻率测井曲线来说，储集层是不是厚层，不是一个绝对的概念，即不能按照实际储集层的厚度来衡量。必须根据电极距和储层厚度之间的相对大小来确定，当电极距是地层厚度的 10 倍以上时，将地层看作薄层；当电极距小于地层厚度时，将地层看作厚层；当电极距介于地层厚度的 1 至 10 倍之间时，将地层看作中厚层。

4. 探测范围

电极系的探测范围是指电极系所能探测到的，并对测量结果起主要作用的介质范围。电极系的电极距越长，探测范围越大。在均匀介质中，一般将电极系的探测范围理解为一个假想的球体，以供电电极为球心，以某一半径作一球面，如果球面内包括的介质对电极系测量结果的贡献占总结果的 50% 时，则此半径就定义为该电极系的探测范围(或探测深度)。根据计算，在均匀介质中电位电极系的深测半径为 $2L$，梯度电极系为 $\sqrt{2}L$。

5. 电极系互换原理

将电极系中的电极的功能互换(原供电电极改为测量电极；原测量电极改为供电电极)，而各电极的相对位置不变，并且保持测量条件不变时，用变化前后的两个电极系对同一剖面进行视电阻率的测量，则所得到的曲线完全相同，这一原理称为电极系的互换原理。

由于电位电极系和梯度电极系所测得的视电阻率曲线形状差别很大，所以在使用视电阻率曲线时，必须认清它是用什么类型电极系测量的，否则会得到错误的解释结论。

三、视电阻率曲线的特点及影响因素

视电阻率曲线是电极系沿井深由下而上移动过程中测量出的视电阻率随深度变化的曲线。视电阻率值的大小与岩层真电阻率有着密切的关系。不同性质岩层的视电阻率曲线形态不同，不同类型的电极系在同一岩层测得的视电阻率曲线形态也不同，且在岩层界面上，不同的曲线具有不同的变化特征。了解不同电极系在剖面上测得的视电阻率曲线的基本形态、变化特征及分层原则，是划分岩层、进行地质解释的依据。

(一)电阻率曲线的特点

1. 梯度电极系视电阻率曲线

高阻厚层的视电阻率曲线形态:假设高阻层的电阻率为 R_2,其厚度 $h=10L$,上下围岩的电阻率分别为 R_1、R_3,且围岩的厚度充分大,没有井眼的影响,经理论计算得出的理想梯度电极系视电阻率曲线如图10-9所示。从图中可以看出顶部和底部梯度电极系视电阻率曲线形状正好相反。底部梯度电极系视电阻率曲线上的极大值和极小值分别出现在高阻层的底界面和顶界面。而顶部梯度电极系视电阻率曲线上的极大值和极小值分别出现在高阻层的顶界面和底界面;在高阻层中部进行视电阻率测量时,由于不受上下围岩的影响,所以该处的曲线是一个直线段,其幅度为 R_2。

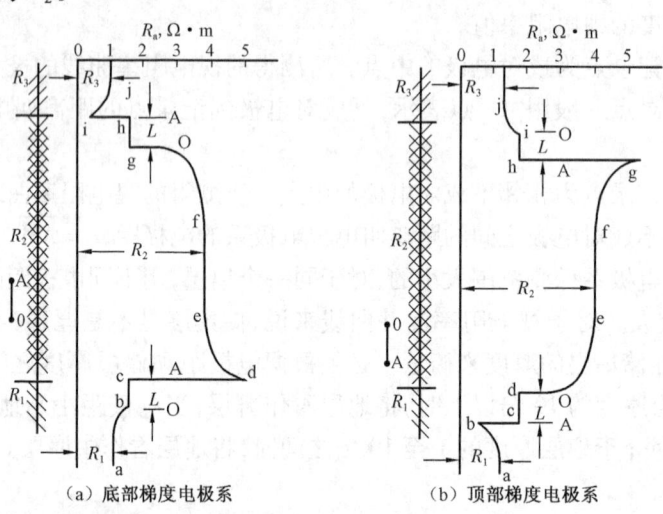

图10-9 高阻厚层理想梯度电极系视电阻率理论曲线(据刘国范,2010)

中等厚度的高阻层,曲线在高阻层界面附近的特点和厚地层视电阻率曲线基本相同,地层中部差异较大,随着地层的变薄,地层中部的平直线段部分不再存在,曲线变化陡直,幅度变低(图10-10)。

高阻薄层($h<L$)的底部梯度电极系理论曲线如图10-11所示。在高阻薄层处只有极大值较明显,在高阻层的下方距离高阻层底界面一个电极距的深度上出现一个假极大值。

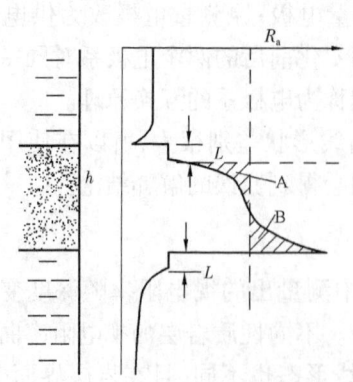

图10-10 中等厚度的高阻层理想底部电极系视电阻率曲线

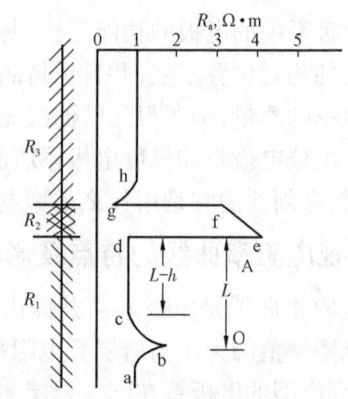

图10-11 高阻薄层理想底部梯度电极系视电阻率理论曲线

将式(10-17)改写为 $R_\mathrm{a} = E/\left(\dfrac{I}{4\pi\overline{AO}^2}\right)$，令 $j_0 = I/(4\pi\overline{AO}^2)$，而 $E = Rj$，则

$$R_\mathrm{a} = \dfrac{j}{j_0}R \qquad (10-19)$$

式中　R_a——理想梯度电极系的视电阻率；

　　　R——记录点处的介质电阻率；

　　　j_0——记录点处实际的电流密度；

　　　j——均匀介质中记录点处的电流密度。

由此可见，地层界面上电阻率的跃变会造成视电阻率的跃变；而在同一介质内，当 R 不变时实际电流密度 j 与均匀介质电流密度 j_0 的相互关系将决定 R_a 的变化，下面以图10-9为例，用式(10-19)来分析理想底部梯度电极系视电阻率曲线的变化。

1) 高阻厚层 ($h \geqslant L$) 理想底部梯度电极系视电阻率曲线

a 点以下：供电电极 A 远离高阻层界面，供电电极 A 至底界面的距离明显大于 $2L$，高阻层在其探测范围之外，电极系相当于在均匀介质中，$j = j_0$，$R_\mathrm{a} = R_1$，为平行于深度轴的直线。

ab 段：a 点大约距离高阻层底界面 $2L$，而供电电极 A 距离高阻层底界面 L，此时高阻层开始进入探测范围，使向下流动的电流开始增加，而向上流动的电流开始减少，使 $j > j_0$，R_a 升高，直至 b 点，此时距离底界面为 L。

bc 段：此时 A 点与 O 点分居底界面两侧，供电电极发出的电流强度虽然为 I，但是流入 R_1 介质的电流只是其中一部分，由理论计算得出记录点 O 处的电流密度 j 不变，R_a 保持不变，bc 段的长度等于电极距 L。

cd 段：记录点 O 由围岩进入高阻层，记录点 O 处的电阻率 R_1 跃变为 R_2，使 R_a 直线上升，在高阻层底界面达到极大值。

de 段：供电电极 A 逐渐远离高阻层底界面，下围岩低阻层对电流的吸引作用逐渐减弱，使向上流动的电流增加，而向下的电流减少，从而使 j 下降，导致 R_a 降低。

ef 段：电极系相当于处在电阻率 R_2 为的均匀介质中，此时 R_a 接近于 R_2。

fg 段：由于上部低阻层围岩开始吸引电流，使向上流动的电流增加，而向下的电流相应减少，从而使 j 下降，导致 R_a 降低。

gh 段：从 g 点开始供电电极 A 开始进入上围岩，此时，与电极系在底界面时一样，曲线也出现直线段 $\overline{gh}$，其长度等于电极距 L。

hi 段：过了 h 点，记录点进入上围岩，R_a 突然由降为 R_3，R_a 曲线便直线下降至 i 点。

ij 段：电极系逐渐远离高阻层，使向下流动的电流逐渐增加，从而使 j 增加，R_a 曲线随之升高。

j 点以上：高阻层对电流无排斥作用，电极系相当于处在 R_3 均匀介质中，$R_\mathrm{a} = R_3$。

2) 高阻薄层 ($h < L$) 理想底部梯度电极系视电阻率曲线

高阻薄层理想底部梯度电极系视电阻率曲线如图10-11所示，地层电阻率为 R_2，上、下围岩电阻率分别为 R_1、R_3。在高阻层下界面一个电极距处出现一个视电阻率的假极大值，这是由于供电电极 A 到达高阻层底界面时，记录点到达 b 点，这时电流受高阻层的排斥最强烈，视电阻率升高到最大值。

通过对以上两种视电阻率曲线形状的分析，可以得出以下结论：

(1) 梯度电极系视电阻率曲线对地层中点是不对称的。对于高阻层,底部梯度电极系视电阻率曲线在高阻层的底界面出现极大值,顶界面出现极小值。顶部梯度电极系则相反。这是梯度曲线确定地层界面的依据。

(2) 地层厚度很大时,地层中部有一段曲线和深度轴平行,其 $R_a = R_2$。

(3) 使用底部梯度电极系时,在高阻薄层的下方一个电极距处出现一个假极大值。

以上分析的是高阻厚层和高阻薄层梯度电极系视电阻率曲线的特点。对于中厚度岩层,其视电阻率曲线与厚层的曲线形状相似。但随着厚度的减小,地层中部视电阻率曲线的平直段变小以至消失。

由图10-9、图10-10、图10-11可以看出,梯度电极系视电阻率曲线在高阻层上的变化范围很大,对于不同厚度的地层,在视电阻率曲线上选取视电阻率数值的方法如下。

(1) 高阻厚层:高阻厚层的视电阻率曲线的中部直线段最接近地层的真电阻率,应取这部分的平均值作为视电阻率值。

(2) 高阻薄层:视电阻率曲线只有一个尖峰,取它的极大值作为视电阻率值。

(3) 高阻中厚层:由顶界面往下一个电极距处,作一条与深度轴平行的直线,再作一条与深度轴垂直的直线,两直线与视电阻率曲线围成两个区域,使这两个区域的面积大致相等,此垂线的横坐标就是视电阻率值,这种取值方法称为面积平均法,见图10-10。

2. 电位电极系视电阻率曲线

图10-12(a)所示为在高阻厚层理想电位电极系的理论曲线(不考虑井眼的影响。从曲线上可以看出,电位电极系视电阻率曲线关于地层中心对称,在地层界面附近无明显的特征,但曲线的形状仍反映了地层电阻率的变化规律。

图10-12(b)所示为高阻薄层理想电位电极系视电阻率的理论曲线。曲线在高阻层的中部呈极小值,且在岩层界面上下半个电极距处出现两个假极大值,它们之间的距离为 $h + L$,由极大值处向地层方向移动半个电极距,即为高阻层的界面。所以当电位电极系的电极距小于地层厚度时,视电阻率曲线不能反映地层电阻率的变化。因此在实际工作中,电位电极系的电极距都很小,一般为0.5m。对于厚度大于0.5m的地层,电位电极系视电阻率曲线就可以较好地反映地层电阻率的变化。

综上所述,理想电位电极系视电阻率曲线的特点及取值分层方法是:

(1) 围岩电阻率相等时,曲线对地层中点对称。

(2) 地层厚度大于电极距时,对应高阻层中心,视电阻率曲线呈极大值。地层越厚,极大值越接近于地层真电阻率。

(3) 地层厚度小于电极距时,对应高阻层中心,视电阻率曲线呈极小值,无法读取电阻率值。

(4) 对高阻厚层取视电阻率曲线的极大值作为电位电极系视电阻率,岩层上下界面位于 bc 和 b'c' 段的中点。

3. 实测电阻率曲线的讨论

在进行视电阻率测井时,遇到的目的层都是非均匀介质,井的影响不能忽略,所用的电极系并非理想电极系。因此所测量的视电阻率曲线与理论曲线只是基本特点相同,与理论曲线仍有一定差异。如图10-13所示。

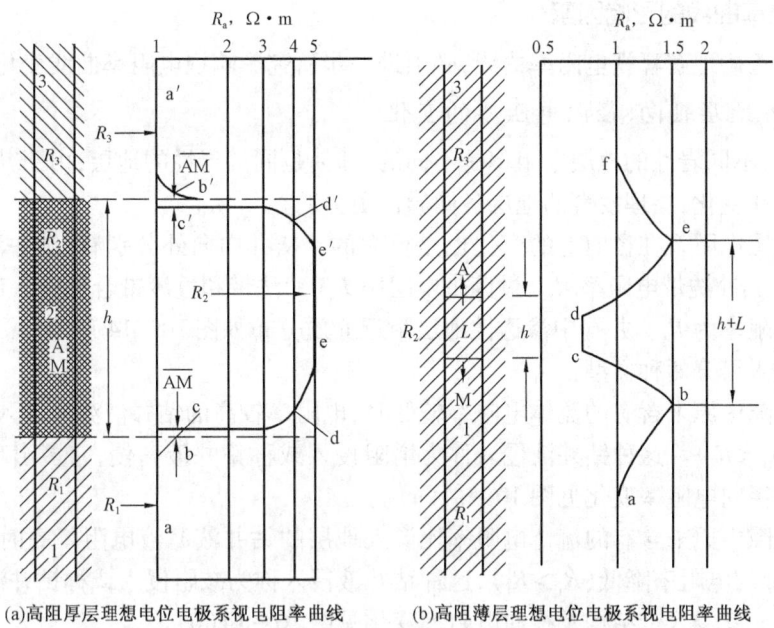

(a)高阻厚层理想电位电极系视电阻率曲线　(b)高阻薄层理想电位电极系视电阻率曲线

图 10-12　电位电极系视电阻率曲线

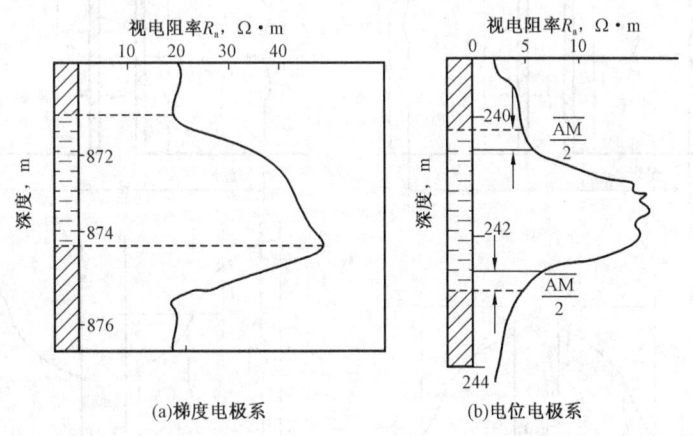

(a)梯度电极系　　　　　　(b)电位电极系

图 10-13　梯度电极系和电位电极系实测电阻率曲线

由于井眼的影响,高阻层视电阻率曲线的突变点、直线段消失,曲线变平滑了,但仍具有理论曲线的基本特征。利用非理想梯度电极系测井,MN 电极间距不等于零,测量电极进入高阻层界面时,在界面附近视电阻率是过渡变化的。视电阻率曲线的极大值和极小值离开地层界面向单电极一方移动$\overline{MN}/2$的距离。为了准确确定地层界面,生产中通常采用短电极的视电阻率曲线进行分层。实测电阻率曲线上极小值往往不够明显,此时则应根据其他测井曲线(如微电极曲线、自然电位曲线等)确定。

由于电位电极系实测电阻率曲线反映地层界面应不十分清楚,所以通常不用它来分层。若没有其他资料时,对于厚的高阻层可用"半幅点法"估计岩层的界面,但目的层越薄,这种方法确定的界面位置越不准确,这样所求出的岩层厚度比实际厚度要大。

(二)电阻率曲线的影响因素

为了能够正确地解释视电阻率曲线,必须进一步研究影响视电阻率曲线变化的因素。

1. 渗透性地层轴向、径向电阻率的变化

在轴向上,不同岩性的地层电阻率是不同的,即使是同一岩性的地层,由于其非均质性,其轴向电阻率也在变化,层理发育的地层各向异性更为明显。

渗透性地层电阻率在径向上的变化也是很大的。从井内向外分别有:钻井液电阻率 R_m、滤饼电阻率 R_{mc}、冲洗带电阻率 R_{xo}、过渡带电阻率 R_i(冲洗带和过渡带合称侵入带),未被侵入的原状地层电阻率为 R_t。井孔中渗透性地层附近介质分布如图 10-14 所示。

钻井液侵入可分两种类型:

当地层孔隙中原来含有的流体电阻率较低时,电阻率较高的钻井液滤液侵入后,侵入带的电阻率升高($R_t < R_i$)。这种钻井液侵入称为增阻侵入或称钻井液高侵,它多出现在水层。其侵入带结构及径向电阻率变化见图 10-14(a)。

当地层孔隙中原来含有的流体电阻率比渗入地层的钻井液滤液电阻率高时,钻井液滤液侵入后,侵入带的电阻率降低($R_t > R_i$),这种钻井液侵入称为减阻侵入或称钻井液低侵。一般多出现于油层。其侵入带结构及径向电阻率变化见图 10-14(b)。

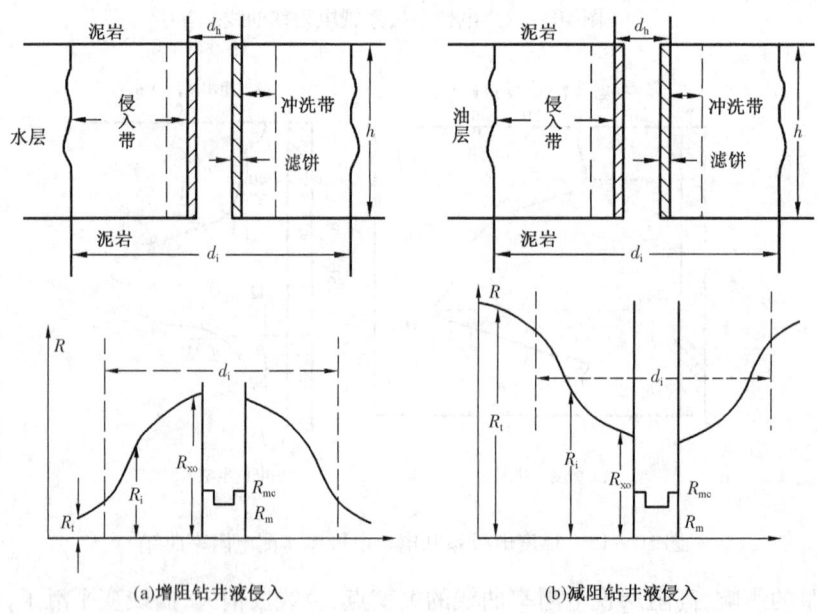

图 10-14 侵入带结构及径向电阻率变化

2. 视电阻率曲线的影响因素

从前面对视电阻率曲线特点的讨论中可知,视电阻率不仅与地层电阻率有关,还受钻井液电阻率、地层厚度、井径、电极距等因素的影响。

1) 不同电阻率地层的视电阻率曲线

从图 10-15 中可以看出,随着地层电阻率的增加,视电阻率曲线的极大值也明显增大,在一定程度上反映岩层真电阻率的变化,两者的差别是由于视电阻率曲线受井、地层厚度、围岩等因素的影响。对这些因素进行校正后,可根据视电阻率曲线近似地确定地层的真电阻率。

2）不同钻井液电阻率的视电阻率曲线

图 10-16 是在不同钻井液电阻率条件下测量的视电阻率曲线。从图中可以看出,当钻井液的电阻率值相对高($R_t = 10R_m$)时,视电阻率曲线显示清楚;当钻井液电阻率降低时($R_t = 100R_m$),如使用盐水钻井液,曲线变得平缓,极大值急剧下降。这是由于钻井液电阻率太低,分流效应严重造成的。一般情况下,实际测井时的普通钻井液电阻率是地层水电阻率的 5 倍左右。

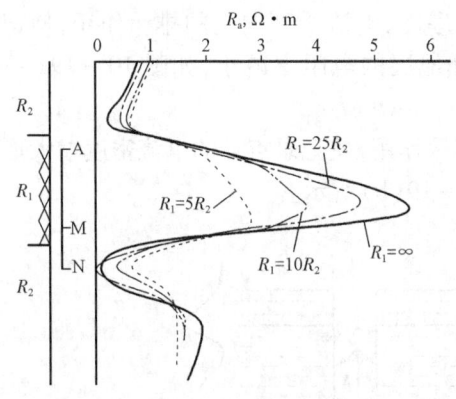

图 10-15 不同电阻率地层的电阻率变化

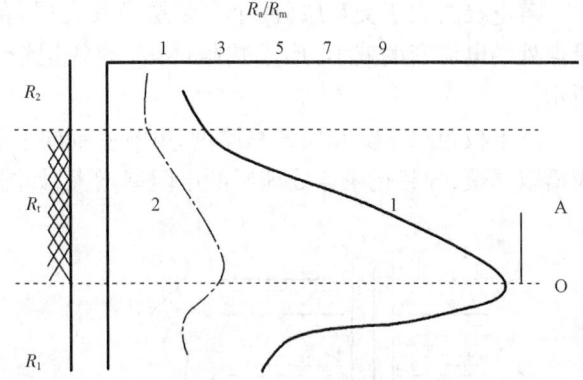

图 10-16 不同钻井液电阻率下的视电阻率曲线
$R_t = 10R_m$; $h = 4d$; $AO = 2d$; $1—R_1 = R_2 = R_m = 0.1R_t$;
$2—R_m = 0.1R_1 = 0.1R_2 = 0.01R_t$

3）井径、地层厚度对视电阻率曲线的影响

从图 10-17 中可以看出,随着 h/d 的降低,视电阻率曲线变得平滑。在钻井过程中,除非井壁坍塌、井径有明显扩大,一般情况下井径与钻头直径差别不大,因此 h/d 的降低主要是由于地层厚度变薄造成的。

4）不同电极距的视电阻率曲线

图 10-18 是在厚度为 $h = 16d$（d 为井径）的高阻层,用三种不同电极距的电极系所测的曲线幅度差异却相当大。当电极距 L 较小时,由于受井眼的影响较大,所以视电阻率曲线幅度

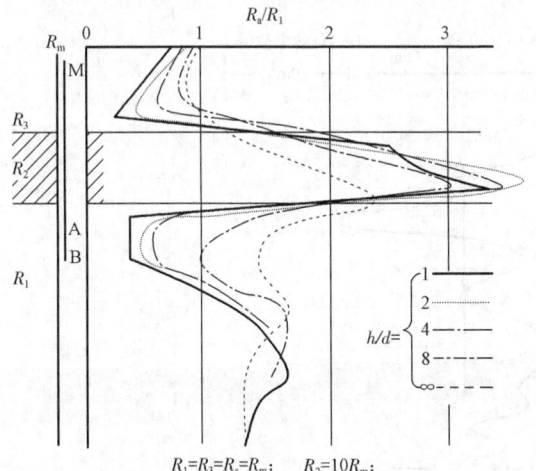

图 10-17 地层厚度和井径的比值改变时
视电阻率曲线的变化
$R_1 = R_3 = R_s = R_m$; $R_2 = 10R_m$;

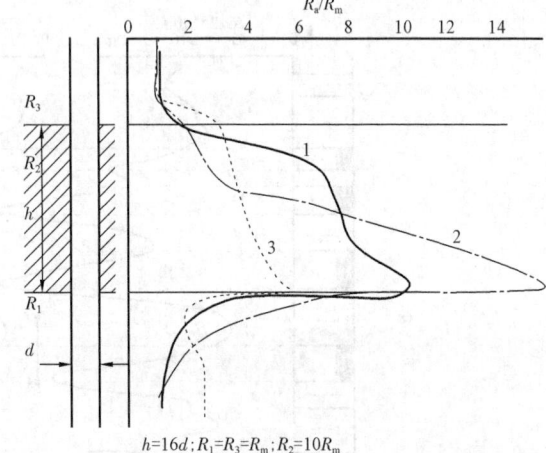

图 10-18 不同电极距的视电阻率曲线
$h = 16d$; $R_1 = R_3 = R_m$; $R_2 = 10R_m$
1—$L = 2d$ 底部梯度电极系所测视电阻率曲线;
2—$L = 8d$ 底部梯度电极系所测视电阻率曲线;
3—$L = 16d$ 底部梯度电极系所测视电阻率曲线

较低。随着电极距的加大,其探测深度加大,地层的贡献占主导地位,井眼的贡献减小,视电阻率幅度升高。当电极距 L 加大到一定程度时,再加大电极距,所测的视电阻率曲线幅度反而降低,这是由于低阻围岩的影响造成的。

5) 高阻邻层的屏蔽影响

在实际钻井剖面中,经常是许多高阻层和低阻层交互出现。如果两个高阻层之间的距离大于或略小于电极距,则相邻的高阻层对供电电极的电流将产生屏蔽作用,使曲线发生畸变。

若电极距大于交互层(两个高阻层及其夹层)的总厚度,电流受到向上的排斥作用,使记录点处的电流密度减小,形成减阻屏蔽,导致记录点处地层的电阻率减小,如图 10-19(a) 所示。

若电极距小于交互层的总厚度,电流受到向下的排斥作用,使记录点处的电流密度增大形成增阻屏蔽,导致记录点处地层的电阻率增大,如图 10-19(b) 所示。

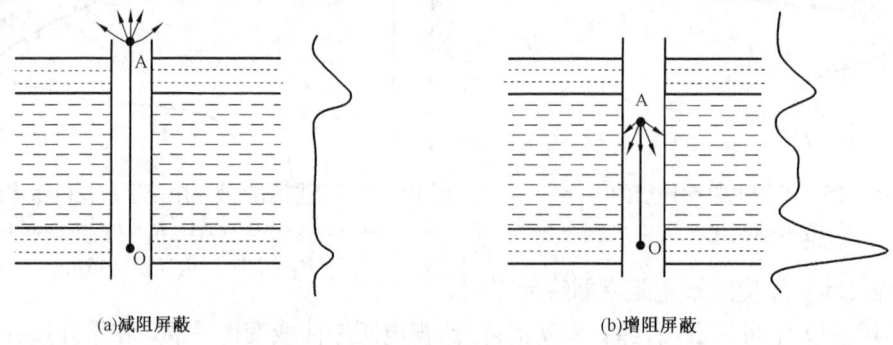

(a)减阻屏蔽　　　　　　　　　　(b)增阻屏蔽

图 10-19　高阻邻层对视电阻率曲线的影响

图 10-20 是受屏蔽影响的视电阻率曲线实例,在 2.5m 底部梯度电极系的视电阻率曲线上,下部两个油层受上部高阻层增阻屏蔽的作用,曲线幅度增高。在 8m 底部梯度电极系的视电阻率曲线上,下部两个油层受上部高阻层减阻屏蔽作用,曲线幅度降低。对同一地层,由于使用的电极系尺寸不同,所测得的视电阻率曲线由于高阻层的屏蔽影响,其幅度有较大的变化。

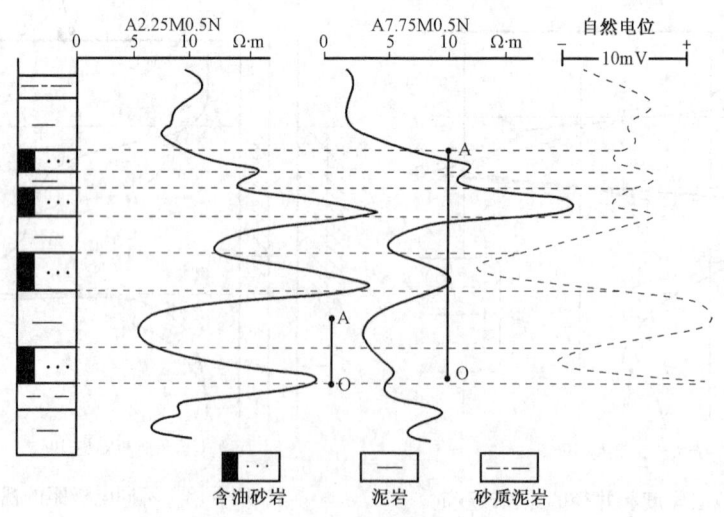

图 10-20　高阻邻层屏蔽影响示意图

因此,在分析视电阻率曲线时,要考虑电极系类型、电极距大小、地层厚度、高阻层间距等因素的影响。

四、横向测井

横向测井是视电阻率测井的一种综合应用。它是选用一套不同电极距的电极系,在目的层段测量,以确定地层真电阻率、判断油气水层及钻井液侵入情况的一种方法。

横向测井系列中各种电极系的选择,应以能清楚地反映地层界面及地层真电阻率为准。一般是采用6种不同电极距的底部梯度电极系。表10-3为我国常用的一组横向测井电极系。

表10-3 我国常用的横向测井电极系

电极系的排列	名称	电极系的排列	名称
A0.2M0.1N	0.25m底部梯度电极系	A3.75M0.5N	4m底部梯度电极系
A0.4M0.1N	0.45m底部梯度电极系	A5.75M0.5N	6m底部梯度电极系
A0.95M0.1N	1m底部梯度电极系	A7.75M0.5N	8m底部梯度电极系
A2.25M0.5N	2.5m底部梯度电极系		

图10-21为横向测井曲线的实例。图中除6条视电阻率曲线外,还有自然电位曲线,可用来判断渗透性地层。

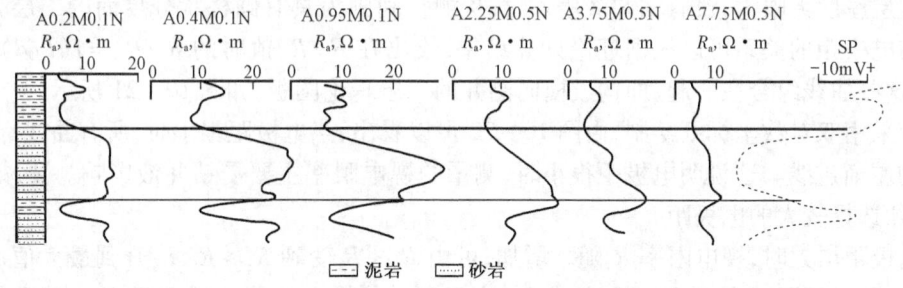

图10-21 横向测井实例

横向测井资料的应用包括以下几个方面。

(一)划分岩层

在砂泥岩剖面的视电阻率曲线上,利用岩层电阻率的差异将寻找的高阻层分辨出来,然后参考SP曲线,把在SP曲线上具有负异常的高阻层井段,即解释的目的层——储集层选出来。然后确定其层面深度。

用视电阻率曲线划分岩层时,要利用曲线的突出特点。在实测的梯度电极系视电阻率曲线上,极小值不很明显,而极大值却仍很突出。所以通常采用底部梯度电极系视电阻率曲线上的极大值确定高阻岩层的底界面的深度,而用其他方法配合确定顶界面。

(二)定性判断油(气)、水层

利用横向测井求得的地层电阻率,用电阻率比较法可以判断油(气)、水层。另外,由于油(气)层与水层的侵入剖面特点即径向电阻率变化情况差别比较明显,可以选用0.25m(或0.45m)及1m(或2.5m)两条视电阻率曲线来研究目的层的侵入情况及径向电阻率分布情况。油(气)层一般为低侵特征,即长电极距视电阻率较高;而水层一般为高侵特征,即短电极距视电阻率较高。

(三)确定地层参数

1. 确定地层真电阻率

视电阻率测井测得的地层视电阻率,受各方面因素的影响很多,可用以下公式表示。

$$R_a = f(R_t、R_i、R_s、R_m、h、d_h、D、L) \tag{10-20}$$

式中　R_t——岩层电阻率,$\Omega \cdot m$;

　　　R_i——侵入带电阻率,$\Omega \cdot m$;

　　　R_s——围岩电阻率,$\Omega \cdot m$;

　　　R_m——钻井液电阻率,$\Omega \cdot m$;

　　　h——地层厚度,m;

　　　d_h——井径,m;

　　　D——侵入带直径,cm;

　　　L——电极距,m。

公式中 $R_a、R_m、h、d_h、L$ 都可以认为是已知的,要确定的是 $R_t、R_i$ 和 D。因为不同电极距的电极系的测量结果受 $R_t、R_i、D$ 等的影响程度不同,所以可以做出电极距与视电阻率的关系曲线,并将其与相应电极距的理论图版进行对比,指导出与之重合的理论曲线的 $R_t、R_i、D$ 值。

当地层厚度无限大,没有钻井液侵入时,探测空间则为具有圆柱状分界面的二层介质,视电阻率与电极距的关系可以根据理论计算结果,绘出在 R_t/R_m 值时的 $R_a/R_m = f(L/d)$ 的关系曲线,将这些曲线组合在一起,即构成横向测井的二层理论图版,如图 10-21 所示。

图版采用双对数坐标纸绘制,由图 10-22 可以看出,当电极距很小时,所有曲线都趋近于 $R_t = R_m$ 的左渐进线。这说明电极距很小时,测量的视电阻率主要受钻井液影响。要减小井的影响,必须选择较大的电极距。

当电极距增大时,视电阻率 R_a 随之增加,可由 $R_a < R_t$ 变到 $R_a > R_t$,R_a 升到最大值后,电极距再增大,R_a 又逐渐减小,直到 $R_a = R_t$ 之后,电极距的增大不再影响视电阻率 R_a 的数值,这条 $R_a = R_t$ 的直线称为右渐进线。

由该图版可以看出,当 R_t 增大时,能够保证 $R_a = R_t$ 的最小电极距尺寸也增大。例如,一般较好的油层电阻率大约是 $R_t/R_m = 5 \sim 20$,如果要使 R_a 接近于 R_t,则需 $L/d = 16 \sim 32$,若 $d = 0.25m$,即相当于 $4 \sim 8m$ 的电极距,其 R_a 才接近于 R_t,8m 或 6m 的电极距太大,测量的 R_a 容易受高阻邻层的屏蔽影响,所以声—感测井系列保留一条 4m 底部梯度电极系曲线,供综合解释油水层时估计地层的真电阻率。

2. 求地层的孔隙度 ϕ

首先在视电阻率曲线上找出一含水厚层(R_a 较低,SP 负异常幅度较大),读出该层中部的视电阻率值,用它作为地层 100% 含水时的电阻率 R_0 值;通过水样分析或根据 SP 资料求出地层水电阻率 R_w 值,然后根据式(10-2)、式(10-3)计算出孔隙度 ϕ 值。

3. 求含油层的 R_0 值

要确定地层的含油饱和度 S_o,必须知道 R_0 值,但含油层的 R_0 值,无法直接测量,只有通过孔隙度测井资料确定地层孔隙度后,用阿尔奇公式计算出地层因素 F 值,再求出地层水电阻率 R_w 后计算 R_0 值,然后根据式(10-5)计算含油饱和度 S_o。

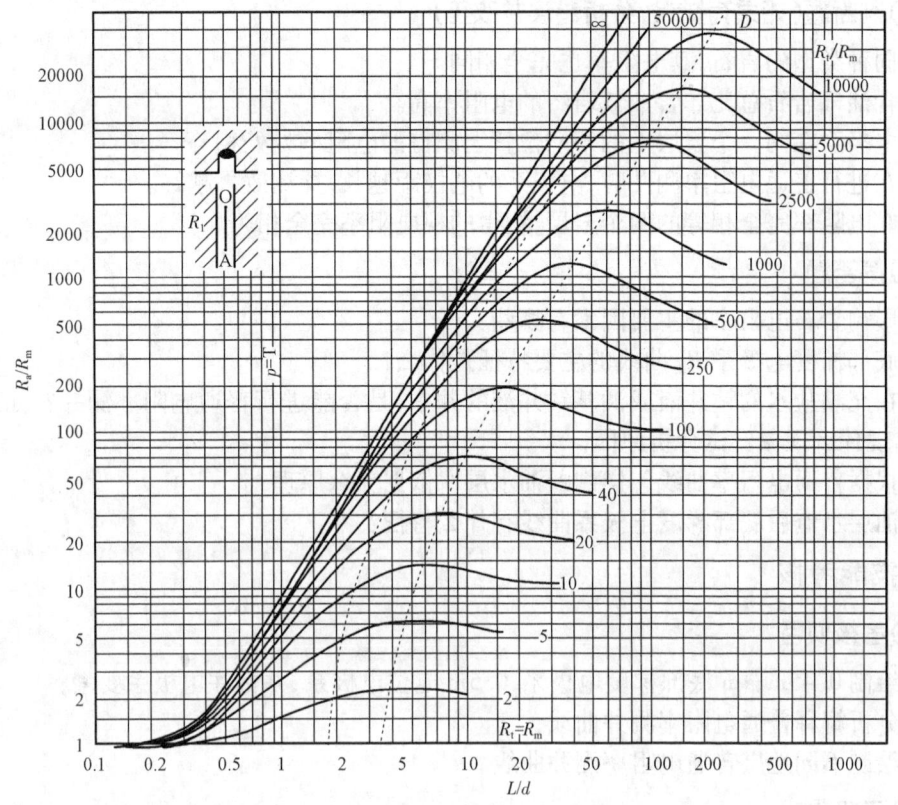

图 10-22 梯度电极系的两层理论图版(据刘国范,2010)

【任务实施】

一、目的要求

(1)能够正确识读普通电阻率测井曲线;
(2)能够正确分析解释普通电阻率测井曲线。

二、资料、工具

(1)学生工作任务单;
(2)普通电阻率测井曲线。

【任务考评】

一、理论考核

(一)名词解释

(1)视电阻率　　(2)高侵剖面　　低侵剖面　　(3)增阻屏蔽　　减阻屏蔽
(4)极大值　　极小值　　(5)电极系　　电极距　　记录点　　探测半径
(6)梯度电极系　　电位电极系　　顶部梯度电极系　　底部梯度电极系
(7)面积平均法　　(8)标准测井　　(9)横向测井

(二)判断题(如果有错误,分析错误并改正)

(1)同种类型的岩石,其电阻率也完全相同。
(2)含油气岩石总比非含油气岩石的电阻率高。
(3)电极系在同一个岩层上的不同位置上测得的电阻率处处相等。
(4)在进行普通电阻率测井时,电极系的电极距越长,探测效果越好。
(5)在电阻率完全相等的两个岩层,测得的视电阻率完全相等。

(三)简答题

(1)影响岩石电阻率的主要因素有哪些?
(2)底部梯度电极系 R_a 曲线的主要特征是什么?
(3)在充满盐水的钻井液或油基钻井液的井中,是否能进行普通电阻率测井?如果能,R_a 曲线会出现什么现象?试分析原因。
(4)根据普通电阻率曲线怎样判断油水层?依据什么原理?
(5)油层水淹后底部梯度电极系曲线有什么特征?

二、技能考核

(一)考核项目

(1)绘制 0.45m、4m 底部梯度电极系,0.5m 电位电极系,并标注电极系要素;
(2)分析解释普通电阻率测井曲线;
(3)绘制不同地层普通电阻率测井曲线。

(二)考核要求

(1)准备要求:工作任务单准备。
(2)考核时间:30min。
(3)考核形式:口头描述和笔试。

任务二 微电极测井曲线分析与解释

微课视频
微电阻率测井

三维动画
微电阻率测井

【任务描述】

微电极测井具有高分辨率的特征,主要用于划分薄层、计算地层有效厚度、确定冲洗带电阻率,本任务主要介绍微电极测井方法的原理、应用,对比微电极测井方法的优缺点。通过本任务的学习,主要要求学生理解掌握微电极测井的原理、微电极测井资料的应用。

【相关知识】

一、微电极测井原理

微电极测井是采用特制的微电极系沿井身贴靠井壁进行视电阻率测量的一种测井方法。

微电极系结构见图 10-23。在微电极系主体上装有三个弹簧片扶正器,相邻弹簧片之间的夹角为 120°(或两个弹簧片,互成 180°)。在其中一个弹簧片上装有硬橡胶绝缘板。将供电电极 A 和测量电极 M_1、M_2 按排列嵌在绝缘板上（各电极间距为 0.025m）。弹簧片扶正器使电极紧贴在井壁上，以克服钻井液对测量结果的影响。

通过将 A、M_1、M_2 三个电极接入不同回路，可以组成两个不同类型的微电极系。其中 $A0.025M_10.025M_2$ 为微梯度电极系（A 极供电，M_1、M_2 测量），其电极距为 0.0375m；$A0.05M_2$ 组成微电位电极系（A 极供电，M_2 测量），其电极距为 0.05m（见原理图 10-24）。以保证微电位电极系和微梯度电极系在相同的接触条件下同时测量。由于两种微电极系的电极距不同，它们的探测深度也不同。微梯度电极系测井的探测深度约为 40mm，微电位电极系的探测深度约为 100mm。对应非渗透层处，无论探测深度大小，都反映泥岩的电阻率；而对应渗透层处，微梯度测量结果主要反映滤饼的电阻率，微电位测量结果主要反映冲洗带电阻率。一般来说，冲洗带的电阻率大于滤饼的电阻率（滤饼电阻率一般是钻井液电阻率的 2~3 倍。而冲洗带电阻率比滤饼电阻率要高出 5 倍以上）。因此，微电极曲线在非渗透性地层处，两曲线重合，在渗透性地层处有幅度差（微电位值大于微梯度值）。

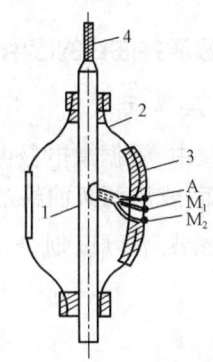 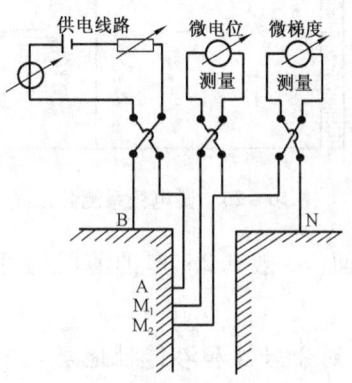

图 10-23　微电极系结构示意图　　　　　图 10-24　微电极测量原理图
（据刘国范，2010）　　　　　　　　　　　（据刘国范，2010）
1—仪器主体；2—弹簧片扶正器；
3—绝缘极板；4—电缆

微电极系测量的结果虽然受钻井液影响小了，但它受滤饼、侵入带和原状地层的影响。此外，还与极板的形状和大小有关。所以测量的结果仍是视电阻率 R_a，其表达式为

$$R_a = K \frac{\Delta U}{I} \qquad (10-21)$$

式中　ΔU——微梯度电极系测井时 $\Delta U = \Delta U_{M_1M_2}$，微电位电极系测井时 $\Delta U = \Delta U_{M_2N}$（一般用微电极系主体作 N 电极）；

K——微电极系系数，与电极距和极板的形状、大小有关。

二、微电极测井曲线及其应用

（一）微电极测井曲线浅析

通常采用重叠法将微电位和微梯度两条视电阻率测井曲线绘制在测井成果图上，现举例见图 10-25。

渗透性地层在微电极测井曲线上的有幅度差，如图 10-25 中 1537~1547m 井段上微电极测井曲线上的显示。

非渗透性地层处的微电极测井曲线无幅度差或者有正负不定的较小的幅度差,见图10 - 25 中1525~1531m井段。

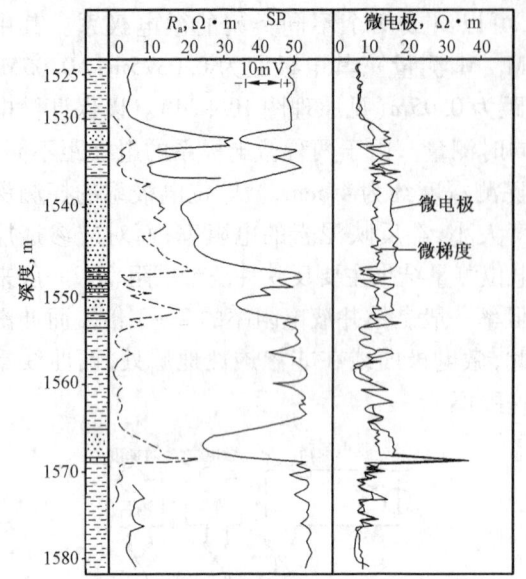

图10 - 25 微电极系测井曲线

泥质粉砂岩渗透性很差,但其电阻率值比泥岩要高,见图10 - 25 中1555~1560m井段。随着泥质含量的增多,微电极测井曲线幅度降低,且幅度差减小。

非渗透性的石灰岩和白云岩薄的夹层在微电极测井曲线上视电阻率读数最高(呈现尖峰状),且两条曲线重合或者可见到正负不定的幅度差,这是由于井壁不光滑造成的,见图10 - 25 中1568~1568.7m井段曲线特点,此井段是夹在砂岩和泥质粉砂岩中的石灰岩薄夹层。

(二)微电极测井曲线的应用

1. 确定岩层界面

在生产实践中,根据微电极曲线的半幅点确定地层的界面,或用两条曲线的转折点划分岩层界面。一般0.2m厚的薄层均可划分出来,在条件好的情况下可以划分出0.1m厚的薄层。

2. 划分岩性和渗透性地层

在微电极测井曲线上,首先将具有正幅度差的渗透层划分出来。再根据微电极测井曲线的幅度大小和幅度差的大小,可以详细地划分岩性和判断岩层的渗透性。几种常见的岩层在微电极测井曲线上的特征如下。

含油砂岩和含水砂岩:一般都有明显的幅度差。如果岩性相同,则含水砂岩的幅度和幅度差都略低于含油砂岩,砂岩含油性越好,这种差别越明显,这是由于含油砂岩的冲洗带中有残余油存在的缘故。如果砂岩含泥质较多,含油性较差,则微电极测井曲线幅度和幅度差均要降低。

泥岩:微电极测井曲线幅度低,没有幅度差或有很小的正负不定的幅度差。当泥岩很致密时曲线幅度升高。

致密灰岩:微电极测井曲线幅度特别高,常呈锯齿状,有幅度不大的正幅度差或负幅度差。

灰质砂岩:微电极测井曲线幅度比普通砂岩的高,但幅度差比普通砂岩的小。

生物灰岩:微电极测井曲线幅度很高,正幅度差特别大。

孔隙型、裂缝型石灰岩:微电极测井曲线幅度比致密石灰岩的低得多,一般有明显的正幅度差。

根据上述特征,可以估计剖面岩层的岩性,但为了更准确地划分岩性剖面,还需要参考其他曲线进行综合研究。

3. 确定含油砂岩的有效厚度

由于微电极测井曲线具有划分薄层、区分渗透性和非渗透性地层两大特点,所以利用它将油气层中的非渗透性薄夹层划分出来,并将其厚度从含油气井段的总厚度中扣除就得到油气层的有效厚度。

4. 确定井径扩大井段

在井内,如有井壁坍塌形成的大洞穴或石灰岩的大溶洞时,微电极系的极板悬空,所测的视电阻率曲线幅度降低,其视电阻率和钻井液电阻率基本相同。

5. 确定冲洗带电阻率 R_{xo} 及滤饼厚度 h_{mc}

R_{xo} 在测井解释中是个重要的过渡参数。在侵入较深的地层中,得到了 R_{xo} 值就可以较准确地求出地层真电阻率和含油饱和度。确定 R_{xo} 和 h_{mc} 的值,常使用微电极系图版如图 10-26 所示。图版的纵坐标为微梯度电极系视电阻率与滤饼电阻率的比值;横坐标为微电位视电阻率与滤饼电阻率之比值;实线族曲线号码为冲洗带电阻率与滤饼电阻率的比值,虚线族曲线号码是滤饼厚度 h_{mc} (单位为 mm)。

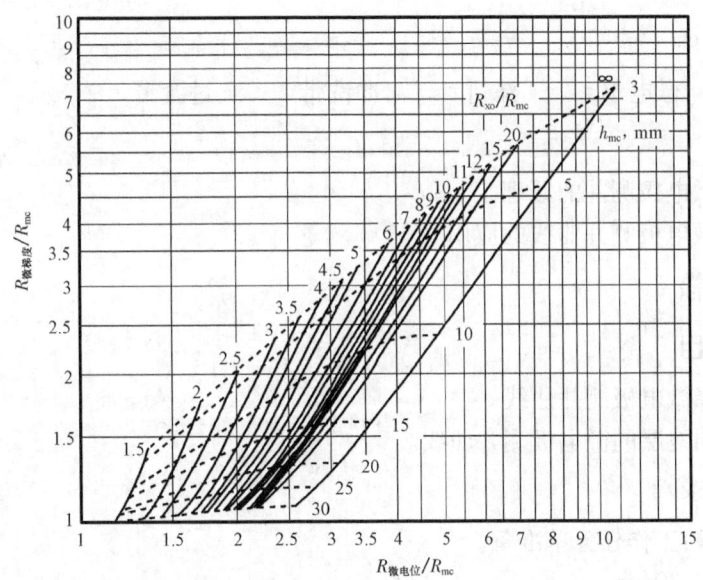

图 10-26 微电极曲线解释图版

井径为 9¾ in(24.765cm)

确定 R_{xo} 及 h_{mc} 的步骤如下:

(1)在微电极测井曲线上读出目的层处的 $R_{微梯度}$ 及 $R_{微电位}$ 值(读平均值)。

(2)滤饼电阻率 R_{mc} 可以用图版确定。

(3)算出 $R_{微梯度}/R_{mc}$ 和 $R_{微电位}/R_{mc}$。

(4)根据井径大小选取微电极测井曲线解释图版。在图版上以 $R_{微电位}/R_{mc}$ 为横坐标,以为 $R_{微梯度}/R_{mc}$ 纵坐标投点,然后读出通过该点的实线曲线数字 μ 值(或用内插法求出 μ 值),则冲洗带电阻率:

$$R_{xo} = \mu R_{mc} \tag{10-22}$$

(5)读出通过该点的虚线的曲线数字,即滤饼厚度 h_{mc}。

【任务实施】

一、目的要求

(1)能够正确识读微电极测井曲线；
(2)能够正确分析解释微电极测井曲线。

二、资料、工具

(1)学生工作任务单；
(2)微电极测井曲线。

【任务考评】

一、理论考核

(一)名词解释

微梯度　　　微电位　　　滤饼　　　冲洗带　　　过渡带

(二)简答题

(1)请简述微电极测井的原理。
(2)请简述微电极测井曲线的应用。

二、技能考核

(一)考核项目

(1)分析解释微电极测井曲线。
(2)绘制不同地层的微电极测井曲线。

(二)考核要求

(1)准备要求:工作任务单准备。
(2)考核时间:30min。
(3)考核形式:口头描述和笔试。

任务三　自然电位测井曲线分析与解释

【任务描述】

自然电位测井是油田常规测井方法之一,属于电法测井的范畴。自然电位测井的测量机理是:岩层被井钻穿后,对应不同岩性,在井壁附近形成的扩散、吸附电位大小和方向存在差异,这些差异可以用来划分岩性、研究储层性质。本任务主要介绍自然电位的形成机理、自然电位曲线形态、影响因素分析和解释应用。通过本任务的学习,主要要求学生理解自然电位产生机理、自然电位测井曲线影响因素及资料解释应用,使学生具备自然电位测井曲线分析解释能力。

【相关知识】

一、井内自然电位产生的原因

自然电位测井测量的是自然电位(没有人工供电情况下)随井深变化的曲线。其原理线路如图10-27所示。

微课视频
自然电场的产生

井内自然电位产生的原因是复杂的,对于油井来说,主要有以下两个原因:一是地层水矿化度和钻井液滤液矿化度不同,引起离子的扩散作用和泥岩颗粒对离子的吸附作用;二是地层压力与钻井液柱压力不同,这引起在地层孔隙中产生的过滤作用。这些作用主要取决于岩石成分、组织结构以及地层水和钻井液的物理化学性质。

(一)扩散吸附电位

井内自然电位是两种不同浓度的溶液相接触的产物。地层被井钻穿后,由于钻井液滤液的浓度不同于地层水溶液的浓度(通常称为矿化度),它们之间就产生了离子的扩散作用,在井壁附近形成稳定的电动势。

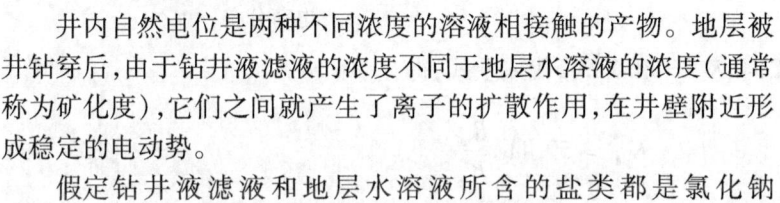

图10-27 自然电位测井原理

假定钻井液滤液和地层水溶液所含的盐类都是氯化钠(NaCl),当地层水溶液的浓度大于钻井液滤液的浓度时,在砂岩层处扩散作用的结果是:地层水内富集正电荷,钻井液滤液内富集负电荷,如图10-28所示。井壁上产生的扩散电动势 E_d 可用下式表示:

$$E_d = K_d \lg \frac{C_w}{C_{mf}} \tag{10-23}$$

式中 C_w, C_{mf}——地层水和钻井液滤液的浓度,g/L;
  K_d——扩散电位系数,mV(它与溶液中盐类的化学成分和温度有关,NaCl溶液在25℃时,$K_d = -11.6$ mV);
  E_d——扩散电动势,mV。

当溶液浓度不很高时,溶液浓度与电阻率成反比关系,则式(10-23)可写成:

$$E_d = K_d \lg \frac{R_{mf}}{R_w} = -11.61 \lg \frac{R_{mf}}{R_w} \tag{10-24}$$

式中 R_w, R_{mf}——地层水和钻井液滤液的电阻率。

在泥岩层中,由于黏土矿物表面具有选择吸附负离子的能力,只有正离子可以在地层水中自由移动。因此当地层水矿化度大于钻井液滤液矿化度时,在泥岩与钻井液的接触面上,井内钻井液带正电荷,泥岩层内带负电荷,如图10-29所示。这时形成的电动势称为扩散吸附电动势,以 E_{da} 表示。

根据实验结果和理论分析,在泥岩井壁上产生的扩散吸附电动势 E_{da} 可由下式表示:

$$E_{da} = K_{da} \lg \frac{C_w}{C_{mf}} = K_{da} \lg \frac{R_{mf}}{R_w} \tag{10-25}$$

式中 K_{da}——扩散吸附电位系数,mV(它的大小和符号主要决定于岩石颗粒的大小及化学成分,也和溶液的化学成分、温度等因素有关,可用实验求出)。

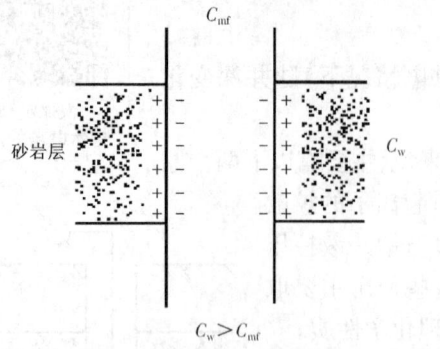

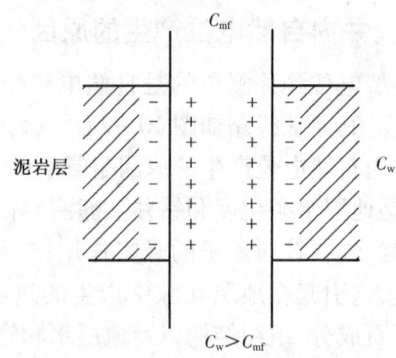

图 10-28 砂岩与钻井液接触面上的电荷分布

图 10-29 泥岩与钻井液接触面上的电荷分布

对于 NaCl 溶液,在 25℃时,$K_{da}=59.1\text{mV}$,代入上式,得:

$$E_{da} = 59.1 \lg \frac{R_{mf}}{R_w} \qquad (10-26)$$

由于泥岩的选择吸附作用,使一种离子容易通过,另一种离子不易通过,它好像离子选择薄膜一样,因此通过泥岩所产生的扩散吸附电位又称为薄膜电位。

(二)过滤电位

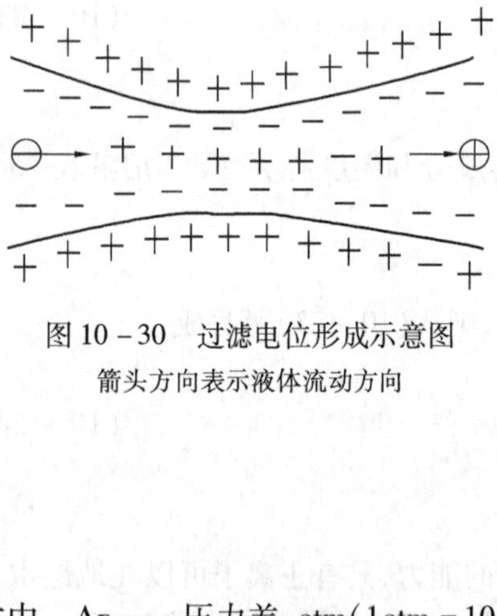

在压力差的作用下,当溶液通过毛细管时,由于毛细管壁吸附负离子,使溶液中正离子相对增多,在毛细管的两端产生电位差,压力低的一方带正电,压力高的一方带负电,于是产生了电位差,如图 10-30 所示:

当钻井液柱的压力大于地层的压力时,在渗透层处,过滤电位与扩散吸附电位方向一致,过滤电位以 E_f 表示。过滤电位的数值与地层和钻井液柱之间的压力差及过滤溶液的电阻率成正比,与过滤溶液的黏度成反比。可由下式表示:

图 10-30 过滤电位形成示意图
箭头方向表示液体流动方向

$$E_f = K_f \frac{\Delta p \cdot R_{mf}}{\mu} \qquad (10-27)$$

式中 Δp——压力差,atm(1atm=101325Pa);
R_{mf}——过滤溶液电阻率,$\Omega \cdot m$;
μ——过滤溶液黏度,cP;
K_f——过滤电位系数,与溶液的成分浓度有关,mV。

二、自然电位曲线的形状

在钻穿地层的过程中,地层水与钻井液相接触,产生扩散吸附作用,在钻井液与地层接触面上产生自然电位。下面以夹在厚层泥岩中的砂岩为例分析自然电位曲线的形状。

（一）井内自然电场的分布

若砂岩的地层水矿化度为 C_2，泥岩的地层水矿化度为 C_1，钻井液滤液的矿化度为 C_{mf}，在一般情况下，$C_1 > C_2 > C_{mf}$，井内自然电位的分布如图 10-31 所示。

在砂岩和井内钻井液的接触面上，由于扩散作用产生的扩散电动势

$$E_d = K_d \lg \frac{C_2}{C_{mf}} \quad (10-28)$$

在泥岩和井内钻井液的接触面上，由于扩散吸附作用产生的扩散吸附电动势

$$E_{da} = K_{da} \lg \frac{C_1}{C_{mf}} \quad (10-29)$$

图 10-31 砂泥岩交界面处自然电场的分布

在泥岩和砂岩的接触面上，由于扩散吸附作用产生的扩散吸附电动势

$$E_{da} = K_{da} \lg \frac{C_1}{C_2} \quad (10-30)$$

在井与砂岩、泥岩的接触面上，自然电流回路的总自然电动势 E_s 是每个接触面上自然电动势的代数和，即

$$E_s = K_d \lg \frac{C_2}{C_{mf}} + K_{da} \lg \frac{C_1}{C_{mf}} - K_{da} \lg \frac{C_1}{C_2} = K_d \lg \frac{C_2}{C_{mf}} + K_{da} \left(\lg \frac{C_1}{C_{mf}} - \lg \frac{C_1}{C_2} \right)$$

$$= K_d \lg \frac{C_2}{C_{mf}} + K_{da} \lg \frac{C_2}{C_{mf}} = (K_d + K_{da}) \lg \frac{C_2}{C_{mf}} = K \lg \frac{C_2}{C_{mf}} \quad (10-31)$$

式中 K——自然电位系数，mV。

对于纯砂岩和泥岩地层，其地层水和钻井液滤液的盐类为氯化钠。经实验证实，自然电位系数在 25℃ 时，$K=70.7$ mV，代入式（10-31）得

$$E_s = 70.7 \lg \frac{C_2}{C_{mf}} \quad (10-32)$$

在溶液的浓度不很大时，可以认为电阻率与浓度成反比，则式（10-32）可写成

$$E_s = 70.7 \lg \frac{R_{mf}}{R_2} \quad (10-33)$$

式中 R_{mf}——钻井液滤液电阻率，$\Omega \cdot m$；

R_2——砂岩地层水电阻率，$\Omega \cdot m$（以下用 R_w 表示）。

如果砂岩含有泥质或者泥岩不纯，将使总的自然电动势减小，不能按式（10-33）计算砂泥岩接触面上回路的总自然电动势。

（二）自然电位的曲线形状

在砂岩井壁、泥岩井壁以及砂泥岩接触面上，存在着自然电动势。砂岩、泥岩和钻井液具有导电性，它们构成闭合回路，形成自然电流。自然电

三维动画
自然电位测井

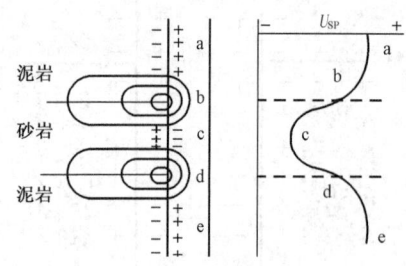

图 10-32 井内自然电场分布与自然电位曲线形状

位测井记录的是自然电流在井内钻井液段的电位降。自然电位理论曲线如图 10-32 所示($C_w > C_{mf}$)，U_{SP} 为自然电位幅度值。

在 a 点以上，离开砂岩较远的泥岩上，自然电流很小，几乎没有什么变化，可以认为是自然电位的零线，称为自然电位的泥岩基线。

在 ab 段，电流强度逐渐增加，自然电位逐渐降低，曲线向负的方向偏转。

在 b 点，对应泥岩层与砂岩层交界面，井内自然电流强度最大，电位变化也最大，自然电位曲线急剧向负方向偏转。

在 bc 段，过了地层界面，电流密度又逐渐减小，电位继续降低。

在 c 点，对应于地层中心，电流强度最小，自然电位曲线几乎是与井轴成平行的直线。

在 cd 段，在砂岩层的下部，自然电流强度逐渐增加，自然电位逐渐增大，曲线向正方向偏转。

在 d 点，对应于砂泥岩层的交界面处，电流密度最大，自然电位曲线急剧向正方向偏转。

在 de 段，过了交界面，再向下到泥岩层，自然电位值逐渐增大，在大段泥岩处记录的自然电位接近直线。

如果泥岩岩性稳定，厚度足够大，就将以 a、e 两点连线作为基线，从基线到 c 点所对应的幅度称为异常幅度，其大小反映了砂岩的渗透性好坏。当地层水矿化度大于钻井液滤液矿化度时，渗透性地层的异常幅度偏向泥岩基线的左边（显示为负异常）；反之，渗透性地层的异常幅度偏向泥岩基线的右边（显示为正异常）。

综上所述，自然电位曲线具有如下特点：
(1) 如果地层、井内钻井液是均匀的，上下围岩岩性相同，曲线关于渗透性地层中心对称。
(2) 在渗透性地层顶、底界面处，自然电位变化最大，曲线急剧偏移。
(3) 测量的自然电位幅度永远小于自然电流回路总的电动势。
(4) 当地层水矿化度大于钻井液滤液矿化度时，曲线出现负异常；反之，曲线出现正异常。

三、自然电位曲线的影响因素

(一) 渗透层自然电位异常幅度的计算

砂岩、泥岩、钻井液具有导电性，其等效电路如图 10-33 所示。设 r_m 为井内钻井液的等效电阻，r_{sh} 为泥岩的等效电阻，r_t 为砂岩的等效电阻，则回路的电流强度由下式决定：

$$I = \frac{E_s}{r_m + r_{sh} + r_t} \quad (10-34)$$

测量的自然电位异常幅度值 U_{SP} 实际上等于自然电流流过井内钻井液电阻上的电位降，即

$$U_{SP} = I r_m = \frac{E_s}{r_m + r_{sh} + r_t} r_m = \frac{E_s}{1 + \frac{r_{sh} + r_t}{r_m}} \quad (10-35)$$

自然电位幅度值 U_{SP} 是自然电位总电动势的一部分,记为 SP。自然电位的总电动势 E_s,相当于回路断路时的电压。纯水层砂岩的总电动势常称为静自然电位,用 SSP 表示。

(二)自然电位异常幅度的影响因素

由式(10-34)可以看出,测量的自然电位幅度值 U_{SP} 与 r_m、r_{sh}、r_t、总的自然电动势 E_s 有关。以下根据式(10-35)讨论影响自然电位异常幅度的主要因素。

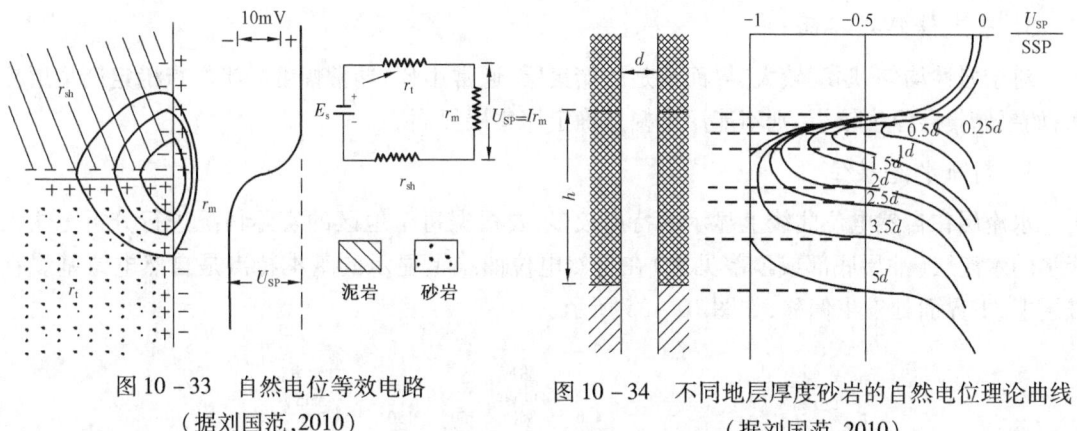

图 10-33　自然电位等效电路　　图 10-34　不同地层厚度砂岩的自然电位理论曲线
（据刘国范,2010）　　　　　　　　　　（据刘国范,2010）

1. 岩性、地层水与钻井液滤液矿化度比值的影响

自然电位异常幅度值 U_{SP} 与总自然电动势 E_s 成正比,而 E_s 决定于地层的岩性和钻井液滤液电阻率 R_{mf} 与地层水电阻率 R_w 的比值 R_{mf}/R_w。因此,岩性越纯,R_{mf}/R_w 越大,自然电位异常幅度值越高。

2. 地层厚度、井径的影响

由图 10-34 可见,假设其他条件完全相同,当地层厚度(h)大于 4 倍井径(d)即 $h>4d$ 时,自然电位异常幅度近似等于静自然电位,能用半幅点(即曲线上波峰和波谷的 1/2 幅度处)确定地层界面;当 $h<4d$ 时,自然电位异常幅度小于静自然电位,厚度越小,异常顶部越窄,底部越宽,不能用半幅点确定地层界面。因为 h 减小,r_t 增大,r_m 减小,所以 U_{SP} 减小。若地层厚度一定时,井径减小,h/d 增大,r_m 增大,则 U_{SP} 增大。

3. 地层电阻率 R_t、钻井液滤液电阻率 R_{mf} 以及围岩电阻率 R_s 的影响

随着 R_t/R_{mf} 的增大,自然电位幅度值降低。围岩电阻率 R_s 变化,同样对自然电位异常幅度有影响。围岩电阻率 R_s 增大,使自然电位幅度值减小。

4. 侵入带的影响

在渗透层地层,钻井液滤液侵入到地层孔隙中,使钻井液滤液与地层水的接触面向地层方向移动了一定距离(相当于井径扩大的影响),从而使自然电位异常幅度降低。

在砂、泥岩交互层地区,渗透性砂岩中薄泥岩夹层的存在使自然电位曲线上有小的起伏,起伏的大小与夹层的厚度和夹层电阻率有关。

四、自然电位曲线的应用

(一)自然电位曲线的定性解释

1. 判断岩性

在砂泥岩剖面中,以泥岩的自然电位为基线,如果砂岩地层的岩性由粗

微课视频
自然电位测井
曲线的应用

变细,泥质含量增加,则表现为自然电位幅度值降低。根据自然电位曲线可以清楚地划分泥岩、砂岩、泥质砂岩。

2. 确定渗透性地层

自然电位曲线异常幅度的大小可以反映渗透性好坏,通常砂岩的渗透性与泥质含量有关,泥质含量越小,其渗透性越好,自然电位异常幅度值越大。

3. 确定储集层界面

对于岩性均匀、厚度较大、界面清楚的储集层,通常用 SP 异常幅度的半幅点确定储集层界面;如果储集层厚度较小,则不能用半幅点确定储集层界面。

4. 判断水淹层位

水淹层在自然电位曲线上显示的特点较多,要根据每个地区的实际情况进行分析。注入淡水的水淹层(油层底部或顶部见水)在自然电位曲线上显示的基本特点是自然电位基线在该层上、下界面处发生偏移,如图 10-35 所示。

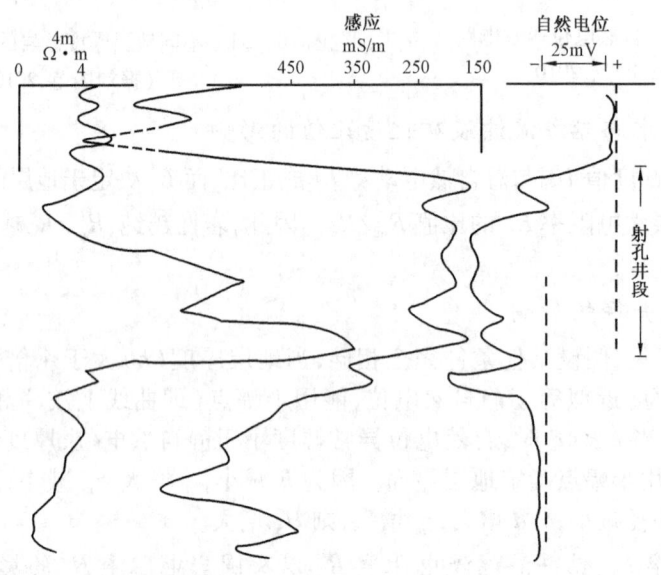

图 10-35 用自然电位判断水淹层(据刘国范,2010)

【任务实施】

一、目的要求

(1)能够正确识读自然电位测井曲线;
(2)能够正确分析解释自然电位测井曲线。

二、资料、工具

(1)学生工作任务单;
(2)自然电位测井曲线。

【任务考评】

一、理论考核

（一）名词解释

自然电位　　　扩散电位　　　吸附电位　　　泥岩基线　　　半幅点

（二）判断题（如果有错误，分析错误并改正）

(1) 在井壁附近砂岩和泥岩对应处形成的自然电位大小相等。
(2) 泥岩基线就是自然电位为零的测井曲线。
(3) 当地层水矿化度大于钻井液滤液矿化度时，对应砂岩处自然电位产生负异常。
(4) 只要渗透层发生水淹，就一定出现泥岩基线偏移。
(5) 只要没有异常幅度就不可能是渗透性地层。

（三）简答题

(1) 自然电位产生的主要原因是什么？
(2) 什么叫自然电位异常幅度？影响异常幅度的因素有哪些？
(3) 扩散电位和吸附电位是怎样产生的？
(4) 自然电位曲线有哪些特点？
(5) 在砂泥岩剖面，用自然电位曲线如何判断地层渗透性好坏？
(6) 用自然电位曲线如何判断水淹层？
(7) 自然电位曲线的应用有哪些？

二、技能考核

（一）考核项目

(1) 分析解释自然电位测井曲线。
(2) 绘制不同地层自然电位测井曲线。

（二）考核要求

(1) 准备要求：工作任务单准备。
(2) 考核时间：30min。
(3) 考核形式：口头描述和笔试。

任务四　侧向测井曲线分析与解释

【任务描述】

侧向测井是油田常规测井方法之一，属于电法测井的范畴。侧向测井的测量机理与普通电阻率测井方法相同：根据不同岩石导电能力以及油气和地层水之间电阻率差异，通过测量地层电阻率的大小，分析岩性、划分高阻层、判断油水层以及水淹等。是在普通电阻率测井的基础上发展起来的测量精度相对较高的电阻率测井方法。本任务主要介绍侧向测井仪器的聚焦原理、径向深浅电阻率测量原理、侧向测井的影响因素分析和资料解释应用等。通过本任务的学习,主要要求学生理解侧向测井原理、侧向测井曲线影响因素及资料解释应用,使学生具备侧向测井曲线分析解释应用能力。

【相关知识】

一、侧向测井概念和分类

微课视频
侧向测井

三维动画
侧向测井

侧向测井又称屏蔽测井或聚焦测井,是在普通电阻率测井方法的基础上发展起来的。它采用在主电极两侧增加同极性的屏蔽电极的方法,使主电极发出的电流聚焦成一定厚度的平板状电流束径向流入地层,使井的分流作用和围岩的影响大大减小,如图10-36所示。

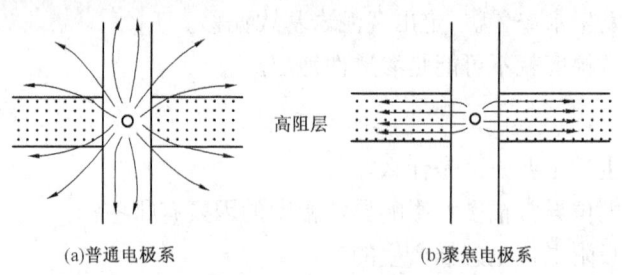

(a)普通电极系　　　　(b)聚焦电极系

图10-36　高阻层中电流分布示意图

侧向测井按电极系结构特征和电极数目的不同,可分为三电极侧向测井、七电极侧向测井、六电极侧向测井及双侧向测井等;也可按探测范围不同分为深侧向测井和浅侧向测井。这些测井方法的基本原理相似。目前三侧向测井、七侧向测井和双侧向测井使用效果良好,本部分主要介绍这三种电极系的方法原理及应用。

二、三电极侧向测井

(一)三电极侧向测井基本原理

三电极侧向测井(简称三侧向测井)的电极系结构如图10-37所示,包括主电极 A_0、屏蔽电极 A_1 和 A_2。在测井过程中,给主电极 A_0 和屏蔽电极 A_1、A_2 通以相同极性的电流,通过自动调节装置,使 A_1、A_2 的电位始终保持和 A_0 的电位相等。这样,由于 A_1 和 A_2 的屏蔽作用,主电极 A_0 发出的主电流 I_0 被聚焦,呈水平层状进入地层,大大减小了井和围岩的影响,测量结果主要决定于目的层的电阻率,有利于研究薄层。

在主电极电流 I_0 恒定的条件下,测量主电极与远电极 N 之间的电位差 ΔV,则视电阻率为

$$R_a = K \frac{\Delta V}{I_0} \qquad (10-36)$$

式中　I_0——主电极的电流强度;
　　　ΔV——主电极与远电极之间的电位差;
　　　K——电极系系数。

由于远电极 N 距主电极 A_0 较远,可以认为其电位为零。所以 ΔV 可写成主电极电位 V,则式(10-37)可写成

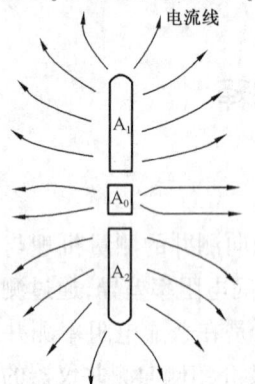

图10-37　三侧向测井原理图

$$R_a = K\frac{V}{I_0} \qquad (10-37)$$

式中 K——三侧向电极系系数,它的大小与电极的尺寸有关,为一个常数;

V/I_0——主电极的接地电阻(用 r_0 表示),它表示水平层状的主电极电流从电极表面到无限远之间介质的电阻。

因此有

$$R_a = Kr_0 \qquad (10-38)$$

所以,三侧向测井测出的视电阻率实际上反映了主电极的接地电阻的大小。

由于主电极电流成层状水平进入地层,它的接地电阻可以认为是电流水平流动时先后遇到钻井液、侵入带和原状地层部分径向电阻 r_m、r_i、r_t 的串联,其等效电路如图 10-38 所示,有

$$r_0 = r_m + r_i + r_t \qquad (10-39)$$

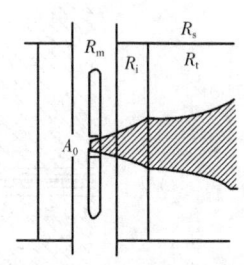
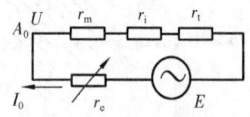

图 10-38 主电流流过的介质及等效电路

式中 r_0——主电极的接地电阻,Ω;

r_m——钻井液的电阻,Ω;

r_i——钻井液侵入带的电阻,Ω;

r_t——地层的电阻,Ω。

当电极系聚焦能力较强时,r_m、r_i 的影响就相对减小,接地电阻 r_0 的大小主要受地层电阻 r_t 的影响;反之,当聚焦能力较差时,r_t 对 r_0 影响就比较小,r_m、r_i 影响就相对增加。

目前我国一些油田采用两种不同探测深度(深浅三侧向)的组合测井仪。电极系的结构如图 10-39 所示。这种测井仪下一次井可以同时测出两条视电阻率曲线,可以采用重叠比较的方法来判断油、水层。深三侧向屏蔽电极长,探测深度大,主要反映原状地层的电阻率;浅三侧向屏蔽电极短,探测深度小,主要反映井眼附近介质的电阻率。

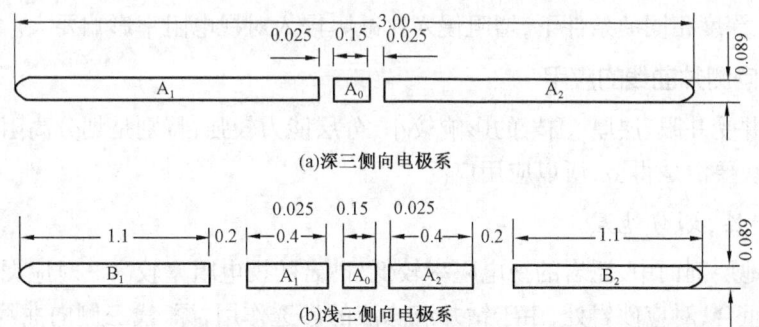

图 10-39 三侧向电极系结构(图中数据的单位是米)

(二)影响三侧向视电阻率的因素

三侧向视电阻率主要受电极系系数和地层参数的影响。电极系系数的影响是固定值,一般选用井径的 10 倍左右作为三侧向电极的总长,用井径的 0.4 倍左右作为三侧向电极系的直径,即可测得较理想的曲线。

地层参数对三侧向视电阻率的影响主要有以下三个方面。

1. 层厚及围岩的影响

当岩层厚度大于4倍主电极的长度 L_0 时,围岩对测量的视电阻率基本上没有影响;对岩层厚度小于和接近 L_0 的地层,视电阻率受围岩影响比较明显,地层越薄,影响越大。如果围岩是高阻层,由于目的层对电流的吸引作用,可以使视电阻率增大;如果围岩是低阻层,使主电极电流发散,测得高阻层的视电阻率值减小。目的层电阻率越高于(或越低于)围岩的电阻率,视电阻率减小(或增大)也就越明显,如图10-40所示。

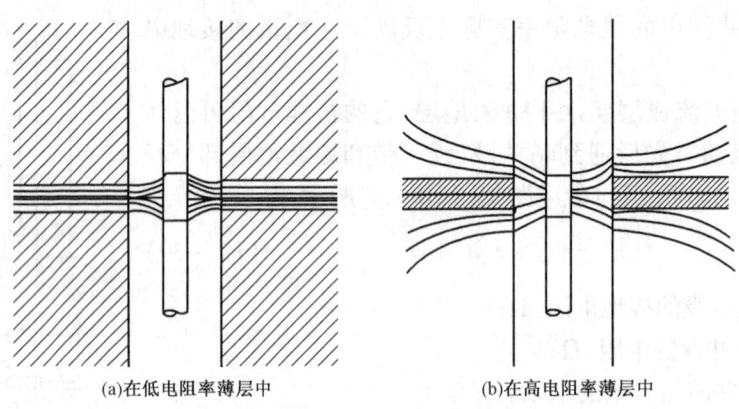

(a)在低电阻率薄层中　　　　　　(b)在高电阻率薄层中

图10-40　三侧向测井围岩的影响

2. 井径的影响

在高矿化度钻井液条件下,当井径扩大时,钻井液分流作用明显,电流层的截面积增大,使接地电阻减小,测得的视电阻率值下降。所以,在井径变化较大的情况下,要进行井眼校正。

3. 侵入带的影响

侵入带的影响和电极系的聚焦能力、侵入深度和侵入带的电阻率有关。侵入越深或电极系的聚焦能力越差,侵入带的影响则相对增加;侵入带电阻率增加,它对视电阻率的影响也相对增加,在侵入深度相同的条件下,增阻侵入比减阻侵入对视电阻率影响要大。

(三)三侧向测井曲线的应用

三侧向测井受井眼、层厚、围岩的影响较小,分层能力较强,特别是划分高阻薄层比普通电极系电阻率曲线要清楚得多,所以应用广泛。

1. 判断岩性,划分地层

在砂泥岩地层剖面中,泥岩的视电阻率较低,砂岩的视电阻率较高。对应泥岩处,深、浅三侧向曲线基本重合;对应砂岩处,由于钻井液滤液的渗透作用,深、浅三侧向曲线出现幅度差。深侧向视电阻率值大于浅侧向视电阻率值时,为正差异(深侧向曲线的电阻率值大于浅侧向曲线的电阻率值);若相反,则为负差异(深侧向曲线的电阻率值小于浅侧向曲线的电阻率值)。

在碳酸盐岩地层剖面中,随着岩层中泥质含量的增多,三侧向测井的视电阻率值降低。在孔隙或裂缝带,深、浅三侧向曲线也出现正或负幅度差。

根据岩性及曲线上的界面特征,可以划分出不同的地层。

2. 划分油、水层

油气层多为减阻侵入,深、浅三侧向曲线出现正差异;而水层多为增阻侵入,深、浅三侧向曲线出现负差异。利用深、浅三侧向曲线的重叠情况,可以直接划分出油(气)、水层。

3. 确定地层电阻率

利用三侧向的视电阻率确定地层电阻率时和普通电极系一样,仍然遇到三个未知数,如果侵入带的电阻率已知(用微侧向测井求得),可以利用深、浅三侧向的侵入校正图版(图10-41)求地层真电阻率和侵入带直径。

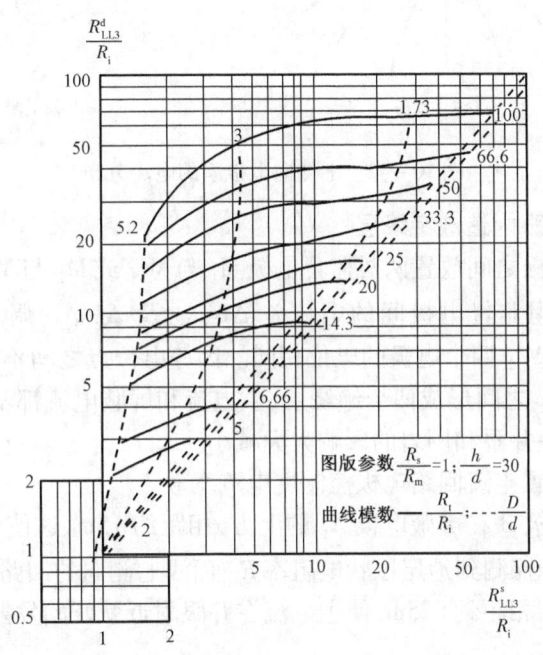

图10-41 深、浅三侧向侵入校正图版(据刘国范,2010)

三、七电极侧向测井和双侧向测井

(一)七电极侧向测井

七电极侧向测井简称七侧向测井。它由七个体积较小的环状电极组成,将柱状电极改变为环状电极,同时增加了两对(四个)监督电极,使聚焦作用更强,探测深度更大,如图10-42所示。

1. 基本原理

1)使电流纵向聚焦

中心电极 A_0 称为主电极,与普通电极系的供电电极类似。在主电极的上下对称放置屏蔽电极 A_1 和 A_2,A_1 和 A_2 用导线相连。三个电极流出的电流极性相同,A_0 流出主电流 I_0;A_1 和 A_2 流出屏蔽电流,各为 $I_0/2$。因电流同性相斥,主电流被纵向聚焦成薄板状流向地层,从而减小了井眼及围岩的影响,提高了纵向分辨能力。

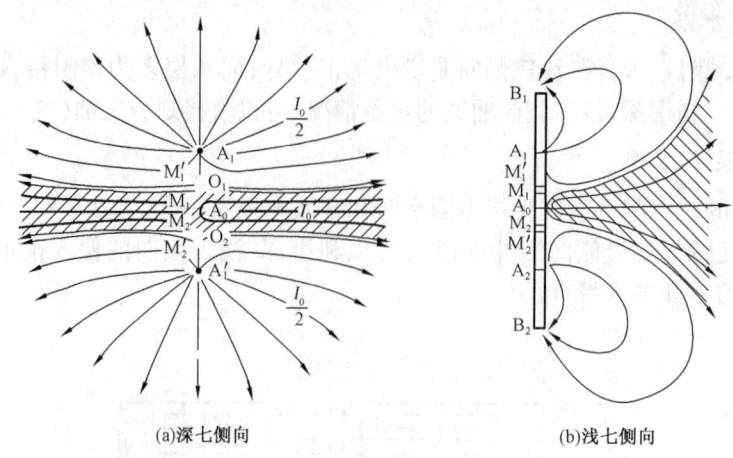

(a)深七侧向   (b)浅七侧向

图 10-42　七侧向电极系的电流分布

2）在主电流附近井眼内造成绝缘层

在主电极与屏蔽电极之间放置两对监督电极 M_1 与 M'_1 或 M_2 与 M'_2，用导线分别将 M_1 和 M_2、M'_1 和 M'_2 相连。用监督电极间的电位差 $\Delta U_{M_1M'_1}$ 及 $\Delta U_{M_2M'_2}$ 调节屏蔽电流的大小，使 $\Delta U_{M_1M'_1}=0$，即 $M_1M'_1M_2M'_2$ 四个电极的电位相同。因等电位点之间不可能有电流流动，使 M_1 与 M'_1 之间和 M_2 与 M'_2 之间形成两个绝缘层，主电流和屏蔽电流都不能穿过它们，而只能在其附近流向地层，从而使井眼和围岩的影响大大减小。

3）在远处或近处设置电流回路电极控制主电流发散

深七侧向的回路电极 B 在屏蔽电极 A_1 的上方，相距约 15m，这使主电流呈薄板状深入地层相当远以后才发散，能探测到地层原状电阻率 R_t；而浅七侧向的回路电极 B_1 和 B_2 分别设在屏蔽电极 A_1 和 A_2 两侧，相距约 0.5m，使主电流在井眼附近就开始发散，只能探测侵入带电阻率 R_{xo}。

七侧向测井的视电阻率公式为：

$$R_a = K\frac{U_{A_0}}{I_0} \tag{10-40}$$

式中　K——电极系系数，可通过理论计算或由实验求得。

2. 七电极侧向测井曲线的特点与应用

七侧向测井视电阻率曲线与三侧向视电阻率曲线相似。图 10-43 是利用电模型试验对不同厚度的单一高电阻率地层测得的视电阻率曲线。图 10-43(a) 是在上下围岩电阻率相同时测出的，图 10-43(b) 是在上下围岩电阻率不同时测出的。从曲线上可看出：

(1) 当上下围岩电阻率相同时，单一地层曲线形状对地层中心对称；上下围岩电阻率不同时，曲线不对称。

(2) 曲线的宽度比地层厚度小一个电极距。确定界面时，先定曲线的拐点（大约在曲线半幅点处），然后由拐点向上、下各定出半个电极距便是地层顶底界面的位置。如果地层变薄，地层界面移向曲线的顶端。层厚小于电极距时，用侧向测井曲线不能准确地划分地层界面。

根据七侧向测井曲线的特点，应用它可以判断岩性剖面和划分油（气）、水层，估算地层电阻率。与三侧向大致相同，也可采用对比深、浅七侧向曲线幅度的方法。

图 10-44 为某井砂泥岩剖面的实测综合测井曲线。该井为钻井取心井,在该井段处 $R_w=0.04\ \Omega\cdot m$,右侧为解释结果,涂黑表示油层(2 号层),斜线表示水层(9 号层)。该井在深、浅三侧向和深、浅七侧向曲线上,油水层显示清楚,曲线解释和取心证实相符。

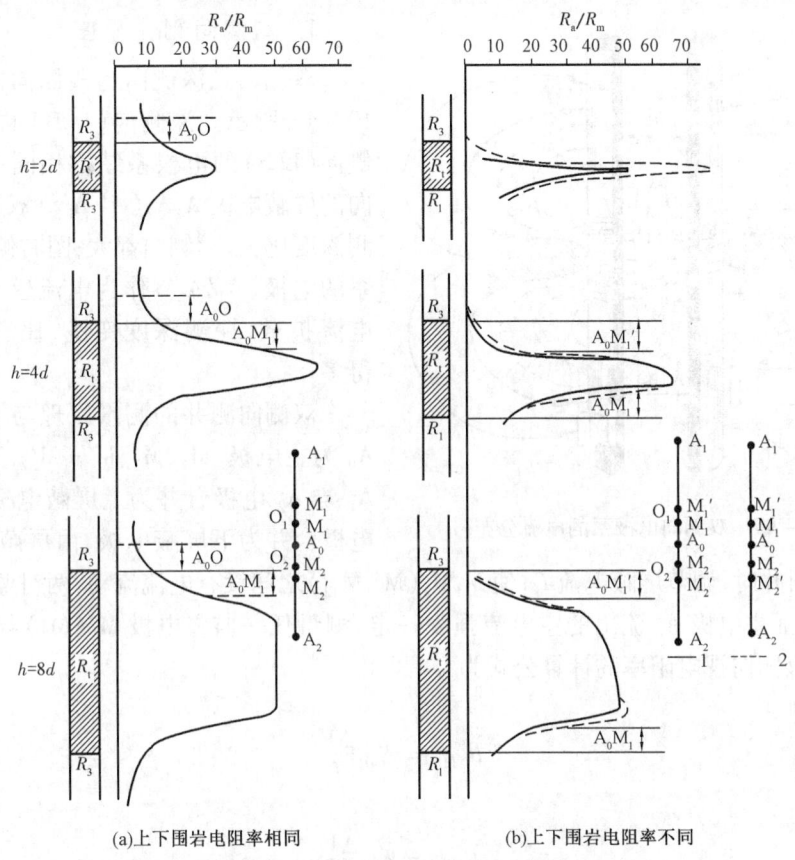

(a)上下围岩电阻率相同　　　　　　(b)上下围岩电阻率不同

图 10-43　不同厚度地层的七侧向曲线

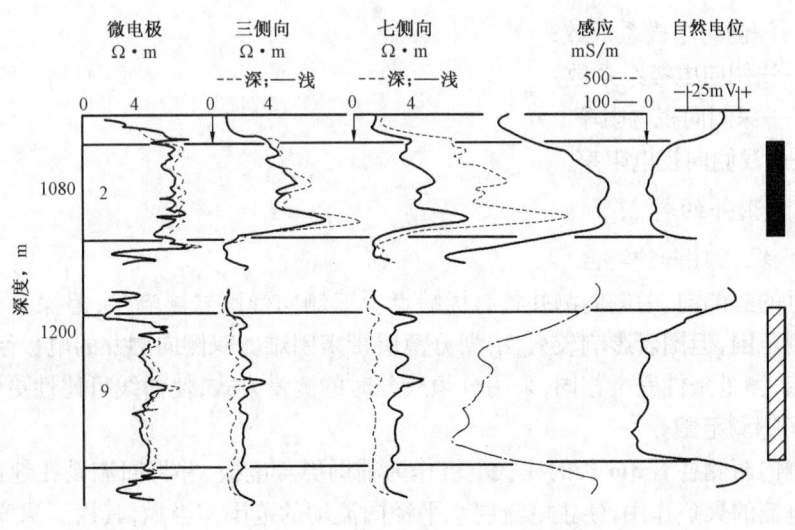

图 10-44　侧向测井实测电阻率曲线

(二)双侧向测井

双侧向测井是在七侧向和三侧向的基础上发展起来的一种深、浅侧向的组合测井,目前被认为是一种最好的侧向测井法。

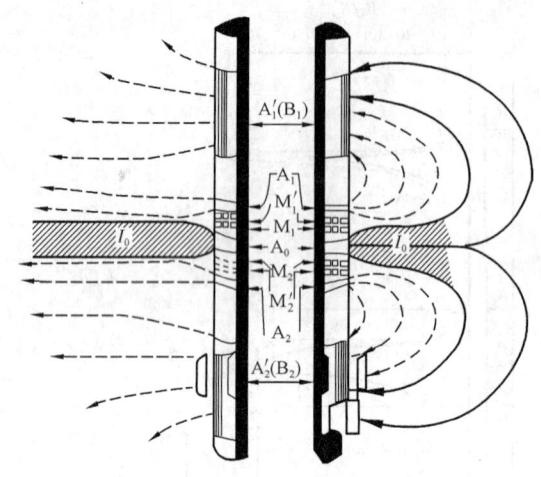

图 10-45 双侧向电极系的电流分布

1. 双侧向测井原理

双侧向是深侧向与浅侧向的组合,如图 10-45 所示。深侧向(LLD)的电极系和浅侧向(LLS)的电极系结构相同:图左侧深侧向的屏蔽电极 $A_1A_2(A'_1A'_2)$ 双屏蔽,它的探测深度比三、七侧向都大;图右侧浅侧向电极系的电极 $(A'_1A'_2)$ 作为电流返回电极,使主电流扩散,探测深度变浅,比三、七侧向浅得多。

双侧向测井的测量原理与七侧向类似。A_0 为主电极,M_1、M_2、M'_1、M'_2 为测量电极,A_1 与 A_2 电极合并为上屏蔽电极,A'_1 与 A'_2 电极合并为下屏蔽电极,由屏蔽电极发射屏蔽电流 I_s。测井时,调节屏蔽电流 I_s,使 $M_1M_2(M'_1M'_2)$ 之间没有电流流动,两对监督电极的电位差为零,保证主电极 A_0 流出的主电流强度一定,测量任一监督电极 $M_1(M_2)$ 与地面电极 N 的电位差。双侧向视电阻率的计算公式为

$$R_{LLD} = K_D \frac{\Delta V}{I} \tag{10-41}$$

$$R_{LLS} = K_S \frac{\Delta V}{I} \tag{10-42}$$

式中 K_D——深侧向电极系系数;
 K_S——浅侧向电极系系数;
 R_{LLD}——深侧向视电阻率;
 R_{LLS}——浅侧向视电阻率。

2. 双侧向测井的特点

1)实现了深、浅侧向的组合

前面讲过的三侧向、七侧向测井各有优缺点。三侧向受围岩影响小,但探测深度浅;七侧向增大了探测范围,但围岩影响较大,给划分薄层带来困难。双侧向测井的电极系结构吸取了这两者的优点,测量条件完全相同,采用分频或分时的测量方式,使曲线可比性更强。

2)扩大了探测范围

由于深侧向两侧各有 3m 长的柱状电极作为辅助屏蔽电极,并将回流设在地面,这就大大增加了对主电流的聚焦作用,使主电流层水平径向流动的范围相当大,其探测深度明显大于其他侧向测井;而浅侧向将该柱状电极作为主电流和屏蔽电流的回流电极,使主电流在一定范围内保持水平层状,能迅速散开,在地层内流经的范围有限,低于其他侧向测井。

3) 深、浅双侧向曲线特点

当上下围岩的电阻率相同时,双侧向测井曲线关于地层中心对称。随地层厚度的减小,围岩电阻率对视电阻率的影响增加。若围岩电阻率小于地层电阻率,则视电阻率小于地层电阻率;反之,则视电阻率大。在这两种情况下,二者差异均随地层厚度的减小而增加。深侧向反映原状地层的电阻率,而浅侧向反映的是侵入带的电阻率。

4) 双侧向曲线的校正

研究表明,对于常见的地层电阻率、井径和地层厚度,井眼和围岩对双侧向的影响是很小的,可不做井眼和围岩校正,但需要时可用相应的图版进行校正;钻井液侵入的影响一般也可不校正,但严格的解释要做侵入校正。图10-46是双侧向侵入校正图版,某井在井深为1774m处的双侧向数据为 $R_{LLD} = 75\Omega \cdot m$, $R_{LLS} = 40\Omega \cdot m$, $R_{MSFL} = 3\Omega \cdot m$。设 $R_{xo} = R_{MSFL}$,则 $R_{LLD}/R_{xo} = 25$,$R_{LLD}/R_{LLS} = 1.875$,按此数据在图版上求得 $d_i = 24in$,$R_t/R_{LLD} = 1.24$,$R_t/R_{xo} = 33$。于是校正结果是 $R_t = 1.24 \times 75 = 93(\Omega \cdot m)$,$R_{xo} = 93/33 = 2.8(\Omega \cdot m)$。由此可见,当 R_{MSFL} 与 R_{LLD} 差别很大,R_{LLD} 与 R_t 差别也很大时,侵入校正是很必要的。

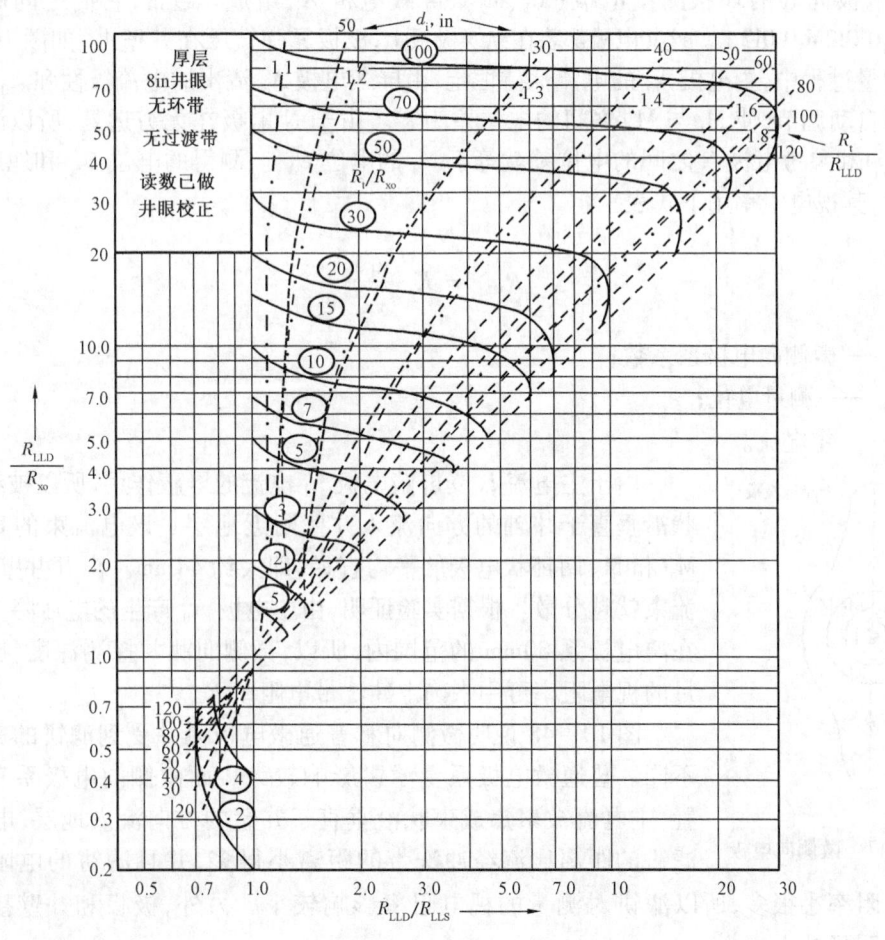

图10-46 双侧向侵入校正图版

3. 双侧向曲线的应用

由于双侧向测井探测深度比三侧向深,同时,深、浅双侧向的纵向分层能力相同,因此,双侧向测井曲线便于对比,主要用于以下几方面。

1) 划分岩性剖面

由于电极距较小,双侧向测井曲线的纵向分层能力强,适于划分薄层。

2) 确定地层真电阻率及孔隙流体性质,定性判断油、水层

在实际测井曲线上,实线为深侧向,虚线为浅侧向。双侧向视电阻率曲线在地层界面内的变化反映地层性质差别或有变化。对应气层,电阻率很高;对应油层,电阻率中等;对应水层,电阻率很低;从油层到水层,电阻率逐渐降低(油水同层)。油气层和水层在侵入性质上也有差别:油气层为低侵,$R_{LLD} > R_{MSFL}$;水层为高侵,$R_{LLD} < R_{MSFL}$。

四、微侧向测井和邻近侧向测井

(一) 微侧向测井

1. 测井原理

微侧向测井电极系是在微电极系的基础上加上聚焦装置而得出的,由中心电极(主电极)A_0、与主电极同心的环状测量电极(M_1、M_2)、屏蔽电极 A_1 组成。通常,它们之间的距离是 $A_0 0.016 M_1 0.012 M_2 0.012 A_1$。这些电极都装在绝缘极板上,极板靠弹簧压在井壁上,如图 10-47 所示。在测量过程中,主电极 A_0 的电流保持恒定,由屏蔽电极 A_1 流出的电流极性和 A_0 的一样,其大小可自动调节,使 M_1 与 M_2 之间的电位差为零。由于 N 电极在无穷远处,所以测量电极 M_1(或 M_2)和参考电极 N 之间的电位差就等于 M_1 的电位 U_{M_1}。测得的电位 U_{M_1} 和地层的电阻率成正比,其视电阻率用下式表示:

$$R_{MLL} = K \frac{U_{M_1}}{I_0} \tag{10-43}$$

式中　K——微侧向电极系系数;

　　　U_{M_1}——测量电位;

　　　I_0——主电流。

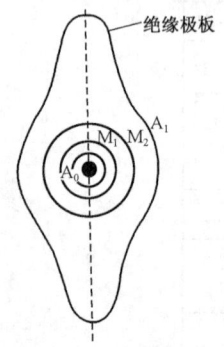

图 10-47　微侧向电极

由于主电流 I_0 受屏蔽电极 A_1 电流的屏蔽作用,所以被约束成束状沿垂直于井轴的方向流入井壁附近地层。该电流束的直径等于 M_1 和 M_2 两环状电极的平均直径,即大约 44mm。离开井壁越远,电流束就越分散。根据实验证明,由主电极 A_0 产生的电压降主要分布在离电极系 80mm 的范围内,所以,微侧向测井探测深度较浅,所测量的视电阻率可用来确定冲洗带电阻率 R_{xo}。

图 10-48 说明微侧向和普通微电极测井受到滤饼的影响截然不同。普通微电极系受滤饼影响较大。而微侧向电极系有聚焦装置,主电流被聚焦成束状沿垂直于井壁的方向流入地层,电流流经滤饼的距离比流经冲洗带的距离小得多,并且滤饼的电阻率又比冲洗带电阻率小很多,所以滤饼对测量的视电阻率影响较小。另外,极板和井壁接触不良的影响也明显减小。

2. 微侧向测井曲线的应用

1) 划分薄层

由于微侧向测井主电流层厚度很小,约 44mm,所以它的纵向分层能力强,可以划分出厚

度约50mm的薄层。

2）利用微侧向测井测出的视电阻率 R_{MLL} 确定 R_{xo}

已知微侧向测井曲线在渗透层处的读数 R_{MLL}、地层温度下的滤饼电阻率 R_{mc}、滤饼厚度 h_{mc}（可由井径曲线确定），利用图10-49可以确定 R_{xo}，步骤如下：

在图版左边纵轴上找出比值 R_{MLL}/R_{mc} 的点，过此点作直线与估计滤饼厚度为 h_{mc} 的曲线相交，读出交点的横坐标值 δ（δ 称为校正系数，$\delta = R_{xo}/R_{mc}$），就可得到 R_{xo}（$= \delta R_{mc}$）的值。

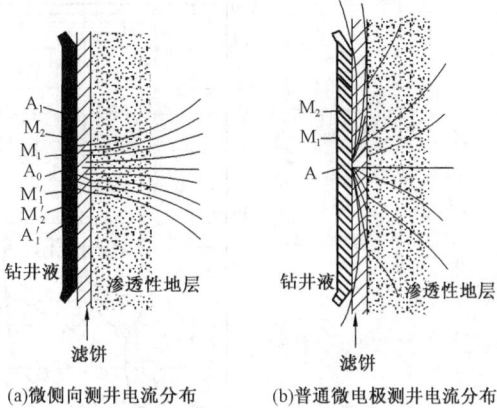

图10-48 微侧向测井和普通微电极电流分布

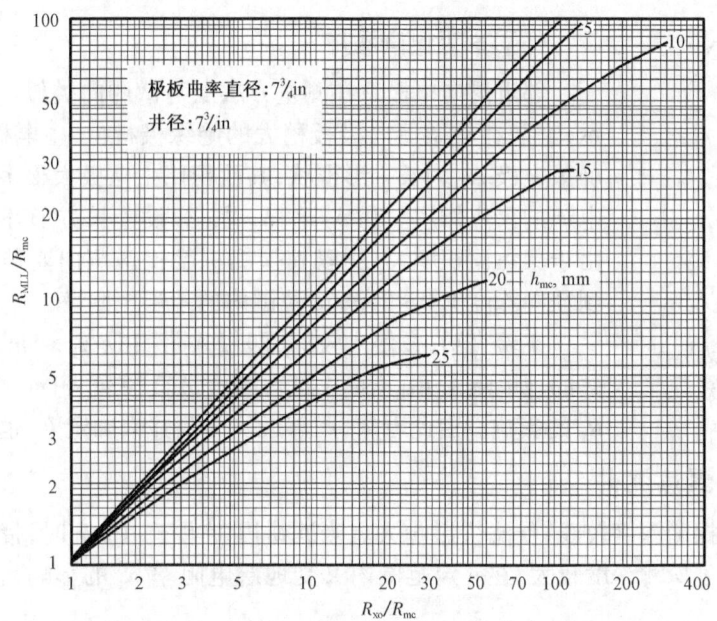

图10-49 微侧向解释图版

另外，利用微梯度和微侧向这两种电极系的读数可绘制组合图版（图10-50）。

图10-50的横坐标轴是微侧向测井测的视电阻率 R_{MLL} 和滤饼电阻率 R_{mc} 的比值，纵坐标是微梯度测井的视电阻率 R_{ML} 和滤饼电阻率 R_{mc} 的比值。实线数字是 R_{xo}/R_{mc}；虚线数字是滤饼厚度 h_{mc}（以mm为单位）。根据该图版可以同时确定出 R_{xo} 及 h_{mc}。

从图10-50可以看出，当滤饼厚度 $h_{mc} < 10$mm时，微侧向测得的视电阻率受滤饼的影响很小；当 $h_{mc} > 15$mm时，曲线密集，解释精度降低，所求的 R_{xo} 误差较大。因此，为了减少滤饼的影响，求准 R_{xo} 还必须从仪器结构上采取措施。邻近侧向测井就是为了解决这个问题而提出来的。

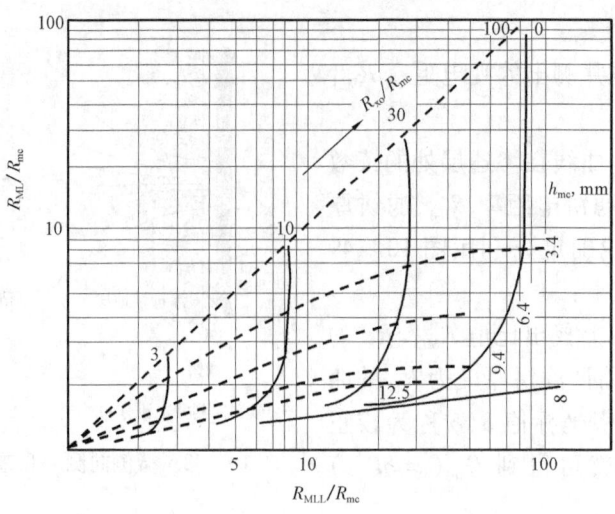

图 10-50 微侧向—微梯度测井解释组合图版

(二)邻近侧向测井

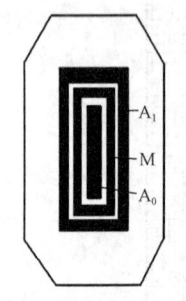

图 10-51 邻近侧向测井电极系

邻近侧向电极系在测量方法上与微侧向类似。如图 10-51 所示,它装在较微侧向极板稍大的绝缘极板上,主电极 A_0 呈长方形,屏蔽电极 A_1 为长方形框状,其面积比主电极大很多,以便增加对主电流的聚焦作用。在 A_0 和 A_1 之间,设置长方形环状监督电极 M。由于聚焦面积增大,所以其探测深度比微侧向要稍微深些,能探测到径向深度 150~250mm 范围内的地层电阻率。

实验表明,在侵入较深,即侵入带直径 $d_i > 1m$ 时,邻近侧向测井的视电阻率 $R_{PL} = R_{xo}$;如果侵入带直径 $d_i < 1m$,则测量结果将受 R_t 的影响。由此看来,用邻近侧向测井来确定 R_{xo} 也不是最理想的。

五、微球形聚焦测井

微侧向测井探测深度较浅,受滤饼影响大。当滤饼厚度大于 10mm 时,带来的误差很大。邻近侧向测井由于探测深度较大,在一定范围内又受地层电阻率 R_t 的影响,它只适用于侵入较深的地层。

理论研究和实践证明,微球形聚焦测井既具备微侧向和邻近侧向测井的优点,也能在较大程度上克服微侧向及邻近侧向测井的缺点。另外,微球形聚焦测井的适用范围宽,在电阻率测井系列中又便于和双侧向测井组合,探明径向电阻率变化,了解钻井液滤液侵入特性。因此,微球形聚焦测井在国内外得到广泛的应用。

(一)微球形聚焦测井原理

图 10-52 是微球形聚焦测井电极系。主电极 A_0 是长方形,依次向外矩形框状电极测量电极 M_0、辅助电极 A_1、监督电极 M_1 和 M_2,各电极均镶嵌在极板上。极板的金属护套和支撑板作为回流电极 B。主电流 I_0 和辅助电流 I_a 都通过主电极 A_0 发出。I_a 返回到较近的电极 A_1,主电流 I_0 返回到较远的电极 B。所以,I_a 沿滤饼流动,影响它的主要因素是滤饼厚度、滤饼电阻率等。I_0 主要在冲洗带中流动。由于 R_{xo} 在冲洗带范围内是不变的(相当于均匀介质),所以 I_0 的电流线呈辐射状,等位面呈球形,微球形聚焦测井由此得名。这样,I_0 的变化主

要反映 R_{xo} 的变化,受滤饼影响很小。测井时,由于微球形聚焦极板紧贴在井壁上,所以,此项测井方法是确定冲洗带电阻率 R_{xo} 的较好的方法。

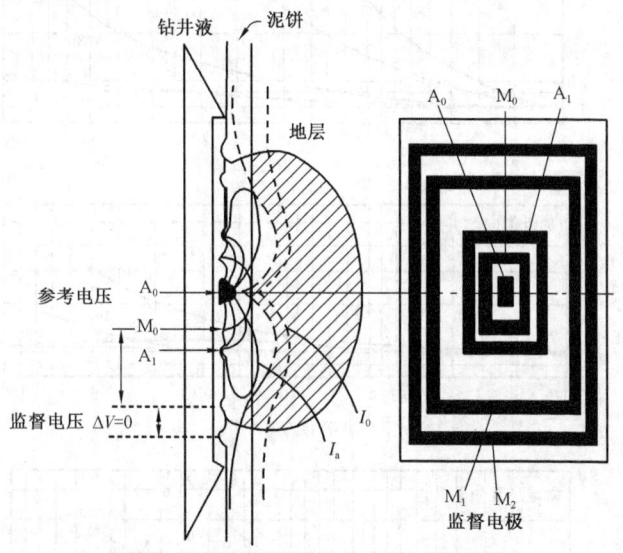

图 10-52 微球形聚焦测井电极系及其电场分布

微球形聚焦测井采用恒压法测量,记录的是主电流随井深的变化曲线,电流的变化与介质的电阻率呈反比关系,可求出介质的电阻率。测得的视电阻率 R_{MSFL} 用下式表示:

$$R_{MSFL} = K \frac{\Delta U_{M_0M_1}}{I_0} \qquad (10-44)$$

式中 I_0——主电流;

$\Delta U_{M_0M_1}$——M_0 和 M_1 这两个电极之间的电位差;

K——微球形聚焦测井电极系系数。

(二)微球形聚焦测井资料的应用

1. 确定 R_{xo}

从图 10-53 可看出,微球形聚焦测井受滤饼影响的大小介于微侧向和邻近侧向之间。该图由微侧向、邻近侧向及微球形聚焦这 3 张图版组成。微侧向测井只有在滤饼厚度 $h_{mc} <$ 6.4mm 时,校正系数 $\delta = (R_{MLL})_c/R_{MLL} = 1$,这时测出的视电阻率 $R_{MLL} \approx R_{xo}$(渗透层处);若 $h_{mc} >$ 6.4mm,则 $\delta > 1$,即 $R_{MLL} \neq R_{xo}$,必须利用该图版进行滤饼校正。邻近侧向测井 h_{mc} 在 6.4~19.1mm 范围内时,校正系数 $\delta = (R_{PL})_c/R_{PL} = 1$,测出的 $R_{PL} \approx R_{xo}$;当 $h_{mc} > 19$mm(例如 25.4mm)时,$\delta > 1$,则 $R_{PL} \neq R_{xo}$,需要利用图版对 R_{PL} 进行滤饼校正。在微球形聚焦滤饼校正图版上可看到,h_{mc} 在 3.18~19.1mm 范围内,且比值 R_{MSFL}/R_{mc}(R_{mc} 为滤饼电阻率)不超过20,则 $\delta = 1$,即 $R_{MSFL} \approx R_{xo}$;只有当滤饼厚度 h_{mc} 很厚或比值 R_{MSFL}/R_{mc} 很高时,才用微球形聚焦图版对滤饼进行校正。

2. 划分薄层

由于微球形聚焦测井受滤饼影响小,在确定冲洗带电阻率时起着重要作用。另外,由于主

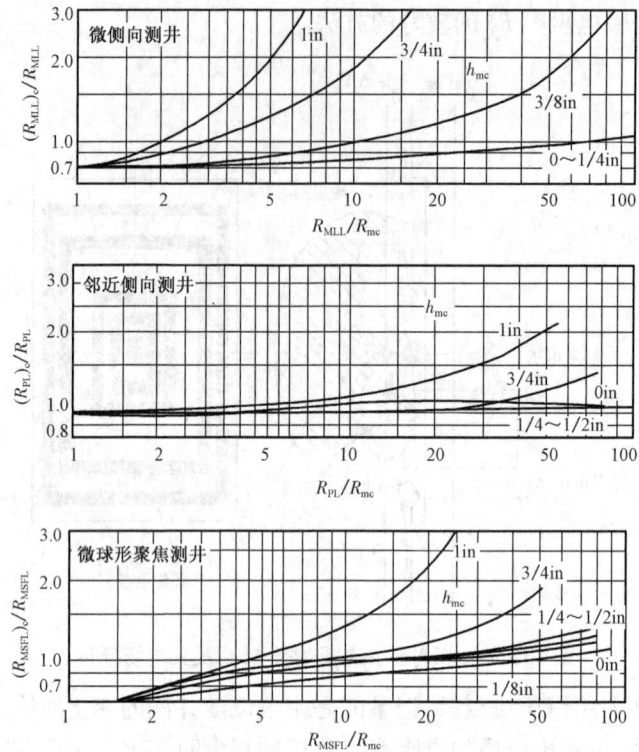

图 10-53 滤饼校正图版

电极 A_0 发出的 I_0 开始时以很细的电流束穿过滤饼进入地层,这样不仅能减少滤饼的影响,而且也具备了很好的纵向分层能力。在区分渗透层岩性和划分夹层方面,相对于微电极测井,微球形聚焦测井显示出较大的优越性。

3. 参加组合测井

在组合测井中,微球形聚焦测井与双侧向测井组成浅、中、深三种探测深度,深侧向视电阻率 R_{LLD} 主要反映地层电阻率的变化,浅侧向视电阻率 R_{LLS} 主要反映侵入带的电阻率的变化,微球形聚焦测井视电阻率 R_{MSFL} 主要反映冲洗带的电阻率。利用它们测出的 3 条视电阻率曲线,可以快速、直观判断油层、气层、水层。

【任务实施】

一、目的要求

(1)能够正确识读侧向测井曲线;
(2)能够正确分析解释侧向测井曲线。

二、资料、工具

(1)学生工作任务单;
(2)侧向测井曲线。

【任务考评】

一、理论考核

（一）名词解释

主电极　　聚焦电极（屏蔽电极）　　回路电极　　径向探测深度　　测井仪器分辨率
正幅度差　　负幅度差　　微侧向测井　　临近测井　　微球聚焦测井

（二）判断题（如果有错误，分析错误并改正）

(1)侧向测井和普通电阻率测井都是测量储层电阻率的测井方法。
(2)主电极越长侧向测井仪器的分辨率越高。
(3)回路电极离屏蔽电极（聚焦电极）越近，仪器的径向探测深度越大。
(4)深、浅三侧向电阻率曲线重叠能定性判断油水层，当出现负幅度差时，判断为油层；反之为水层。
(5)油层水淹后，侧向测井的正幅度差变大。
(6)在微电阻率测井方法中，微电极测井的测量精度最高。
(7)临近测井和微侧向测井原理相似。

（三）简答题

(1)侧向测井与普通电阻率测井相比有什么优点？
(2)三侧向测井采用什么方法聚集主电流？
(3)三侧向测井曲线的主要应用是什么？
(4)为什么可用深浅三侧向测井曲线重叠法判断油水层？
(5)怎样才能提高侧向测井仪器的分辨率？高分辨率测井有什么意义？
(6)微电阻率测井的主要应用是什么？
(7)对比四种微电阻率测井的优缺点。

二、技能考核

（一）考核项目

(1)分析解释侧向测井曲线。
(2)绘制不同地层侧向测井曲线。

（二）考核要求

(1)准备要求：工作任务单准备。
(2)考核时间：30min。
(3)考核形式：口头描述和笔试。

任务五　感应测井曲线分析与解释

【任务描述】

感应测井是油田常规测井方法之一，属于电法测井的范畴。感应测井是利用电磁感应原理研究地层电阻率的一种测井方法，适于油基钻井液和淡水钻井液井内的测量、低阻油层及砂泥岩交互层的测量,是确定岩层的电导率,对地层流体饱和度定量评价的主要依据之一。本任务主要介绍感应测井的测量原理、感应测井的影响因素分析、资料的校正和资料解释应用。通过本任务的学习,主要要求学生理解感应测井原理,了解感应测井曲线影响因素,使学生具备感应测井曲线资料的分析解释应用能力。

【相关知识】

一、感应测井原理

(一)基本原理

三维动画
感应测井

图 10-54 是感应测井的原理图。发射线圈为 T,接收线圈为 R。Φ_1 为发射线圈 T 在地层中产生的交变磁场的磁通量。线圈周围的导电地层在交变电磁场的作用下,产生感应电流 i,它是以井轴为中心的环流,称为涡流。Φ_2 为交变电流 i 在地层中产生的二次磁场的磁通量。感应测井记录的信号就是由于 Φ_2 的作用在接收线圈 R 内产生的感应电动势。接收线圈中的感应电动势的大小与环流大小有关,而环流电流的强度又取决于地层的电导率。所以通过测量接收线圈中的感应电动势,便可了解地层的导电性。

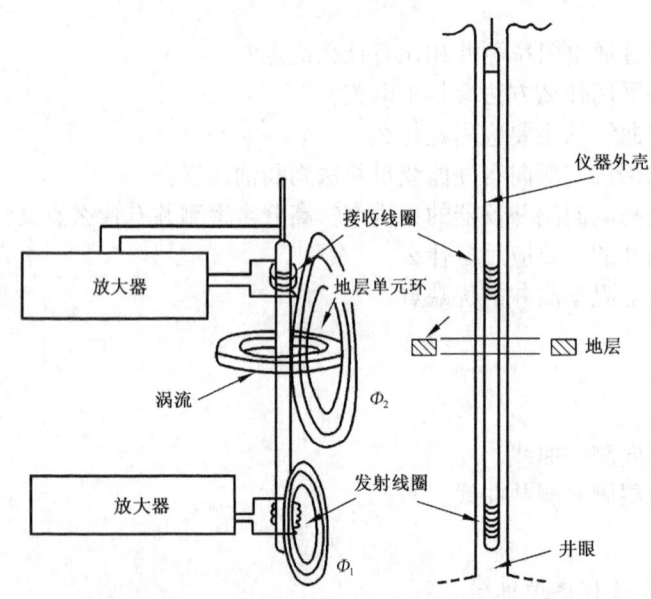

图 10-54 双线圈系感应测井原理图

由图 10-54 中可以看出,接收线圈接收到的信号有两种:由地层中感应电流产生的感应电动势(和地层导电性有关),称为有用信号,用 E_R 表示。还有发射线圈直接在接收线圈产生的感应电动势(和地层的导电性无关),称为无用信号,用 E_0 表示。感应测井仪只记录有用信号,无用信号可直接过滤掉。

根据理论计算,当发射电流强度固定不变时,接收线圈中的有用信号 E_R 与介质的电导率 σ 之间的关系可用下式表示:

$$E_R = K\sigma \tag{10-45}$$

$$K = \frac{\omega^2 \mu^2 S_T S_R N_T N_R i}{4 \pi L} \qquad (10-46)$$

式中 K——线圈系数或仪器常数;

ω——发射电流的角频率,$\omega = 2\pi f$;

σ——介质的电导率;

S_T, N_T——发射线圈的横截面积和圈数;

S_R, N_R——接收线圈的横截面积和圈数;

i——发射线圈的电流强度;

L——发射线圈到接收线圈的距离;

f——电流的频率;

μ——介质的磁导率,沉积岩中 $\mu \approx 4\pi \times 10^{-7}$ H/m。

由上述可知,当仪器结构一定时,电流强度 i 保持不变,则 K 值为常数,所以地层的电导率可以用下式得出:

$$\sigma = \frac{E_R}{K} \qquad (10-47)$$

对于非均匀介质,如果它在接收线圈中产生的有用信号与电导率为 σ_a 的均匀介质产生的有用信号相同,就将 σ_a 称为该非均匀内介质的视电导率,即

$$\sigma_a = \frac{E_R}{K} \qquad (10-48)$$

感应测井和普通电阻率测井相似,记录的是一条随深度变化的视电导率曲线。因为电导率与电阻率互为倒数关系,所以也可以同时记录视电阻率 R_a 的变化曲线。

(二)感应测井的几何因子理论

几何因子理论认为,在发射电流频率较低、地层电导率较小的条件下,可忽略电磁波的传播效应,不考虑涡流损耗和相位移动。在计算接收线圈的有用信号 E_R 时,可将介质中的感应涡流分割成许多的单元环电流,先计算出每个单元环电流在接收线圈中产生的电动势,然后将所有单元环产生的电动势叠加起来,就可得到总的有用信号 E_R。

如图 10-55 所示,单元环的交变电流在接收线圈中产生的信号 e 可用下式表示。

$$e = K\sigma g \qquad (10-49)$$

$$g = Lr^3/2l_T^3 l_R^3$$

式中 K——线圈系数;

σ——单元环地层电导率,mS/m;

g——单元环的几何因子,只与单元环和线圈系的相对位置有关;

L——线圈距;

r——单元环半径;

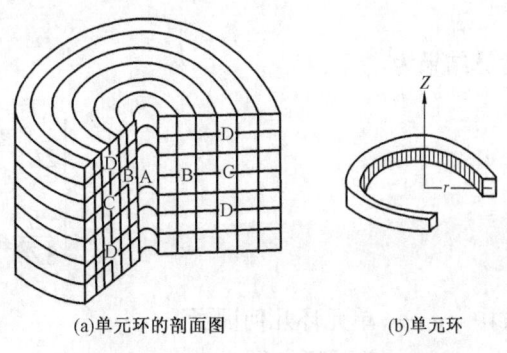

(a)单元环的剖面图　　(b)单元环

图 10-55　井剖面单元环断面图

A—井眼;B—侵入带;C—测量地层;D—上下围岩

l_T——发射线圈到单元环的距离；

l_R——接收线圈到单元环的距离。

由式(10-49)可得

$$g = \frac{e}{K\sigma} = \frac{e}{E_R} \quad (10-50)$$

单元环的几何因子 g 是由单元环的几何位置所决定的，所以不同位置上的单元环对总信号贡献的大小不同。所有单元环的几何因子总和应为100%，即为1。

实际介质是非均质的，感应测井有用信号可用下式表达：

$$E_R = K(\sigma_m G_m + \sigma_i G_i + \sigma_t G_t + \sigma_s G_s) \quad (10-51)$$

即测得视电导率为

$$\sigma_a = \frac{E_R}{K} = \sigma_m G_m + \sigma_i G_i + \sigma_t G_t + \sigma_s G_s \quad (10-52)$$

式中　G_m, G_i, G_t, G_s——井眼、侵入带、地层、围岩的几何因子；

$\sigma_m, \sigma_i, \sigma_t, \sigma_s$——井眼、侵入带、地层、围岩的电导率。

式(10-52)说明，视电导率是各区域电导率的加权值，其权系数是个区域的几何因子，这样可以通过改进线圈系使 G_m 趋于0，则井眼的影响可认为对测量 σ_a 结果无贡献。

(三)双线圈系的特征

双线圈系是感应测井中最基本的线圈系，它包括一个发射线圈和一个接收线圈。

1. 纵向探测特性

为了研究地层厚度、围岩对视电导率 σ_a 的影响，将双线圈系轴线方向不同位置的介质分割成无限多个垂直于线圈轴的单位厚度的水平地层。研究不同轴向位置单位厚度的水平地层对感应测井有用信号所作的贡献，称为纵向微分几何因子 G_Z，其数学表达式为

$$G_Z = \int_0^\infty g\,dr \quad (10-53)$$

运算结果为

$$G_Z = \begin{cases} \dfrac{1}{2L}, & \text{当}\ |Z| \leq \dfrac{L}{2}\ \text{时} \\[2mm] \dfrac{L}{8Z^2}, & \text{当}\ |Z| \geq \dfrac{L}{2}\ \text{时} \end{cases} \quad (10-54)$$

式中　g——单元环几何因子；

r——单元环半径；

L——线圈距；

Z——线圈距中点到单位厚度地层的距离。

由式(10-54)可以看出，对应线圈系中部的单位厚度水平地层的几何因子最大，其值是

$\frac{1}{2L}$。在线圈系外的单位厚度水平地层,随 Z 值的增大,贡献迅速减小,其值是 $\frac{L}{8Z^2}$。这说明双线圈系的有用信号主要来自线圈系中间的介质。对于厚度小于 1m 的地层,围岩的影响是较大的。因此可以说,双线圈系的纵向分辨能力较差,不宜解决薄层问题。

为了研究厚度为 h 的水平地层的几何因子 G_h,将地层上、下界面内单位厚度水平地层的几何因子对 Z 积分,可得到厚度 h 的水平地层对感应测井有用信号所作的贡献 G_h 的大小。G_h 称为纵向积分几何因子,可用下式表达:

$$G_h = \int_{-\frac{h}{2}}^{\frac{h}{2}} G_Z \mathrm{d}Z \tag{10-55}$$

运算结果为

$$G_h = \begin{cases} \dfrac{h}{2L}, & \text{当 } h \leqslant L \text{ 时} \\ 1 - \dfrac{L}{2h}, & \text{当 } h \geqslant L \text{ 时} \end{cases} \tag{10-56}$$

由式(10-56)中看出,当 $h = L(h = L = 1\text{m})$ 时,$G_h = \dfrac{1}{2}$,这表明在均匀介质中正对线圈系厚度等于线圈距的地层提供的有用信号占总信号的一半,而有用信号的另一半来自线圈系以外的地层。图 10-56 为双线圈系的纵向特性曲线。当 $h > 2\text{m}$ 时,G_h 才会大于 70%,即地层足够厚时,围岩的影响才可以忽略。上述结果表明,双线圈系的纵向探测特性不理想,分辨率低。

2. 径向探测特性

在垂直于井轴方向的不同距离处,介质对测量结果的贡献大小可以通过研究径向微分、积分几何因子而得到解释。

将半径为 r 的单元环的几何因子 Z 积分,则

$$G_r = \int_{-\infty}^{\infty} g \mathrm{d}Z \tag{10-57}$$

式中 G_r——径向微分几何因子。

它表示厚度为一个单位、半径为 r 的无限延伸筒状介质对测量结果的贡献,计算结果如图 10-57 中的曲线 1 所示,距井 $0.45r$ 处的介质对感应测井读数影响最大,远离井轴的介质影响逐渐减小。

为了研究直径为 D 的无限长圆柱状介质对有用信号 E_a 的贡献大小,可以求径向积分几何因子 G_D,有

$$G_D = \int_0^{\frac{D}{2}} G_r \mathrm{d}r \tag{10-58}$$

由图 10-57 中的曲线 2 可以看出,如果线圈距为 1m,当 $r = 0.5\text{m}$ 时,圆柱状介质对测量

结果的贡献约为 22.5%;当 $r=2.5\text{m}$ 时,圆柱状介质对测量结果的贡献约为 77%。由此可见,1m 双线圈系的测量结果主要取决于 $r=2.5\text{m}$ 以内的圆柱形介质,即双线圈系的径向探测特性是:井的影响较大,探测深度较浅。

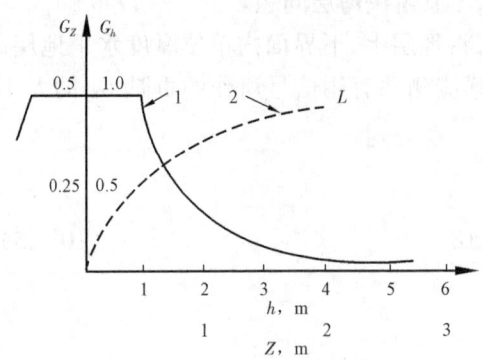

图 10-56　双线圈系的纵向特性
1—纵向微分几何因子特性曲线;
2—纵向积分几何因子特性曲线;
L—1m 线圈距

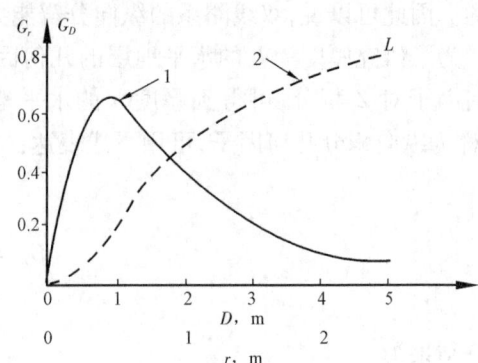

图 10-57　双线圈系的径向特性
1—径向微分几何因子特性曲线;
2—径向积分几何因子特性曲线;
L—1m 线圈距

3. 双线圈系存在的问题

从前面讨论中可以发现,双线圈系的纵向特性和径向特性都不够理想。分析纵向特性时已经看到,在研究比较薄的地层时,上下围岩的影响比较大,同时地层界面在曲线上的反映也不够明显;讨论径向特性时看到,井内钻井液对测量结果影响很大。

另外,双线圈系的无用信号远大于有用信号(有时达到数十倍到数千倍),尽管它们之间有 90°的相位差,可以用相敏检波器区别开。但是由于数值差别较大,要准确地消除无用信号,势必增加仪器设计上的困难。

为了克服上述的这些缺点,在实际生产中都采用多线圈系。多线圈系可以看成是几个双线圈系组合而成的,每一个发射线圈与任意一个接收线圈都可以组成一个双线圈系。测量的信号是每一个双线圈系接收信号叠加的结果,可以大大减少围岩、井眼和侵入带的影响。在我国,0.8m 六线圈系应用较广。

二、感应测井曲线的应用

感应测井的结果是得到一条介质电导率随深度的变化曲线,即感应测井曲线。

为了正确使用感应测井资料,提高解释质量,必须对视电导率曲线的形状、变化特点有全面的了解。下面介绍感应测井视电导率曲线。

(一)感应测井曲线的形状

1. 上下围岩相同,单一低电导率地层

图 10-58 是 $\sigma_1=100\text{mS/m}$,$\sigma_2=500\text{mS/m}$ 不同厚度的单一地层的视电导率曲线。

下面分两种情况讨论:

(1)当地层厚度大于 1.7m 时,曲线上可以看到过聚焦产生的局部极值,其位置对称出现在界面以内 0.85m 左右的地方,在曲线上好像是一对"耳朵";对于厚度大于 3m 的地层,曲线中部皆向外凸呈圆弧状;对于厚度等于 3m 的地层,曲线中部较平直;对于厚度等于 2m 的地

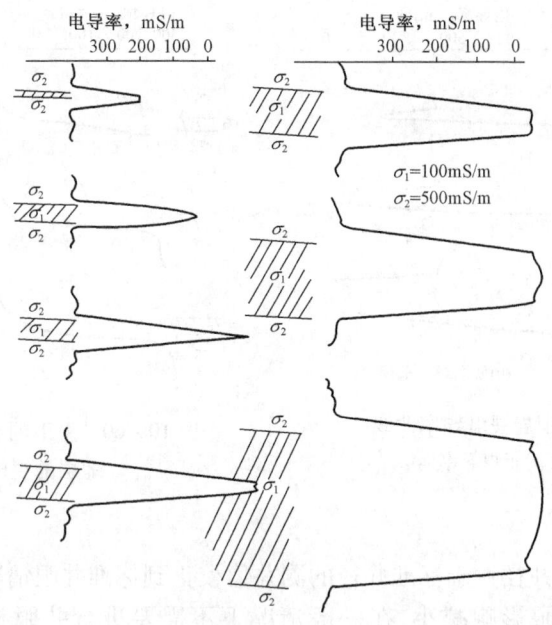

图 10-58 上下围岩对称低电阻率地层视电导率曲线

层,曲线中部呈凹形。如果有井存在,"耳朵"变得不明显,当地层厚度大于 2m 时,可用视电导率曲线的半幅点划分地层界面。

(2)当地层厚度小于 1.7m 时,视电导率曲线呈现一尖峰(视电导率极小值,即视电阻率的极大值),实际测井的条件下"耳朵"的现象并不明显。

"耳朵"这种现象不是地层电导率变化引起的,而是由过聚焦作用产生的。因此只有地层中部的视电导率才反映地层本身的特点,通常将地层中点的视电导率作为地层的视电导率值。

高电导率地层的视电导率曲线形状与上述的基本相同,只是曲线形状偏移的方向恰好相反,围岩对视电导率的影响较小。

2. 上下围岩不同,单一低电导率地层

上下围岩不同时,高电导率地层($\sigma_2 > \sigma_3 > \sigma_1$)和低电导率地层($\sigma_2 < \sigma_3 < \sigma_1$)的曲线特点如图 10-59(a)、(b)所示,因受不同围岩的影响,视电导率曲线呈不对称形状。对于厚度大于 2m 的地层,地层中部的曲线形状呈倾斜状,地层中点对应于倾斜段的中点;对于厚度小于 2m 的地层,视电导率曲线偏向与地层电导率差别小的围岩一侧。

中间电导率地层($\sigma_3 < \sigma_2 < \sigma_1$)的曲线如图 10-60 所示,对于厚度大于 2m 的地层,曲线呈比较清楚的台阶状,用半幅点分层,视电导率取地层中点值或取倾斜台阶中间部分的平均值;而厚度小于 2m 的地层分层和读数都比较困难。

(二)感应测井曲线的应用

感应测井曲线解释的主要任务是确定岩层的电导率(或电阻率)。为了求得较准确的地层电导率,需要对感应测井的视电导率进行一系列校正,即井眼校正、均匀介质传播效应校正、层厚—围岩校正和侵入带校正。

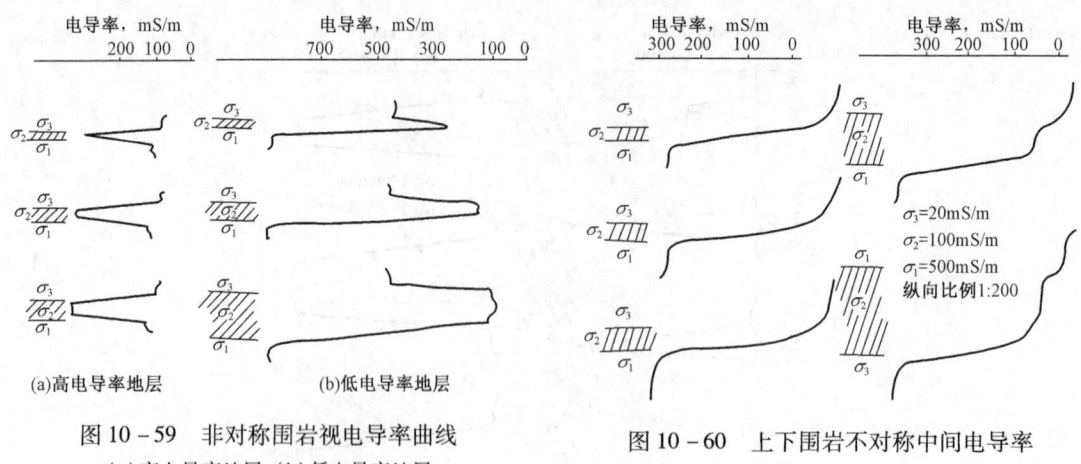

图 10-59 非对称围岩视电导率曲线
(a)高电导率地层;(b)低电导率地层

图 10-60 上下围岩不对称中间电导率
地层的视电导率曲线

1. 井眼校正

井眼校正是将实际井径大于标准井径的测井值校正到标准井眼情况下的数值。虽然使用了 0.8m 六线圈系使井眼影响减小,在一般情况下不需要进行井眼校正,但是当井径大于 0.5m 且在盐水钻井液条件下时,井眼影响绝对不可忽略,应该进行校正。

根据感应测井几何因子理论,井眼信号 σ_{d_h} 的计算式为

$$\sigma_{d_h} = \sigma_m G_{d_h} = \frac{G_{d_h}}{R_m} \qquad (10-59)$$

式中 σ_m ——钻井液电导率,mS/m;

R_m ——钻井液电阻率,Ω·m;

G_{d_h} ——井的几何因子,可以根据井径 d_h 从径向积分几何因子曲线上查出。

进行井眼校正时,只要从感应测井曲线的读数中减去井眼信号 σ_{d_h} 的值,就可以得到校正后的电导率值了。

2. 均匀介质传播效应校正

在低电导率地层中,用几何因子理论计算电导率时,不考虑传播效应的影响是允许的。但是,在高电导率地层中应该进行均匀介质传播效应校正。

在传播效应影响下,均匀介质中视电导率 σ_a 与真电导率 σ 有如下关系:

$$\frac{\sigma_a}{\sigma} = \frac{e^{-p}}{p^2}[(1+p)\sin p - p\cos p] \qquad (10-60)$$

$$p = \sqrt{\frac{\mu\omega\sigma}{2}}L$$

式中 p ——传播系数;

μ ——介质磁导率;

ω ——发射电流的角频率;

L ——线圈距。

从传播系数 p 的计算式可以看出,电导率越高,p 越大。当 ω 和 L 一定,μ 为常数时,p 只与 σ 有关,因而 σ_a/σ 也只与 σ 有关。图 10-61 是传播效应的校正图版。从图版上可以看

出,电导率为100mS/m的地层视电导率也为100mS/m,说明没有传播效应的影响;但是当电导率大于200mS/m之后,传播效应就明显地显示出来。

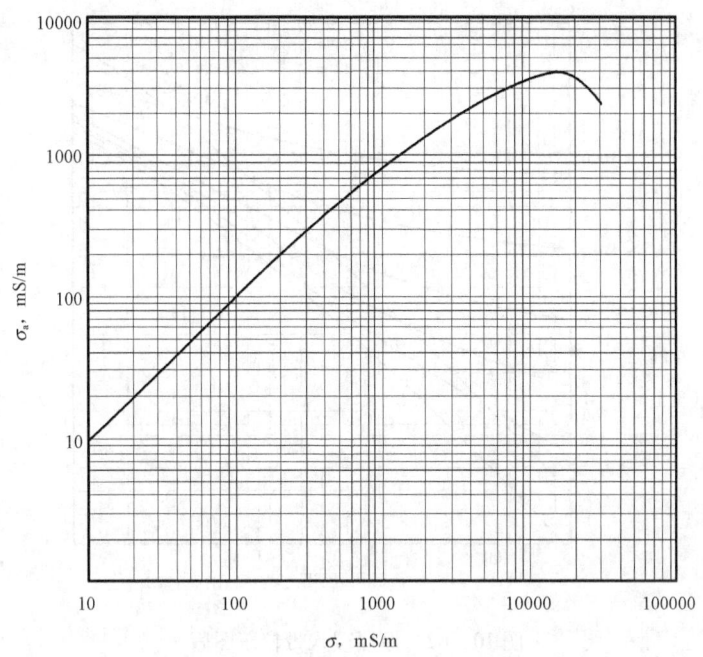

图10-61 0.8m六线圈系均匀介质校正图版

校正时,把经过井眼校正的感应测井读数为纵坐标引水平线,与图中关系曲线相交,交点的横坐标就是传播效应校正后的电导率。

3. 层厚—围岩校正

使用六线圈系可以减小围岩的影响,但围岩的影响仍然比较明显,而且地层越薄,围岩影响越大。层厚和围岩对感应测井的影响是相互联系的,必须同时考虑。

在绘制层厚—围岩校正图版时,以感应测井读数(地层视电导率 σ_a)为纵坐标,以地层厚度 H 为横坐标,地层电阻率 R_t 为曲线模数,井径 d_h、围岩电阻率 R_s 及钻井液电导率 σ_m 为图版参数。

一般来说,地层厚度在0.4~1.5m时,视电导率随厚度变化最急剧,这样的地层最需要进行层厚—围岩校正。对于小于0.4m厚的地层,随着地层厚度减小,各条曲线都趋向同一渐进线,这时的视电导率主要反映围岩的电导率;对于大于1.5m厚的地层,随地层厚度增加,各条曲线趋于平缓,电导率值逐渐向均匀介质条件下的电导率值靠近。当地层厚度达到一定程度时(不同条件下的规定值不同),可以看作无限厚地层,不需要进行层厚—围岩校正。

进行层厚—围岩校正时,要根据 σ_m、σ_s、d_h 值选出图版,在纵坐标中找到经井眼校正的地层视电导率值并引水平线,在横坐标上找到地层厚度点并引垂线,两线交点处的曲线模数即为地层电阻率 R_t。

4. 侵入带校正

线圈系径向特性分析结果证明,侵入带的柱状介质(半径在1m左右)对测量结果影响较大,而且地层渗透性越好,该柱状介质影响越大。所以,感应测井曲线必须进行侵入影响的校正。

图 10-62 是一张厚层侵入带校正图版。纵坐标为视电导率 σ_a，横坐标为校正后的地层电导率 σ_t，曲线模数为侵入带电导率 σ_i，图版的参数是侵入带直径 D_i。

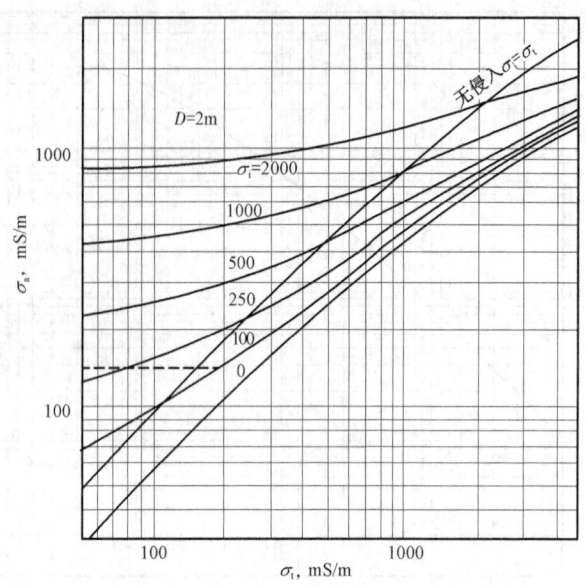

图 10-62 厚层侵入带校正图版

图版的左侧曲线较分散，随 σ_i 增大，曲线变得平缓。σ_t 较小时，σ_i 变化对 σ_a 影响较大。当 σ_i 较小时，σ_t 的微小变化都引起 σ_a 明显变化，测井效果好；而 σ_i 较大时，σ_t 的变化在 σ_a 值上反映不明显，测井效果不好。图版右侧曲线逐渐趋于无侵入曲线，说明 σ_t 较大时，σ_i 的变化对 σ_a 影响不大，并接近一个确定值。因此，感应测井对高侵剖面反映清楚，而不适于低侵剖面，多用于油基钻井液或淡水钻井液井剖面。

使用厚层侵入带校正图版时，先由其他测井资料求得侵入带电导率 σ_i 及侵入带直径 D_i，根据 D_i 选择适当的图版。然后，从图版纵坐标上找出地层视电导率 σ_a 值（从感应测井曲线上读出），引水平线，与侵入带厚度相应的曲线相交，交点的横坐标值就是地层的电导率值 σ_t。

（三）感应测井曲线的适用条件

（1）感应测井曲线对高电导率（低电阻率）岩层特别敏感，在含泥质较多、地层水矿化度较大的中低阻砂泥岩剖面中，有较大的探测深度和较好的分层能力。但是对于低电导率（高电阻率）岩层，感应测井曲线反应不灵敏。因此，在碳酸盐岩等电阻率较高的地层剖面中，不宜使用感应测井。

（2）感应测井曲线受围岩及邻层屏蔽作用小，在解释砂泥岩互层剖面中显示出较大优势。如图 10-63 所示，两个相邻的砂岩层，上层厚 4.4m，下层厚 3.8m，两层之间间隔 1.2m 厚的泥岩地层。长电极距 4m、6m 底部梯度电极系测井曲线因减阻屏蔽影响而畸变，不能反映地层真电阻率；而感应测井曲线则显示较为正常，能求出地层的真电阻率。定性地从曲线幅度比较，感应、微电极、0.45m 底部梯度三条测井曲线相似，但上下两个砂层的电阻率差别并没有像视电阻率曲线所显示的那么大。试油结果证明，两个砂岩层均为油层。

（3）在淡水钻井液和油基钻井液中，感应测井曲线可较好地反映地层的电导率。在盐水

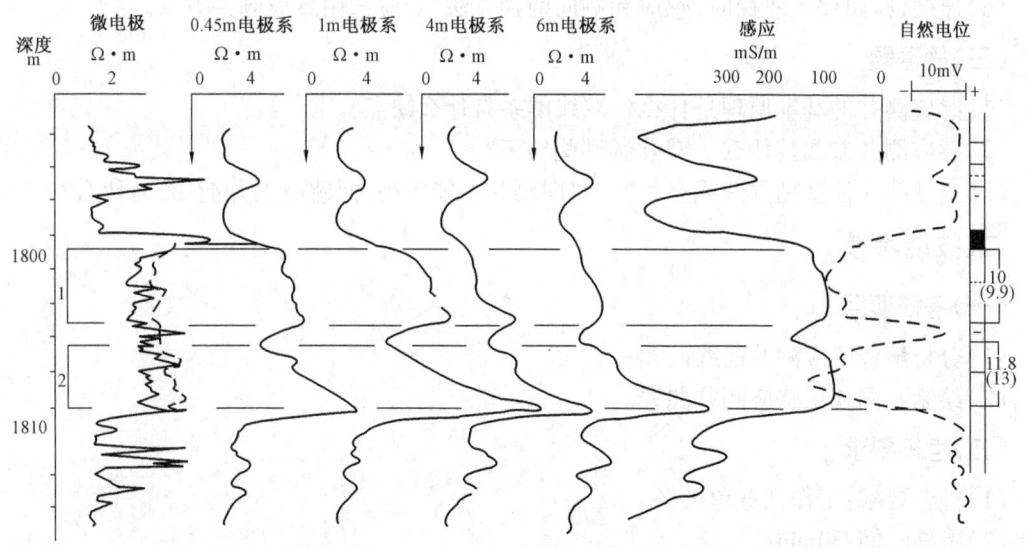

图 10-63 感应测井不受屏蔽影响的典型曲线

钻井液中,电导率数值高于实际地层,尤其是对于渗透性地层,钻井液滤液的侵入使感应测井曲线失去划分油水层的能力。

【任务实施】

一、目的要求

(1)能够正确识读感应测井曲线;
(2)能够正确分析解释感应测井曲线。

二、资料、工具

(1)学生工作任务单;
(2)感应测井曲线。

【任务考评】

一、理论考核

(一)名词解释

几何因子　　　径向微分几何因子　　　纵向微分几何因子

(二)判断题(如果有错误,分析错误并改正)

(1)感应测井的分层能力取决于主线圈的长度。
(2)感应测井即使在高浓度的盐基钻井液中测量精度也很高。
(3)在感应测井仪的接收线圈中,由二次交变电磁场产生的感应电动势与地层电导率成正比。
(4)对于单一高电导率地层,当上下围岩电导率相同时,在地层中心处,曲线出现极小值。
(5)当侵入区电阻率较低时,由于传播效应,使感应测井的径向探测深度增加。

(6)厚层、减阻侵入较深时,感应和侧向两种方法中,应选用感应测井方法。

(三)简答题

(1)感应测井的基本原理是什么？双线圈系有什么缺点？

(2)感应测井参数是什么？需要做哪些校正？

(3)当井孔充油基钻井液或空气时,侧向测井不能应用,而感应测井能用,为什么？

二、技能考核

(一)考核项目

(1)分析解释感应测井曲线。

(2)绘制不同地层感应测井曲线。

(二)考核要求

(1)准备要求:工作任务单准备。

(2)考核时间:30min。

(3)考核形式:口头描述和笔试。

项目十一　声波测井资料分析与解释

声波测井是油田常规测井方法之一,属于声法测井的范畴,包括声波时差测井、声波幅度测井、声波变密度测井、自然声波测井等。本项目主要介绍声波时差测井、声波幅度测井、声波变密度测井和自然声波测井的原理、测量方法、测井资料的影响因素分析、测井资料解释应用等。

【知识目标】

(1)理解声波时差测井、声波幅度测井、声波变密度测井、自然声波测井原理;
(2)掌握声波时差测井、声波幅度测井、声波变密度测井、自然声波测井仪器结构组成;
(3)掌握声波时差测井、声波幅度测井、声波变密度测井、自然声波测井曲线的应用。

【技能目标】

(1)声波时差测井曲线识读与分析解释;
(2)声波幅度测井曲线的识读与分析解释;
(3)声波变密度测井曲线的识读与分析解释;
(4)自然声波测井曲线的识读与分析解释。

任务一　声波时差测井曲线分析与解释

【任务描述】

声波时差测井属于声法测井范畴,是油田测井中常用的方法之一。声波时差测井是利用声波在钻井液及地层中的传播特征来研究声波通过单位距离岩石所需时间,即声波时差。声波时差测井是划分岩层、判断气层及地层破碎带、计算储层孔隙度的有效方法之一,在油气层发现及评价中起着至关重要的作用。本任务主要介绍声波时差测井的测量原理、声波时差测井的影响因素分析和测井资料的解释应用。通过本任务的学习,主要要求学生理解声波时差测井原理、声波时差测井曲线影响因素及声波时差测井资料解释应用,使学生具备声波时差测井曲线分析解释应用能力。

微课视频
声学基础知识

【相关知识】

一、岩石的声学特性

(一)岩石的弹性

受外力作用发生形变,取消外力后能恢复其原来状态的物体称为弹性体;而当外力取消后不能恢复其原来状态的物体称为塑性体。一个物体是弹性体还是塑性体,除与物体本身的性质有关外,还与作用于其上的外力大小、作用时间的长短以及作用方式等因素有关。一般来说,外力小,作用时间短,物体表现为弹性体。

声波测井中声源发射的声波能量较小,作用在岩石上的时间也很短,所以对声波速度测井来讲,岩石可以看作弹性体。因此,可以用弹性波在介质中的传播规律来研究声波在岩石中的传播特性。

在均匀无限的岩石中,声波速度主要取决于岩石的弹性和密度。作为弹性介质的岩石,其弹性可用下述几个参数来描述。

1. 杨氏模量 E

设外力 F 作用在长度 L、横截面积 A 的均匀弹性体的两端(弹性体被压缩或拉伸)时,弹性体的长度发生 ΔL 的变化,并且弹性体内部产生恢复其原状的弹性力。弹性体单位长度的形变 $\Delta L/L$ 称为应变,单位截面积上的弹性力称为应力,它的大小等于 F/A。由胡克定律可知,杨氏模量就是应力 F/A 与应变 $\Delta L/L$ 之比,以 E 表示,即

$$E = \frac{F/A}{\Delta L/L} = \frac{FL}{A\Delta L} \tag{11-1}$$

杨氏模量的单位是 N/m^2。

2. 泊松比

弹性体在外力作用下纵向上产生伸长的同时,横向上便产生压缩。设一圆柱形弹性体,原来的直径和长度分别为 D 和 L,在外力作用下,直径和长度的变化分别为 ΔD 和 ΔL,那么横向相对减缩和纵向相对伸长之比为泊松比,用 σ 表示,即

$$\sigma = \frac{\Delta D/D}{\Delta L/L} = \frac{L\Delta D}{D\Delta L} \tag{11-2}$$

泊松比只是表示物体的几何形变的系数。对于一切物质,泊松比都介于 $0 \sim 1/2$ 之间。

(二)岩石的声波速度

声波在介质中传播,传播方向和质点振动方向一致的称为纵波,而传播方向与质点振动方向相互垂直的称为横波。纵波和横波的传播速度与物质的杨氏模量、泊松比、密度分别有如下的关系:

$$v_P = \sqrt{\frac{E(1-\sigma)}{\rho(1+\sigma)(1-2\sigma)}} \tag{11-3}$$

$$v_S = \sqrt{\frac{E}{2\rho(1+\sigma)}} \tag{11-4}$$

式中 v_P——纵波速度,$10^6 m/s$;

v_S——横波速度,$10^6 m/s$;

E——杨氏模量,$10^{11} N/cm^2$;

σ——泊松比;

ρ——岩石和固体物质的密度,g/cm^3。

在同一介质中,纵波和横波的速度比为

$$\frac{v_P}{v_S} = \sqrt{\frac{2(1-\sigma)}{1-2\sigma}} \tag{11-5}$$

由于大部分岩石的泊松比约等于0.25,故纵横波速度之比约为1.732。由于纵波速度大于横波速度,且横波不能在液体中传播,所以目前声波测井主要研究纵波的传播规律。

从式(11-3)可知,岩石的纵波速度将随岩石的弹性加大而增大,但却不能随着岩石的密度的加大而减小。这是因为随着岩石密度增大,杨氏模量有更高级次的增大,所以随着岩石密度增大,岩石纵波速度增大。

对于沉积岩来说,声波速度除了与上述基本因素有关外,还和下列地质因素有关。

1. 岩性

实践证明,不同岩性的弹性和密度不同,因此不同岩石其声波速度是不相同的。声波速度一般随岩石密度的增大而增大。一些常见的介质和沉积岩纵波速度见表11-1。

表11-1 介质和沉积岩的纵波速度

介质和沉积岩	声速,m/s	介质和沉积岩	声速,m/s
空气(0℃,1atm)	330	泥质砂岩	5638
甲烷(0℃,1atm)	442	泥质灰岩	3050~6400
石油(0℃,1atm)	1070~1320	盐岩	4600~5200
水、一般钻井液、滤饼	1530~1620	无水石膏	6100~6250
疏松黏土	1830~2440	致密石灰岩	7000
泥岩	1830~3962	致密白云岩	7900
渗透性砂岩	2500~4500	套管(钢)	5340

2. 孔隙度

从表11-1可以看出,孔隙流体相对岩石骨架来说是低速介质,所以岩性相同、孔隙流体不变的岩石孔隙度越大,岩石的声速越小。

3. 岩层的地质时代

当深度相同、成分相似的岩石的地质时代不同时,声速也不同。老地层比新地层具有较高的声速。

4. 岩层埋藏的深度

在岩性和地质年代相同的条件下,声速随岩层埋藏深度加深而增大(由于受上覆地层压力增大,岩石的杨氏模量增大)。当岩层埋藏较浅的地层埋藏深度增加时,其声速变化剧烈;深部地层埋藏深度增加时,其声速变化不明显。

从上述分析看出,可以根据岩石声速来研究地层,确定岩层的岩性和孔隙度。

(三)岩石的声波幅度

声波在岩石介质中传播的过程中,由于内摩擦,总有部分声波能量转变为热能,从而造成声波能量的衰减,使声波幅度(声波能量与幅度的平方成正比)逐渐减小。这种声波幅度衰减的大小和岩石的密度以及声波的频率有关。岩石密度小,声速低,幅度衰减大,声波幅度低。

声波由一种介质向另一种介质传播,在两种介质形成的界面上将发生声波的反射和折射。如图11-1所示,入射波的能量一部分被界面反射,另一部分透过界面在第二介质中传播。反

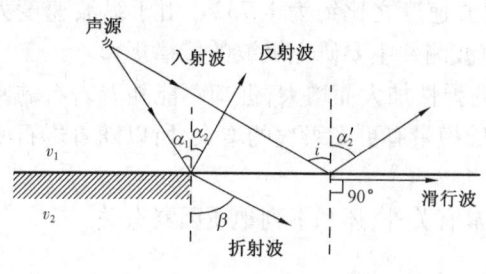

图 11-1 波的反射和折射

射波的幅度取决于两种介质的声阻抗。所谓声阻抗(以符号 Z 表示)就是介质密度和声波在该介质中传播的速度的乘积,即

$$Z = \rho v \quad (11-6)$$

两种介质的声阻抗之比 $Z_{\mathrm{I}}/Z_{\mathrm{II}}$ 叫声耦合率。介质Ⅰ和介质Ⅱ的声阻抗差越大,则声耦合越差,声波能量就越不易从介质Ⅰ传到介质Ⅱ中去,通过界面在介质Ⅱ中传播的折射波的能量就越小,而在介质Ⅰ中传播的反射波的能量就越大。如果介质Ⅰ和介质Ⅱ的声阻抗相近,声波耦合得好,声波几乎都形成折射波通过界面在介质Ⅱ中传播,这时反射波的能量就非常小。

通过声波幅度的测量,可以了解地下岩层的特点或检查固井质量及相关问题。

二、声波时差测井

声波在通过不同的两种介质的界面上时将产生折射和反射现象,如图 11-1 所示。根据折射定律,有

$$\frac{\sin\alpha}{\sin\beta} = \frac{v_1}{v_2} \quad (11-7)$$

式中 α——入射角;
  β——折射角;
  v_1, v_2——介质Ⅰ和介质Ⅱ的声波速度。

由于 v_1 和 v_2 为固定值,因此当 $v_1 < v_2$ 时,随入射角 α 的增大,折射角 β 也将增大,当入射角增大到某一定值时,折射角可以达到 90°。这时的折射波将沿界面在介质Ⅱ中滑行,称为"滑行波"。此时的入射角称为临界角 i,有

$$\sin i = \frac{v_1}{v_2} \quad (11-8)$$

微课视频
声波速度测井

三维动画
声波测井

声波速度测井简称声速测井,是测量声波在岩石中传播速度的变化与岩石密度之间关系的一种测井方法。

图 11-2 为井内各种波的传播情况。T 为声波发射器,R 为声波接收器,从发射探头达到接收探头的声波共有:通过仪器表面的直达波、通过井内钻井液的直达波 TR、在钻井液和井壁界面形成的反射波 TO + OR、通过地层传播的滑行波 TA + AB + BR。这几种波只有滑行波在岩石中传播,可以反映岩石的声波速度。因此声波速度测井主要研究滑行波的传播特性。

声波速度测井的基本方法有单发射单接收、单发射双接收、双发射双接收、高分辨率声波等。由于单发射双接收井径影响大,目前,我国主要用双发射双接收的声速测井方法。

(一)单发射双接收声速测井仪的测量原理

单发射双接收(简称为单发双收)声速测井仪由一个发射器、两个接收器、隔声体和电子线路组成,如图 11-3 所示。

— 224 —

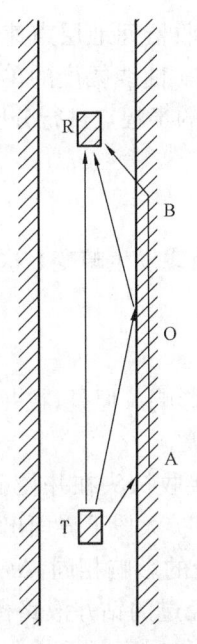
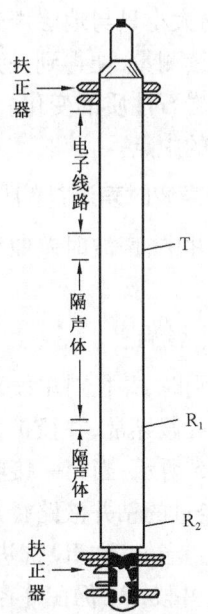

图 11-2 井内声波的接收　　图 11-3 单发射双接收声速测井仪示意图

发射器把电脉冲转换成声波射向地层,声束的方向开角(入射角)大于 60°,保证在任何地层都可以产生滑行波。

两个接收器把接收到的声波转换成电信号,经过电子线路传输到地面仪记录。两个接收器的间距 L 的大小决定了仪器对地层的分辨能力。间距越小,分辨能力越强,一般要求间距小于最薄地层厚度,但间距太小不利于反映地层的真实声波速度,所以,目前常用的间距为 0.5m。

为了防止仪器表面的直达波的干扰,在仪器外壳上刻上很多空槽,使声波在仪器表面传播时,在相邻槽孔间发生多次反射和波的转换,不断损耗能量,这些空槽称为隔声体。同时刻槽延长了波的旅程,因此也延长了声波在仪器外壳上的旅行时间,从而消除了仪器表面直达波对测量值的影响。

对于钻井液波(包括直达波和反射波)的干扰,可以根据钻井液波传播速度慢的特点,通过采用大源距(发射器到两个接收器中点的距离)的方法,保证滑行波作为首至波到达仪器。一般采用源距为 1m。

测井时,设在 t_0 时刻由发射器发出一个声脉冲,首波到达第一个接收器的时间为 t_1,到达第二个接收器的时间为 t_2,如图 11-4 所示,那么,到达两个接收器的时差 Δt 为

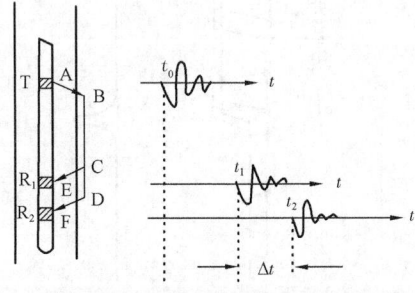

图 11-4 声波速度测井原理图

$$\Delta t = t_2 - t_1 = \frac{\overline{CD}}{v_2} + \left(\frac{\overline{DF}}{v_1} - \frac{\overline{CE}}{v_1}\right) \qquad (11-9)$$

当井径没有明显变化且仪器居中时,则可以认为 $\overline{CE} = \overline{DF}$,因此

$$\Delta t = \frac{\overline{CD}}{v_2} = \frac{1}{v_2} \qquad (11-10)$$

时差 Δt 的大小只与地层声速 v_2 有关,直接反映了两个接收器间地层声速的高低。在井中由下而上连续测量,便得到一条随深度变化的声波时差曲线。曲线幅度的单位是 $\mu s/m$,它的变化反映了岩石性质的变化。对于厚度大的地层,可用曲线的半幅点进行分层,记录点位于两个接收探头的中点。

(二)影响声波时差测井的几个因素

在实际测井中,声波时差曲线会受到一些因素的影响,使曲线发生畸变。这些影响主要有以下几种。

1. 井径的影响

当井径规则时,井径对单发双收系统的声速测量结果没有影响。但是,在井径扩大的底部出现时差减小的假异常,井径扩大的顶部出现时差增大的假异常。

如图 11-5 所示,当第一接收探头进入井径扩大段、第二接收探头在井径正常段时,由于声波到达 R_1 经过的钻井液路径加长,t_1 增大,t_2 不变,故在井径扩大段下界面出现低于岩层真时差的假异常。当 R_1 和 R_2 都进入井径扩大段时,t_1 和 t_2 所受的影响相同,Δt 没有变化。当 R_1 又进入正常井段,R_2 仍在井径扩大段时,由于声波到达 R_2 经过的钻井液路径比 R_1 经过的钻井液路径长,使 Δt 增大,故在井径扩大段的上界面出现高于岩层真时差的假异常。同理可解释井径缩小时,在井径缩小井段的下界面出现声波时差 Δt 偏高,在井径缩小井段的上界面出现声波时差 Δt 偏低的现象。图 11-6 是井径变化对声波时差曲线影响的一个实例。图中声波时差曲线上有斜线的部分即为井径变化造成的假异常。由此可以看出,在解释声波速度测井曲线时,最好要配合井径曲线,以便判断 Δt 曲线异常的性质。

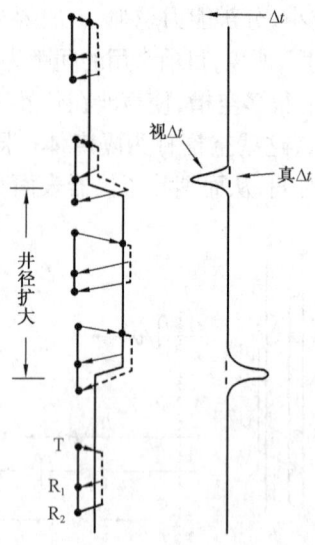

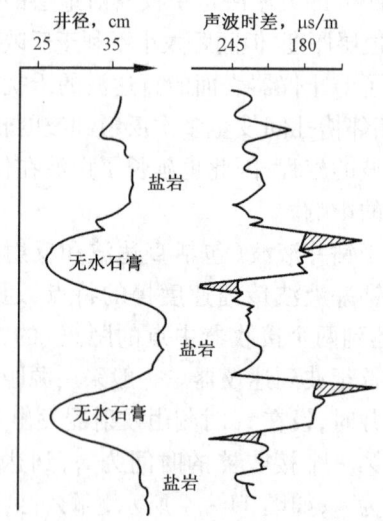

图 11-5 井径对声波时差值的影响示意图   图 11-6 井径扩大对 Δt 曲线影响实例

2. 周波跳跃的影响

声波速度测井仪在正常情况下,两个接收探头都为同一脉冲的首波触发。但是,在某些情况下,例如在含气的疏松地层或地层破碎带中,首波能量衰减很大,有时只能触发路径较短的第一接收探头 R_1,不能触发第二接收探头 R_2。这样,第二接收探头 R_2 被续至波触发,造成了

所测的时差 Δt 增大,表现为时差曲线急剧偏转突然增大的异常,这种现象称为"周波跳跃",如图 11-7 所示。"周波跳跃"是疏松砂岩、气层和裂缝发育地层的典型特征,配合其他测井曲线,可以较准确地判断井下的气层和岩石裂隙带。

3. 岩层厚度的影响

岩层厚度对声速测井有一定影响。地层厚度大于间距 L 时,曲线幅度峰值可以反映地层声波时差值。但当地层厚度小于间距 L 时,由于围岩影响,时差增大,特别是对于厚度小于间距 L 的薄交互层,时差曲线的分辨能力将大大降低,严重影响分层和正确读取地层的真正声波时差。

(三)双发双收声速测井仪的测量原理

井径的变化会引起声波时差曲线的变化,形成假异常。对于厚地层来说,参考井径曲线可以辨认出井径变化造成的假异常,地层中部曲线平均值能较好地反映地层性质,如图 11-8(a)所示;在较薄地层中,在两个假异常中

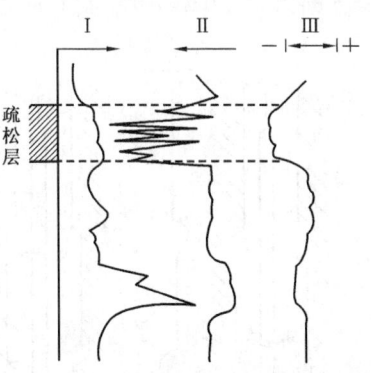

图 11-7 "周波跳跃"对 Δt 的影响
Ⅰ—视电阻率曲线;Ⅱ—声波时差曲线;
Ⅲ—自然电位曲线

间,曲线尚有一个明显的拐点可以读出地层的声波时差来,如图 11-8(b)所示;而对于很薄的地层,曲线的两个假异常相距很近,在薄层处声波时差是一条斜线,如图 11-8(c)所示,此时不能利用声波时差曲线判断岩性和确定地层孔隙度。

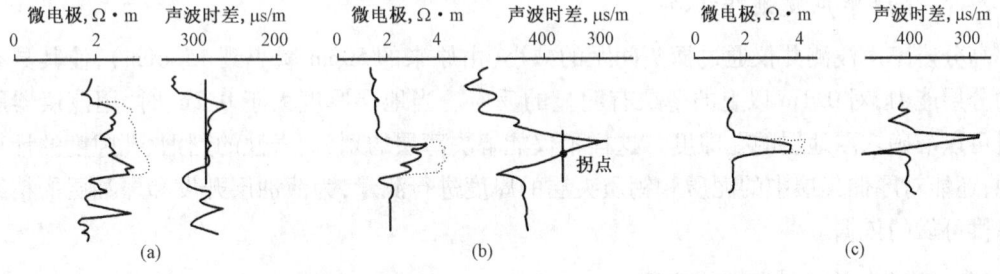

图 11-8 不同厚度地层的声波速度测井曲线

图 11-9 为单发双收仪器受井径变化的影响。为了克服这一影响,人们设计了双发双收声速测井仪,仪器结构如图 11-10 所示,即在两个接收探头的上、下两侧各设计一个发射探头,然后对于接收探头的声波时差值取平均值,就可以正好消除掉井径扩大影响造成的假异常。双发双收声速测井仪不仅可以克服井径扩大的影响,还可以克服仪器倾斜造成的影响。

(四)高分辨率声波测井

1. 仪器结构及测量原理

高分辨率声波速度测井和普通声波速度测井的测量原理相同,都是测量滑行波在地层中的传播速度的。在缩短探头间距的基础上,采取同时测量三个声波时差值的措施,保证了提高分辨率的同时确保测量精度。该仪器由一个发射探头 F 和四个接收探头 J_1、J_2、J_3、J_4 组成,发射探头 F 到第一个接收探头的距离是 124.8cm,四个接收探头之间的间距均为 15.6cm。接收探头 F 发出声波,四个接收探头接收。当四个接收探头 J_1、J_2、J_3、J_4 依次经过同一测量井段

($h=15.6\mathrm{cm}$)时,可以取得三个高分辨率声波时差 Δt_1、Δt_2、Δt_3,然后再取平均值作为该测量段的时差值,即:

$$\Delta t = (\Delta t_1 + \Delta t_2 + \Delta t_3)/3$$

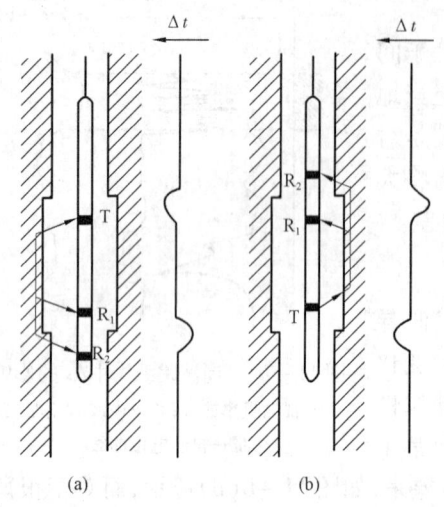
图 11-9 单发双收时差曲线受井径的影响

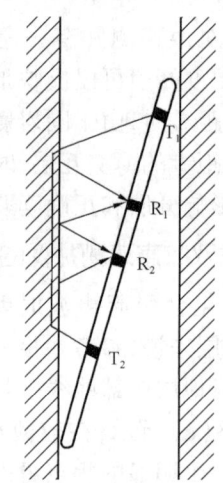
图 11-10 双发双收声速测井仪的测量原理图

2. 高分辨率声波测井特点

高分辨率声波测井仪通过探头间距的减小(由原来的 50cm 减小到 15.6cm),使其具有较强的分层能力,对 0.1m 以上的薄层有明显的反应。当地层厚度大于 0.2m 时,用该仪器所测资料可以准确求取地层的孔隙度。这样不仅能解决薄层的划分、岩性的判别、孔隙度的计算等问题,还能对厚储集层中的泥质和钙质夹层的厚度进行测量,为薄油层开发和厚油层的精细描述提供可靠的依据。

(五)声波时差测井资料的应用

1. 划分地层

在不同岩性的地层中,声波的传播速度是不同的,可以根据声波时差区分岩性,划分各种不同岩性的地层。

在致密性地层(如岩浆岩、碳酸盐岩)中,声波速度较大,时差小,在声波速度测井曲线上显示为低值;在泥岩中,声波速度小,时差大,在声波速度测井曲线上显示为高值;砂岩的声波速度介于二者之间,时差曲线显示中等幅度。当砂岩中含泥增多时,时差幅度升高;当砂岩中钙质胶结物含量增多时,时差幅度值降低。图 11-11 为一声波速度测井曲线实例。

2. 判断气层

天然气的声波速度远远小于油、水的声波速度,同时气层还有周波跳跃现象,所以可以根据气层在声波时差曲线上的高值和周波跳跃特征有效地判断出气层。当对岩性、物性相近的渗透层进行比较时,如果声波时差曲线显示出高值,可以把它定为气层,如图 11-12 所示。

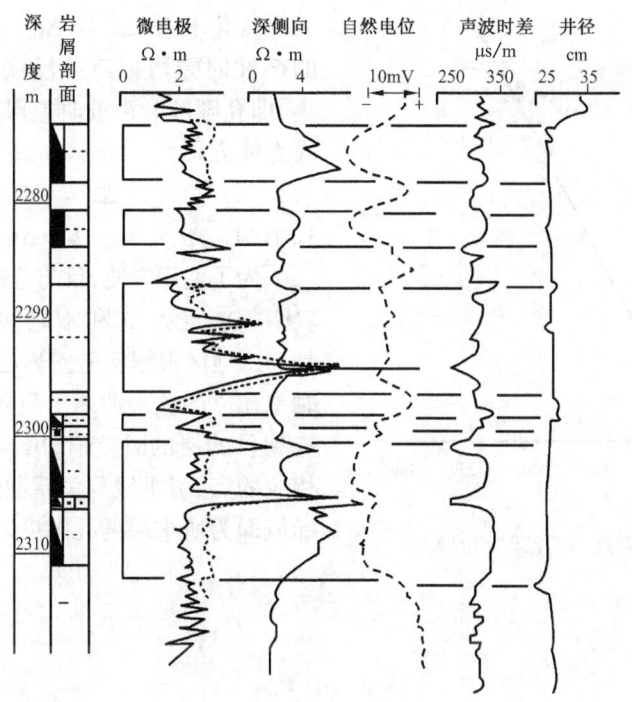

图 11-11 实测砂泥岩剖面声波速度测井曲线实例

3. 确定岩层的孔隙度

岩层的孔隙度越大,岩石的密度越小,声波速度也越低。所以,可以根据声波速度测井资料来确定岩石的孔隙度。

对于岩石骨架成分不变、胶结均匀、粒间孔隙分布均匀的地层,其声波速度与孔隙度之间有下述关系:

$$\frac{1}{v} = \frac{\phi}{v_f} + \frac{1-\phi}{v_{ma}} \quad (11-11)$$

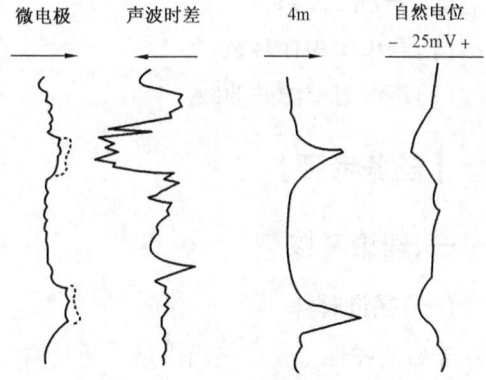

式中 v——岩石的声波速度,m/s;
ϕ——岩石的孔隙度,%;

图 11-12 气层在声波速度测井曲线上的显示

v_f、v_{ma}——岩石孔隙中流体及岩石骨架的声波速度,m/s。

由于实际测量的声波时差 Δt 是声波速度 v 的倒数,故式(11-11)可以写成

$$\Delta t = \phi \Delta t_f + (1-\phi) \Delta t_{ma} \quad (11-12)$$

即

$$\phi = \frac{\Delta t - \Delta t_{ma}}{\Delta t_f - \Delta t_{ma}} \quad (11-13)$$

式中 $\Delta t_f, \Delta t_{ma}$——孔隙流体和岩石骨架的声波时差。

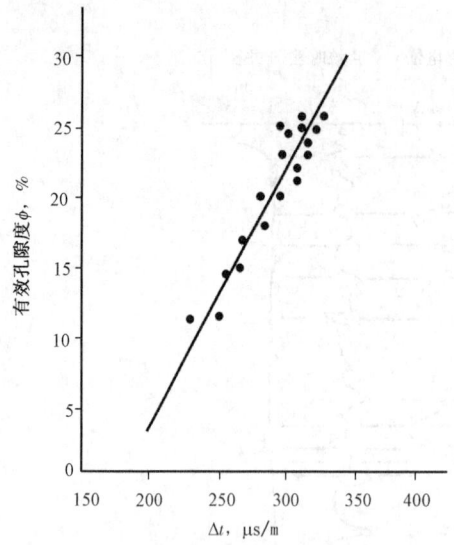

图 11-13 孔隙度与声波时差的关系

一个地区的同类岩石骨架成分和孔隙流体性质变化不大，Δt_f 和 Δt_{ma} 可认为是常数。岩层的声波时差可以直接反映岩层的孔隙度的大小，即孔隙度和声波时差保持线性关系，可以写成直线方程：

$$\Delta t = A\phi + B \quad (11-14)$$

式中，$A = \Delta t_f - \Delta t_{ma}$；$B = \Delta t_{ma}$。

为了使用方便，目前普遍采用经验公式或经验图版来表示 Δt 和 ϕ 之间的关系。图 11-13 是一个地区根据实验室岩心分析孔隙度和声波时差建立的关系曲线。只要从声波时差曲线上查到目的层的时差值，用该值在横坐标上找到相应的点，引垂线与关系曲线相交，交点的纵坐标值即为所求层的孔隙度。

【任务实施】

一、目的要求

(1) 能够正确识读声波时差测井曲线；
(2) 能够正确分析解释声波时差测井曲线。

二、资料、工具

(1) 学生工作任务单；
(2) 声波时差测井曲线。

【任务考评】

一、理论考核

（一）名词解释

岩石的弹性　　杨氏模量　　泊松比　　滑行波　　周波跳跃

（二）判断题（如果有错误，分析错误并改正）

(1) 纵波和横波能在任何介质中传播。
(2) 根据声波速度公式可以看出：声波的传播速度随介质密度增大而减小。
(3) 井径变化对单发双收声系的影响只表现在井径变化地层的上界面。
(4) 声波速度测井曲线上钙质层的声波时差比疏松地层的声波时差值大。
(5) 地层埋藏越深，声波时差值越大。
(6) 在声波时差曲线上，读数增大，表明地层孔隙度减小。
(7) 利用声波时差值计算孔隙度时会因泥含量增加孔隙度值减小。
(8) 地层的声速随泥质含量增加而增大。
(9) 声波时差值和孔隙度有正比关系。

(10)气层的声波时差值大于油水层的声波时差值。

(三)简答题

(1)在界面处,产生滑行波的条件是什么?
(2)井径扩大的界面处,声波时差值有什么变化?
(3)试述声波速度测井的原理。
(4)声波时差测井资料有什么用途?

二、技能考核

(一)考核项目

(1)分析解释声波时差测井曲线。
(2)绘制不同地层声波时差测井曲线。

(二)考核要求

(1)准备要求:工作任务单准备。
(2)考核时间:30min。
(3)考核形式:口头描述和笔试。

任务二　声波幅度测井曲线分析与解释

【任务描述】

声波幅度测井(简称声幅测井)测量井下声波幅度的大小,主要用于检查固井质量、确定水泥返高。此外,声幅测井配合其他测井方法可以判断地层裂隙,研究岩石的孔隙度,还可以判断地下出气层位等。通过本任务的学习,主要要求学生理解声幅测井原理、声幅测井曲线影响因素及声幅测井资料解释应用,使学生具备声幅测井曲线分析解释应用能力。

微课视频
声幅测井

【相关知识】

一、岩石的声波幅度

声波在岩石介质中传播的过程中,由于内摩擦的原因,总有部分声波能量转变为热能,而造成声波能量的衰减,使声波幅度(声波能量与幅度的平方成正比)逐渐减小。这种声波幅度衰减的大小和岩石的密度以及声波的频率有关。密度小,声速低,幅度衰减大,声波幅度低。

声波由一种介质向另一种介质传播,在两种介质形成的界面上,将发生声波的反射和折射,如图11-14所示。入射波的能量一部分被界面反射,另一部分透过界面在第二介质中传播。反射波的幅度取决于两种介质的声阻抗。所谓声阻抗(以符号 Z 表示),就是介质密度和声波在该介质中传播的速度的乘积,即

$$Z = \rho v \tag{11-15}$$

两种介质的声阻抗之比 Z_I/Z_{II} 叫声耦合率。介质I和介质II的声阻抗差越大,则声耦合越差。声波能量就不易从介质I传到介质II中去,通过界面在介质II中传播的折射波的能量就越小,而在

介质I中传播的反射波的能量就越大。如果介质I和介质II的声阻抗相近时,声波耦合得好,声波几乎都形成折射波,通过界面在介质II中传播。这时反射波的能量就非常小。

通过声波幅度的测量可以了解地下岩层的特点或检查固井质量及相关问题。

二、固井声幅测井

(一)固井声幅测井原理

声波在介质中传播时,引起质点振动,能量逐渐被消耗,声幅逐渐衰减,其衰减的大小与介质的密度、声耦合率等因素有关。

声幅测井使用单发单收下井仪进行测量,如图 11 – 14 所示,从发射探头发出的声脉冲,经过各种途径到达接收探头,其中沿套管传播的滑行波(套管波)首先到达接收探头,然后是地层波和钻井液波,固井声幅测井只记录首至波(套管波)的波幅。

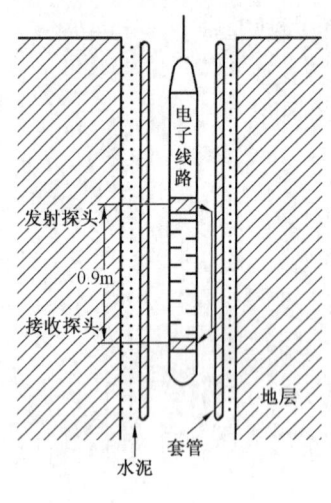

图 11 – 14 声幅测井示意图

套管波幅度的大小与套管及周围介质之间的声耦合情况有密切关系。当套管外无水泥或水泥与套管胶结不好时,套管与水泥之间的声耦合较差,套管波的能量仅有很少一部分传到水泥或管外的钻井液中,大部分到达接收探头,这使接收探头收到的套管波很强。相反,在固井胶结良好情况下,套管与水泥环的声耦合较好,大部分声波能量进入水泥环,这时接收探头收到的套管波很弱。因此,通过测量套管波的幅度变化可以了解套管与水泥的胶结情况。

(二)影响固井声幅测井曲线的因素

1. 测井时间的影响

一口井固井后,在不同时间测量出的声幅曲线的形状与幅度是不同的。若测井时间过早,水泥尚未固结,这使沿套管滑行的套管波能量衰减小,测井曲线会出现高幅度值的假象;若测井时间过晚,由于水泥沉淀固结及井壁坍塌等现象可造成无水泥井段低幅度值的假象。因此,应根据现场实际情况确定测井时间,一般情况下,在固井后 24~48h 之间进行声幅测井效果最好。

2. 水泥环厚度的影响

水泥环厚度增加可以使套管中声波能量分散,因此减小了套管波的幅度。水泥环越厚,声幅值越低,当水泥环厚度足够大时,水泥环的厚度对套管波幅度的影响不明显,因此,在应用声幅测井曲线检查固井质量时,常参考井径曲线。

3. 井筒内钻井液气侵的影响

井筒内钻井液气侵可以使钻井液的吸收能力提高,造成声幅测井曲线出现低值现象。在这种情况下,容易把没有胶结好的井段误认为是胶结良好,应特别注意。

(三)固井声幅曲线及其应用

固井声幅测井曲线如图 11 – 15 所示,仪器记录点定在发射探头和接收探头的中点,其测量结果反映在发射探头和接收探头间的套管中传播时套管波首波幅度的平均值,测量结果以毫伏为单位。

因为每口井的钻井液性能、套管尺寸与质量、水泥标号等可能不同,在不同的井内测得的声幅曲线无法对比。所以,一般用相对幅度值表示固井质量的好坏:

$$相对幅度 = \frac{目的层井段声波幅度}{无水泥井段声波幅度} \times 100\%$$

(11-16)

一般情况下,如果相对幅度小于20%,表明套管与水泥胶结良好;当相对幅度大于40%以上时,则表明套管与水泥胶结不好;当相对幅度介于20%和40%之间的,表明套管与水泥胶结中等。

利用声波幅度测井可以确定水泥帽和水泥面的位置。水泥帽以下为无水泥段,相对幅度介于20%和40%之间;水泥面以下为固井质量段,水泥面以上为混浆段。

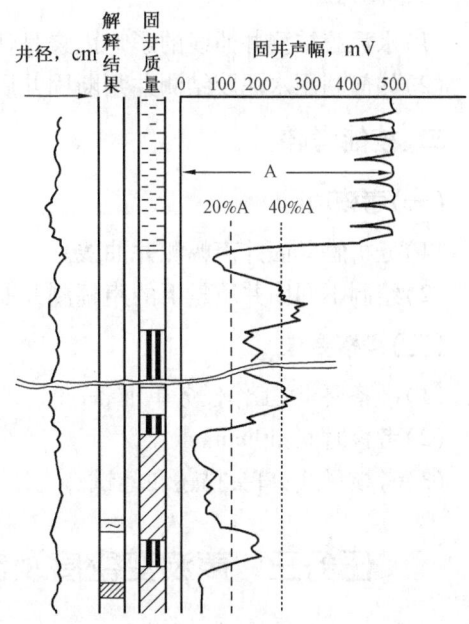

图 11-15　固井声幅测井曲线实例

声波幅度测井也可以用于查找套管断裂位置,在套管断裂处,由于套管波严重衰减,所以有一个明显的低值尖峰。

【任务实施】

一、目的要求

(1)能够正确识读声幅测井曲线;
(2)能够正确分析解释声幅测井曲线。

二、资料、工具

(1)学生工作任务单;
(2)声幅测井曲线。

【任务考评】

一、理论考核

(一)名词解释

声阻抗　　声耦合率　　相对声幅

(二)判断题(如果有错误,分析错误并改正)

(1)声耦合率好,易反射。
(2)固井声幅相对幅度大于20%为固井质量差。
(3)利用声幅测井可识别套管损坏情况。

(三)简答题

(1)水泥胶结测井曲线的影响因素是什么?
(2)如何利用水泥胶结测井判断固井质量?

二、技能考核

(一)考核项目

(1)分析解释固井声幅测井曲线。
(2)绘制不同固井质量下的声幅测井曲线。

(二)考核要求

(1)准备要求:工作任务单准备。
(2)考核时间:30min。
(3)考核形式:口头描述和笔试。

任务三 声波变密度及自然声波测井曲线分析与解释

【任务描述】

声波变密度测井通过测量井下套管波、地层波、钻井液波、水泥环波幅度的大小,以检查固井质量、确定水泥返高。自然声波测井又称噪声测井,主要用于开发阶段判断窜槽位置、射孔质量等。本任务主要介绍声波变密度测井及自然声波测井的测量原理和测井资料的解释应用。通过本任务的学习,主要要求学生理解声波变密度测井及自然声波测井原理,熟悉相关测井资料解释应用,使学生具备声波变密度测井及自然声波测井曲线分析解释应用能力。

【相关知识】

一、声波变密度测井

声波变密度测井也称为全波列测井,是一种检查固井质量的测井方法。这种方法不仅能反映套管与水泥环之间(第一界面)的胶结情况,还能反映出水泥环与地层之间(第二界面)的胶结情况,比固井声幅测井更能全面反映固井质量。

声波变密度测井先后记录套管波、水泥环波、地层波和钻井液波。地面仪器根据接收到的整个波列的每个波的幅度将其变换成示波器上光点的亮度或宽度,然后用"同步摄像仪"进行照相记录。这样就得到一张连续变化的声波变密度测井图,如图11-16所示。在声波变密度测井图上,黑条带表示声波正半周,白条带表示声波负半周。黑条带颜色深浅程度的变化表示声波幅度的变化,颜色深表示幅度大,颜色浅表示幅度小。条带的宽度与声波信号的频率有关。

当套管与水泥环胶结良好且水泥环与地层胶结也好时,套管波变得很弱,而地层波较强。地层声波速度的变化造成了条带弯曲(速度快时向左弯,慢时向右弯)。由于套管和钻井液介质均匀,套管波和钻井液波表现为直线状黑白条带。

当套管和水泥胶结不好但水泥环与地层胶结良好时,声波能量大部分留在套管中,同时也

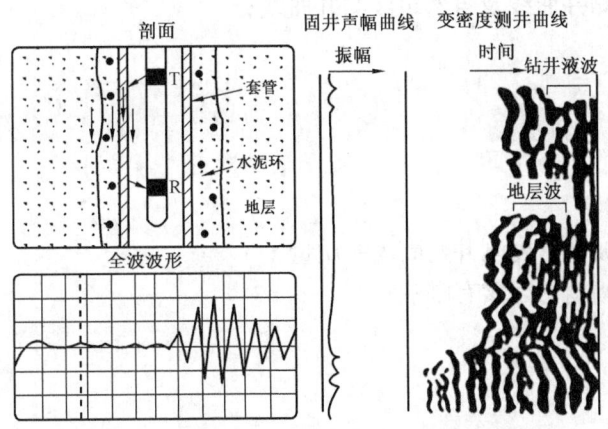

图 11-16 声波变密度测井(套管与水泥胶结良好)

有相当大的能量进入地层。这时,在声波变密度测井图上,套管波和地层波都有较明显的显示。

当套管与水泥环胶结不好且水泥环与地层胶结不好时,套管波较强,地层波很弱。

当有钻井液气侵时,钻井液波变得很弱。

声波变密度测井除检查固井质量外,还可以用于检查地层压裂效果和判断出砂层位等。

二、自然声波测井

用只有一个接收探头的自然声波测井仪记录井内自然声波幅度大小的测井方法称为自然声波测井。它测量的是井下自然声波的幅度,可以连续进行测量,也可以单点测量。

在有流体流动的井段,流体会冲击套管或井壁产生自然声波,故可以用自然声波测井去寻找产层(井温升高,自然声幅曲线值增大)。当自然声波幅度异常部位对应层是非渗透层时,可以确定下方地层流体是向上窜流造成的。因此,结合固井声幅测井曲线,可以确定窜流层位、井段,结合其他测井资料可进一步确定产层的流体性质。图 11-17 为利用自然声波测井寻找产层的实例。

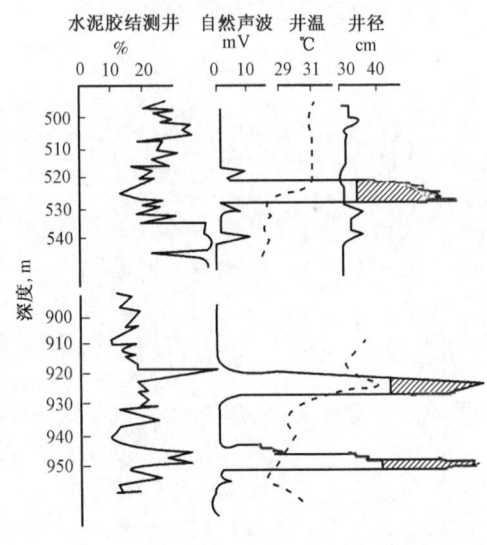

图 11-17 利用自然声波测井寻找产层的实例

【任务实施】

一、目的要求

(1)能够正确识读声波变密度测井曲线及自然声波测井曲线;
(2)能够正确分析解释声波变密度测井曲线及自然声波测井曲线。

二、资料、工具

(1)学生工作任务单;

(2)声波变密度测井曲线及自然声波测井曲线；
(3)绘图工具。

【任务考评】

一、理论考核

(1)如何利用声波变密度测井判断固井质量？
(2)影响套管波幅度的因素有哪些？

二、技能考核

(一)考核项目

(1)分析解释声波变密度测井曲线。
(2)分析解释自然声波测井曲线。

(二)考核要求

(1)准备要求：工作任务单准备。
(2)考核时间：30min。
(3)考核形式：口头描述和笔试。

项目十二 放射性测井资料分析与解释

放射性测井是油田常规测井方法,包括自然伽马测井、自然伽马能谱测井、密度测井、中子测井等。本项目主要介绍自然伽马测井、密度测井和中子测井的原理、测量方法、测井资料的影响因素分析和资料解释应用等。

【知识目标】

(1)理解自然伽马测井、密度测井、中子测井的原理;
(2)了解自然伽马测井、密度测井、中子测井的仪器的结构组成;
(3)掌握自然伽马测井、密度测井、中子测井曲线的应用。

【技能目标】

(1)自然伽马测井曲线识读与分析解释;
(2)密度测井曲线的识读与分析解释;
(3)中子测井曲线的识读与分析解释。

任务一 自然伽马测井曲线分析与解释

【任务描述】

伽马测井是放射性测井的一种,是通过测量井内岩层中自然存在的放射性元素核衰变过程中放射出来的γ射线的强度,进而研究地质问题的一种测井方法。这种测井方法可用于探测和评价放射性矿藏,在石油及天然气勘探与开发中也广为应用。本任务主要介绍自然伽马测井的原理、影响因素和测井资料的解释应用。通过本任务的学习,主要要求学生理解自然伽马测井原理、自然伽马测井曲线影响因素及自然伽马测井资料解释应用,使学生具备自然伽马测井曲线的分析解释能力。

【相关知识】

一、伽马测井的核物理基础

(一)核衰变及其放射性

1. 核衰变

放射性元素的原子核自发地释放出一种带电粒子(α 或 β),蜕变成另外某种原子核,并放出放射性射线的过程称为核衰变。能自发地释放 α、β、γ 射线的性质称为放射性,有

$$^{210}_{84}\text{Po} \rightarrow ^{206}_{82}\text{Pb} + ^{4}_{2}\text{He}(\alpha) \qquad (12-1)$$

任何放射性元素衰变时,它的数量都按下列规律衰变而减少:

$$N = N_0 e^{-\lambda t} \qquad (12-2)$$

式中　N_0——放射性元素的初始量;
　　　N——经过时间 t 后的放射性元素量;
　　　λ——衰变常数,是表征衰变速度的常数;
　　　t——衰变所经过的时间。

这个规律说明:随时间的增长,放射性元素的原子数量在减少,当 $t\to\infty$ 时 $N\to 0$。除了用衰变常数 λ 以外,还常用半衰期 T 说明衰变的速度。半衰期就是从放射性元素原子核的初始量开始,到一半原子已发生衰变时所经历的时间。半衰期和衰变常数有如下关系:

$$T = \frac{0.693}{\lambda} \qquad (12-3)$$

衰变常数越大,半衰期越短,放射性元素的衰变越快。

2. 放射性射线的性质

放射性物质能放出 α、β、γ 三种放射性射线,它们具有不同的性质。

α 射线是氦原子核流,带有两个单位正电荷。因为质量大,它容易引起物质的电离或激发,被物质吸收。虽然 α 射线的电离本领最强,但它在物质中穿透距离很小,在空气中为 2.5mm 左右,在岩石中的穿透距离仅为 10^{-3}cm。所以,在井内探测不到 α 射线。

β 射线是高速运动的电子流,它在物质中射程也较短,如能量为 1MeV 的 β 射线在铅中的射程仅为 1.48cm。

γ 射线是频率很高的电磁波(波长为 $3\times10^{-11} \sim 10^{-9}$cm)或光子流,不带电荷,能量很高,一般多在几十万电子伏特以上,并且有很强的穿透能力,能穿透几十厘米的地层、套管及仪器外壳。所以 γ 射线在放射性测井中能被探测到,因而得到利用。

除 α、β、γ 射线以外,放射性射线中还有中子射线。中子射线是人为产生的高速粒子流,不受核电场力的作用,具有很强的穿透能力,能够穿透几十厘米的岩石,并与岩石发生作用,是中子测井的放射性源。

3. 放射性强度的表示

放射性强度指放射性源单位时间内发生衰变的原子核数,也称放射性活度,单位是"居里"和"毫居里"。每秒有 3.7×10^{10} 次核衰变的放射性源的强度为 1 居里(Ci),通常用毫居里表示。在国际单位制中,放射性活度单位为贝克勒尔(Bq),简称贝克,1Ci = 3.7×10^{10}Bq。在测井中,常以计数率(单位为脉冲/min)体现放射性的强度。

(二)伽马射线与物质的作用

伽马光子与物质相互作用时可产生以下三种效应。

1. 光电效应

γ 射线穿过物质与原子中的电子相碰撞,并将其能量交给电子,使电子脱离原子而运动,γ 光子本身则整个被吸收,被释放出来的电子称为光电子,这种现象称为光电效应,如图 12-1(a)所示。

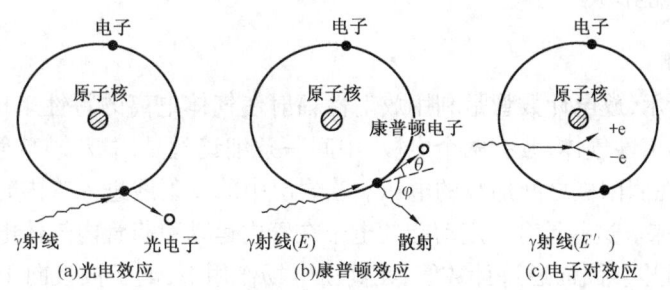

图 12-1 伽马射线与物质的三种作用

2. 康普顿效应

当 γ 射线的能量为中等数值，γ 射线与原子核外的电子发生作用时，将一部分能量传给电子，使电子从某一方向射出，此电子称为康普顿电子。损失了部分能量的射线向另一方向散射 γ 射线，如图 12-1(b)所示。这种效应称为康普顿效应。

γ 射线通过物质时，发生康普顿效应引起 γ 射线强度的减弱，减弱程度通常用康普顿吸收系数 Σ 表示。Σ 与吸收体的原子序数 Z 和吸收体单位体积内的电子数成正比，其公式为

$$\Sigma = \sigma_e \frac{Z N_A \rho}{A} \tag{12-4}$$

式中 σ_e ——每个电子的康普顿散射截面，若 γ 光子的能量在 0.25~2.5MeV 的范围内，它可被看成常数；

N_A——阿伏伽德罗常数，$6.022045 \times 10^{23} mol^{-1}$；

A——质量数；

ρ——密度，kg/m^3。

3. 电子对效应

当入射 γ 光子的能量大于 1.022MeV 时，它与物质作用就会使 γ 光子转化为电子对，即一个负电子和一个正电子，而其本身被吸收。这种过程称为电子对效应，如图 12-1(c)所示。

4. 伽马射线的吸收

由于伽马射线通过物质时与物质产生的三种作用，γ 光子被吸收，所以 γ 光子的数量随着穿过物质厚度加大而逐渐减小，γ 射线的强度也在逐渐减弱，并随着吸收物质的吸收系数增大而加剧，关系如下：

$$I = I_0 e^{-\mu L} \tag{12-5}$$

式中 I_0, I——未吸收物质和经过厚度为 L 吸收物质后的 γ 射线强度；

μ——总吸收系数，与三种作用都有关。

γ 射线通过物质时，以上三种作用都可能发生，但能量低(0.66MeV 以下)时以光电效应为主，能量较高(0.66~1.022MeV)时以康普顿散射为主，能量很高(1.022MeV 以上)时以形成电子对为主。γ 射线与物质的这三种作用，在铅中产生的概率与 γ 射线的能量的关系如图 12-2 所示。

(三) 伽马射线的探测

1. 放电计数管

如图 12-3 所示,放电计数管是利用放射性辐射使气体电离的特性来探测 γ 射线的。密闭的玻璃管内充满惰性气体,装有两个电极,中间一条细钨丝是阳极,玻璃管内壁涂上一层金属物质作为阴极,在阴阳极之间加高的电压。当岩层中的 γ 射线进入管内时,它从管内壁的金属物质中打出电子来。这些具有一定动能的电子在管内运动引起管内气体电离,产生电子和正离子极,引起阳极放电。因而通过计数管,在高压电场作用下,电子被吸向阳极,有脉冲电流产生,使阳极电压降低形成一个负脉冲,被测量线路记录下来。再有 γ 射线进入计数管时,就又有新的脉冲被记录下来。这种计数管对 γ 射线的记录效率很低(1%~2%),仅供理论参考。

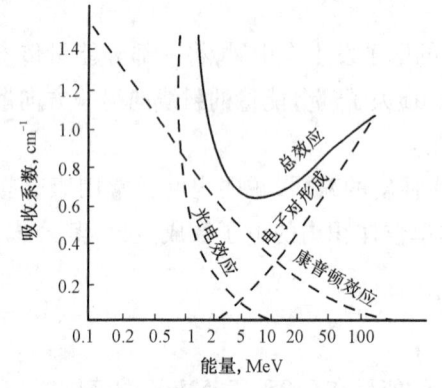

图 12-2 γ 射线在铅中的吸收系数随能量的变化

图 12-3 放电计数管工作原理图

2. 闪烁晶体计数管

闪烁晶体计数管由光电倍增管和碘化钠晶体组成,如图 12-4 所示。它是利用被 γ 射线激发的物质的发光现象来探测射线的。当 γ 射线进入 NaI 晶体时,就从它的原子中打出电子来,这些电子具有较高的能量,把与它们相碰撞的原子激发。被电子激发的原子回到稳定的基态时,就放出闪烁光子。光子传导到光阴极上,与光阴极发生光电效应,产生光电子。这些光电子在到达阳极的途中,要经过聚焦电极和若干个联极(又称打拿极)。聚焦电极把从光阴极放出来的光电子聚焦在联极 D_1 上。从 D_1 至 D_8 联极电压逐级增高,因而光电子逐级加速,这样,电子数量将逐级倍增。大量电子最后到达阳极,使阳极电压瞬时下降,产生电压负脉冲,输出的电压脉冲数目

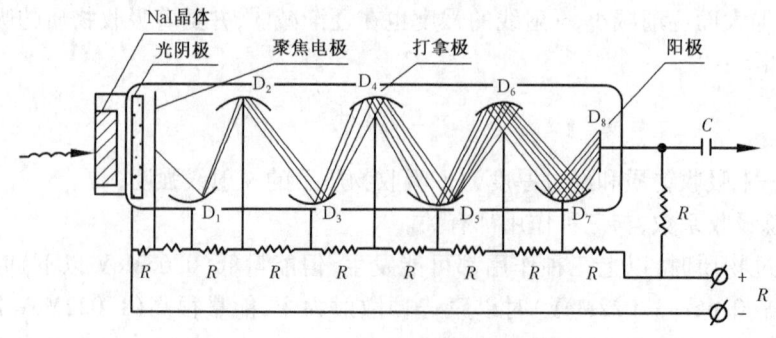

图 12-4 闪烁晶体计数管工作原理

与荧光体闪光的次数一致。显然,γ射线的强度越大,单位时间内打出的光电子数目越多,输出端产生的负脉冲数越多。因此可以用记录单位时间的电压脉冲数来描述γ射线的强度。

一般闪烁晶体计数管中光电倍增管联极的数目为9～11个,放大倍数为10^5～10^6左右,由光电倍增管和NaI晶体构成的计数管具有计数效率高、分辨时间短的优点,在放射性测井中被广泛应用。

二、岩石的自然放射性

岩石的自然放射性决定于岩石所含的放射性元素的种类和数量。岩石中的自然放射性元素主要是铀($^{238}_{92}$U)、钍($^{232}_{90}$Th)、锕($^{227}_{80}$Ac)及其衰变物和钾的放射性同位素$^{40}_{19}$K等,这些元素的原子核在衰变过程中能放出大量的α、β、γ射线,所以岩石具有自然放射性。

不同岩石放射性元素的种类和含量是不同的,它与岩性及其形成过程中的物理化学条件有关。一般来说,火成岩在三大岩类中放射性最强,其次是变质岩,最弱的是沉积岩。沉积岩按其放射性元素含量的多少可分为五类:

(1)γ射线最低的岩石为硬石膏、石膏、不含钾盐的盐岩、煤和沥青。
(2)γ射线较低的是砂岩、砂层,石灰岩、白云岩。
(3)γ射线较高的是浅海相和陆相沉积的泥岩、泥灰岩、钙质泥岩及含砂泥岩。
(4)γ射线高的岩石为钾岩、深水泥岩。
(5)γ射线最高的岩石为膨润土岩、火山灰及放射性软泥。

一般情况下,沉积岩的放射性主要取决于岩层的泥质含量。

微课视频
自然伽马测井

三、自然伽马测井的测量原理

自然伽马测井是通过测量井内岩层中自然存在的放射性元素核衰变过程中放射出来的γ射线的强度,进而研究地质问题的一种测井方法。这种测井方法可用于探测和评价放射性矿藏,在石油及天然气勘探与开发中也广为应用。

自然伽马测井测量装置由井下仪器和地面仪器组成。自然伽马射线由岩层穿过钻井液、仪器外壳进入探测器,探测器将γ射线转化为电脉冲信号,地面仪器则可记录出每分钟形成的电脉冲数(计数率),以计数率(1/min)或标准化单位(如μR/h或API)刻度。所记录的曲线则称为自然伽马测井曲线(用GR表示)。

四、曲线的特点及影响因素

(一)自然伽马测井曲线形状的特点

自然伽马测井曲线如图12-5所示。
(1)当上下围岩的放射性物质含量相同时,曲线形状对称于地层中点。
(2)若存在高放射性地层,对着地层中心曲线有一极大值,并且它随地层厚度h的增加而增大,当$h \geq 3d_0$时(d_0为井径值),GR_{max}值与岩石的自然放射性强度成正比。
(3)当$h \geq 3d_0$时,由曲线的半幅点确定的地层厚度为真厚度;当$h < 3d_0$时,因受低放射性围岩的影响,自然伽马幅度值随层厚h减小而减小,地层越薄,曲线幅度值就越小。用半幅点确定的地层厚度大于地层的真实厚度,通常分层界线向自然伽马曲线尖端移动。

(二)自然伽马测井曲线的影响因素

1. v、t的影响(v为测井速度,t为时间常数)

当测井速度很小时,测得的曲线形状与理论曲线相似;当测井速度v增加时,曲线形状发生沿仪器移动方向偏移的畸变。地层厚度越小，v、t 越大，曲线畸变越严重。为防止测井曲线畸变，必须限制测速及采用适当的积分时间常数。

2. 放射性涨落的影响

由于地层中放射性元素的衰变是随机的且彼此独立，在放射源和测量条件不变并在相等的时间间隔内进行多次 γ 射线强度测量时，每次记录的结果不同，其值总是在以平均值 n 为中心的某个范围内变化的现象称放射性涨落。因此，自然伽马测井曲线上具有许多"小锯齿"的独特形态，如图 12-6 所示。

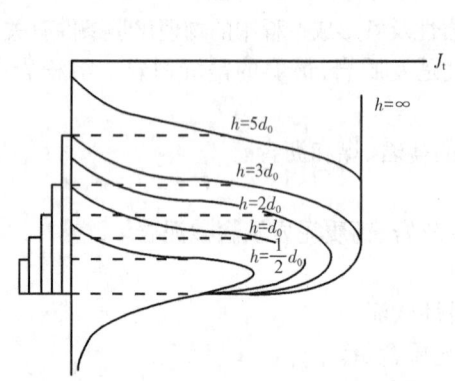

图 12-5　自然伽马测井理论曲线

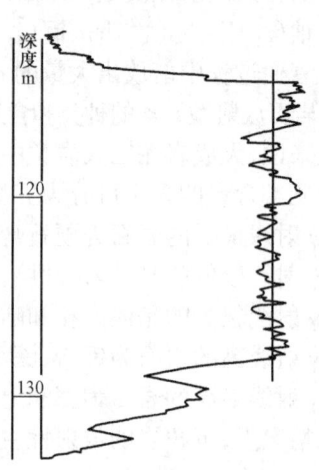

图 12-6　放射性测井曲线涨落误差

放射性测井曲线上读数变化的原因有两种：一种是由于放射性涨落引起的；另一种是由地层放射性的变化引起的。正确地区分这两种变化，是对放射性测井曲线正确解释的前提。

3. 地层厚度对曲线幅度的影响

如图 12-7 所示，剖面由放射性元素含量较低的三层砂岩和放射性元素含量较高的四层泥岩组成。可以看出，砂岩层变薄，自然伽马测井曲线值会受到周围泥岩的影响，读值增大；泥岩层变薄，自然伽马测井曲线值会受到周围砂岩的影响，读值减小。因此，对于 $h<3d_0$ 的地层，在应用自然伽马测井曲线时，应考虑层厚的影响。

4. 井的参数对自然伽马测井曲线的影响

自然伽马测井曲线的幅度不仅是地层的放射性函数，而且还受井眼条件（井径、钻井液密度、套管、水泥环等参数）的影响。钻井液、套管、水泥环吸收 γ 射线，所以这些物质会使自然伽马测井值降低。

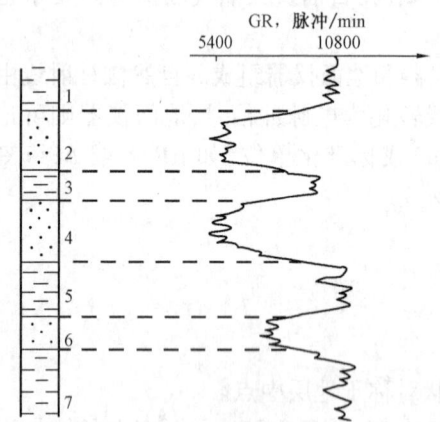

图 12-7　地层厚度对自然伽马曲线的影响
1~7 为层号

五、自然伽马测井曲线的应用

（一）划分岩性

利用自然伽马测井曲线划分岩性，主要是根据岩层中泥质含量不同进行的。由于各地区岩石成分不一样，在砂泥岩剖面中，砂岩显示出最低值，黏土（泥岩、页岩）显示最高值，而粉砂岩、泥岩介于中间,并随着岩层中泥质含量增加曲线幅度增大,如图12-7所示。

在碳酸盐岩剖面中,曲线值随泥质含量增加而幅值增大,如图12-8所示。

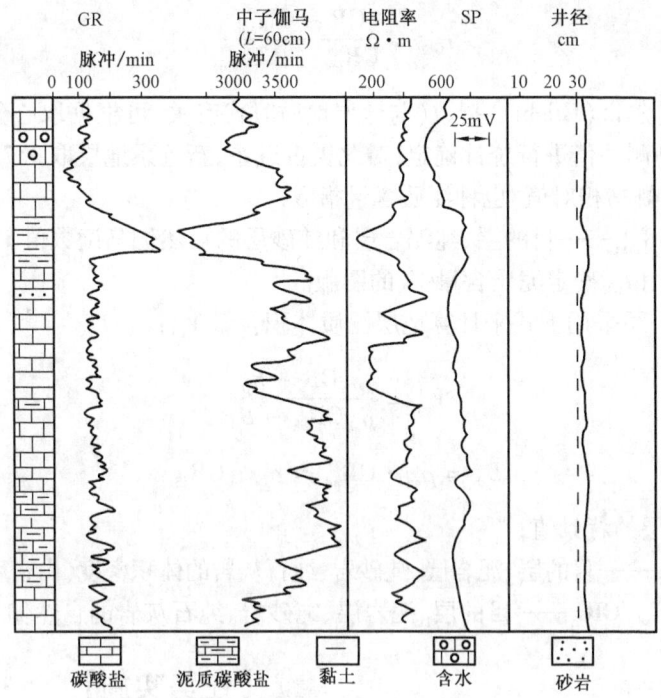

图12-8 碳酸盐岩剖面放射性测井曲线

在膏岩剖面中,用自然伽马测井曲线可以划分岩性,并划分出砂岩储集层。在这种剖面中,岩盐、石膏层的曲线值最低,泥岩最高,砂岩介于上述二者之间。曲线靠近高值的砂岩层的泥质含量较多,是储集性较差的砂岩;而曲线靠近低值的砂岩层则是较好的储集层。

(二) 地层对比

与用自然电位和普通电阻率测井曲线比较,利用自然伽马测井曲线进行地层对比有以下几个优点:

(1) 自然伽马测井曲线与地层水、钻井液的矿化度无关。

(2) 自然伽马测井曲线值在一般条件下与地层中所含流体性质(油或水)无关。

(3) 在自然伽马测井曲线上容易找到标准层,如海相沉积的泥岩在很大区域内显示明显的高幅度值。

在膏盐剖面地区,由于视电阻率和自然电位测井曲线显示不好,进行地层对比用自然伽马测井曲线更为必要。

(三) 估算泥质含量

在不含放射性矿物的情况下,泥质含量的多少就决定了沉积岩石放射性的强弱。利用自然伽马测井资料来估算泥质含量,具体方法有以下两种。

(1) 相对值法。地层中的泥质含量与自然伽马读数 GR 的关系往往是通过实验确定的。德莱赛测井公司在墨西哥湾采用以下两式求泥质的体积含量 V_{sh}:

$$V_{sh} = \frac{2^{GCUR \cdot I_{GR}} - 1}{2^{GCUR} - 1} \quad (12-6)$$

$$I_{GR} = \frac{GR - GR_{min}}{GR_{max} - GR_{min}} \quad (12-7)$$

式中 GCUR——希尔奇(Hilchie)指数(与地层地质时代有关,可根据取心分析资料与自然伽马测井值进行统计确定,对北美古近系、新近系地层取3.7,对老地层取2);

I_{GR}——自然伽马相对值,也称泥质含量指数;

GR,GR_{min},GR_{max}——目的层、纯泥岩层和纯砂层的自然伽马读数值。

图12-9是利用I_{GR}确定泥质含量V_{sh}的图版。

(2)斯伦贝谢公司采用下式来计算地层泥质体积含量V_{sh}:

$$V_{sh} = \frac{\rho_b GR - B_0}{\rho_{sh} GR_{sh} - B_0} \quad (12-8)$$

$$B_0 = \rho_{sd} \cdot GR_{sd} = \rho_{IS} \cdot GR_{IS}$$

式中 B_0——纯地层的背景值;

ρ_b,ρ_{sh},ρ_{sd},ρ_{IS}——目的层、泥岩层、纯砂岩、纯石灰岩的体积密度(由密度测井曲线读出);

GR,GR_{sh},GR_{sd},GR_{IS}——目的层、泥岩层、纯砂岩、纯石灰岩的自然伽马测井值。

【任务实施】

一、目的要求

(1)能够正确识读自然伽马测井曲线;
(2)能够正确分析解释自然伽马测井曲线。

二、资料、工具

(1)学生工作任务单;
(2)自然伽马测井曲线图。

【任务考评】

一、理论考核

(一)名词解释

核衰变　　放射性　　放射性涨落
光电效应　　康普顿效应
电子对效应

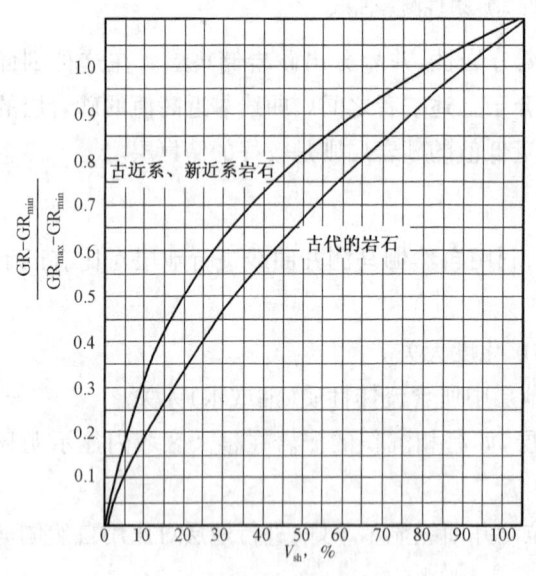

图12-9 利用自然伽马值确定泥质含量图

(二)判断题(如果有错误,分析错误并改正)

(1)伽马测井是根据测量参数和γ射线强度而命名的。
(2)泥质含量越多,自然伽马曲线幅度值越大。
(3)一般来说,砂岩放射性元素含量比泥岩多。

(三)简答题

(1)伽马射线与物质发生哪些作用?
(2)为什么利用自然伽马测井资料能判断岩性、确定砂岩的泥质含量?
(3)自然伽马测井原理?
(4)自然伽马测井曲线的特征?
(5)自然伽马测井曲线的应用?

二、技能考核

(一)考核项目

(1)分析解释自然伽马测井曲线。
(2)绘制不同地层自然伽马测井曲线。

(二)考核要求

(1)准备要求:工作任务单准备。
(2)考核时间:30min。
(3)考核形式:口头描述和笔试。

任务二 密度测井曲线分析与解释

【任务描述】

密度测井是一种孔隙度测井方法,它测量的是由伽马源放出的并经过地层散射和吸收而被探测器所接收到的 γ 射线强度。密度测井是用来研究岩层性质、进行孔隙度计算的一种有效方法。本任务主要介绍密度测井的原理、影响因素和其测井资料的解释应用。通过本任务的学习,主要要求学生理解密度测井原理及密度测井曲线解释应用,使学生具备密度测井曲线分析解释能力。

【相关知识】

一、密度测井的地质物理基础

(一)岩石的体积密度 ρ_b

微课视频
密度测井

每立方厘米体积岩石的质量称为岩石的体积密度,单位是 g/cm^3。孔隙中饱含淡水的纯石灰岩的体积密度与孔隙度的关系为

$$\rho_b = (1 - \phi)\rho_{ma} + \phi\rho_f \qquad (12-9)$$

式中 ρ_{ma},ρ_f——骨架密度和孔隙流体密度;
      ϕ——孔隙度。

(二)康普顿散射吸收系数 Σ

中等能量的 γ 射线和物质发生的是康普顿散射,散射的结果使 γ 射线的强度减小,用康普顿散射吸收系数 Σ 来表示,计算公式为

$$\Sigma = \rho_e \frac{N_A Z \rho_b}{A} \qquad (12-10)$$

对于沉积岩石中大多数元素来讲，Z/A 的比值均接近于 0.5，如表 12-1 所示。

表 12-1 几种元素 Z/A 的值

元素	氢 H	碳 C	氧 O	钠 Na	硅 Si	氯 Cl	钙 Ca	镁 Mg
Z/A	0.492	0.499	0.500	0.479	0.498	0.479	0.499	0.495

因为已知入射 γ 射线的能量在一定范围内 σ_e 是个常数，所以康普顿散射吸收系数的大小只与岩石的体积密度有关。

（三）岩石的光电吸收截面

1. 岩石的光电吸收截面指数 P_e

光电吸收截面指数是描述发生光电效应时物质对 γ 光子吸收能力的一个参数，是 γ 光子与岩石中的电子发生的平均光电吸收截面，单位是 b/电子。它和原子序数有如下关系：

$$P_e = a \cdot Z^{3.6} \qquad (12-11)$$

式中 a——常数。

由式(12-11)可见，地层岩性不同，P_e 有不同的值。P_e 对岩性敏感，可用来区分岩性。P_e 是岩性密度测井测量的一个参数。

2. 体积光电吸收截面 U

体积光电吸收截面是每立方厘米物质的光电吸收截面，以 U 表示，单位是 b/cm³。不同岩性地层的体积光电吸收截面不同。表 12-2 列出了常见矿物和流体的 P_e 和 U 值。

表 12-2 常见矿物和流体的 P_e、U 值

矿物和流体	石英	方解石	白云石	石膏	硬石膏	岩盐	淡水	盐水 12000mg/L	盐水 20000mg/L	油气 CH₂₊	油气 CH₄
P_e b/电子	1.806	5.084	3.142	3.420	5.055	4.169	0.358	0.807	1.2	0.119	0.125
U b/cm³	4.79	13.77	9.00	8.11	14.95	9.65	0.40	0.96	1.48	0.11	0.12

从表 12-2 中可以看出，U 和 P_e 一样，对地层岩性敏感，U 也是岩性密度测井所要确定的一个参数。体积光电吸收截面 U 与光电吸收截面指数 P_e 有下述关系：

$$P_e \approx U/\rho_b \qquad (12-12)$$

所以可以由 P_e 求 U。

二、密度测井的基本原理

图 12-10 是常用的一种密度测井仪示意图。它包括一个伽马源、两个接收 γ 射线的探测器（即长源距探测器和短源距探测器）。它们安装在滑板上，测井时被推靠到井壁上。在下井仪器的上方装有辅助电子线路。

三维动画
补偿密度测井

通常用 ^{137}Cs 作伽马源,它发射的 γ 射线具有中等能量(0.661MeV),用它照射物质只能产生康普顿散射和光电效应。由于地层的密度不同,对 γ 光子的散射和吸收的能力不同,探测器接收到的 γ 光子的计数率也就不同。

在密度测井中,伽马源到探测器之间的距离称为源距。在密度大的地层中,计数率随源距的增长下降得快;而在密度小的地层中,计数率随源距的增大下降得慢。在不同密度的地层中,计数率与源距的关系曲线有一个交点,相应的源距称为零源距。当源距为零源距时,不同密度的地层中有相同的计数率,仪器对地层密度的灵敏度为零。小于零源距的源距称为负源距,大于零源距的源距称为正源距。密度测井均采用正源距。

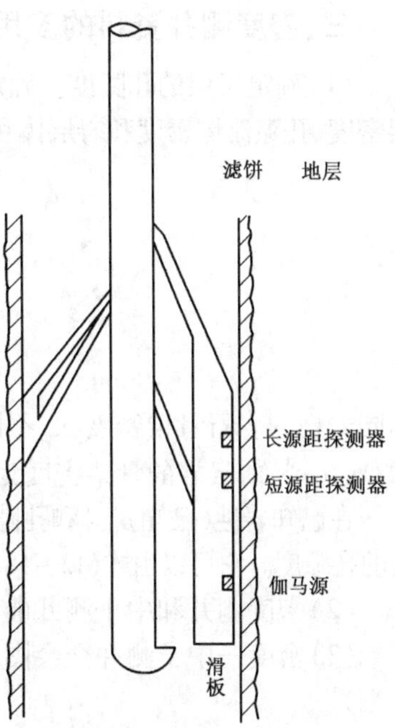

已知通过距离为 L 的 γ 光子的计数率为

$$N = N_0 e^{-\mu L} \qquad (12-13)$$

若只存在康普顿散射,则 μ 即为康普顿散射吸收系数,所以

$$N = N_0 e^{-\frac{\sigma_e Z N_A}{A} \rho_b L} \qquad (12-14)$$

由于沉积岩的 $Z/A \approx 0.5$,故

$$N = N_0 e^{-\frac{\sigma_e N_A}{2} \rho_b L} \qquad (12-15)$$

式(12-15)两边取对数,则得

$$\ln N = \ln N_0 - \frac{\sigma_e N_A}{2} \rho_b L = \ln N_0 - K \rho_b L \qquad (12-16)$$

其中,$K = \sigma_e N_A / 2$ 为常数。由式(12-16)可见,探测器记录的计数率 N 在半对数坐标系上与 ρ_b 和 L 呈线性关系。

当井壁上有滤饼存在,且滤饼的密度与地层的密度不同时,滤饼对测量值有一定的影响。为了补偿滤饼的影响,密度测井采用两个探测器(长源距和短源距),得到两个计数率 N_{ls} 和 N_{ss},利用长源距计数率 N_{ls} 得到一个视地层密度 ρ_b',再由 N_{ls} 和 N_{ss} 得到一个滤饼影响校正值 $\Delta\rho$,则地层密度 $\rho_b = \rho_b' + \Delta\rho$。密度测井同时输出 ρ_b 和 $\Delta\rho$ 两条曲线,如图 12-11 所示。密度测井还可以输出石灰岩孔隙度测井曲线,测量使用的仪器是在饱含淡水的石灰岩地层中刻度的。

图 12-10 密度测井仪示意图

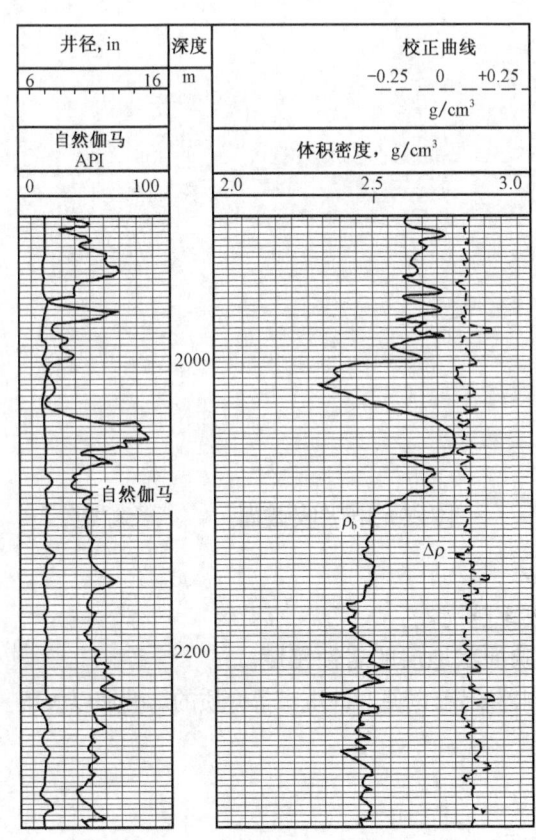

图 12-11 补偿密度测井曲线

三、密度测井资料的应用

(1)确定岩层的孔隙度。确定岩层孔隙度是密度测井的主要应用。若纯岩石孔隙度为ϕ,骨架密度、孔隙流体密度和岩层体积密度分别为ρ_{ma}、ρ_f、ρ_b,则其体积密度和孔隙度ϕ的关系是

$$\rho_b = (1-\phi)\rho_{ma} + \phi\rho_f \qquad (12-17)$$

所以

$$\phi = \frac{\rho_{ma} - \rho_b}{\rho_{ma} - \rho_f} \qquad (12-18)$$

不同岩性的岩石骨架密度ρ_{ma}不同,砂岩的骨架密度一般为$2.65g/cm^3$,石灰岩的骨架密度为$2.71g/cm^3$,白云岩的骨架密度为$2.87g/cm^3$。

在已知岩性(已知ρ_{ma})和孔隙流体(已知ρ_f)的情况下,就可以由密度测井的测量值ρ_b求纯岩石的孔隙度。它可以由式(12-18)计算。在求含泥质岩层的孔隙度时,应考虑泥质的影响。

(2)密度测井和中子测井曲线重叠可以识别气层,判断岩性(见本项目任务三)。

(3)密度—中子测井交会图($\rho_b - \phi_N$交会图)法,可以确定岩性求解孔隙度(见本项目任务三)。

【任务实施】

一、目的要求

(1)能够正确识读密度测井曲线;
(2)能够正确分析解释密度测井曲线。

二、资料、工具

(1)学生工作任务单;
(2)密度测井曲线。

【任务考评】

一、理论考核

(一)名词解释

康普顿吸收系数　　质量光电吸收截面　　体积光电吸收截面　　长源距

(二)判断题(如果有错误,分析错误并改正)

(1)在源距很大时,地层密度越大,测井计数率越高。
(2)密度测井的径向探测深度很大,主要反映原状地层的岩性密度。
(3)密度测井多采用长源距和短源距的双探测器装置,以便对冲洗带等介质的影响加以校正。

(三)简答题

(1)密度测井的基本原理是什么?
(2)采用双源距进行密度测井的目的是什么?
(3)密度测井的主要应用是什么?

二、技能考核

(一)考核项目

(1)分析解释密度测井曲线。
(2)绘制不同地层密度测井曲线。

(二)考核要求

(1)准备要求:工作任务单准备。
(2)考核时间:30min。
(3)考核形式:口头描述和笔试。

任务三　中子测井曲线分析与解释

【任务描述】

中子测井是放射性测井的一种,其测量机理是利用中子和地层相互作用的各种效应,研究钻井剖面地层性质。用于研究地层的孔隙度、岩性以及孔隙流体性质等地质问题。本任务主要介绍各种中子测井方法的测量原理、影响因素分析和资料解释应用等。通过本任务的学习,主要要求学生理解中子测井原理及中子测井曲线解释应用方法,使学生具备中子测井曲线分析解释应用能力。

【相关知识】

一、中子测井的核物理基础

(一)中子和物质的作用

中子射入物质时,要和物质的原子核发生一系列碰撞,碰撞可划分为以下三个阶段。

1. 快中子的非弹性散射阶段

高能快中子(能量大于14MeV)进入物质后,与原子核发生碰撞,先被靶核吸收形成复核,损失部分能量后朝一定方向散射。损失的部分能量使靶核处于较高能级的激发状态,靶核返回到稳定的基态后将多余能量以伽马射线的形式释放,这种快中子与靶核的作用称为非弹性散射,形成的γ射线称为非弹性散射伽马射线。

2. 快中子的弹性散射阶段

非弹性散射阶段结束后,快中子的能量已降低很多,再与靶核发生碰撞后中子和靶核组成的系统的总动能不变,中子的能量降低,速度减慢,它所损失的能量仅转变为靶核(反冲核)的动能,这种碰撞称为快中子的弹性散射。

快中子在多次弹性散射中将逐渐降低能量、减小速度,最后成为超热中子和热中子。

一个中子和一个原子核发生弹性散射的概率称为微观弹性散射截面 σ_s,其单位是 b(巴, $1b = 10^{-24}cm^2$)。$1cm^3$ 物质的原子核的微观弹性散射截面之和称为宏观弹性散射截面 Σ_s。不同的元素散射截面不同,而且发生一次散射平均损失的中子能量也不同。沉积岩地层中不同元素对快中子的减速能力是不同的。氢(H)是对中子最好的减速元素,它的弹性散射截面是 45.0b,每次散射的最大能量损失(100%)。中子能量由 2MeV 减速为热中子所需要的平均散射次数为 18。含氢越多的物质,减速能力越强。减速能力的大小可以用减速长度 L_s 来描述。减速能力大则 L_s 短,反之则长。L_s 定义为

$$L_s \stackrel{\text{def}}{=} \sqrt{\frac{\overline{R_d^2}}{6}} \quad (12-19)$$

式中 $\overline{R_d^2}$——减速距离,是中子减速为热中子所移动的直线距离。

3. 热中子的扩散与俘获阶段

形成热中子后,中子不再减速,只是在介质中由热中子密度大的区域向密度小的区域扩散直至被介质原子核俘获。在辐射俘获核反应中,靶核俘获一个热中子,形成处于激发态的复核,然后以 γ 射线形式放出过剩能量,靶核回到基态。释放的 γ 射线称为俘获伽马射线或中子伽马射线。描述扩散及俘获特性的参数有扩散长度 L_d、宏观俘获截面 Σ_a 和热中子寿命 τ_t 等参数。

1) 扩散长度

从产生热中子起到其被俘获吸收为止,热中子移动的直线距离称为扩散距离 $\overline{R_t^2}$,则扩散长度 L_d 定义为

$$L_d \stackrel{\text{def}}{=} \sqrt{\frac{\overline{R_t^2}}{6}} \quad (12-20)$$

物质对热中子的俘获吸收能力越强,扩散长度就越短。

2) 宏观俘获截面 Σ_a

一个原子核俘获热中子的概率称为该原子核的微观俘获截面。$1cm^3$ 物质中所有原子核的微观俘获截面之和是宏观俘获截面 Σ_a。表 12-3 绘出了沉积岩中常见的几种元素的微观俘获截面。

表 12-3 几种元素的微观俘获截面

元素	钙 Ca	氯 Cl	硅 Si	氧 O	碳 C	氢 H
微观俘获截面,b	0.42	32	0.16	0.0016	0.0045	0.329

由表中可以看出,在常见元素中,氯核对热中子俘获截面是最大的。

3) 热中子寿命 τ_t

从热中子生成开始到它被俘获吸收为止所经过的平均时间称为热中子寿命,它和宏观俘获截面的关系是

$$\tau_t = \frac{1}{v\Sigma_a} \quad (12-21)$$

式中 v——热中子移动速度,常温下,$v = 0.22 cm/\mu s$。

所以式(12-21)可写成

$$\tau_t = \frac{4.55}{\Sigma_a} \quad (12-22)$$

(二)中子探测器

中子测井探测的是超热中子和热中子。利用超热中子、热中子和探测器物质的原子核发生核反应,利用核反应所产生的带电 α 粒子或 β 粒子使探测器的计数管气体电离形成脉冲电流,产生电压负脉冲或使探测器的闪烁晶体形成闪烁荧光,产生电压负脉冲来接收记录中子。目前广泛应用的有三类探测器,即硼探测器、锂探测器、氦三(^{3}He)探测器。

微课视频
中子测井

二、中子—×中子测井

(一)中子—超热中子测井

1. 中子—超热中子测井的基本原理

中子—超热中子测井是通过探测超热中子密度以反映地层中子减速特性、划分储集层的测井方法。图 12-12 是一种超热中子测井仪的示意图,这种测井仪称为井壁超热中子测井仪(SNP)。

由中子源发出的快中子在地层运动和地层中的各种原子核发生弹性散射,逐渐损失能量、降低速度,成为超热中子。其减速过程的长短与地层中原子核的种类、数量有关。在地层中的所有元素中,氢是减速能力最强的元素,它的存在及含量就决定着地层的减速长度 L_s 的大小,而地层中的水分和石油是氢的主要来源。地层中的水分和石油多存在于岩石孔隙中,因此,通过地层超热中子密度测量就可以间接反映地层含氢量,进而指示地层孔隙度。

当孔隙中 100% 充满水时,孔隙度越大,地层减速长度就越短。L_s 随 ϕ 增大而缩短,而且孔隙度相同、岩性不同(砂岩、石灰岩和白云岩)的地层减速长度不同。

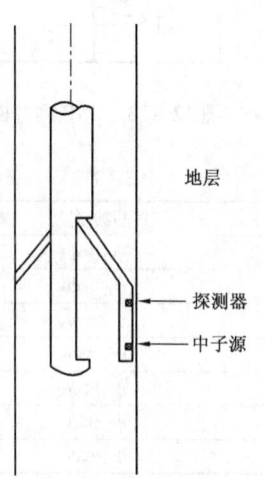

图 12-12 井壁超热中子测井仪

为了方便,在中子测井中将淡水的含氢量定义为一个单位,用它来衡量所有地层中其他物质的含氢量。$1cm^3$ 的任何物质中的氢核数与同体积的淡水中的氢核数的比值,称为该物质的含氢指数。

孔隙度越大,含氢量越多,减速长度 L_s 越小,则在中子源附近的超热中子越多;相反,孔隙度越小,减速长度 L_s 越大,则在较远的空间形成有较多的超热中子。

采用长源距接收记录超热中子时,孔隙度大的计数率低,孔隙度小的计数率高;采用短源距接收记录超热中子则有相反的情况,即孔隙度大,计数率高,孔隙度小,计数率低。

实际应用中使用的是长源距,由于超热中子被元素俘获的截面非常小,所以超热中子的空间分布不受岩层含氯量的影响(即地层水矿化度的影响),能够较好地反映氢含量的多少,即较好地反映岩层孔隙度的大小。

2. 中子—超热中子测井资料应用

1)确定地层孔隙度

超热中子测井曲线 SNP 又称为视石灰岩孔隙度或中子孔隙度曲线、含氢指数曲线。仪器在石灰岩井内刻度测量,通过一定的转换公式,将电脉冲计数率转换为岩石孔隙度输出,测井曲线如图12-13所示。

对于孔隙度相同岩性不同的地层,超热中子的计数率是不同的。实际使用的仪器是以石

251

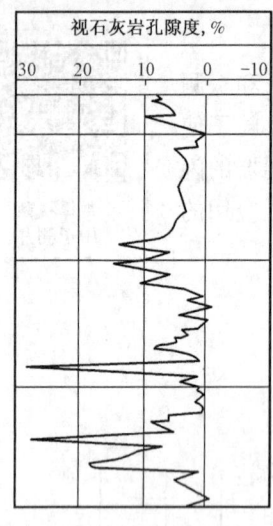

图 12-13 SNP 测井曲线

灰岩孔隙度为标准刻度的,所以它所记录的孔隙度是视石灰岩孔隙度。对于除石灰岩以外的其他岩性的岩石,必须做岩性校正。

在由视石灰岩孔隙度求地层的真孔隙度时,除了要做岩性校正之外,还要进行滤饼等校正,含气地层还要做孔隙流体校正。

2) 交会法确定孔隙度与岩性

中子—超热中子测井与声波测井或密度测井组合,可以用交会图确定孔隙度与岩性,已知超热中子测量值、石灰岩孔隙度和密度测井的体积密度值,就可用图版确定孔隙度与岩性。

3) 中子、密度测井曲线重叠法划分岩性

中子与密度测井曲线重叠可用来定性直观判断岩性。若岩石由单一矿物组成,曲线重叠法的解释如表 12-4 所示。图 12-14 是密度—中子曲线重叠法的应用实例。

表 12-4 中子与密度曲线重叠判断岩性

曲线关系	近似差值,%	可能的骨架物质
$\phi_D \gg \phi_N$	40	岩盐
$\phi_D > \phi_N$	5~6	砂岩
$\phi_D = \phi_N$		石灰岩
$\phi_D < \phi_N$	8.13	白云岩
$\phi_D < \phi_N$	16	硬石膏
$\phi_D \ll \phi_N$	10~30	泥岩
$\phi_D \ll \phi_N$	28	石膏

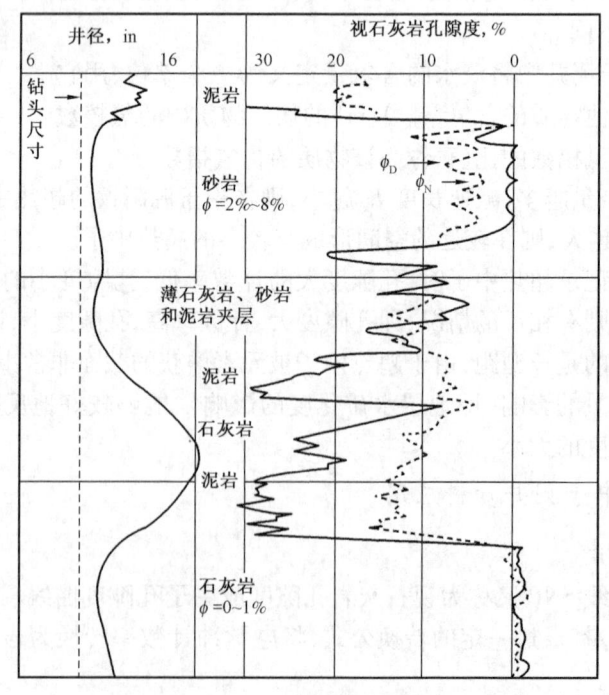

图 12-14 密度—中子曲线重叠划分岩性

4) 估计油气密度

天然气的存在会使超热中子测井得到的孔隙度偏小,而使密度测井得到的孔隙度偏大。

因此,在已知含油气饱和度(S_h)的条件下,可以用图 12-15,由 ϕ_N/ϕ_D 的比值估计出油气的密度 ρ_h。

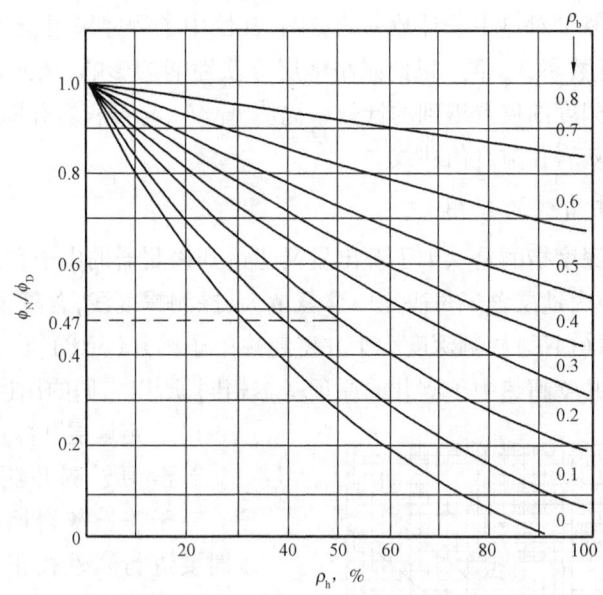

图 12-15 用 ϕ_N/ϕ_D 估计油气密度图版

5) 定性指示高孔隙度气层

若孔隙中含有天然气,则会使超热中子测井的孔隙度值与相同孔隙度的水层、油层相比偏低,这个特点可用来显示气层。与中子测井含气显示相反,天然气会使密度测井的视石灰岩孔隙度增大,所以中子测井孔隙度和密度测井孔隙度曲线重叠时,明显的幅度离差是气层特征。图 12-16 是这两种曲线重叠显示气层的示意图。

(二) 中子—热中子测井

中子源向地层发射快中子,经与地层中的原子核发生弹性散射被减速为热中子。测量探测器附近热中子密度,研究地层含氢量的测井方法称为中子—热中子测井。补偿中子测井是较好的一种中子—热中子测井方法。

1. 补偿中子测井的补偿原理

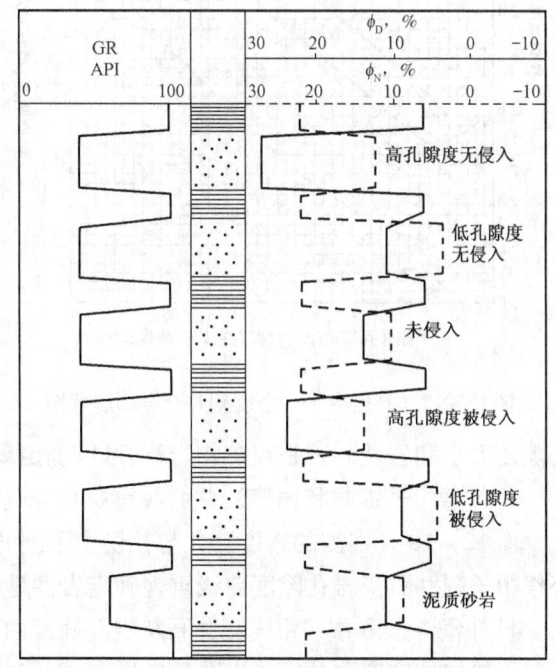

图 12-16 ϕ_N 与 ϕ_D 曲线重叠显示气层示意图

热中子与超热中子的能量相差不多,其空间分布规律与超热中子的空间分布规律是一致的,即在长源距的情况下,岩层的孔隙度越大,热中子的计数率越低;孔隙度越小,计数率越高。

由于热中子能量与原子核处于热平衡状态,容易被原子核俘获,同时伴生俘获 γ 射线。在组成沉积岩的元素中,氯的热中子俘获截面最大,因此地层含氯量决定了岩石的俘获特性。这就使得热中子的空间分布既与岩层的含氢量有关,又与含氯量有关。这对于用热中子计数率大小反映岩层含氢量,进而反映岩层孔隙度值来说,氯含量就是个干扰因素。

为了减弱地层含氯量对热中子计数率的影响,补偿中子测井采用长、短源距两个探测器接收热中子,得到两个计数率 N_{ls}、N_{ss},以此减小地层俘获性能的影响,从而很好地反映地层的含氢量。根据用石灰岩刻度的仪器得到的计数率比值 N_{ls}/N_{ss} 与石灰岩孔隙度 ϕ 的关系,补偿中子测井可直接给出石灰岩孔隙度值曲线。

2. 补偿中子测井曲线的应用

中子测井的探测深度指的是从中子源出发又能达到探测器的中子在地层中所渗入的平均深度,这个深度的大小由地层含氢量决定。含氢量大,探测深度浅;含氢量小,探测深度深。一般来说,补偿中子测井(CNL)探测深度大于井壁超热中子测井(SNP),也大于密度测井。

补偿中子测井和井壁超热中子测井的原理基本相同,所以它们的用途也基本相同。

1) 确定地层孔隙度

补偿中子测井测量的是石灰岩孔隙度。对于非石灰岩地层,在确定地层孔隙度时要进行岩性校正,校正图版和井壁中子测井的岩性校正图版类似。图 12 – 17 是补偿中子测井(CNL)的岩性校正图版。因为井径、滤饼厚度、钻井液密度和矿化度等井参数对测量值都有影响,如果是在套管井中测井,测量值还受套管的厚度及直径的影响,因此,在求地层孔隙度时,对这些影响因素均应进行校正,校正也是用图版进行的。

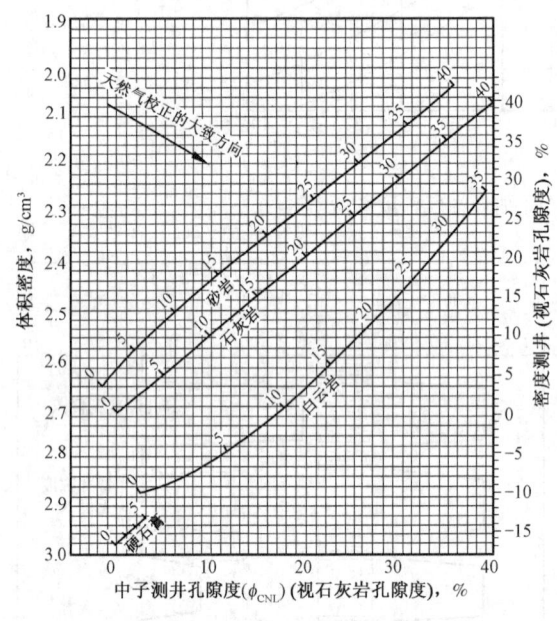

图 12 – 17　补偿中子—密度测井交会图解释图

2) 中子测井与密度测井交会求孔隙度、确定岩性

由密度测井的体积密度值和中子测井的石灰岩孔隙度值的交会点可确定地层的孔隙度大小和岩性。若是双矿物岩石,可以确定双矿物的比例。

3) 补偿中子测井和密度测井曲线重叠直观确定岩性

图 12 – 18 是实测的密度测井与补偿中子测井石灰岩孔隙度重叠图,其规律和用密度测井补偿中子测井石灰岩孔隙度曲线重叠确定岩性是相同的。

4) 补偿中子测井和密度测井石灰岩孔隙度曲线重叠定性判断气层

天然气使密度测井石灰岩孔隙度增大,而使补偿中子测井石灰岩孔隙度减小。图 12 – 19 是补偿中子测井和密度测井的实测石灰岩孔隙度曲线重叠图,在图中三个深度上明显显示出含气层。

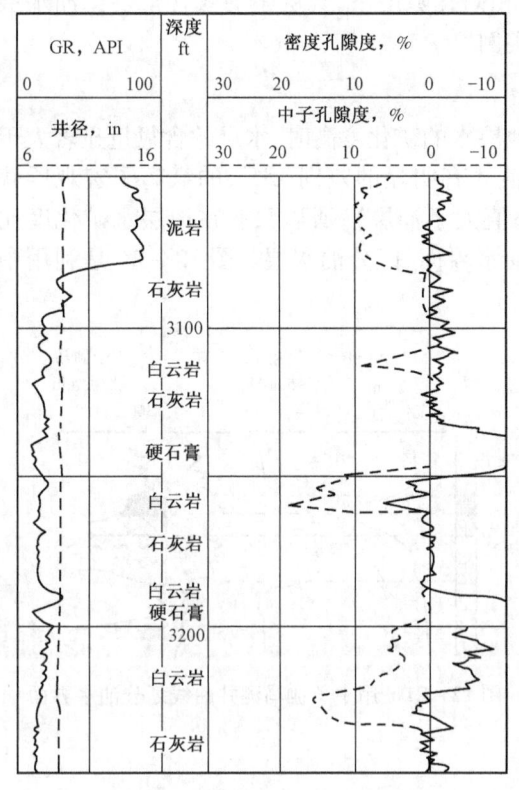

图12-18 实测密度测井与补偿中子
测井石灰岩孔隙度重叠图

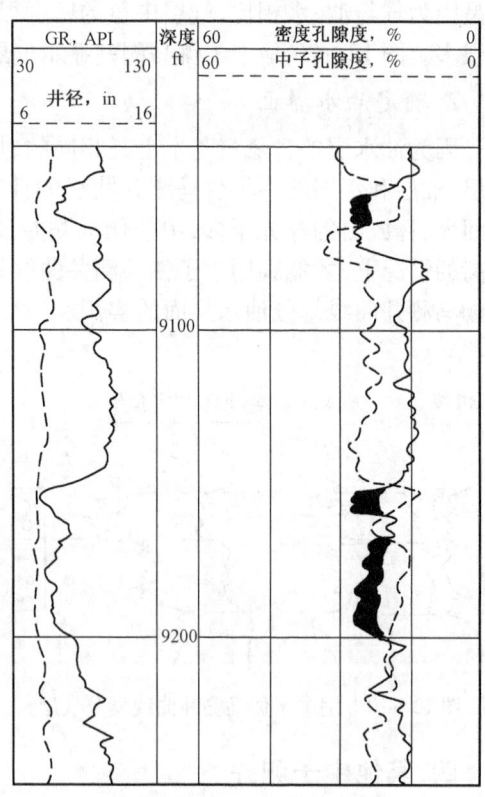

图12-19 密度测井与补偿中子
测井实测石灰岩孔隙度曲线重叠图

三、中子伽马测井

热中子继续在地层中扩散,并不断被吸收。有些原子核能俘获热中子,产生俘获伽马射线,即中子伽马射线。中子伽马测井就是沿井身探测记录中子伽马射线强度的一种中子测井方法。中子伽马测井值主要反映地层的含氢量,同时又与含氯量有关。

(一)中子伽马测井原理

俘获伽马射线的空间分布主要和地层的含氢量有关,还受地层的含氯量(即地层水矿化度)的影响。实验证明,中子伽马计数率随源距增大而按指数规律下降;零源距时,计数率与地层含氢量(孔隙度)无关,但仍能反映含氯量的变化;若含氯量增大,计数率也增大;源距大于零源距时,若含氢量增大(孔隙度增大),计数率减小。

中子伽马测井采用的是长源距(国内通常采用的源距为60~65cm);所以若中子伽马测井的计数率大,说明地层的含氢量小,孔隙度小;若计数率小,则说明地层的含氢量大,孔隙度大。

中子伽马测井的下井仪器包括中子源和γ射线探测器,在中子源和探测器之间放有屏蔽体铅,防止中子源伴生伽马射线由仪器内部直接进入探测器。中子伽马测井探测深度略大于热中子和井壁超热中子测井。

(二)中子伽马测井曲线的应用

1. 划分气层

中子伽马测井曲线可以用来划分气层。在气层处,中子伽马测井显示出很高的计数率值,这是因为气与油、水相比，气层中氢的密度很小。相同孔隙度下，气层中的氢含量要比油水层小很多。图12-20是中子伽马测井显示气层的实例。

2. 确定油水界面

因为油水层的含氢量基本上是相同的，只有地层水的矿化度高时，水层的含氯量显著大于油层，油层和水层的中子伽马测井曲线的计数率值才有明显的差别(水层的氯离子宏观俘获截面大，释放出的γ光子多，中子伽马测井计数率值大于油层)，所以只有在地层水矿化度比较高的情况下，才能利用中子伽马测井曲线划分油水界面、区分油水层。图12-21是利用中子伽马测井曲线划分油水界面的实例。

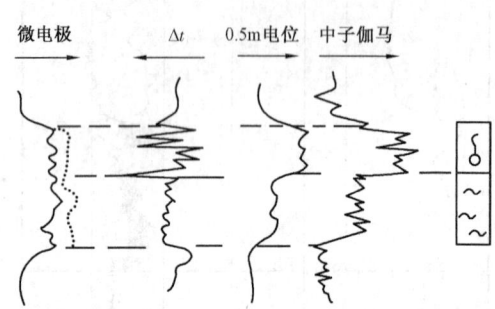

图12-20　用中子伽马测井曲线划分气层

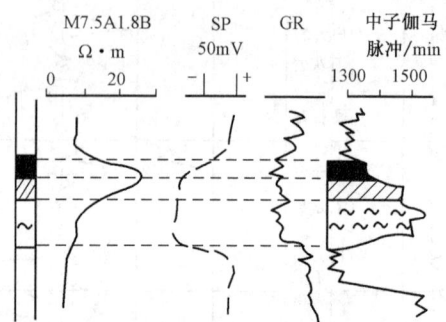

图12-21　用中子伽马测井曲线划分油水界面

四、其他中子测井

除了前面介绍的几种中子测井方法外，还有使用脉冲中子源的一类中子测井方法，称为脉冲中子测井，通常脉冲中子测井包括中子寿命测井和非弹性散射伽马能谱测井。

(一)中子寿命测井

中子寿命测井(NIL)也称为热中子衰减时间测井(TDT)。它是通过测量热中子在地层中的寿命，也就是研究地层对热中子的俘获性质，从而认识地层的一种中子测井方法。

1. 中子寿命测井的基本原理

由井下仪器的脉冲中子源在井内向地层发射能量为14MeV的快中子，经过和地层的原子核发生非弹性散射和弹性散射，逐渐减速成为热中子，直至热中子有63.7%被岩石原子核俘获产生俘获伽马射线为止，热中子所经过的这段平均时间称为热中子的寿命。热中子寿命的长短和物质的宏观俘获截面有关。在沉积岩中，岩石的宏观俘获截面的大小主要取决于氯的含量，即主要取决于地层水的矿化度。地层水的含盐量越大，则其俘获截面越大，热中子寿命就越短。所以记录热中子寿命或岩石的宏观俘获截面能反映地层中含氯量的多少。盐水层比油层的含氯量大，因此，盐水层有比油层宏观俘获截面大得多、热中子寿命小得多的特点，所以中子寿命测井可以用来划分盐水层。

快中子变成为热中子以后，热中子开始向周围扩散。在地层内的扩散中，地层中某点的热中子密度 N 按指数规律依下式随时间衰减：

$$N = N_0 e^{-\frac{T}{\tau}} \tag{12-23}$$

式中　N_0——开始衰减时的热中子密度；

N——经过时间 T 的热中子密度；

τ——岩石的热中子寿命。

因为在任何时刻存在的俘获伽马射线的强度都是与仪器周围的热中子密度成正比的,所以测量俘获伽马射线强度或热中子的密度可以求得地层的热中子寿命或者岩石的宏观俘获截面。

在两次发射脉冲中子之间,在俘获伽马射线强度随时间按指数规律衰减的时间范围内,选取两个适当的延迟时间 T_1 和 T_2,分别在 T_1 和 T_2 时间段内(T_1 和 T_2 测量时间门)测量热中子被俘获所放出来的俘获伽马射线的强度,按照式(12-24),T_1 时刻和 T_2 时刻的俘获伽马射线计数率分别为

$$N_1 = N_0 \mathrm{e}^{-\frac{T_1}{\tau}} \qquad (12-24)$$

$$N_2 = N_0 \mathrm{e}^{-\frac{T_2}{\tau}} \qquad (12-25)$$

式(12-24)除以式(12-25),则得

$$\tau = \frac{T_2 - T_1}{\ln \dfrac{N_1}{N_2}} = \frac{0.4343(T_2 - T_1)}{\lg N_1 - \lg N_2} \qquad (12-26)$$

式(12-26)中,T_1、T_2 是已知的,测量得到 N_1、N_2,再由中子寿命测井仪的专用计算线路计算得到热中子寿命 τ 或宏观俘获截面 Σ。沿井身测量则会得到 τ 或 Σ 的测井曲线,如图12-22所示。

2. 中子寿命测井曲线的应用

1)划分油水层

矿化度较高的水层比油层的俘获截面大(有较小的中子寿命),可用中子寿命测井曲线划分油层和盐水层。

2)观察油水界面(或气水界面)的变化

油层在采油过程中,含水饱和度不断变化,油水界面向上移动。在地层水矿化度较大的情况下,利用不同时间测的宏观俘获截面 Σ 或中子寿命 τ 曲线,可以了解油水界面(或气水界面)向上移动的速度,井身由浅到深,τ 曲线在油水或气水界面处由高值变为较低值。图12-23是利用中子寿命测井曲线观察油水界面变化的实例,TDT1是完井后不久测得的,TDT2是投产三年后未停产测得的,而TDT3是投产三年后又停产四个月测得的。由曲线可以看出,油水界面由最初的270ft处上升到了230ft处,TDT2曲线所反映的油水界面是视油水界面,它是由水锥造成的。

3)求含水饱和度(S_w)

在地层孔隙度比较大且地层水矿化度比较高的情况下,可以由中子寿命测井的宏观俘获截面 Σ 求含水饱和度 S_w。纯地层情况下的地层宏观俘获截面为

$$\Sigma = \Sigma_{\mathrm{ma}}(1-\phi) + \phi S_\mathrm{w} \cdot \Sigma_\mathrm{w} + \phi(1-S_\mathrm{w})\Sigma_\mathrm{h} \qquad (12-27)$$

整理得

$$S_\mathrm{w} = \frac{\Sigma - \Sigma_{\mathrm{ma}} + \phi(\Sigma_{\mathrm{ma}} - \Sigma_\mathrm{h})}{\phi(\Sigma_\mathrm{w} - \Sigma_\mathrm{h})} \qquad (12-28)$$

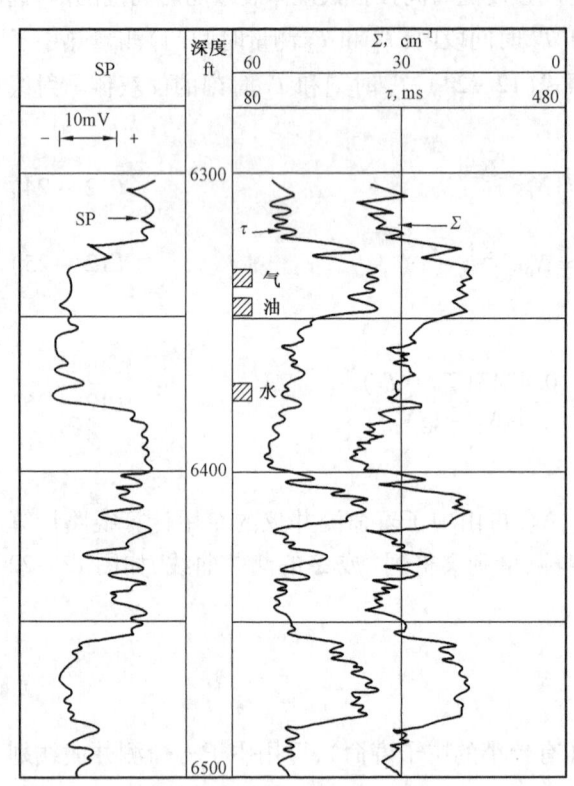
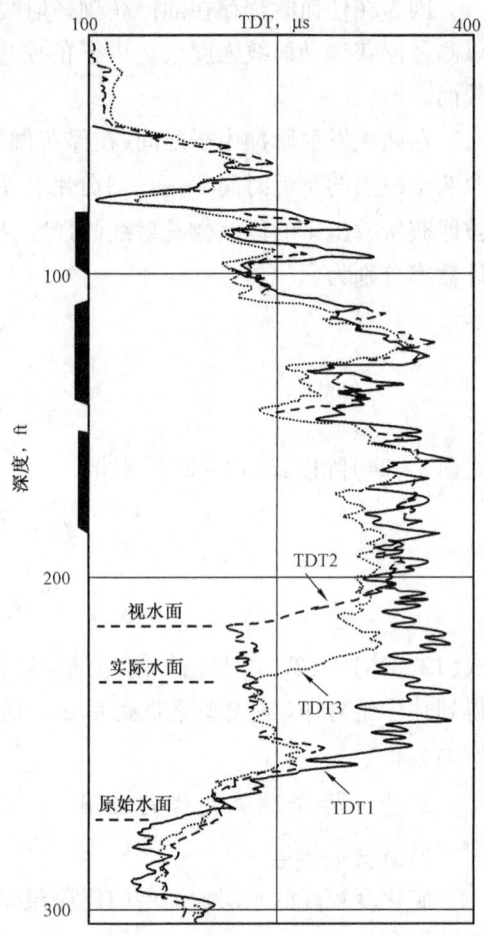

图 12-22 中子寿命测井曲线　　图 12-23 中子寿命测井确定油水界面变化实例

式中　Σ_{ma}——岩石骨架的宏观俘获截面，根据岩性可查表或计算求得；

ϕ——孔隙度，由孔隙度测井求得；

Σ_w——地层水宏观俘获截面，可根据地层水的温度与所含盐的成分和浓度查图版或计算求得；

Σ_h——油、气的宏观俘获截面，可查图版求得。

上述参数均可查得，故由中子寿命测井测得 Σ 值后，就可以用上述公式求得纯地层的含水饱和度 S_w。在含泥质地层中，用下式求含水饱和度 S_w：

$$S_w = \frac{\Sigma - \Sigma_{ma} + \phi(\Sigma_{ma} - \Sigma_h)}{\phi(\Sigma_w - \Sigma_h)} - \frac{V_{sh}(\Sigma_{sh} - \Sigma_{ma})}{\phi(\Sigma_w - \Sigma_h)} \qquad (12-29)$$

式中　V_{sh}，Σ_{sh}——泥质的体积百分含量和泥质的宏观俘获截面。

（二）非弹性散射伽马能谱测井

1. 非弹性散射伽马能谱测井基本原理

非弹性散射伽马能谱测井是利用脉冲中子源向地层发射 14MeV 高能快中子，测量这些快中子与地层物质发生非弹性散射放出的伽马射线的能谱的一种测井方法。

快中子与地层中不同元素发生非弹性散射放出具有不同特征能量的 γ 射线，例如硅（Si）、钙(Ca)、碳(C)、氧(O)的非弹性散射伽马射线能量依次分别为 1.78MeV、3.75MeV、4.43MeV、6.19MeV。对非弹性散射伽马射线进行能量分析,分别测量各种能量的非弹性散射伽马射线的强度,就可以确定地层中存在的元素和它们各自的浓度。14MeV 的高能快中子打入地层后,在 $10^{-8} \sim 10^{-7}$s 时间间隔内,主要发生非弹性散射,发射非弹性散射伽马射线,而后经过弹性散射减速变为热中子,被俘获产生俘获伽马射线。这个过程发生在快中子射入地层后的 $10^{-4} \sim 10^{-3}$s 时间间隔里。

非弹性散射伽马能谱测井根据不同核反应的时间分布,按照时间先后,仪器开有脉冲门、俘获门等测量门,分别接收非弹性散射伽马射线和俘获伽马射线;利用多道脉冲幅度分析器进行伽马能谱分析,分别测量不同能量的非弹性散射伽马射线强度和俘获伽马射线强度。

2. 非弹性散射伽马能谱测井曲线的应用

在岩石内常见的元素中,^{12}C 和 ^{16}O 都具有较大的快中子非弹性散射截面,且所产生的非弹性散射伽马射线均有较高的能量。^{12}C 和 ^{16}O 分别为油气和水很好的指示元素。所以非弹性散射伽马能谱测井选择测量地层中的碳和氧产生的非弹性散射伽马能谱,取其计数率比值(C/O),由 C/O 来确定储层的含油饱和度。求 C/O 的非弹性散射伽马能谱测井,通常称为碳氧比能谱测井。图 12-24 为实测的 C/O 测井曲线。油层处对应的 C/O 高,水层 C/O 低。

1) 确定含油饱和度 S_o

含油饱和度不同,碳氧比能谱测井得到的 C/O 是不同的,所以根据 C/O 和含油饱和度值的关系曲线,可以由 C/O 确定 S_o。图 12-25 是大庆油田用 Ge(Li)型碳氧比能谱仪做出的由 C/O 确定 S_o 的解释图版,曲线模数是孔隙度值。若已知储层的孔隙度,就可以用图版由 C/O 求 S_o。

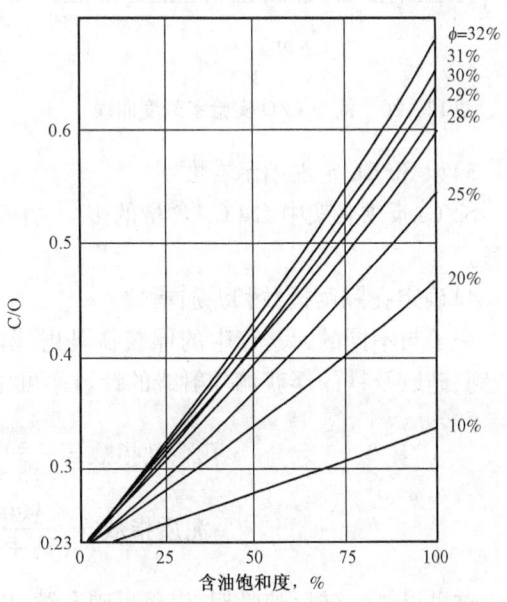

图 12-24 C/O 测井实测曲线　　图 12-25 Ge(Li)型 C/O 能谱仪解释图版

从图12-26理论计算的C/O与孔隙度和含油饱和度关系曲线中可以看出,只有在孔隙度比较大的情况下,由C/O确定的S_o才是比较可靠的;此外还可看出,岩性不同的地层,其C/O和S_o有不同的关系曲线,石灰岩的C/O比砂岩的高。

2)利用C/O测井曲线值划分水淹层

含油砂岩和含水砂岩的C/O的相对差别在28%以上,油层水淹后,水淹部分C/O明显下降。如图12-27所示,图中标有A、B的两段油层已被水淹,其C/O曲线值明显低于未被水淹部分的C/O值。由C/O计算得到的S_w分别高达76.9%和82.9%,均证明A、B段已水淹。

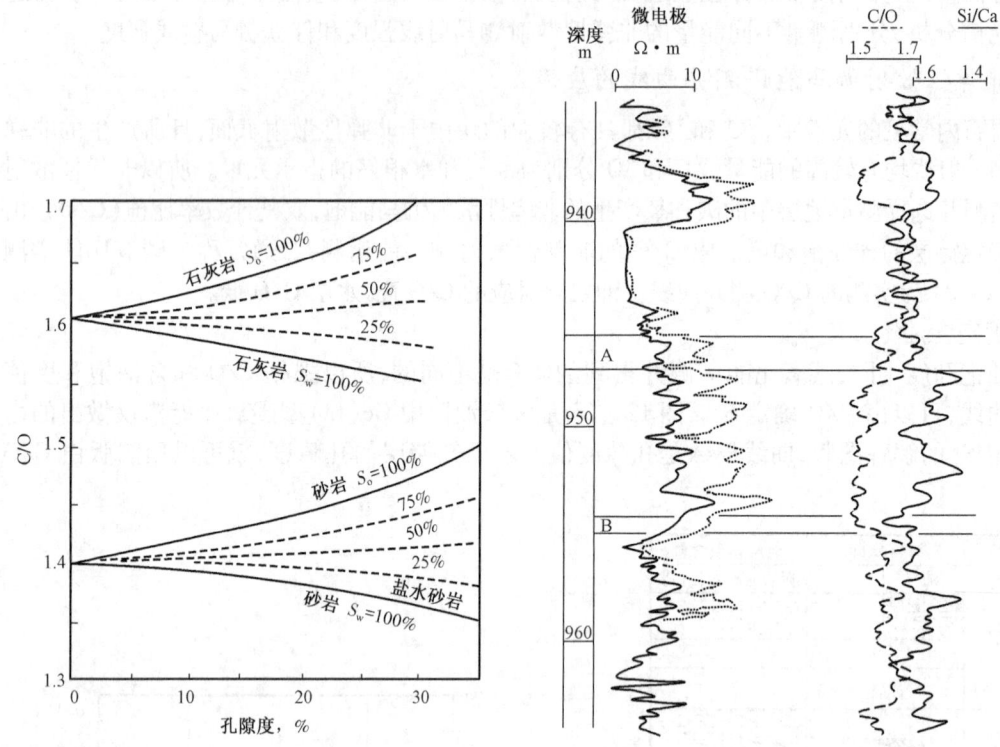

图12-26 简单C/O实验室刻度曲线　　　图12-27 用碳氧比能谱测井曲线判断水淹层实例

3)以Si/Ca定性指示岩性

Si/Ca反映骨架中$CaCO_3$含量的多少,并反映骨架含碳量的多少,可作为C/O测井解释的参考。

4)确定孔隙度指数和泥质指数

中子与不同的元素产生的俘获伽马射线能量也是不同的,因此,由俘获门接收并记录的氢、钙、硅以及铁的俘获伽马射线的计数率可用来计算出孔隙度指数和泥质指数:

$$孔隙度指数 = \frac{氢的俘获伽马计数率}{(钙+硅)俘获伽马计数率}$$

$$泥质指数 = \frac{铁的俘获伽马计数率}{(钙+硅)俘获伽马计数率}$$

这里以钙+硅反映骨架,以氢反映孔隙,以铁反映泥质(因为泥质中含铁量较高)。

【任务实施】

一、目的要求

(1)能够正确识读中子测井曲线;
(2)能够正确分析解释中子测井曲线。

二、资料、工具

(1)学生工作任务单;
(2)中子测井曲线。

【任务考评】

一、理论考核

(一)名词解释

源距   俘获截面   含氢指数   减速长度   扩散长度

(二)判断题

(1)气层在中子伽马测井曲线上出现较大值。
(2)热中子寿命能反映地层中 C 的多少。
(3)由于俘获截面随着中子能量的增加而迅速减小,故超热中子不受 C 元素的影响。
(4)中子测井采用长源距时,随着含氢量的增加,中子伽马计数率降低,热中子读数高,而当含氯量增加时,中子伽马读数高,补偿中子读数低,井壁中子孔隙度大。
(5)中子—中子及中子—伽马测井在泥岩上显示高计数率值。
(6)钻井液含盐度高时,中子的读数增大,ϕ 值减小。
(7)中子测井与密度测井直接测得的并不是孔隙度和体积密度值,实际上中子测井测得的是含氢量,密度测井测得的是含氯量。
(8)气体的存在使实测的密度孔隙度较真孔隙度增大。
(9)中子测井(CNL 或 SNP)测得视石灰岩孔隙度同真孔隙度相比,在纯砂岩地层上高于真孔隙度,在纯白云岩地层上低于真孔隙度。
(10)中子测井的标准刻度井是用已知孔隙度的石灰岩作为标准层,由此得到的单位称为 API。

(三)简答题

(1)中子和物质中原子核的作用过程有哪几种方式?
(2)什么是超热中子测井的探测深度?它和地层的含氢量有什么关系?
(3)地层对快中子的减速长度(L_s)和地层的含氢量有什么关系?
(4)地层对热中子的扩散长度(L_1)和地层的含氯量变化有什么关系?
(5)补偿中子测井要补偿什么因素的影响?为什么要采用双源距比值法?这对源距大小有什么要求?
(6)为什么说中子测井是通过测量含氢指数来测量地层的孔隙度的?
(7)什么是热中子寿命?

（8）中子寿命测井为什么能区分盐水层和油层？为什么中子寿命测井一般要求在下套管的井中进行？

（9）补偿中子测井是采取什么办法补偿含氯量的影响？

（10）能否利用中子寿命测井识别气层？

二、技能考核

（一）考核项目

（1）分析解释中子测井曲线。

（2）绘制不同地层中子测井曲线。

（二）考核要求

（1）准备要求：工作任务单准备。

（2）考核时间：30min。

（3）考核形式：口头描述和笔试。

项目十三　生产测井资料分析与解释

生产测井主要包含了反映井眼质量和套管质量的井径测井、用于研究构造地质的地层倾角测井及反映油井产液和注入井吸水能力大小及管外技术状况的两大剖面（吸水剖面和产液剖面）测井，包括放射性同位素示踪测井、涡轮流量计测井和井温、压力测量。本项目概述性地介绍所涉及的各种测井的原理和解释方法。

【知识目标】

（1）理解井径测井、地层倾角测井、注入剖面测井、产出剖面测井原理；
（2）了解井径测井、地层倾角测井、注入剖面测井、产出剖面测井仪结构组成；
（3）掌握井径测井、地层倾角测井、注入剖面测井、产出剖面测井资料的应用。

【技能目标】

（1）井径测井曲线的识读与分析解释；
（2）地层倾角测井资料的识读与分析解释；
（3）注入剖面测井资料的识读与分析解释；
（4）产出剖面测井资料的识读与分析解释。

任务一　井径测井曲线分析与解释

【任务描述】

在钻井过程中，由于地层岩性不同，钻井液的浸泡和钻具在井内的运动，造成了不同岩性的井段井径大小不一。盐岩层容易被钻井液溶蚀，碳酸盐岩层溶洞和裂隙带可造成井壁不规则等。可以用裸眼井井径变化曲线，结合其他测井曲线去判断地下岩性、进行地层对比、计算固井时的水泥用量等。同时，在生产井中也可以通过生产井井径测井来检查套管质量、射孔质量等。井径测井在钻井质量检测、开发信息获取中都有着重要意义。通过本任务的学习，主要要求学生理解井径测井原理及井径测井曲线解释应用方法，使学生具备井径测井曲线分析解释应用能力。

微课视频
生产测井概述

微课视频
生产测井解释

【相关知识】

一、裸眼井井径测井

在钻井过程中，由于地层岩性不同，钻井液的浸泡和钻具在井内的运动造成了不同岩性的井段井径大小不一。盐岩层容易被钻井液溶蚀，碳酸盐岩层溶洞和裂隙带可造成井壁不规则等。这样，可以用裸眼井井径变化曲线结合其他测井曲线去判断地下岩性，进行地层对比，计算固井时的水泥用量等。

三维动画
井径测井

— 263 —

二、井径仪及井径测井原理

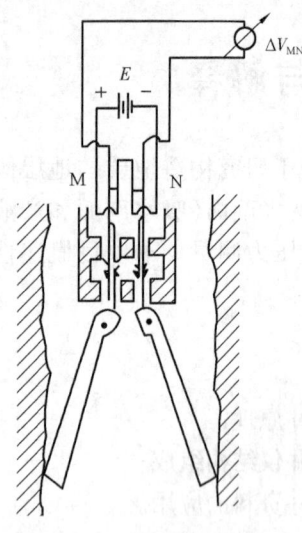

图 13-1 井径测量原理图

井径测井仪类型较多,目前使用较广的是电阻式井径仪。如图 13-1 所示,仪器设有四根井径测量杆,杆之间彼此相隔 90°,各杆的端点用耐磨材料制成,并处于同一水平面中。杆的上端由支柱轴固定在仪器上,并有连杆可带动滑动电阻。测井时,四条测量杆靠弹簧弹力而紧贴井壁,它们的伸张和收缩随井径的大小而改变,并带动作为可变电阻滑动端的连杆上下运动,将井径的变化转换成电阻的变化,测量 M、N 之间电位差变化,即可得到一条随井深变化的井径曲线。

测井时,将探臂端点张开尺寸与钻头直径相等时的 ΔV_{MN} 定为零,这时的尺寸称为起始井径(也称为井径仪的基值),用 d_0 表示。井径变化 Δd_h 时,M、N 之间的电位差变化 ΔV_{MN},可用下面的公式确定所测井径的大小:

$$d_h = d_0 + K \frac{\Delta V_{MN}}{I}$$

式中 d_h——井径,cm;
d_0——起始井径,cm;
K——仪器常数,cm/Ω;
ΔV_{MN}——M、N 端测出的电位差,mV;
I——供电电流,mA。

三、裸眼井井径测井曲线的应用

(一)计算固井水泥量

计算固井水泥量,需要知道套管外环形空间的容积。这个容积可根据由井径测量曲线求出的全井平均井径计算出来。在碳酸盐岩类地层中,井径扩大段往往存在较大的溶洞和裂隙,所以在计算时应考虑溶洞和裂隙对水泥量的影响,正确估算固井水泥用量。

(二)判断岩性,划分地层

井径的变化与岩性有直接关系,岩石的成分和结构不同,钻井过程中钻井液对它们的浸泡、冲刷、渗透作用效果也不相同。

(1)砂岩:一般砂岩地层段井径曲线平直光滑,钙质致密性砂岩地层的井径接近钻头直径;渗透性好的砂岩地层井壁因易结成滤饼,井径稍微缩小;疏松砂岩地层的井壁容易坍塌,井径较大。

(2)泥岩:井径曲线不规则,井径大于钻头直径。具体情况与泥岩性质和钻井液浸泡时间有关。

(3)页岩:一般情况下,井径稍大于钻头直径。油页岩地层的井径接近于钻头直径;膨胀性的泥质页岩地层的井径明显小于钻头直径。

(4)粉砂岩和泥质砂岩:井径大小介于砂岩和泥岩之间。

(5)碳酸盐岩:致密的碳酸盐岩井径曲线平直规则,井径大小接近于钻头直径;渗透性好及有微裂隙的碳酸盐岩地层井壁上附有滤饼,井径稍有缩小;裂隙性的碳酸盐岩地层的井径不规则,井径曲线出现锯齿状;溶洞部位井径扩大,有时可超出井径仪的测量范围。

图13-2为井径测井曲线实例。地层界面对应曲线变化的半幅点。

(三)配合其他测井方法进行综合解释

井径的变化对电法及声波、放射性测井方法的测量结果的影响很大,所以在测井解释时,必须进行井径校正。井径曲线是综合解释的重要辅助资料。

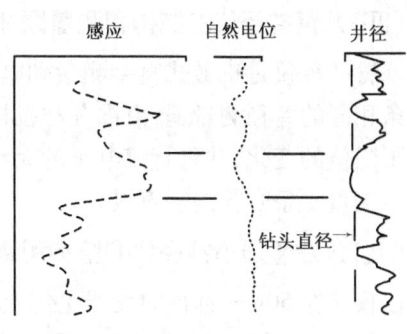

图13-2 砂泥岩剖面井径曲线

四、生产井井径测井

生产井井径测井主要用于检查套管质量、射孔质量。仪器采用接触式测量仪器,即通过井径仪器的测量臂与套管内臂接触将套管内径的变化转为井径测量臂的径向位移,再通过井径仪内部的机械设计及传递变为推杆的垂直位移,带动线性电位器的滑动键垂直位移或是通过钢丝绳和滑动组带动拉杆电位器变化,或者通过涡轮、涡杆使电位器变化,而以电信号(电位差或频率变化)输出并进行记录。

常见井径仪器的有关测量指标如表13-1所示。

表13-1 常见井径仪技术指标

名称	外径,mm	长度,mm	耐温,℃	耐压,MPa	测量范围,mm
微井径仪	80	1300	125	60	100±1~180±1
过油管井径仪	44	3535	80	20	76±1~170±1
过油管十臂最小井径仪	50	3607	70	20	76±2~178±2

(一)微井径仪的结构及测量原理

微井径仪由井径仪改良而成,四条腿位于通过仪器轴而相互垂直的两个平面内。测量时,井径腿靠弹簧的压力紧贴井臂,当套管内臂发生变化时(即井径发生变化时),井径腿随着撑开或收缩,推动螺杆上下运动,与此同时,滑键也在线绕电阻上移动,因此套管内径的变化就变成了电阻值的变化。测量时,通过电路将电阻的变化转化为电压值的变化,由地面仪器记录为代表套管内径变化的曲线。

(二)过油管两臂井径仪的结构和测量原理

过油管井径仪由5部分组成,自上至下为扶正器、电路筒、井径探头、压力平衡管和下扶正器。

该仪器的测量原理是:油水井套管内径的变化转换成井径腿的机械位移,靠井径腿的仪器内端弧面转变成拉杆的垂直移动,然后通过钢丝绳和滑轮组带动拉杆电位器变化,即电阻阻值的变化,由此控制井下仪器的频率转换电路,转换成脉冲(频率),并通过测井电缆传输到地面,记录成曲线。通过频率与井径的刻度转换,即可得到套管内径变化曲线。

(三)X-Y井径仪结构及测量原理

这种井径仪的结构和测量原理与微井径仪基本相同,在此不重复讲述;所不同的是,这种井径仪一次测量可以记录两条互相垂直的反映套管直径值的曲线。

(四)八臂井径仪的结构和测量原理

八臂井径仪是机械式直接测量和电子测量电路的组合,它在井下仪器同一截面上均匀安装 8 条相同的井径测量腿,由推杆和拉杆连接的电刷轴连接在一起,实现套管内径变化值转化为电阻阻值的变化,并将直流电压的大小转换为频率变化。它们之间有良好的线性关系。同时可以测量 4 条套管内径直线。

(五)过油管最小井径仪的结构和测量原理

该仪器在 50mm 直径的仪器主体上设置了 10 个测量臂,分为两组,5 个测量臂同时作用在一个传动杆上,5 个测量臂中只要一个收缩,其余的臂也都收缩,它们是联动的。在仪器主体上,每隔 36°就有一对测量臂,其中任意一对测量臂遇到套管变形的最小井径,就可以推动传动杆,带动钢丝绳,拉动拉杆电位器,改变电阻值,使电路输出脉冲(频率)发生变化,由此记录套管内径变化。由于设置了 10 个测量臂,遇到变形部位的概率提高,有利于检测套管变形。

(六)多臂井径仪结构及测量原理

多臂井径仪有 30 臂、36 臂、40 臂、60 臂。它们的测量臂长度和数量不同,记录内容也存在一定的差异(40 臂井径仪器一次下井同时测量变形截面中最大和最小直径量条曲线;30 臂、36 臂井径仪器一次下井可以测量套管同一截面中的 3 个部分,共计 6 条测井曲线),但测量原理基本相同,都是通过两个脉冲振荡电路经电缆传输记录出套管内径变化的最大值和最小值曲线。

【任务实施】

一、目的要求

(1)能够正确识读井径测井曲线;
(2)能够正确分析解释井径测井曲线。

二、资料、工具

(1)学生工作任务单;
(2)井径测井曲线。

【任务考评】

一、理论考核

(一)名词解释

井径　　扩径　　缩径　　滤饼　　渗透层

(二)判断题(如果有错误,分析错误并改正)

(1)井径测井只能用于裸眼井。
(2)砂岩一定是缩径表现。
(3)碳酸盐岩往往出现扩径现象。
(4)膏岩、盐岩往往出现缩径现象。

(三)简答题

(1)裸眼井井径测井的主要应用有哪些?
(2)套管井常用井径测井仪有哪些?

二、技能考核

(一)考核项目

(1)分析解释井径测井曲线。
(2)绘制不同地层的井径测井曲线。

(二)考核要求

(1)准备要求:工作任务单准备。
(2)考核时间:30min。
(3)考核形式:口头描述和笔试。

任务二 地层倾角测井资料分析与解释

【任务描述】

地层倾角测井测量的是地层及裂缝产状,是确定地层面、层理面和构造面倾角和倾斜方位的主要方法,在油气藏构造研究和沉积环境研究中起着重要作用。本任务主要介绍地层倾角测井的基本原理、不同地质构造的地层倾角测井矢量图模式。通过本任务的学习,主要要求学生理解地层倾角测井原理及地层倾角测井资料解释应用方法,通过实物资料分析,使学生具备地层倾角测井资料的分析解释和应用能力。

【相关知识】

一、地层倾角测井

(一)地层倾角测井原理

地层倾角测井是确定地层面、层理面、构造面倾角和倾斜方位的测井方法,也是一种专门用于研究构造和沉积问题的测井方法。它的探测器包括极板系统和测斜系统。贴井壁的4个极板构成极板系统,每个极板上有一个微聚焦电极系。这些电极系的中心两两互成90°,并在垂直于仪器轴(井轴)的平面上(称为仪器平面),按顺时针方向依次编为Ⅰ、Ⅱ、Ⅲ、Ⅳ号极板。每个电极测量的曲线称为对比曲线,用来确定各电极穿过地层面的深度。相对两组极板还测量两条互相垂直的井径曲线。

(二)地层倾角测井数据处理方法

地层倾角测井数据处理的核心是在4条对比曲线上确定地层面或层理面和不同曲线上地层面的深度差(高程差)。常用的有以下3种处理方法和程序。

(1)相关对比法(CORMN 程序)。通常将Ⅰ号曲线作为基本曲线,依次与其他曲线对比,确定一段曲线反映的地层面趋势及其倾角。

(2)选择最可能倾角的方法(CLUSTER 程序)。它是一种专门研究构造问题的处理方法。大的地质体在对比曲线上有稳定的和大的曲线异常。一个曲线异常可以控制数十个倾角,从中选出相近的倾角,用矢量合成法得到的倾角就是最可能的倾角。

(3)图形识别对比法(GEODIP 程序)。它是一种专门研究沉积问题的处理方法。它将对比曲线分成若干曲线元素,划分为峰、谷、平直段、台阶尖峰等。峰和谷又分别划分为大峰、中峰、小峰、大谷、中谷和小谷。在每个曲线元素上确定若干参数构成图形矢量,用两条对比曲线上同类曲线元素图形矢量对应参数之差的平方和,比较其相像性,确定最相像曲线元素的高程差和倾角。它确定的是某一地层面或层理面的倾角。

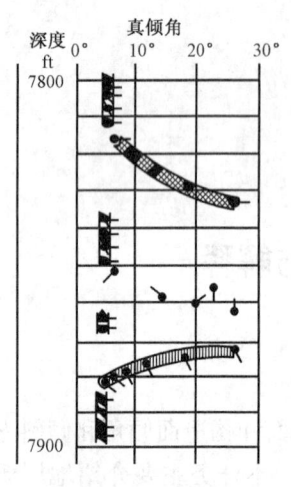

图13-3　倾角矢量图的颜色模式

(三)地层倾角测井成果显示

地层倾角测井数据处理成果有多种图形显示,如矢量图、方位频率图、施密特图、棍棒图和圆柱面展开图等。其中,以矢量图和方位频率图最为常用。

1. 矢量图

矢量图是用小圆中心表示深度和倾角,用线段与正上方的夹角(顺时针)表示倾斜方位构成的图形(图13-3)。为了使解释形象化,在矢量图上将地层倾角的矢量与深度关系大致分为四类。

1)红模式

它是倾斜方位基本不变(倾向大体一致)、倾角随深度增加而增大的一组矢量,它可能是断层、不整合面、沙坝及河道等的显示。

2)蓝模式

它是倾斜方位基本不变(倾向大体一致)、倾角随深度增加而逐渐减小的一组矢量。它可能是断层、地层水流层理、不整合等的显示。

3)绿模式

它是倾角和倾斜方位基本不变(倾向大体一致)、倾角随深度不变的一组矢量,其平均趋势表示构造倾角。它可能是构造倾斜和水平层层理等的显示。

4)白模式(杂乱模式)

它表示倾角和倾向变化不定(倾角变化大或矢量点很少)。这种倾角模式的可信度差,标志着有新层面、风化面或岩性粗的块状地层等存在。

2. 方位频率图

方位频率图是在一定的深度间隔内画出的倾斜方位极坐标统计图。圆周方向表示倾斜方位,并等分成若干份(如每份10°),落入每份的倾角点数(频率)用矢径大小来表示。它常用来研究沉积问题,其主峰一般表示水流方向,与之垂直的次峰则随沉积问题而异,如河道沉积是表示砂体变厚(一个次峰)或变薄(两个次峰)的方向。图13-4右侧的方位频率图主峰明显,表示河口沙坝水流和变薄方向。

(四)地层倾角测井资料的应用

地层倾角测井资料和井壁成像测井资料一样主要用于构造地质研究。除此之外,地层倾

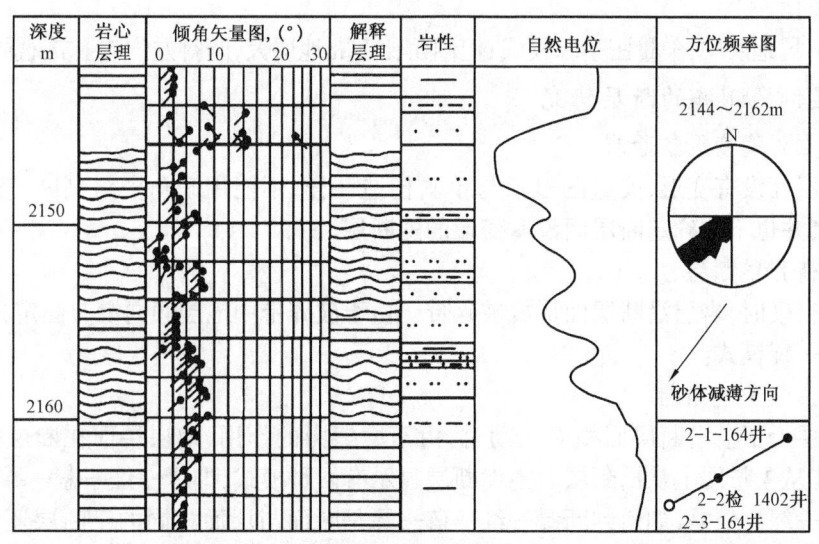

图 13－4　河口沙坝倾角解释实例

角测井还能用于古流水方向研究、构造地质研究，主要是褶皱、断层和不整合三类地质现象的地层产状和构造要素的准确确定。

1. 地层倾角的褶皱构造研究

1）对称背斜矢量图为绿色模式显示

当井没有穿过背斜的轴面时,矢量图为绿模式,与单斜构造显示相同。但是在轴面两侧钻井,两口井的矢量图在同一岩层出现倾向相反的倾角。如果井钻在背斜的顶部,这时测得的地层倾角就很小,倾斜方位角也很乱;只有钻在两翼上,才会显示出倾角较大、方位角一致的绿模式。

2）不对称背斜的模式组合为绿—蓝—红—绿

当不对称背斜和轴面重合,井钻遇的不对称背斜次序是缓翼—脊面—陡翼时,矢量图有下列特征:

(1) 在缓翼地层中,构造倾角与倾斜方位角基本一致,矢量图呈绿模式。

(2) 由缓翼地层逐渐接近构造脊面,倾角随深度增加而减小,矢量图呈蓝模式。在背斜脊面处,倾角接近零度。

(3) 由背斜脊面向陡翼地层过渡时,倾角随深度增加而增大,倾向与上翼地层相反,矢量图呈红模式。

(4) 在陡翼地层中,倾角稳定,倾角比缓翼地层相反,矢量图呈绿模式。

3）倒转背斜的模式组合为绿—蓝—红—蓝—绿或绿—蓝—白—蓝—绿

倒转背斜的特点是下翼倾角比上翼大,两翼倾向相同。当井穿过倒转背斜轴面时,矢量图有下列特征显示:

(1) 在上翼地层中,矢量图呈绿模式,倾角和倾向基本不变。

(2) 由上翼地层至背斜脊面、矢量图呈蓝模式,倾角随深度增加而减小。

(3) 由背斜脊面至背斜轴面、矢量图呈红模式,倾向相反。至倒转背斜转折面,倾角随深度增大,一直增加到90°直立为止。有的倒转背斜在此部分由于弯曲太大造成断裂,矢量图不为红模式而以白模式显示。

(4) 由转折面进入下翼地层,矢量图呈蓝模式,倾角由最大值随深度增加而减小,倾向与上翼地层相同。

(5)在下翼地层中,矢量图呈绿模式;但倾角比上翼地层大,倾斜方位与上翼地层基本一致。

2. 地层倾角测井的断层研究

1)断层面没有变形的断层

由于断层面没有变形,矢量图显示与单斜构造一样,不能用倾角资料判断、确定正断层。同样,倾角测井也不能确定断层面没有变形的逆断层。

2)有破碎带的断层

当地层很硬时,岩层沿断层面形成破碎带。由于破碎带中地层倾向没有固定方向,故矢量图为绿—白—绿模式。

3)有拖曳现象的断层

塑性岩层上下盘沿断层面相对运动时,由于摩擦力的作用,地层层面在断层面处发生形变,就有可能从矢量图上认出断层。拖曳断层显示有两种模式,即绿—红—蓝—绿和绿—蓝—红—蓝—红—绿。但是,如何判断绿—红—蓝—绿是断面与层面相同的正断层还是断面与层面相反的逆断层,如何判断绿—蓝—红—蓝—红—绿是断面与层面倾向相反的正断层还是层面与断面倾向相同的逆断层,还需要用地质资料、测井资料综合分析。

3. 地层倾角测井的不整合面研究

1)平行不整合(假整合)

当侵蚀面的倾角与方位角没有变化时,假整合在倾角图上就无显示。当侵蚀面有风化带时,倾角图显示为白模式,能识别假整合。如果侵蚀面侵蚀后产生局部的高点和低点,再沉积时在低洼处形成充填式沉积。倾角图为红模式或蓝模式,也能识别假整合。

2)角度不整合

角度不整合在倾角矢量图上表现为倾角或倾向突变。一般情况下,不整合上部地层倾角较小,下部地层倾角较大。这种突变在区域上可以对比,不同于断层仅引起局部地层产状突变。

4. 地层倾角测井研究沉积相带内地层圈闭

1)滨海相沙坝型地层圈闭在倾角图上的显示

对着泥岩盖层,地层倾角随深度增加而增大,呈红模式。当进入砂岩体后,倾角随深度增加而变小。穿过砂体后,倾角趋于构造倾角。

2)河流相河道充填圈闭在倾角图上的显示

对着砂体,随着深度的增加,倾角相应增大,并在河床底部显现最大的倾角。矢量图呈红模式。通常,河道中心的倾向要比河床边缘的倾角小一些。

3)三角洲相前积层圈闭在地层倾角图上的显示

斜层理层系厚度大,故有明显的蓝模式。蓝模式上部倾角大,下部小。倾角大表示流速高,沉积颗粒细;倾角小表示流速低,沉积颗粒细。

4)泥岩盖层在地层倾角图上的显示

上覆泥岩盖层地层倾角随深度而增大,呈红模式倾角特征;泥岩盖层倾斜方位角相反方向为岩礁加厚方向,而与该方向垂直的方位是礁体的走向。

5. 地层倾角测井的砂岩层理构造研究

图 13-4 所示为地层倾角矢量图的解释实例,地层倾角测井解释结果与岩心层理解释结

果基本一致。其中,水平层理有比较稳定的绿模式矢量,且倾角很小;而波状层理倾角矢量较乱,但倾角变化不大。

6. 研究古水流方向和砂体延伸方向

地层倾角测井的方位频率图是研究古水流方向和砂体延伸方向的主要工具,如图 10-4 所示。一般呈蓝模式(倾角随深度增加而逐渐减小)的主峰指示水流方向,如果是河口湾和潮砂河道沉积,则会有两个主峰。该井为某井的方位频次图,在其北东方向的 2-1-164 井砂体变厚,而在其南西方向的 2-3-164 井砂体变薄,证明方位频率图指示的河口沙坝水流和减薄方向是正确的。

在 20 世纪 80 年代中期还发展了地层学地层倾角测井 SHDT。SHDT 采用电磁测斜,每个极板在同一水平位置上有相距 3cm 的两个微聚焦电极系。它不但可实现普通地层倾角测井极板对极板的对比,还可实现同一极板两条对比曲线间的对比(也称边对边的对比),可以研究很细小的沉积构造。在此不做详细介绍。

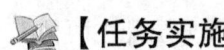

【任务实施】

一、目的要求

(1)能够正确识读地层倾角测井资料;
(2)能够正确分析解释地层倾角测井资料。

二、资料、工具

(1)学生工作任务单;
(2)地层倾角测井资料。

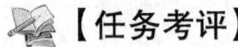

【任务考评】

一、理论考核

(一)名词解释

地层倾角　　　蓝模式　　　红模式　　　绿模式　　　方位频率图　　　矢量图

(二)判断题(如果有错误,分析错误并改正)

(1)地层倾角测井主要反映油井井筒倾角和方位角的大小。
(2)地层倾角测井主要用于进行构造地质分析和古流水方向判断。
(3)杂乱模式标示着断层破碎带。

(三)简答题

在地层倾角测井曲线上怎样识别各种褶皱、断层和不整合?

二、技能考核

(一)考核项目

分析解释地层倾角测井资料。

(二)考核要求

(1)准备要求:工作任务单准备。
(2)考核时间:30min。
(3)考核形式:口头描述和笔试。

任务三　注入剖面测井资料分析与解释

【任务描述】

在油田开发过程中,初期利用依靠油层天然能量的弹性驱开采。一段时间后,油层能量降低,必须采用人工方式驱动油,使油层压力保持在原始地层压力附近,才能使油层流体流动且产出地面。人工驱油方式包括注水驱油、注聚合物驱油、注蒸汽驱油、火驱油、CO_2驱油,其中注水驱油、注聚合物驱油是较常见的油田开采方法。

目前油田的注入井绝大部分为注水井、注聚合物井,注入采用笼统注入和分层配注两种工艺。注入剖面测井资料为监测单井注入动态,揭示层间、层内矛盾,调整注水剖面(如分层配注调剖、堵水调剖、酸化、压裂)提供依据;为井组以及区域注采关系调整提供资料。通过对注入剖面测井的研究及地下动、静态资料的分析、对比,可以间接地了解相邻油井产液剖面,为确定综合调整方案、最终提高采收率提供重要的测井信息。

常用的注入剖面测井方法有同位素示踪法注入剖面测井、注入剖面多参数组合测井、电磁流量测井、示踪相关流量测井、脉冲中子氧活化测井、能谱水流测井。本任务主要介绍同位素示踪法注入剖面测井和注入剖面多参数组合测井方法。通过本任务的学习,主要要求学生理解注入剖面测井的方法、原理及资料解释应用方法,使学生具备注入剖面测井资料分析解释应用能力。

【相关知识】

一、同位素示踪法注入剖面测井

(一)测井原理

图13-5是CFC881小直径放射性测井仪,由磁性定位器、伽马探测器和放射性微球释放器三部分组成。

在正常的注水条件下,用放射性同位素释放器将吸附有放射性同位素离子的固相载体(微球)释放到注水井中预定的深度位置。载体与井筒内的注入水混合,并形成一定浓度的均匀活化悬浮液。活化悬浮液随注入水进入地层。由于放射性同位素载体的直径大于地层孔隙喉道,故活化悬浮液中的水能进入地层,而同位素载体则滤积在井壁地层的表面。地层吸收的活化悬浮液越多,地层表面滤积的载体也越多,放射性同位素的强度也相应增高,即地层的吸水量与滤积载体的量和放射性同位素的强度成正比。将施工前后测量得到的两条放射性测井曲线叠合处理,则

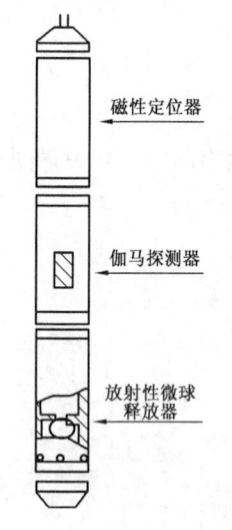

图13-5　CFC881小直径
放射性测井仪

对应射孔层处两条放射性测井曲线所包络的面积反映了地层的吸水能力,如图 13-6 所示。可以采用面积法解释各层的相对注入量,进而确定注入井的分层注水剖面。

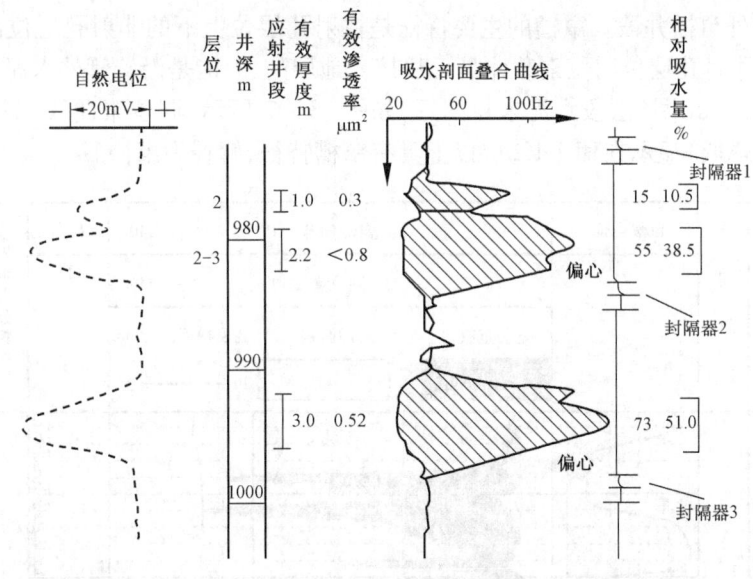

图 13-6 吸水剖面成果图

(二)同位素的选择

(1)同位素应能放射出较强的 γ 射线,能穿透套管、油管及仪器外壳,被仪器探头所记录。我国常用 γ 射线的能量在 0.0802~0.64MeV 之间。

(2)同位素的半衰期要适当。半衰期太短不利于保存和运输,太长会使注水井在较长时间内仍显示高放射性,影响以后的注水井作业和测井施工,使用同位素的半衰期一般不超过 30d。

(3)要有较强的被吸附的能力,且在注入水冲刷下不脱附,以便配置活化载体。

(4)安全、价格便宜且易于制造。

各油田一般选择 ^{65}Zn(锌)、^{110}Ag(银)、^{124}Sb(锑)、^{59}Fe(铁)、^{131}I(碘)、^{131}Ba(钡)、^{45}Sc(钪)等进行同位素示踪测井。

(三)同位素载体的选择

(1)固相载体要有较强的吸附性,能牢固地吸附放射性同位素离子,保证在高压注水井清水或较高温度的污水回注的冲刷下不脱附。

(2)固相载体的颗粒直径必须大于地层的孔隙直径,保证施工中同位素的载体不被挤入地层,而仅聚集于井壁附近。

(3)固相载体颗粒悬浮性能好,下沉速度远小于注入水在井筒内的流速,以保证在注入水中均匀分布。载体颗粒相对密度一般为 $1.01~1.04g/cm^3$。

(4)固相载体携带放射性离子的效率高,用量少,使载体在井壁上的聚集不致堵塞地层孔隙,影响地层的吸水能力。

(5)载体要具有足够的表面积,不沾污井筒及有关装置和仪器。

油田上常用的同位素载体包括活性炭固相载体和 GPT 微球(一种无机二元氧化物溶胶制成)两种。与半衰期短的 ^{131}Ba 一起制成 ^{131}Ba-GPT 微球示踪剂。

(四)同位素测井资料应用

(1)确定注水井各个小层的吸水层位和相对吸水量、吸水强度。

(2)确定管外窜槽井段。窜槽的主要特征是在射孔层位上下的非射孔层位出现较大幅度的同位素异常,非射孔层位同位素载体是无法挤入地层的,只能是沿着管外水泥和地层之间的通道进入该地层。如果该层段水泥未封固好,如图13-7所示,同位素曲线(有异常面积)及井温资料(温度降低)显示在葡Ⅰ4②层以上具有窜槽特征,解释为窜槽。

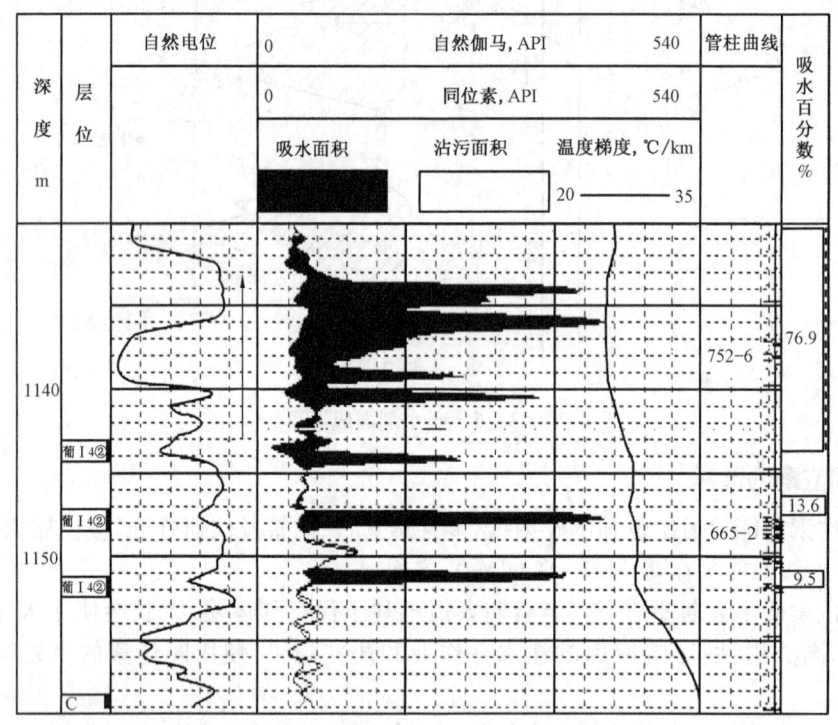

图13-7 同位素曲线及井温资料判断窜槽

(3)验证配注管柱深度。

(4)找漏失部位。当注水井发现井口注入压力下降但注水量增加时,常怀疑有漏失层存在。特别是套管变形的注水井在套管损坏部位常有漏失存在。

(五)放射性同位素测井的影响因素分析及处理校正办法

1. 放射性同位素示踪剂微球颗粒直径大小的影响

测井施工使用的放射性同位素^{131}Ba微球,颗粒直径在100~300μm之间,而地层孔隙直径一般在40~60μm之间。但地层在长期注水冲刷以及不断地改造过程中,如酸化、压裂等使得地层的原生孔隙及裂缝增大。当注入量大、注水速度高时,同位素微球被推进地层的深部,造成了渗透性好、吸水能力强的层位所测得的放射性同位素曲线幅度变小或无显示的异常现象。对于事先已经了解储层孔隙结构状况的井区,可选取适当的大直径微球测井,中低渗透层采用粒径为100~300μm之间的微球,中高渗透层采用粒径为400~700μm的微球,大孔道地层可选择粒径为600~900μm或1000~1500μm的微球。

大庆油田在部分井中采用放射性同位素与流量计组合,进行组合测井来校正测量结果。

在中原油田和胜利油田采用井温与放射性同位素示踪法结合测井,这样能兼顾井温、同位素两种方法的优点,正确地反映地层的吸水能力,取得明显效果。

2. 现场施工的影响

目前,虽已广泛采用井口防喷装置测井工艺,但现场施工为解决井口压力过高造成仪器施工困难问题,有时采用在井口放溢流、降低井口压力的办法。这样虽可以加快施工注水速度、缩短施工时间,但破坏了正常注水情况下各层吸水的启动压力,造成层间干扰,不能反映真实注水情况下的吸水剖面情况。如表13-2所示,某井放喷与不放喷测井所得的相对吸水量相差比较大。

表13-2 某井放喷与不放喷测井对比表

层 位	相对吸水量,%		差 值,%
	不放喷	放喷	
$S_{II10+11}$、$S_{II13+14}$	38.1	72.9	+34.8
高 I	61.9	27.1	-34.8

解决这一问题的方法就是要坚持全密闭测井,伴之同位素释放器、时钟压力计进行压力监督,保证施工全过程无溢流或在流量小于 $2m^3/d$ 的情况下,录取吸水剖面资料。

3. 沾污的影响

用放射性同位素示踪法测吸水剖面普遍存在着沾污问题,归纳起来同位素沾污分以下三种情况:

(1)油管接箍的沾污。

此类沾污多发生于油管连接处,沾污曲线一般为尖峰式,沾污位置和接箍深度相对应。

(2)偏心配水器和封隔器的沾污。

由于井下工具的粗糙,加上注入水中的离子在工具附近形成偶电层,会吸引带正电荷的同位素。其沾污曲线也为尖峰式,沾污位置和工具深度相对应。

(3)油管外壁和套管内壁的沾污。

若油管和套管的表面受到腐蚀,特别在局部腐蚀严重处,会出现不规则的沾污。由于井筒不清洁,即作业时油管刷洗不净,或由测井放喷作业造成地层的油吐出后成为死油沾在管柱上,也能形成同位素成片沾污。还有的是管柱不光滑造成的沾污。

二、注入剖面多参数组合测井

在油田开发后期,由于长期注水冲刷,地层的孔隙喉道扩大,加上压裂、酸化等作业措施使地层产生裂缝,用传统的放射性同位素示踪法测井确定注水剖面受到局限。注入剖面多参数组合测井仪是将井温仪、压力计、涡轮连续流量计、磁性定位器、伽马仪组合在一起,实现一次下井录取相同注水条件下的同位素示踪吸水剖面原始资料、流量资料、井温资料(为关井井温)、压力资料、磁性定位资料,因此又称为五参数组合仪。

多参数综合解释可排除部分同位素沾污、漏失等影响,特别是在解决大孔道地层和封隔器漏失方面应用效果十分明显。利用各个参数的优点相互弥补不足,使综合测井的解释结果能够真实客观地反映井下情况,为地质研究人员提供准确的信息,从而提高生产测井资料的可信度和可靠性。

微课视频
流量和温度
测井方法

(一)连续流量计测量原理

连续流量计是一种非集流型水井测井仪器,通过连续测量井内流体沿轴向运动速度的变化确定井的注入剖面。在井眼直径、测速和流体黏度一定的条件下,在单相流体中,涡轮的转速 N 与流体的流速 v 成线性关系,流量 Q 与套管截面积 S 和流速 v 的关系为

$$Q = S \times v \tag{13-1}$$

可见流量 Q 与涡轮转速 N 成正比。

在连续测量时,所测得的涡轮转速 N 不仅与井内流体运动速度有关,同时也与测速有关。因此,当仪器以一恒定速度 v 运动时,所测得的涡轮转速 N 是由流量和测速决定的。要消除测速影响,可采用在目的层段上测四条、下测四条流量曲线,然后取平均值,并通过以电缆速度为横坐标,以涡轮转速为纵坐标作各解释点交会图的办法,求得各解释点的流速,从而获得注入剖面的测量结果。

(二)井温测量原理

井温测量的对象是地温梯度和局部温度异常(微差温度)。生产测井中井下温度测量采用电阻温度计(采用桥式电路),利用不同金属材料电阻元件的温度系数差异,测量井轴上一定间距两点间温度的变化值,并以较大比例记录显示,能够清楚反映井内局部温度梯度的变化情况。测出的曲线是温度随深度的变化曲线,即梯度井温曲线。

桥式电路电位差与温度变化的关系为

$$T = K\frac{\Delta U_{MN}}{I} + T_0 \tag{13-2}$$

式中 T_0——起始温度(电桥平衡温度);

K——仪器常数,表示电阻每变化一个单位时温度的变化值。

(三)压力测量原理

压力测量在生产井和注入井中完成,常用的压力计有应变压力计和石英晶体压力计,通过电缆将所测频率信号输送到地面计算机,随后把频率信号转换成相应的压力值。

压力测量分两种类型:一种是梯度测量,即在流体流动或关井条件下沿井眼测量某一目的深度上的压力;另一种是静态测量,即仪器静止,流体可以流动也可以是在关井的条件下进行。生产测井通常是以梯度测量方式采集数据,试井压力分析通常以静态测量方式采集数据。梯度测量所测压力数据主要用于套管、有关流动状态分析,试井分析测量(静态测量)主要用于确定储层参数。

三、注入剖面测井资料解释

(一)测井解释的基本方法

(1)分析井温、流量、同位素示踪测井资料的可靠性,识别各种干扰因素对测井资料的影响。

(2)用井温测井曲线定性判断吸液层或层段。

(3)根据流量曲线确定各配注层段的绝对吸水量和相对吸水量。

(4)根据同位素示踪测井解释结果,结合流量测量配注段的结果确定各小层的相对吸水量和绝对吸水量。

图13-8为注入剖面解释成果图,从左到右依次为自然电位曲线、自然伽马—示踪叠合曲线、连续流量曲线、井温曲线、压力曲线、磁性定位曲线、管柱、小层号、厚度、渗透率、绝对吸水量、相对吸水量、解释折线图。从图中可以看出,放射性同位素示踪法测井成果图直观地展示了井内各个地层的注入状况,指示出各个地层的注入量,且与连续流量和井温资料对应良好。

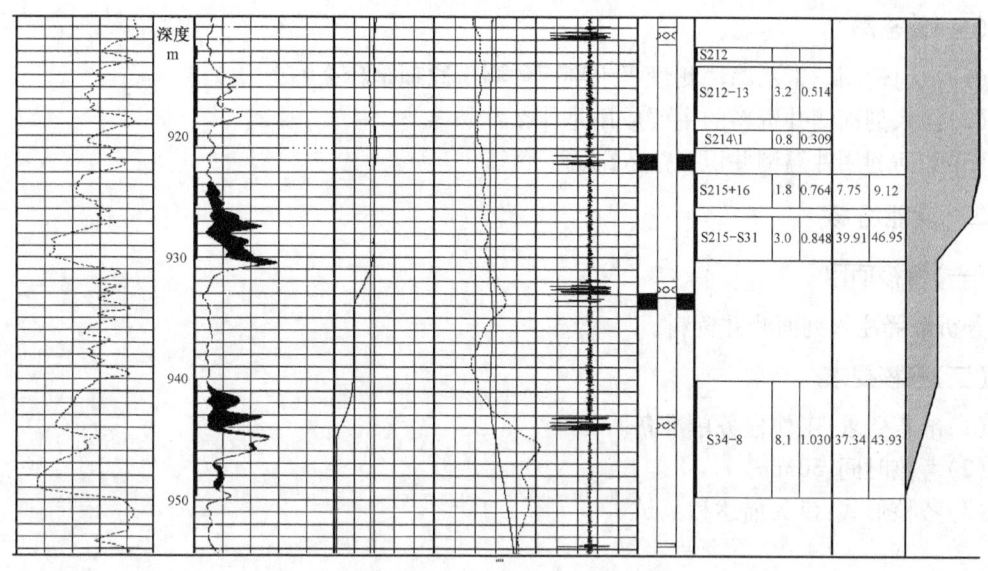

图13-8 注入剖面解释成果图

(二)解释细则

以流量资料划分出每个配注段的绝对流量和相对流量。以放射性吸水剖面资料划分各小层的相对吸水量。以井温资料定性地给出吸水层位或准确判定底部吸水层界面。以压力资料和磁性定位资料监测注入压力的波动情况及其对吸水层吸水量的影响,准确地控制测井深度,并提供井下管柱深度位置情况。

【任务实施】

一、目的要求

(1)能够正确识读注入剖面测井资料;
(2)能够正确分析解释注入剖面测井资料。

二、资料、工具

(1)学生工作任务单;
(2)注入剖面测井资料。

【任务考评】

一、理论考核

(一)名词解释

注入剖面测井　　　吸水剖面　　　同位素示踪测井

（二）判断题（如果有错误，分析错误并改正）

(1) 注入剖面测井是在注入井中测量的。
(2) 放射性微球的直径越大越好。
(3) 放射性微球的密度与注入水的密度接近时会对放射性同位素示踪法测井造成很大的影响。

（三）简答题

(1) 放射性同位素示踪法测量吸水剖面的测量原理是什么？
(2) 注入剖面测井资料的主要应用是什么？
(3) 如何利用井温测井识别注入剖面？

二、技能考核

（一）考核项目

分析解释注入剖面测井资料。

（二）考核要求

(1) 准备要求：工作任务单准备。
(2) 考核时间：30min。
(3) 考核形式：口头描述和笔试。

任务四　产出剖面测井资料分析与解释

【任务描述】

在产出井正常生产的条件下，测量各生产层或层段沿井深纵向分布的产出量，称为产出剖面测井。在油井生产过程中，由于受各种因素的影响，如油井工作制度的改变、抽油设备的故障、井身的技术状况、地层物性差异及周围注入井干扰等，油井的生产状态不断变化。随时追踪油井的动态变化，掌握每个小层的产油情况、含水率及压力的变化，可以对油井采取综合调整措施，提高油井的产能。

微课视频
压力和流体
识别测井

由于油井产出可能是油、气、水单相流，也可能是油气、油水、气水两相流或油气水三相流，因此对于产出剖面测量，在测量流量的同时，还要测量含水率（或持水率）及井内的温度、压力、流体密度等有关参数。对于油水两相流的生产井，测量体积流量和含水率两个参数，即可确定油井的产出剖面和分层产水量。

通过本任务的学习，主要要求学生理解产出剖面测井原理及产出剖面测井资料的解释和应用方法，使学生具备产出剖面测井资料的分析、解释和应用能力。

【相关知识】

一、产出剖面测井仪

产出剖面测井仪主要用于监测油井内分层流量和含水率。表13-3是大庆油田常用产出

— 278 —

剖面测井仪器及相应的技术指标。

表13-3 大庆油田常用产出剖面测井仪器及相应的技术指标

序号	名称	技术指标	
1	分离式低产液找水仪	流量	$(0.3~25m^3/d) \pm 2\%$
		含水范围	$(0~100\%) \pm 2\%$
2	过流式低产液找水仪	流量	$(0.3~25m^3/d) \pm 5\%$
		含水范围	$(0~100\%) \pm 10\%$
3	取样式过环空找水仪	流量	$(2~150m^3/d) \pm 3\%$
		含水范围	$(0~100\%) \pm 5\%$
4	阻抗式过环空找水仪	流量	$(2~80m^3/d) \pm 5\%$
		含水范围	$(50\%~100\%) \pm 3\%$
5	平衡式大排量找水仪	流量	$(100~150m^3/d) \pm 5\%$
		含水范围	$(0~100\%) \pm 5\%$
6	三相流测井仪	流量	$(2~55m^3/d) \pm 6\%$
		含水范围	$(0~100\%) \pm 5\%$
7	五参数产出剖面测井仪	流量	$(0.5~150m^3/d) \pm 5\%$
		含水范围	$(0~100\%) \pm 5\%$
8	过环空流体取样器	流量	$(5~150m^3/d) \pm 5\%$
		含水范围	$(0~100\%) \pm 5\%$
9	聚驱产出剖面测井仪	流量	$(5~200m^3/d) \pm 5\%$
		含水范围	$(0~100\%) \pm 5\%$
10	高温高可靠测井仪	流量	$(1~80m^3/d) \pm 5\%$
		含水范围	$(0~100\%) \pm 5\%$
11	电导相关流量计	流量	$(1~100m^3/d) \pm 5\%$
12	三元驱产出剖面测井仪	流量	$(5~80m^3/d) \pm 10\%$
		含水范围	$(0~100\%) \pm 10\%$

过环空产出剖面组合测井仪是将井温、压力测井仪与各种环空测井仪组合,一次下井可以测量流量、含水率、接箍、温度、压力五个参数。

由于这种测井方式一次可得到多个井下参数,各参数之间可相互补充和印证,大大提高了环空测井资料的准确性和可靠性,从而得到了广泛的应用。

二、参数测量方法

下面简单阐述产出剖面部分测井参数的测量方法,对于相关公式推导及参数校正及验收标准不做详细介绍,具体内容请参阅相关生产测井教材。

(一)流量的测量方法

产出剖面测井普遍采用涡轮流量计测量产出流量。涡轮流量计的核心是涡轮变送器,它由涡轮、随涡轮转动的永久磁钢和感应线圈组成。当液体流过涡轮时,涡轮转动,磁钢也随着转动,磁钢每转一周,感应线圈就输出一个电信号,经过电缆传输到地面通过放大、整形再放大,送入频率计记录。在一定条件下,涡轮的转速与通过涡轮的流量成线性关系。

涡轮流量计有集流式流量计和非集流型流量计。集流式流量计通过集流器集流后,流体通过仪器的速度提高了几十倍,提高了仪器的灵敏度,因此适合于低产液井的测量;非集流型涡轮流量计适合于高产液井的测量。其他流量测量方法有示踪法、分离方法和相关测量方法。图13-9是集流式流量计示意图,主要由集流器和涡轮变送器两部分组成。集流器封闭仪器和套管的环形空间迫使井内流体集中流过仪器中心,通过变送器。

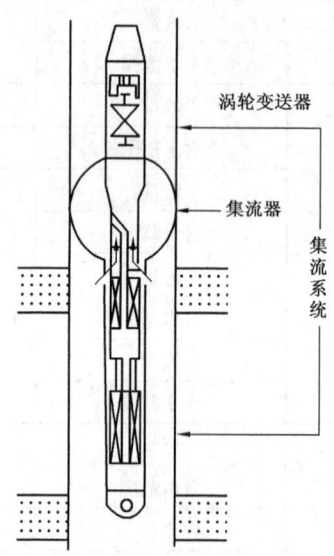

图13-9 集流式流量计示意图

(二)含水率的测量方法

含水率是油田开发和测井中一个重要的参数。在生产测井中,含水率和持水率是两个常用的概念。如前所述,由于油、水之间存在密度差,油以高于水的速度向上流动,因此,持水率总是大于含水率。尤其在平均流速较低时,两者之间的差别更大。当流速较大时,油、水流速差同平均速度相比可以忽略不计,此时,含水率与持水率接近或相等。实际上,井下的含水率很难直接测量,通常测量的参数为持水率,再利用实验图版或理论模型校正为含水率。因此,通常所说的含水率计为持水率计。目前持水率的测量方法主要有电容法、压差密度法、放射性低能源法和电导法,其他方法如短波持水率测量方法也得到了研究和应用,但没有形成大范围的应用。

(三)温度、压力的测量方法

温度、压力测量是产出剖面测井中不可缺少且比较重要的辅助测量参数。测量方法与注入剖面相同。

(四)产出剖面测井资料应用

将井的基础数据、井的生产数据、测井数据等输入到成果图的图头表格内。

图13-10为某井产液剖面成果图。该井产油$6m^3/d$,产水$17m^3/d$,对上部18、19号层进行压裂后,增油$5.5m^3/d$,含水降至48%。

产出剖面测井为地质分析提供了丰富的动态资料,对油水井异常动态进行诊断,确定油井生产状态,对开发区域进行系统监测,研究各开发层系动用状况和水淹状况,以便采取综合调整措施,同时检查各种措施效果,达到增产的目的。

产出剖面测井资料的主要应用有以下几个方面。

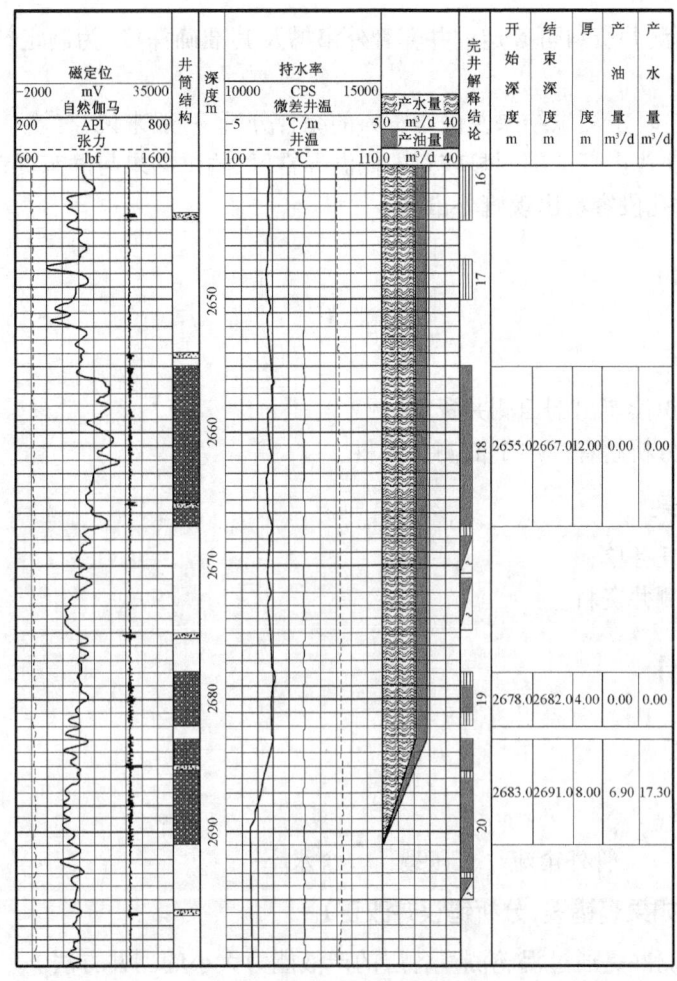

图 13-10 产液剖面成果图

1. 确定压裂层位

压裂是油井增油的主要手段,而准确确定压裂层是达到增油目的的关键。作为多油层共同开发的油田,在高含水后期,准确了解分层产液及分层含水情况,根据阻抗测试结果以及其他动、静态信息,结合产出剖面测井资料选择层间干扰严重、具有采油潜力的储层压裂层,避免了选层的盲目性。对压前、压后的产出剖面测井资料进行比较,可确定压裂效果。

2. 为封堵高含水层提供依据

油田进入开发中后期高含水阶段以后,要求油层改造达到增油不增水甚至是降水的效果,措施之一就是封堵高含水层。这样不仅可以降低油井的产水量,缓解油井层间矛盾,而且可以改变注入水的流动方向,增加驱油面积,在平面上起到调剖的作用。一般来说,高含水井的主要产层必然是高含水层。高含水主要产层往往呈现低温异常,产出越大,低温越明显。利用环空找水资料可确定该层是否为高含水层。根据封堵后的产出剖面测井资料与封堵前相比较,可确定封堵效果。

3. 判断管外窜槽

根据产出剖面测井资料可确定油井套管外窜槽及其准确深度,为制定补救措施提供有效可靠的依据。

通过井温资料、环空测试结果及静态资料的综合分析,一般来说,有效厚度小、产液量和含水相对较高、井温曲线出现范围明显较宽的低温异常区、测试结果与静态资料矛盾而上下具有渗透性较好的未射孔段容易出现管外窜槽。

【任务实施】

一、目的要求

(1)能够正确识读产出剖面测井资料;
(2)能够正确分析解释产出剖面测井资料。

二、资料、工具

(1)学生工作任务单;
(2)产出剖面测井资料。

【任务考评】

一、理论考核

(一)名词解释

产出剖面测井　　管外窜流　　压裂　　含水率

(二)判断题(如果有错误,分析错误并改正)

(1)产出剖面测井是通过涡轮测量各层的产液能力大小的测井方法。
(2)在井温曲线上,产液层表现为地温上升,吸水层表现为地温下降。
(3)气层在井温曲线上表现为地温上升。

(三)简答题

(1)获取产液剖面测井资料有哪些主要方法?
(2)产液剖面测井资料有哪些应用?

二、技能考核

(一)考核项目

分析解释产出剖面测井资料。

(二)考核要求

(1)准备要求:工作任务单准备。
(2)考核时间:30min。
(3)考核形式:口头描述和笔试。

学习情境三

录井和测井资料综合分析

【情境描述】

录井和测井是识别井下地质信息的两种常用方法,录井法又称为直接法,而测井法则称为间接法。录井法多针对实体岩心、岩屑,具有精确可靠的优点,但往往受到迟到时间影响,不能够在纵向上精确反映岩层实际深度,同时也受到人为因素影响;测井法则通过电缆测试,深度精准,不受人为因素控制,但其毕竟是通过岩石间接的电、声、核特征得以间接反映岩性及储层参数,由于地下地质情况往往复杂多样,所获得的间接特征也必然有所偏差。正确认识录井、测井间的关系,有效利用录井、测井资料综合解释地下地质情况显得尤为关键。

一、录井与测井的关系

录井和测井均是油气层含油性及其地层能量在地球物理、地球化学两方面的反映。但由于录取方式及阶段不同,两者都有着不同的局限性。二者关系见表三-1。

表三-1 录井与测井对比表

理论基础	录井和测井作为目前油气解释评价的两大勘探技术,有着不同的理论基础。录井是以石油地质、油气地球化学为理论基础,通过油气含量、油气性质检测寻找油气层。测井是以地球物理为理论基础,通过各地层测井曲线响应特征寻找油气层
录井优势	录井由于以油气为直接检测对象,克服了因岩石骨架、水矿化度、导电矿物、油气性质差异所带来的多解性
录井弱势	现有录井手段无法摆脱钻头类型及钻井液性能的影响,且受人为影响较大,录井资料的归一化问题一直未能有效解决
测井优势	测井使用电缆为提升系统,测量参数多且具连续性,所测量地层信号与实际地层深度吻合率高,反映信息量大,可从多方面研究地下地质情况
测井弱势	①一些干层、水层、含油水层表现出了与油气层相同的特征,不便于区分; ②一些层由于储层岩石骨架、地层水的电性差异导致含油饱和度计算偏高,易形成误判; ③一些层由于钻井液侵入、黏土附加导电性、高地层水矿化度、低含油饱和度等因素的影响而呈低电阻率特征,造成含油饱和度计算较低而解释为水层
二者关系	录井、测井技术是相互配合、相互验证的关系

多年的解释及试油证明:如有好的测井响应特征(挖掘、镜向特征及明显的电阻率增大倍数),则一定有好的录井油气显示;但由于受钻井液污染及岩石特性、水性的影响,好的录井油气显示,不一定有好的电性特征。

二、录井、测井资料综合分析战略

(1)立足四性评价[岩性、物性、电性、含油(气)性],走录井、测井资料综合分析道路,提高地质认识能力。

(2)以油藏地质分析为基础,以油气显示为向导,以录井、测井综合分析为依据,定性分析、定量评价。

项目十四　录井资料综合解释

录井方法涵盖了钻时录井、钻井液录井、岩屑录井、岩心录井、气测录井、综合录井等多种方法,综合应用录井方法解释评价地下地质情况是录井技术的核心内容。

【知识目标】

(1)掌握录井综合评价流程;
(2)掌握录井油气评价内容及参数;
(3)掌握录测井资料综合分析解释方法。

【技能目标】

(1)能够整理分析各项录井资料;
(2)能够撰写录井报告。

任务一　录井综合评价

【任务描述】

录井工程结束后,要对各项录井资料进行系统分析,重点对油气显示层开展分析解释,以获得油气层综合评价结论,为下一步试油作业提供可靠依据。本任务主要介绍录井资料综合评价流程。通过录井实际资料识读分析,使学生掌握油气层综合评价方法。

【相关知识】

一、录井综合评价流程

录井综合评价流程见图 14-1。

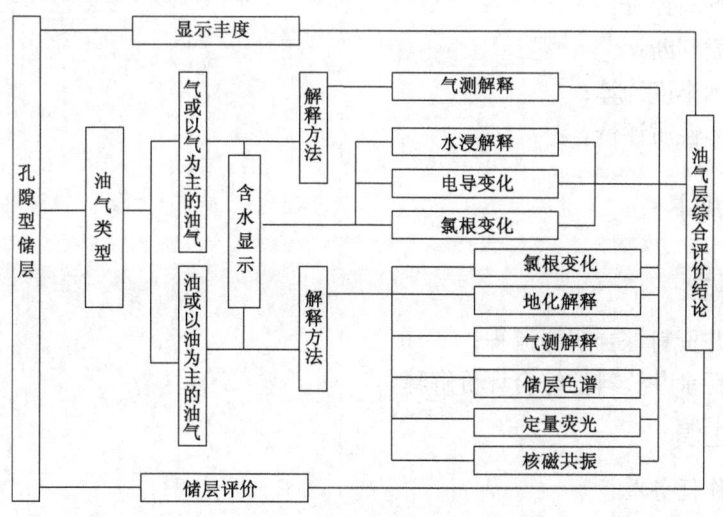

图 14-1　录井综合评价流程图

二、录井油气评价内容及参数

录井油气评价的内容及参数见表 14-1。

表 14-1 录井油气评价内容及参数

评价参数 录井参数	岩性	物性	含油性 丰度	含油性 油质	含水性	地层能量
常规地质录井	岩屑、岩心录井	裂缝及孔洞描述	油气味浓度,滴水、浸水观察,含油级别、荧光级别	原油颜色、荧光颜色、浸水观察、气泡观察	盐霜	油花、气泡的增量
定量荧光录井	—	—	相当油含量 C	油性指数 I_C	油性指数 I_C	—
岩石热解录井	—	—	岩石含烃量 P_g	气油比 TPI		
气相色谱录井	—	—	总峰面积	曲线形态,及各成分的相对百分含量、轻重比	基线的穿隆程度,碳数结构完整性	
核磁共振录井	—	总孔隙度、有效孔隙度、渗透率	可动流体饱和度	T_2 谱	T_2 谱、可动流体饱和度	
气测录井	—	全烃曲线形态	全烃、全脱烃组分绝对值	$C_1 \sim C_5$ 烃组分相对百分含量	H_2、CO_2	后效显示强度
钻井液录井	—	—	—	—	电导率、密度、黏度	钻井液池体积、密度、黏度的变化幅度
碳酸盐分析	碳酸盐岩含量	—	—	—		

三、油气层综合评价主要程序

收集已完钻、正钻井的各项录井资料,并对其进行分析,做到去伪存真。油气层录井综合评价步骤为:

(1)综合评价井段(油气显示井段);
(2)储层类型与评价;
(3)油气性质判断;
(4)油气显示丰度计算;
(5)储层流体性质评价。

【任务实施】

一、目的要求

(1)理解录井资料综合解释流程;
(2)能够进行录井资料的综合评价解释。

二、资料、工具

(1)学生工作任务单;
(2)某井录井资料汇编。

【任务考评】

一、理论考核

(1)简述录井与测井的关系。

(2)简述如何进行录井资料综合解释。

二、技能考核

(一)考核项目

某井录井资料综合解释。

(二)考核要求

(1)准备要求：工作任务单准备。

(2)考核时间：10h。

(3)考核形式：口头描述和笔试。

任务二　单井录井资料整理

【任务描述】

　　地质录井的基本任务是取全取准各项资料、数据，为油气田的勘探和开发提供可靠的第一手资料，包括12类93项基础资料和数据。单井录井资料的整理是对录井工作的系统总结，资料的汇总与整理体现着录井工程师的综合实力水平。本任务主要介绍录井资料整理项目及录井报告编写内容。教学中要求学生系统分析总结实际录井资料，从中提炼录井成果，并撰写录井报告，使学生掌握录井资料的整理方法及录井报告的撰写方法。

【相关知识】

一、录井资料的整理

(一)采集资料

应采集的资料包括：

(1)录井综合记录；

(2)岩屑描述记录；

(3)钻井取心描述记录；

(4)井壁取心描述记录；

(5)热解分析记录；

(6)碳酸盐岩缝洞统计表；

(7)地层压力监测数据表；

(8)荧光定量分析记录；

（9）碳酸盐含量分析记录；

（10）泥(页)岩密度分析记录；

（11）钻井液热真空蒸馏气分析记录；

（12）后效气检测记录；

（13）套管记录；

（14）岩屑油气显示统计表；

（15）钻井取心油气显示统计表；

（16）气测异常显示统计表。

(二)整理图件

应整理的图件包括：

（1）随钻岩屑录井图(1∶500)；

（2）随钻岩心录井图(1∶100)；

（3）荧光定量分析图谱；

（4）地化分析图谱(热解分析、气相色谱分析)；

（5）色谱记录长图；

（6）井斜图(水平投影、垂直投影、三维投影图,并附井斜数据表)。

(三)收集实物样品

1. 岩屑

参数井、区域探井及重点探井的目的层应保留一份永久岩屑样品,另一份岩屑样品用于现场描述、选样,待完井资料上交完毕后销毁；其他探井不永久保留岩屑样品。

参数井、区域探井汇集目的层岩性剖面；预探井、评价井汇集储层剖面。

2. 岩心

探井岩心全部进行永久保存,同时选取岩心手标本剖面。

3. 井壁取心

井壁取心样品应根据需要来确定是否进行永久保存。

(四)录井电子文档资料

（1）现场所有采集资料均要求刻录成光盘。

（2）实时录井光盘按时间、深度记录各一份。

（3）录井资料存储格式以勘探与生产信息数据库规定的格式为准。

二、录井报告内容

(一)概况

（1）井名、井别、地理位置、构造位置、经纬度、直角坐标、钻探目的、开钻日期、完钻日期、完井日期、设计井深、完钻井深、完钻层位、井身质量情况(包括井斜、井身结构)等；

（2）设计单位、设计日期、设计人、批准人；

（3）钻井施工单位,具体到钻井承包单位、钻机类型及作业主要人员；

（4）录井施工单位,具体到录井承包单位、设备类型及作业主要人员；

（5）钻井监督、地质监督及其所属单位。

(二)录井综述

(1)钻井简史:开钻至完井过程,钻井、钻井液、测井、试油、完井、录井等施工的过程和发生的重大事件及处理方法、效果简述。

(2)录井概况:资料的录取内容与精度,工程监测、钻井液监测、地层压力监测、气体监测、事故预报等情况。

(3)工程与录井:钻井工况、钻井液使用情况对录井的影响。

(4)其他与录井质量有关的问题。

(三)地质成果

地层成果包括以下几个方面。

1. 地层

(1)地层划分:钻遇地层的层位、分层和接触关系。

(2)岩性:组段的分层岩性特征。

(3)化石:化石的种类。

(4)电性特征:描述本井的电性特征。

2. 油、气、水显示

(1)显示综述:显示的分类(包括气测、热解、定量荧光、钻井参数变化、钻井液等方面)、层数、类型、主要显示概况。

(2)分层油气水综述:分层描述录井油气显示的情况(结合不同的录井方法)、分析化验、试油情况等。

3. 生储盖层

生油层:各段生油岩发育情况及热解分析。

储集层:各段储集层岩性类型及发育情况,岩石分析物性和测井解释物性。

盖层:盖层的岩性、厚度、与储层的组合情况。

4. 构造

简述局部构造形态及本井所处的构造位置;实钻情况(含钻遇断层情况)与地震解释、地质设计等方面的符合程度分析。

(四)结论与建议

(1)对本井的地层沉积特征、实钻构造特征、油气显示特征等方面提出综合性结论。

(2)对油气藏类型进行分析、评价。

(3)提出试油层位和井段。

(4)提出建设性意见。

(五)整理录井报告数据表

录井报告数据表的内容包括:

(1)基本数据表;

(2)录井资料统计表;

(3)油气显示统计表;

(4)钻井液性能分段统计表;

(5)测井项目统计表；

(6)钻井取心统计表；

(7)井壁取心统计表；

(8)分析化验样品统计表。

(六)整理录井报告图件

(1)录井综合图(1∶500)。

(2)岩心录井图(1∶100)。

三、录井报告目录

录井报告目录应按以下章节安排。

 第一章 概况

 第二章 录井综述

  第一节 钻井简史

  第二节 录井概况

  第三节 工程与录井

  第四节 其他

 第三章 地质成果

  第一节 地层

  第二节 油、气、水显示

  第三节 生储盖层

  第四节 构造

 第四章 结论与建议

 附录一 录井报告数据表

  附表一 基本数据表

  附表二 录井资料统计表

  附表三 油气显示统计表

  附表四 钻井液性能分段统计表

  附表五 测井项目统计表

  附表六 钻井取心统计表

  附表七 井壁取心统计表

  附表八 分析化验样品统计表

 附录二 录井报告图件

  附图1 录井综合图(1∶500)

  附图2 岩心录井图(1∶100)

【任务实施】

一、目的要求

(1)能够收集整理单井录井资料；

(2)会撰写录井报告。

二、资料、工具

(1)学生工作任务单；
(2)某井录井资料汇编。

【任务考评】

一、理论考核

(1)简述录井报告所包含的内容。
(2)简述录井结束需要上交的资料的内容。

二、技能考核

(一)考核项目

某井录井报告撰写。

(二)考核要求

(1)准备要求:工作任务单准备。
(2)考核时间:20h。
(3)考核形式:报告撰写和成果汇报。

项目十五　测井资料综合分析

单井测井资料包括标准测井系列资料及综合测井系列资料,标准测井系列常使用于开发井中,测井系列简单、成本低,主要由井径、微电极、自然电位、普通电阻率、自然伽马测井曲线组成,旨在发现开发井中油气层位置所在;综合测井系列则多用于探井中,兼具着定性、定量解释油气层的任务,其测井方法也多样化,以尽可能取得最多地质信息资料及耗费最低成本为原则选用各测井方法。在油气勘探开发过程中单井测井资料有着极其重要的作用,油气勘探开发从业人员可通过单井测井资料分析来识别岩性剖面、明确油气层显示、认识储层特征、计算储层参数、识别沉积环境、沉积韵律、分析剩余油分布规律,并在注水开发阶段判断储层水淹程度等。利用单井测井资料进行储层特征分析是油气田开发、剩余油挖潜的有力保障,是油气勘探开发从业人员必备的基本技能。

【知识目标】

(1)了解各种岩石、储集层的基本特征;
(2)掌握实际生产中划分岩性及储集层的方法和标准;
(3)利用单井测井资料识别岩性、划分储层界面、划分夹层、确定储层有效厚度;
(4)巩固储层参数意义;
(5)了解油气水层的基本特征;
(6)掌握定性解释油气水层的基本方法;
(7)掌握储层定量解释方法。

【技能目标】

微课视频
测井解释基础

(1)能识别常见岩石标本,分析其基本特征;
(2)能通过单井测井资料分析正确识别岩性、划分岩性界面;
(3)能通过单井测井资料分析正确识别储集层、划分储集层界面;
(4)能通过单井测井资料分析正确识别夹层、评定储层有效厚度;
(5)能利用单井测井资料及邻井资料进行储集层的定性解释分析;
(6)能利用单井测井资料准确而迅速地进行解释参数计算及地层含油性评价。

任务一　识别岩性、划分储集层

微课视频
岩性和孔隙度的解释方法

【任务描述】

地壳的运动使得地层存在剥蚀—沉积的往复,进而形成了多个地层的叠覆。由于沉积环境的不同,有的地层具有储积油气的条件,有的地层具有生成油气的特征,有的地层则具有阻止油气继续向上运移的功能。在油气勘探开发作业过程中,正确识别岩性、划分储集层是掌握盆地地层情况、了解区域储集层纵向分布的基础,同时对后期储层定量解释、油气资源评价、油气开采、剩余油挖潜都具有重要意义。通过本任务的学习,主要要求学生理解岩性及储层划分基本方法,使学生具备利用单井测井曲线定性解释钻井剖面的能力。

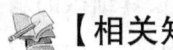【相关知识】

一、常见岩石的基本特征

常用的碎屑颗粒粒度分级方法见表15-1。

表15-1 常用的碎屑颗粒粒度分级表

名称	砾				砂			粉砂		黏土
粒级	巨砾	粗砾	中砾	细砾	粗砂	中砂	细砂	粗粉砂	细粉砂	
颗粒直径 mm	大于1000	1000~100	100~10	10~1	0.1~0.5	0.5~0.25	0.25~0.1	0.1~0.05	0.05~0.01	小于0.01

砾岩:主要由大于1mm的砾石构成的粗碎屑岩称为砾岩。砾岩中的碎屑颗粒主要是岩屑,矿物碎屑则较少,其砾石成分是推断母岩性质及物源位置的可靠依据。砾岩常具有大型斜层理和递变层理,有时不显示层理而呈均匀块状。砾岩分类方法多样,按圆度可分为砾岩、角砾岩,按成分可分为单成分砾岩、复成分砾岩;由于砾岩颗粒直径大,砾石大小悬殊,常具有好的孔渗特征,可作为油气储层;其胶结物以硅质和泥质为主,硅质胶结砾岩致密坚硬、脆性强,泥质胶结砾岩则较为疏松,常形成砾石脱落扩径现象。

砂岩:主要由0.1~1mm砂粒(其含量大于50%)组成的碎屑岩称为砂岩。根据粒径大小,可进一步分为粗砂岩、中砂岩和细砂岩。砂岩成分较复杂,砂级碎屑主要是石英,其次是长石、岩屑,有时含有云母、绿泥石等,重矿物含量一般小于1%。常见的胶结物有硅质、钙质、铁质和泥质四种类型。砂岩储油物性好,是理想的储集层。

粉砂岩:主要由0.01~0.1mm的粒屑(其含量大于50%)组成的碎屑岩称为粉砂岩。按粒度划分,粉砂岩可分为粗粉砂岩、细粉砂岩;按胶结划分,可分为铁质粉砂岩、钙质粉砂岩等。粉砂岩经过较长距离搬运,在稳定的水动力条件下缓慢沉积而成。碎屑成分较单纯,以稳定的石英为主,白云母较多,长石较少,岩屑极少或无,常含稳定重矿物(含量可达2%~3%)。胶结物以碳酸盐为主,铁质和硅质较少。分选好的粉砂岩具有较好的孔渗特征,是油气储集的良好场所,随着杂基及胶结物成分增加,岩石物性变差,逐渐向盖层条件转化。

泥岩:主要由50%以上粒径小于0.01mm的黏土矿物组成,其中常含少量细碎屑物质,是弱固结的黏土经压固、脱水、微弱的重结晶等作用形成的,是沉积岩中分布最广的一类;具吸附性、吸水膨胀性、可塑性、烧结性、黏结性等特征;由于矿物颗粒细小,粒间孔喉微小,岩石渗透性差,可作为油气藏盖层,如若岩石沉积过程中有机质含量充分,未受氧化破坏,埋藏环境适合则可作为油气生油源。

页岩:由黏土矿物颗粒组成,弱水动力沉积,固结作用强度、页理和劈理发育程度强,具膨胀性及非渗透性;包括钙质页岩、铁质页岩、硅质页岩、碳质页岩、黑色页岩等,是油气良好的盖层。碳质页岩含有大量呈细分散状均匀分布于岩石中的炭化有机质,并常含大量植物化石,是湖泊、沼泽环境下的产物,出现于煤系中,常形成煤层的顶板与底板;黑色页岩一般形成于缺氧、富含 H_2S 的较闭塞海湾和湖泊的较深水地区。页岩含有丰富的有机质和介形虫、孢粉等微体古生物，是重要的生油岩系。

油页岩：又称干酪根页岩，由低等动植物经过生物化学和地质作用而成，形成于内陆湖泊或滨海潟湖中较深水还原环境，常与油源岩或煤系地层共生；颜色呈棕色至黑色，具细微的水平层理；硬度和相对密度都比一般页岩小，韧性较大；用指甲刻划时，划痕呈暗褐色；用小刀沿层面切削时，呈刨花状薄片。

碳酸盐岩：由方解石、白云石等碳酸盐矿物组成的沉积岩，以石灰岩和白云岩为代表，主要在海洋中形成，少数在陆地环境中形成。古代广阔海洋中形成的碳酸盐岩约占地表沉积岩分布面积的 20%，仅次于黏土岩和碎屑岩；富含生物碎屑、有机质成分的碳酸盐岩是重要的油源岩，具有溶蚀孔洞及裂缝的碳酸盐岩是重要的储油岩。全世界 50% 的石油和天然气储存于碳酸盐岩中，碳酸盐岩还常与许多固体沉积矿藏共生。

二、储集层的分类及特点

储集层是能够储集和渗滤流体的岩层，是油气富集的载体。地层中，能作为储集层的岩石类别甚多，其储集特性各异，储集层的分类方法有多种，测井分析者习惯于采用以岩性或储集空间结构来分类。按岩性可分为碎屑岩储集层、碳酸盐岩储集层和特殊岩性储集层；按储集层储集空间结构可分为孔隙性储集层、裂缝性储集层和洞穴性储集层。

（一）碎屑岩储集层

碎屑岩储集层包括砾岩、砂岩、粉砂岩和泥质砂岩等，目前世界上已发现的储量中大约有 40% 的油气储集于这一类储集层。该类储集层也是我国目前最主要、分布最广的油气储集层。

碎屑岩由矿物碎屑、岩石碎屑和胶结物组成。最常见的矿物碎屑为石英、长石和云母；岩石碎屑由母岩的类型决定；胶结物有泥质、钙质、硅质和铁质等。

碎屑岩的粒径、分选性、磨圆度以及胶结物的成分、数量、胶结形式控制着岩石的储集性质。一般粒径越大、分选性和磨圆度越好、胶结物越少，则孔隙空间越大、连通性越好。

碎屑岩储集层的围岩一般是黏土岩类，构成砂泥岩剖面，黏土岩类包括有黏土岩、泥岩、页岩等。黏土矿物的主要成分有高岭石、蒙脱石和伊利石等。

碎屑岩储集层的孔隙结构主要是孔隙型的，孔隙分布均匀，各种物性和钻井液侵入基本上是各向同性的。目前，在各类岩性储集层的测井评价中，碎屑岩储集层的效果最好，但泥质含量比较多、颗粒很细的储集层评价即所谓泥质砂岩的测井解释问题依然比较困难。

（二）碳酸盐岩储集层

在世界油气田中，碳酸盐岩储集层占很大比重，目前世界上大约有 50% 的储量和 60% 的产量属于这一类储集层。我国华北的震旦系、寒武系和奥陶系的产油层，四川的震旦系、二叠系和三叠系的油气层，均属于这一类储集层。

碳酸盐岩属于生物、化学沉积，主要由碳酸盐矿物组成，主要岩石类型是石灰岩和白云岩，过渡类型的泥灰岩也属此类。石灰岩的矿物成分主要是方解石，其化学成分是 $CaCO_3$；白云岩的矿物成分主要是白云石，其化学成分是 $CaCO_3 \cdot MgCO_3$。以石灰岩、白云岩为主的地层剖面称为碳酸盐岩剖面。

在石灰岩和白云岩中，常见的储集空间有晶间孔隙、粒间孔隙、鲕状孔隙、生物腔体孔隙、裂缝和溶洞等。

从储集层评价及测井解释的观点出发,习惯于将碳酸盐岩的储集空间归纳为两类:原生孔隙(如晶间、粒间、鲕状孔隙等)和次生孔隙(如裂缝、溶洞等)。致密的石灰岩和白云岩,原生孔隙小且孔隙度一般只有1%~2%,若无次生孔隙,它是非渗透性的;当具有次生孔隙时,一般认为包括原生孔隙和次生孔隙的总孔隙度在5%以上的碳酸盐岩即可具有渗透性而成为储集层。

碳酸盐岩储集层以孔隙结构为特点可分为三类:孔隙型、裂缝型和洞穴型。

1. 孔隙型碳酸盐岩储集层

它与碎屑岩储集层的储集空间极为相似,包括两类孔隙,一类是粒间孔隙,晶间孔隙和生物腔体孔隙等;另一类是白云岩化及重结晶作用形成的粒间孔隙。孔隙型碳酸盐岩储集层的储集物性、孔隙分布、油气水的渗滤以及钻井液侵入特点等均与砂岩相似,适用的测井方法和解释方法也基本相同,它也是目前测井资料应用最成功的一类储集层。

2. 裂缝型碳酸盐岩储集层

这类储集层的孔隙空间主要由构造裂缝和层间裂缝组成,由于裂缝的数量、形状和分布可能极不均匀,故孔隙度和渗透率也可能有很大变化,油气分布也不规律,裂缝发育的储集层具有渗透率高和钻井液侵入深的特点。

3. 洞穴型碳酸盐岩储集层

这类储集层的孔隙空间主要是由溶蚀作用产生的洞穴,洞穴形状各异、大小不一、分布不均匀,对于常用测井方法的探测范围来说,洞穴的存在也往往具有偶然性,这给测井解释带来相当大的困难,只有当洞穴小且分布比较均匀时,可用中子(或密度)孔隙度与声波孔隙度之差作为次生的洞穴孔隙度,以中子或密度孔隙度计算含油气饱和度。

(三)特殊岩性储集层

除碎屑岩和碳酸盐岩以外的岩石所形成的储集层,如岩浆岩、变质岩、泥岩等,人们习惯于将它们称为特殊岩性的储集层,当这些岩层的裂缝、片理、溶洞等次生孔隙比较发育时,也可成为良好的储集层,特别是古潜山的风化壳,往往可获得单井高产的油气流。对于这类储集层,目前的测井解释效果也较差,尚有一些技术难关需要克服。

三、储集层的基本参数

储集层的基本参数有孔隙度(ϕ)、含油气饱和度(S_h)、岩层厚度(h)和渗透率(K)。

(一)孔隙度

岩石在形成过程及后期作用中,造成的粒间(晶间)孔隙、裂缝及洞穴等,称为岩石孔隙。根据孔隙流体在孔隙中能否运动,孔隙可分为总孔隙和有效孔隙。总孔隙(绝对孔隙)是指岩石中所有孔隙空间的总和,不论其孔隙的大小、形状以及是否连通。有效孔隙是指互相连通且在一般压力条件下流体可以在其中流动的那部分孔隙。根据孔隙成因,孔隙可分为岩石成岩过程中形成的原生孔隙和成岩后期作用中形成的次生孔隙。岩石孔隙体积与岩石总体积之比称为孔隙度,通常以百分数(%)表示。显然,孔隙度的概念可分为总孔隙度、有效孔隙度;原生孔隙度、次生孔隙度。测井资料所提供的是什么概念上的孔隙度,这无疑是地质家们所关注的问题。

一般地说,孔隙度测井所提供的孔隙度是总孔隙度(ϕ_t)。对于碎屑岩储集层,声波孔隙度ϕ_s、中子孔隙度ϕ_N和密度孔隙度ϕ_D等于ϕ_t。在纯地层中,通常认为总孔隙度等于有效孔隙度ϕ_e(即$\phi_t = \phi_e$)。对于含泥质地层,有效孔隙度等于孔隙度测井值减泥质校正量。对于碳酸盐岩储集层,ϕ_N和ϕ_D为总孔隙度,ϕ_s一般认为不包括次生孔隙度ϕ_2,即$\phi_2 = \phi_N - \phi_s$(或$\phi_D - \phi_s$)。对于复杂岩性(双矿物或多矿物岩性),须采用两种或三种孔隙度测井组合确定总孔隙度,但当储集层含有次生孔隙时,声波测井不能参加组合。

(二)含油气饱和度

储集层的含油性可由其饱和度来度量。孔隙中油气所占孔隙的相对体积称为含油气饱和度S_h,通常用百分比(%)表示。显然,储集层孔隙中的含油气饱和度S_h与含水饱和度S_w之和为1(或100%)。因此,通常用含水饱和度S_w来描述储集层的含油性。

目前,测井解释中引用的饱和度概念有以下几种:

(1)原状地层的含烃饱和度$S_h(S_h = 1 - S_w)$。如果用S_o表示含油饱和度,S_g表示含气饱和度,则$S_h = S_o + S_g$。按定义,对于含油、气、水的储集层,显然有$S_o + S_g + S_w = 1$。

(2)冲洗带的残余烃饱和度$S_{hr}(S_{hr} = 1 - S_{xo})$。

(3)可动油(烃)饱和度$S_{mo}(S_{mo} = S_{xo} - S_i$或$S_{mo} = S_h - S_{hr})$。

(4)束缚水饱和度S_{wi}。

在评价油气层的生产能力的时,可动油饱和度S_{mo}是一个十分重要的参数。一般认为,冲洗带内所含的油是不可动的残余油。因此,冲洗带含水饱和度S_{xo}与原状地层含水饱和度S_w的差值为可动油饱和度S_{mo}。可动油饱和度的大小,在一定程度上取决于原油的黏度,黏度增大则可动油饱和度减小。显然,可动油饱和度越大,可采出的油气量越多,采收率也可能越高。可动油相对体积为$\phi \cdot S_{mo} = \phi(S_{xo} - S_w)$。

束缚水饱和度S_{wi}是另一个饱和度概念。一般认为,储集层最初都是100%含地层水的,油气是后来由生油层系经运移进入储集层并挤出一部分地层水,最后在一定的保存条件下,油气与残留地层水共处于储集层孔隙中。储集层岩粒表面都有一层水被紧紧吸附不能自由移动,称为束缚水,而油气一般处于游离状态。

岩石的含水饱和度S_w由两部分组成,一部分是可动的(或有效的),另一部分是束缚的。在可动的那部分中又可分为两部分,一部分是可自由流动的,另一部分是在一定条件下才能流动的。束缚水饱和度S_{wi}和有条件的可动水饱和度之和称残余水饱和度S_{wr}。S_{wr}和S_{wi}成正比,即$S_{wr} = bS_{wi}$。随岩性不同,b值一般为1.05~5。同样,含油饱和度也由可采出和束缚的两部分组成,可采出的部分也包括可自由流出的和有条件流出的两种。有条件流出的油对应的含油饱和度与束缚油饱和度之和称为残余油饱和度,其数值通常与冲洗带的含油饱和度S_{or}相对应。

理论与实践均表明,储集层的岩石颗粒越细、孔隙孔道越小,其束缚水饱和度越大。因此,不同岩性、不同粒径的储集层的油水层的饱和度界限值是有差别的。为准确评价储集层的含油性,往往需要对储集层的含水饱和度S_w和束缚水饱和度S_{wi}进行比较。当S_w小,且$S_w \approx S_{wi}$时为油(气)层;当S_w较大,且$S_w > S_i$时为油水同层或水层。

(三)岩层厚度

岩层厚度是指岩层上、下界面的距离,岩层分界面以岩性或孔隙度、渗透率的变化为其特征。因此,确定岩层厚度所使用的测井曲线应该对这种变化反应灵敏且具有良好的纵向分辨能力。通常使用的测井曲线是自然电位、自然伽马、微电阻率、井径曲线等。

根据测井资料确定的油气层厚度,完全可满足地质家用于储量计算的精度要求。一般根据计算油气层有效厚度的给定标准,孔隙度、含油气饱和度的下限和泥质含量的上限,由微电阻率测井确定的储集层界面深度,进而得到油气层有效厚度 h_e。

(四)渗透率

为了评价储集层的生产能力,应了解油气流过岩石的孔隙系统的难易程度。在有压力差的条件下,岩层容许流体通过的性质称为渗透性。一定黏度的流体通过地层的畅通性的度量,称为渗透率。

储集层孔隙中的不可压缩流体,在一定压差条件下发生的流动,可按达西定律的经验关系式计算

$$Q = K\frac{\Delta p \cdot A}{\mu \cdot L} \tag{15-1}$$

式中 Q——液体流量,cm^3/s;

A——垂直于流体运动方向的岩石横截面积,cm^2;

L——渗滤路径的长度,cm;

Δp——压力差,Pa;

μ——流动介质的黏度,$mPa \cdot s$;

K——渗透率,μm^2。

实践表明,多相流体与单相流体在同一介质中的渗透能力并不相同,所以在表述含油气岩层的渗透性时,就有绝对渗透率、有效渗透率和相对渗透率的概念。

绝对渗透率是岩石中只有一种流体时的渗透率,通常用岩石对于空气的渗透率值来表示。

有效渗透率为非单相流体渗滤过岩石时,对其中一种流体所测定的渗透率。由于不同流体在流动时存在相互影响,有效渗透率之和总是小于绝对渗透率。

相对渗透率是岩石有效渗透率与其绝对渗透率的比值。在多相流体同时存在时,相对渗透率用来衡量某种流体通过岩石的相对难易程度。实验表明,相对渗透率是随流体的相对数量不同而变化的。例如,在油—水两相的情况下,当水的相对含量低于20%时,水的相对渗透率接近零,即地层将只产油。反之,当含油量低于某一数值时,地层全出水。因此,纯出油地层并不是说地层中完全没有水。

一般所说的渗透率 K 是指绝对渗透率。根据油层的类型,其变化为 $(0.1 \sim 10^4) \times 10^{-3} \mu m^2$。由于在测井时,流体不通过孔隙而流动,所以渗透率这个动态参数不能用测井方法准确地确定是不奇怪的。目前,用测井资料计算渗透率只能达到数量级精度,所以只能称之为"估计",而且只能对具有粒间孔隙的储集层作渗透率估计。通常,利用测井资料提供的孔隙度 ϕ 和束缚水饱和度 S_{wi} 来估计渗透率 K,而 $K = f(\phi, S_{wi})$ 关系则由资料统计得出或采用经验关系得出。

四、单井测井资料定性解释岩性

(一)根据测井曲线的综合分析识别岩性

根据单井测井曲线的综合分析识别岩性是手工解释中常用的方法。测井分析者根据生产

实践中积累的经验,从测井曲线的形态特征和测井值的相对大小去定性识别岩性。常见沉积岩的测井特征见表 15-2。

砾岩:具高电阻、高密度、低时差、有砾石脱落扩径等测井响应。

致密砂岩:呈高电阻、高密度、低时差、低孔隙度、低自然电位异常幅度、扩径等特征。

渗透性砂岩:具微电极曲线重合、低伽马、中等密度、略低时差、高孔隙度、高自然电位异常幅度、缩径等特征,含油气时电阻率高,含水时电阻率较低等特征。

泥质砂岩:具较低电阻率、中等密度、中等时差、略高伽马、中等自然电位异常等特征。

表 15-2 常见沉积岩的测井特征(据丁次乾,2002)

测井方法 曲线特征 岩性	声波时差 μs/m	密度 g/cm³	中子孔隙度 %	中子伽马	自然伽马	自然电位	光电吸收截面指数 P_e b/电子	体积光电吸收截面 U b/cm²	微电极	电阻率	井径
泥岩	>300	2.2~2.65	高值	低值	高值	基值	3.42	9.04	低、平直	低值	大于钻头直径
煤	350~450	1.3~1.5	ϕ_{SNP}>40 ϕ_{CNL}>70	低值	低值	异常不明显或很大的正异常(无烟煤)	无烟煤:0.161;烟煤:0.18	0.28 0.26	高值或低值	高值无烟煤最低	接近钻头直径
砂岩	250~380	2.1~2.5	中等	中等	低值	明显异常	1.81	4.78	中等,明显正差异	低到中等	略小于钻头直径
生物灰岩	200~300	比砂岩略高	较低	较高	比砂岩低	明显异常	5.08	13.77	较高,明显正差异	较高	略小于钻头直径
石灰岩	165~250	2.4~2.7	低值	高值	比砂岩低	大段异常			高值锯齿状	高值	小于或等于钻头直径
白云岩	155~250	2.5~2.85	低值	高值	比砂岩低	大段异常	3.14	8.99	高值锯齿状	高值	小于或等于钻头直径
硬石膏	约164	约3.0	≈0	高值	最低	基值	5.05	14.95	高值	高值	接近钻头直径
石膏	约171	约2.3	约50	低值	最低	基值	3.42	8.11	高值	高值	接近钻头直径
岩盐	约220	约2.1	≈0	高值	最低(钾盐最高)	基值	4.17	8.64	极低	高值	大于钻头直径

泥岩:具扩径、低电阻率、自然电位异常幅度低、微电极曲线重合、高时差、略低密度、高伽马、高中子孔隙度等测井响应。

碳酸盐岩:具高电阻率、高密度、低时差等特征,其余测井响应与其泥质含量、溶蚀裂缝程度、矿物组成有关,具体情况具体定论。

膏岩:具高电阻率、高中子孔隙度、低伽马、低自然电位异常幅度、低密度等特征。

具体情况见表15-2。根据这些特征,一般可以划分那些岩性比较单一的井剖面中的岩性。各地区特定条件下的岩性——测井特征,由实际的岩性、测井资料统计获得。值得指出的是,虽然表15-2中列出了各种岩性的测井特征,但在实际应用时各种测井方法区分岩性的能力是不同的。一般地说,自然电位、自然伽马、光电吸收截面指数 P_e 等区分岩性的能力比较强;在岩石比较致密,测井值接近骨架值时,使用一种孔隙度测井方法区分岩性的效果比较好。

(二)用孔隙度测井曲线重叠法识别岩性

在数字测井仪所回放的测井图上,经常将中子和密度孔隙度曲线(石灰岩孔隙度单位)以相同的孔隙度标尺重叠绘制在一起。该重叠图上由于砂岩、石灰岩和白云岩等的骨架特性的差别(参见表15-3),使这些单矿物岩石具有不同的显示。根据 ϕ_D、ϕ_N 的数值和相对幅度特征可识别单矿物岩性。图15-1是根据 ϕ_D、ϕ_{CNL} 重叠法识别岩性的示意图。图15-2是 ϕ_D、ϕ_N 重叠法识别岩性的测井曲线实例。

表15-3 不同岩性中子密度孔隙度差值

曲线关系	近似差值,%	可能的骨架物质
$\phi_D \ll \phi_N$	40	岩盐
$\phi_D > \phi_N$	5~6	砂岩
$\phi_D = \phi_N$	—	石灰岩
$\phi_D < \phi_N$	8.13	白云岩
$\phi_D < \phi_N$	16	硬石骨
$\phi_D \gg \phi_N$	10~30	泥岩
$\phi_D > \phi_N$	28	石膏

当地层岩性为非单一矿物,或含泥质、含油气时,将使中子、密度孔隙度曲线重叠法识别岩性的问题复杂化。也可用其他两种孔隙度曲线重叠来识别岩性。但应注意,当使用声波测井曲线时,可能由于对砂岩未做压实校正或碳酸盐岩中含次生孔隙,而使岩性解释结果产生错误。

五、单井测井资料划分渗透层、确定储层界面

渗透层是储层的基础,在逐层解释中,在井剖面上,通过渗透层划分即可判断出储层所在。

(一)砂泥岩剖面中渗透层的划分

砂泥岩剖面的渗透层主要是碎屑岩(砾岩、砂岩、粉砂岩等),其围岩通常是黏土岩(黏土、泥岩、页岩等)。以目前所采用的测井系列,可准确地将渗透层划分出来。比较有效而常用的测井资料是自然电位SP(或自然伽马GR)、微电极和井径曲线。

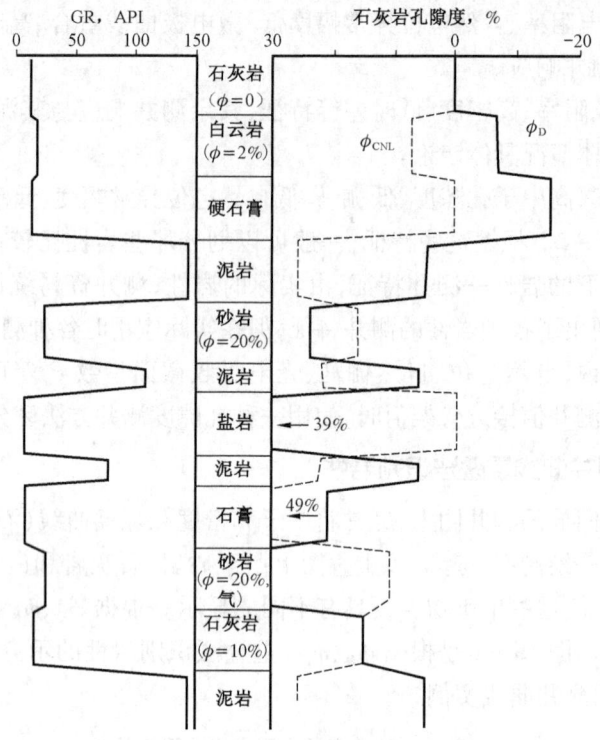

图 15-1 ϕ_D、ϕ_{CNL} 重叠法识别岩性

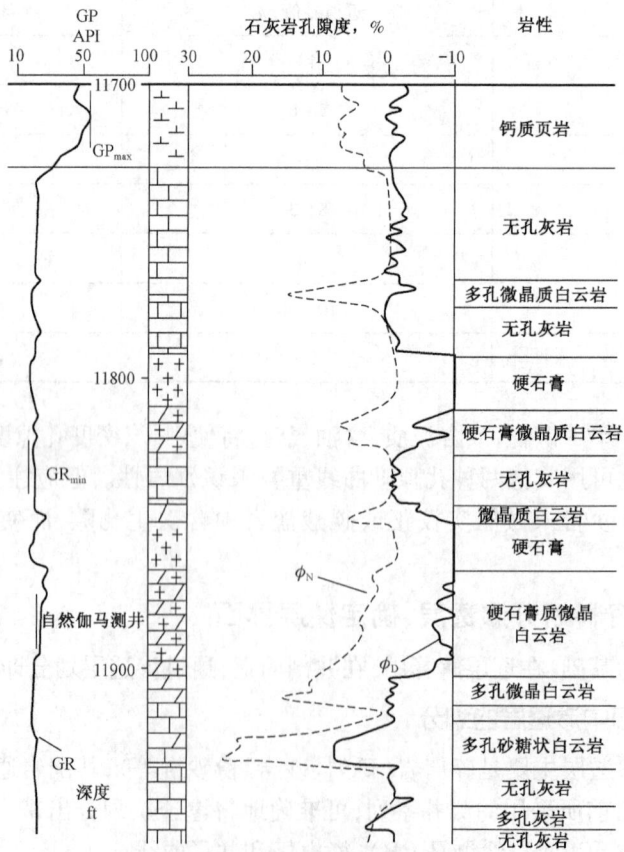

图 15-2 ϕ_D、ϕ_N 重叠法识别岩性

1. 自然电位曲线

相对于泥岩基线，渗透层在 SP 曲线上的显示为负异常（$R_{mf} > R_w$）或正异常（$R_{mf} < R_w$）。同一水系的地层，异常幅度的大小主要取决于储集层的泥质含量，泥质含量越多异常幅度越小。纯地层自然电位异常幅度的大小，主要与 R_{mf} 与 R_w 的比值有关，比值越近于1，异常幅度越小，反之越大。

在砂泥岩剖面中，只有当钻井液和地层水的矿化度相接近时，渗透层处的 SP 异常才不明显。这种情况一般发生在膏盐剖面、用海水钻井以及高矿化度地层水大量进入井内等条件下。在此情况下，可用 GR 代替自然电位，根据 GR 低值划分渗透层。

2. 微电极曲线

微电极测井曲线划分渗透层的实质是它能反映滤饼的存在。砂泥岩剖面中的渗透层，在微电极曲线上的视电阻率 R_a 值一般小于 20 倍钻井液电阻率 R_m，且微电位与微梯度曲线呈正幅度差。泥岩的微电极视电阻率为低值、没有或只有很小的幅度差。根据微电极曲线划分渗透层的一般原则是：

好的渗透层——$R_a \leq 10 R_m$，且有较大的正幅度差；

较差的渗透层——$R_a = (10 \sim 20) R_m$，有较小的正幅度差；

非渗透致密层——$R_a > 20 R_m$，且曲线呈尖锐的锯齿状，幅度差的大小、正负不定。

渗透层中的岩性渐变时，常常以微电极曲线值和幅度差的渐变形式显示。

3. 井径曲线

由于渗透层井壁存在滤饼，实测井径值一般小于钻头直径，且井径曲线（CAL）比较平直规则。这一特征在大多数情况下可被用来划分渗透层。但应注意，未胶结砂岩（或砾岩）的井径也可能扩大。

孔隙度测井曲线对于划分渗透层也有参考价值，用它可判断储集层孔隙性的好坏，这将有助于识别孔隙性、渗透性较好的储集层。

通常，以 SP（或 GR）、ML 和 CAL 曲线确定渗透层位置后，由 ML 曲线确定地层界面。用 SP 曲线半幅点和 ML 曲线合离点即可准确地划分出渗透层界面，确定储层。

（二）膏盐剖面中渗透层的划分

膏盐剖面地区，由于微电极和自然电位测井不能使用，故划分渗透层主要依据自然伽马、微侧向、孔隙度和井径曲线。如图 15-3 所示，所用测井系列是 MLL（微侧向测井）、GR（自然伽马）、IL（感应测井）和 4m 视电阻率测井。该地区岩性是泥岩（或油浸泥岩）、油页岩、泥膏岩、岩盐、砂岩等，在该剖面中划分砂岩储集层的方法是：以 GR 指示渗透层位置，由 MLL 曲线核实并确定界面。

渗透性砂岩在 GR 曲线上显示为中低值（位比法小于7）；在 MLL 曲线上显示为"二级低值"（岩盐层因井径扩大而呈现最低值——"一级低值"），且曲线比较平直光滑（渗透性差的砂岩读数较高）；Δt 为中等值。

泥膏岩在 GR、MLL 和 Δt 曲线上的显示与渗透性差的砂岩相似，但泥膏岩处往往井径扩大，且经常位于岩盐层上、下，因此参考井径曲线并考虑其出现的位置，可区分泥膏岩和渗透性差的砂岩。

（三）碳酸盐岩剖面中渗透层的划分

在碳酸盐岩剖面中的渗透层，通常是夹在致密层中的裂隙带。图 15-4 是某地区一口井

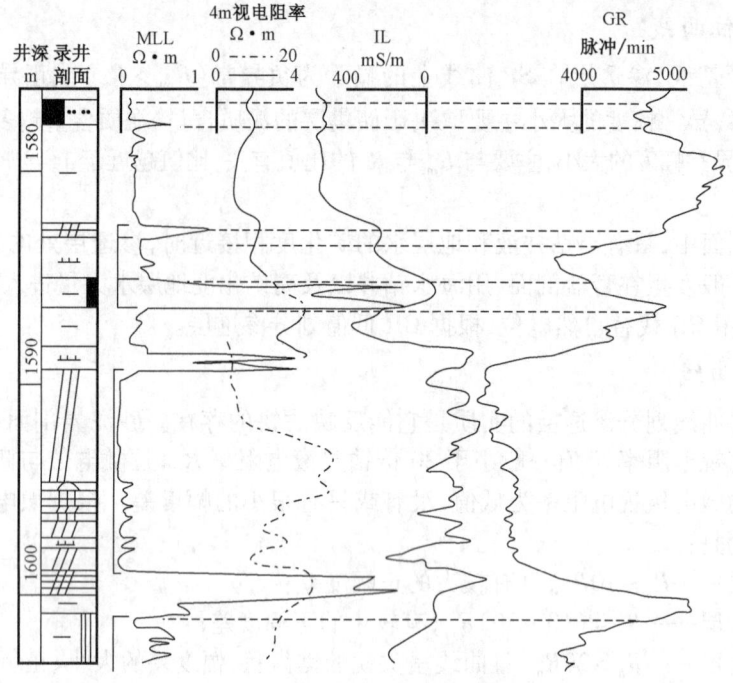

图 15-3 膏盐剖面中渗透层的划分

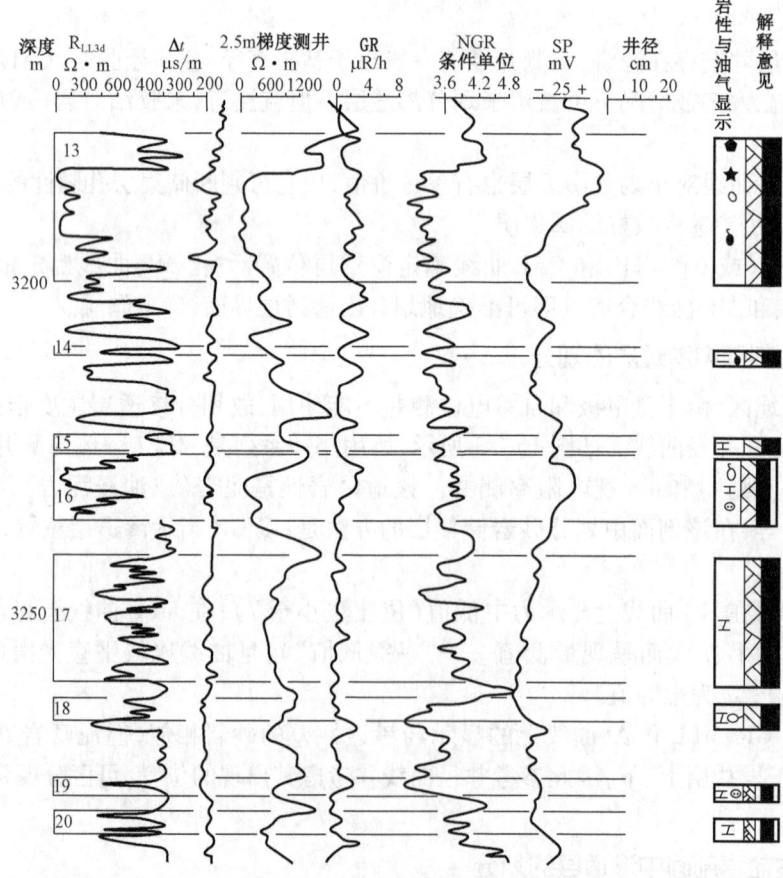

图 15-4 碳酸盐岩剖面中渗透层的划分

的测井曲线实例,采用的测井系列是 LL3d、Δt、GR、NGR(中子伽马)、SP、2.5m 梯度和井径测井。该地区目的层是震旦系白云岩。由图可见,碳酸盐岩剖面的渗透层(裂隙带)远不如砂泥岩剖面那样具有明显的特征。

由于裂隙性储集层以致密的碳酸盐岩为其围岩,这就使它具有相对低的电阻率、中子伽马测井值和相对高的声波时差。经分析对比还发现,该地区泥质含量较高的白云岩(GR > 4μR/h),其脆性较小,不易成为缝隙发育的储集层。因此,当时总结了划分储集层的"三低一高"原则,即低 GR、低中子伽马(NGR)、低 R_{LL3d} 和高 Δt。

从致密围岩中划分出裂隙带的方法是:先找出低阻、高孔隙显示,然后剔除 GR 相对高的含泥质地层。裂隙带界面的确定主要以分层能力较强的三侧向测井曲线为准。

裂隙带(储集层)划分出来后,可根据由资料统计得到的裂隙带划分标准(ϕ_N、NGR、GR),划分出主裂隙带(Ⅰ级)和次裂隙带(Ⅱ、Ⅲ级)。

从实践看,用上述"三低一高"原则划分储集层也可能存在一些问题。其一,由于裂缝、溶洞分布的不均匀性,若大缝洞未被井眼直接穿过,只有微裂缝与井筒相通,此时测井曲线可能呈致密层显示而遗漏;其二,裂缝带可能含铀量较高而造成 GR 值较高,它将被误认为泥质含量高而被遗漏。

六、单井测井资料夹层识别及储层有效厚度评定

夹层是指在储集体内部所分布的、与储集体主体物性差异较大、在油田开发生产中对流体流动产生明显影响的相对低渗透或非渗透层分布不稳定,不能完全阻止或控制流体的运动,但对流体渗流速度及渗流效果有较大影响,是油气田开发中所研究的主要课题。根据夹层的岩性、物性可将夹层划分为泥质夹层、钙质夹层和无形夹层。泥质夹层主要包括泥岩、页岩、泥质粉砂岩及部分粉砂岩,泥质夹层在测井曲线上的典型特征是自然伽马值相对较高,微电极值和侧向电阻率值较低,微电极曲线重合,自然电位曲线幅度下降。钙质夹层包括钙质砾岩、钙质砂岩、钙质粉砂岩、钙质泥岩、钙质页岩,钙质夹层在测井曲线上的典型特征是微电极曲线重合且呈高值尖峰状,声波时差曲线为低幅度异常。物性夹层通常指因岩性、成岩作用等因素的变化而使得储层物性变差,并对流体渗流产生影响的层段,物性夹层是一个相对概念,在测井曲线上的特征往往不明显。夹层测井响应如图 15-5 所示。

夹层的正确识别是储层有效厚度确定的基础,通过岩性划分、渗透层识别工作,去除夹层厚度则可得储层有效厚度。

【典型案例】

如图 15-6 所示,该测井资料采用 3700 测井系列获得,现据其测井曲线特征做以下分析:

(1)LOG2000 井 809.1~813.9m 井段,井径扩大、自然伽马呈高值、自然电位靠近泥岩基线、异常幅度低、电阻率中等、3 条曲线值接近、声波时差值较高、中子孔隙度大、含氢量高、密度中等偏小。据此特征判定该层为泥岩层段,厚度 4.8m。

(2)LOG2000 井 828.1~829.1m 井段,井径扩大、自然伽马呈低值、自然电位向泥岩基线靠近、异常幅度低、电阻率特高、声波时差值较小、中子孔隙度低、密度大,据此特征判定该层为致密砂岩层段,厚度 1m。

(3)LOG2000 井 884.0~896.2m 井段,井径缩小、自然伽马呈低值、自然电位远离泥

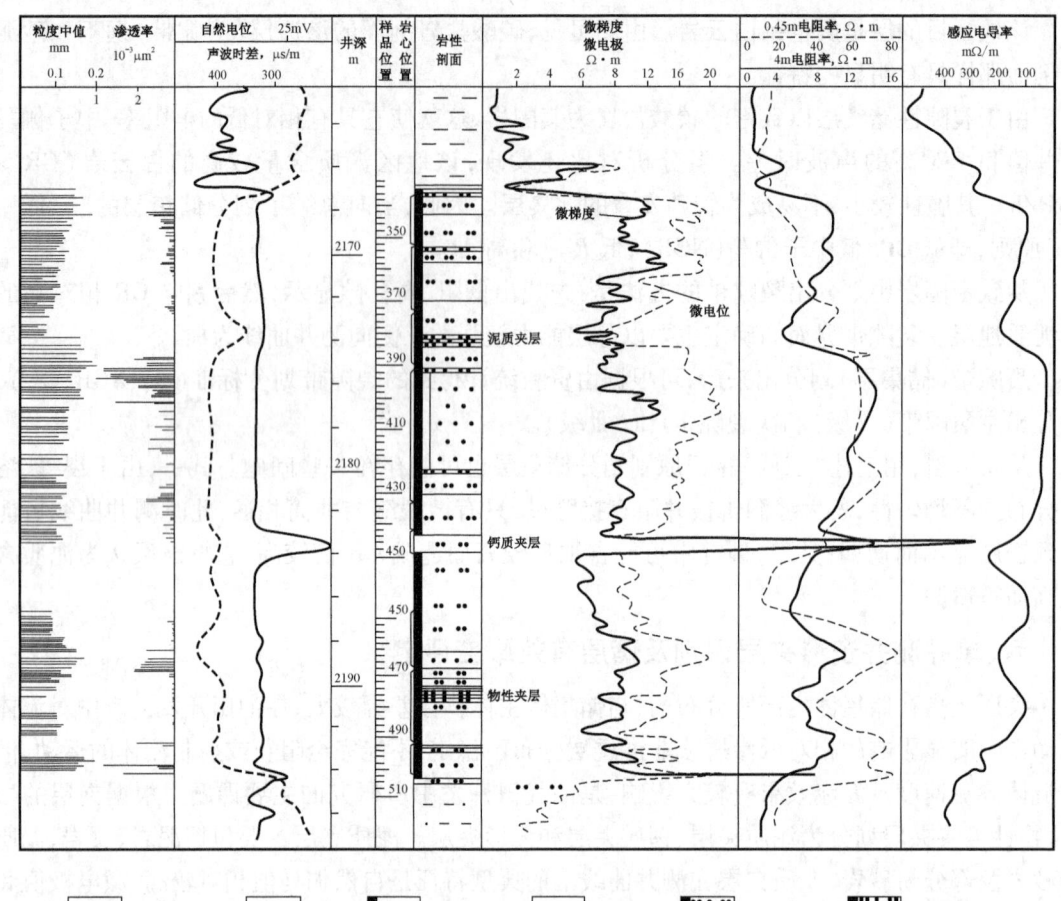

图 15-5 胜坨油田 2-140 井夹层类型及测井响应特征

岩基线,异常幅度高、电阻率低,三条曲线呈明显幅度、声波时差值较高、中子孔隙度中等、密度中等偏大。据此特征判定该层段为渗透性砂岩储集层,由于含水呈低阻特征,厚 12.2m。

【实战分析】

(1)常见泥岩、页岩、油页岩、碎屑岩、碳酸盐岩、岩浆岩、变质岩等岩石标本认识;

(2)根据典型案例分析提示,完成 LOG2000 井岩性界面的划分、储集层识别及夹层划分。

【拓展学习】

利用交会图法识别岩性(参考书:《矿场地球物理》,丁次乾编,石油大学出版社,2002.8)。

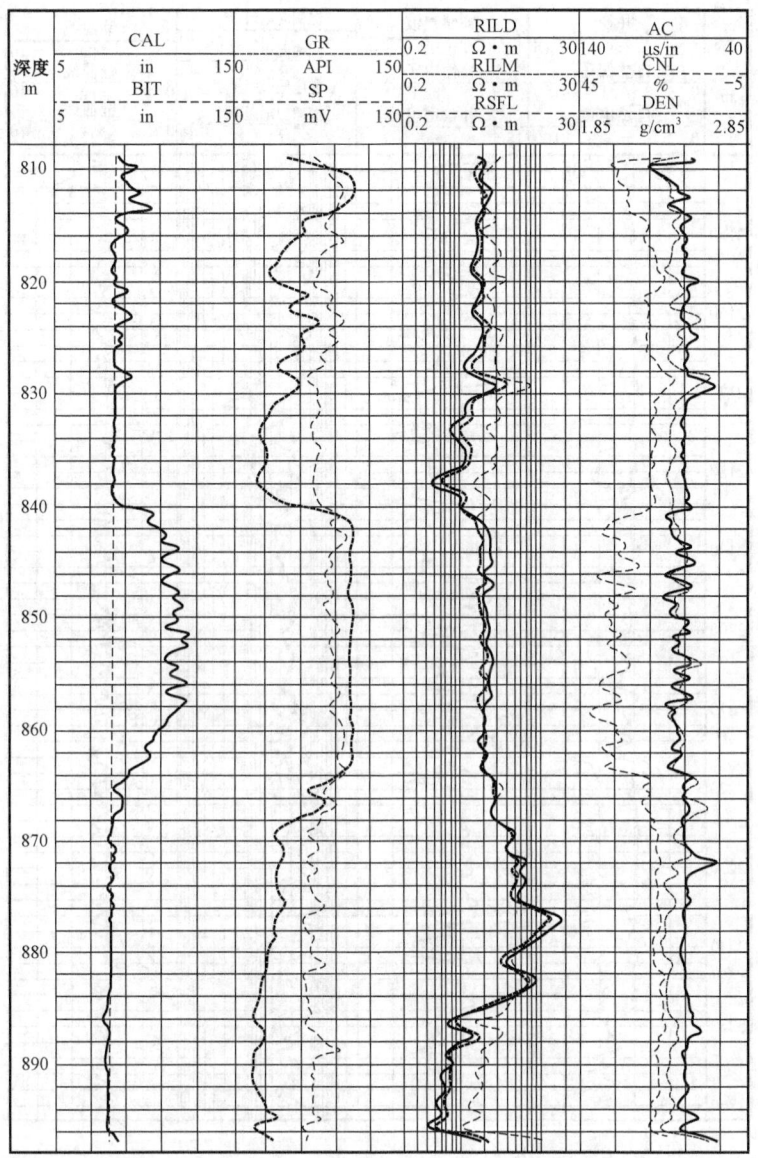

图 15-6 LOG2000 井测井曲线图

【任务考核】

一、理论考核

(1)有哪些常见储层?有哪些划分岩层岩性的方法?
(2)什么是渗透层?有哪些识别划分渗透层的方法?
(3)什么是夹层?有哪些识别夹层的方法?

二、技能考核

完成 LU2 井岩性的划分、储集层识别及夹层判断。LU2 井综合测井曲线图如图 15-7 所示。

— 305 —

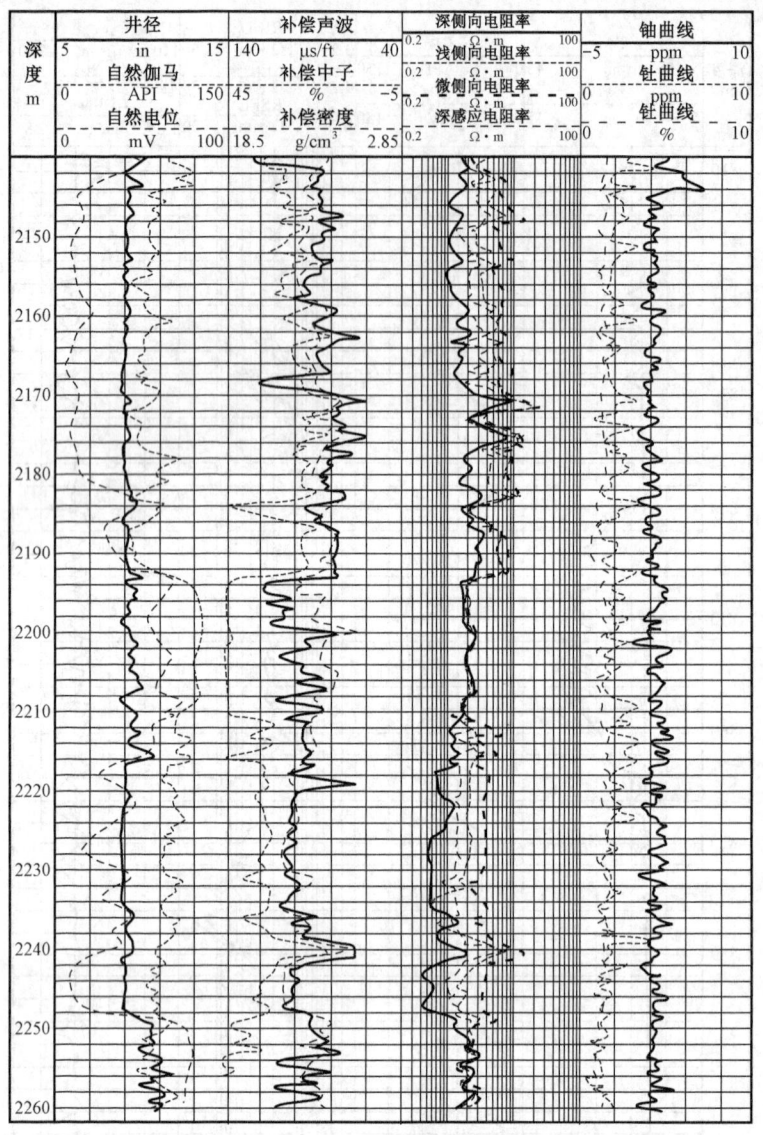

图 15-7　LU2 井综合测井曲线图

任务二　计算储层参数、划分油气水层

【任务描述】

在油气勘探开发作业过程中,利用单井测井资料识别油(气)水层并对储集层地质参数进行定量解释是储层评价、区域性油(气)藏描述的基础,同时也为油气田的开发决策提供着重要信息。显然,对于石油勘探开发而言,对储集层参数的计算及油气水层的划分无疑是测井解释工作的主要任务和基本内容。通过本任务的学习,主要要求学生理解油气水层的划分及储层参数计算的基本方法,使学生具备利用单井测井曲线定量解释储层的能力。

【相关知识】

一、常见储集层基本特征

油层:低侵、高阻、高自然电位异常、中等孔隙度、中等时差、中等密度。
气层:低侵、高阻、高自然电位异常、中等孔隙度、高时差、低密度、高中子伽马。
水层:高侵、低阻、高自然电位异常、中等孔隙度、中等时差、中等密度。
干层:高阻、低自然电位异常、低孔隙度、略低时差、高密度、不产(或产少量)流体。

二、储集层含油性的定性解释

(一)油层最小电阻率法

油层最小电阻率 R_{tmin} 是指油(气)层电阻率的下限,当储集层的电阻率大于 R_{tmin} 时,可判断为油(气)层。对于某一地区特定的解释层段,如果储集层的岩性、物性、地层水矿化相对稳定时,可用此方法。

微课视频
储层含油性的
解释评价方法

可使用两种方法确定油层最小电阻率,即估算法和统计法。

1. 估算法

根据解释层段的具体情况,用下式估计:

$$R_{tmin} = FR_w/S_w^n, \quad F = a/\phi^m \tag{15-2}$$

例如,在××地区,目的层段储集层孔隙度 ϕ 在25%左右,$R_w \approx 0.1\Omega \cdot m$,油层、水层的含水饱和度 S_w 上限为50%,$a=1$,$m=n=2$,代入上式计算,得出油层最小电阻率为 $6.4\Omega \cdot m$。

2. 统计法

根据岩层电阻率与岩心观察(或试油资料)的统计,确定油层最小电阻率。

例如,通过对 L 地区某层段 10 口取心井的岩心进行观察,发现岩性粗细不同,油层电阻范围也有相应的变化,如表 15-4 所示。

表 15-4 不同岩性油层最小电阻率

岩性	电阻率范围,$\Omega \cdot m$
粉砂岩	3 ~ 15
细砂岩	16 ~ 30
中砂岩	30 ~ 40
粗粉砂、含砾砂岩	>40

一般地说,储集层的泥质含量对油、水层的饱和度界限和油层最小电阻率均有影响。因此,可根据自然电位、感应电阻率或自然伽马相对值统计油层最小电阻率界限,图 15-8 所示为 DC 地区某目的层系的统计实例。

依上述可知,对于一个地区的不同岩性、不同层组,应采用不同的油层最小电阻率标准。油层最小电阻率法的局限性,最主要的是它忽略了岩性、物性的变化,而不同储集层的泥质含量和孔隙度往往是有变化的。

(二)标准水层对比法

首先,在解释层段用测井曲线找出渗透层,并将岩性均匀、物性好、深探测电阻率最低的渗透层作为标准水层。然后,将解释层的电阻率与标准水层相比较,凡电阻率大于 3~4 倍标准水层电阻率者可判断为油(气)层。

这是因为,$I = R_t/R_o = 1/S_w^2$,当油层的饱和度界限为 $S_w \leq 50\%$ 时,显然油(气)层的 $R_t \geq 4R_o$。由于定性解释中往往用视电阻率 R_a 代替 R_t,用标准水层电阻率代替 100% 含水时的电阻率,为避免漏掉油层,可以将判断油气层的 R_t 数值标准降低到 3 倍 R_o。

应强调指出,对比时要注意条件,进行比较的解释层与标准水层,在岩性、物性和水性(矿化度)方面必须具有一致性。

图 15-9 是用标准水层对比法判断油、水层的实例。图中,从 SP 曲线(曲线 I)可划分出 4 个渗透层,从视电阻率曲线(曲线 II)看,1743m 以上和以下的渗透层的 R_a 显著不同,上边 3 个渗透层的 R_a 为 50~120Ω·m,下边一个渗透层的 R_a < 10Ω·m。因此,根据标准水层对比法,判断上部 3 个渗透层为油(气)层。

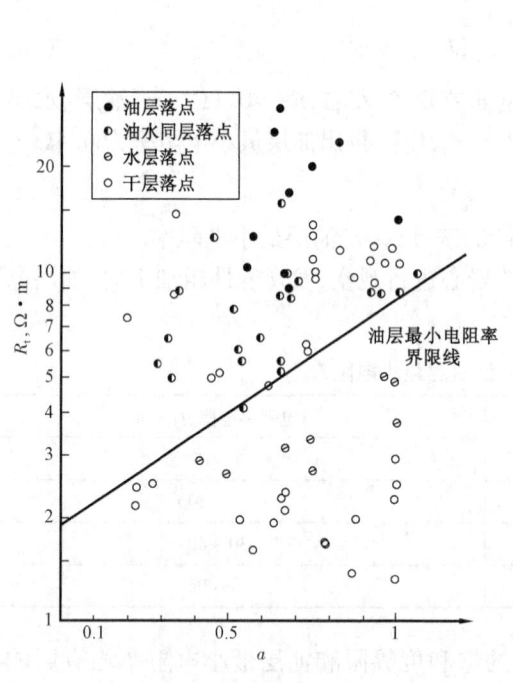

图 15-8　DC 地区目的层最小电阻率与自然电位减小系数 a 的关系图

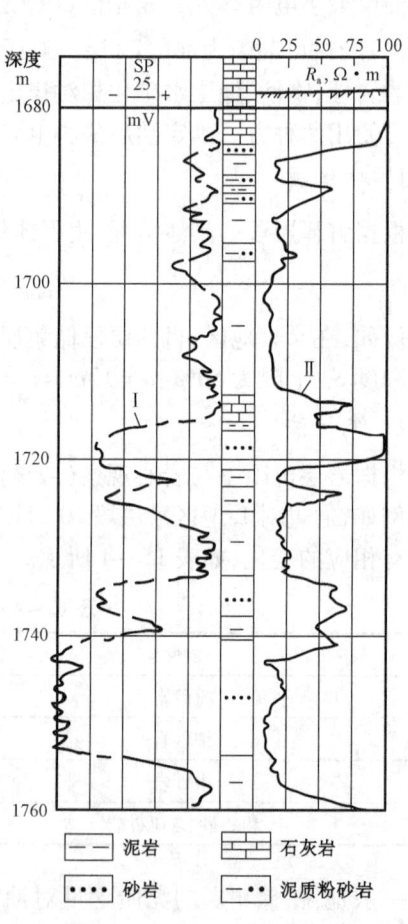

图 15-9　标准水层对比法判断油、水层

(三)径向电阻率法

这是采用不同探测深度的电阻率曲线进行对比的方法,它依赖于储集层的钻井液侵入特征,从分析岩层的径向电阻率变化来区分油层、水层。一般情况下,油(气)层产生减阻侵入,水层产生增阻侵入。此时,深探测视电阻率大于浅探测视电阻率者可判断为油(气)层,反之

为水层。

与油层最小电阻率法和标准水层法相比,径向电阻率法在很大程度上克服了岩性、物性等变化造成的影响。但在使用径向电阻率法识别油(气)层时要注意:(1)为突出径向电阻率的变化,用于互相比较的不同探测深度的电阻率曲线,应具有相似的纵向探测特征,即井眼、围岩影响要相似,因此最好采用具有纵向聚焦的测井系统,如深、浅感应或深、浅侧向测井曲线的对比;(2)油(气)层在 R_{mf}/R_w 比值较大的情况下,也可能造成增阻侵入。

(四)邻井曲线对比法

如果相应地层在邻井经试油已证实为油(气)层或水层,则可根据地质规律与邻井对比,这将有助于提高解释结论的可靠性。图 15-10 是某地区 3 口井的测井曲线对比实例。A 井是最先获得工业油流的井,以后钻 B 井时,录井和井壁取心均未见到明显的油气显示,当时的测井解释结论也是悲观的。但在 C 井完钻并获得高产油流后,对这 3 口相邻很近的井作了如图所示的对比,发现它们同属一个断块,故重新对 B 井进行解释,划分出总厚度为 18.8m 的油层。试油获日产原油 70t。

(五)不同时间的测井曲线对比法

在适当的不同时间里,对同一井段进行同一测井方法的重复测量并加以对比,其测井值的变化可近似认为是前、后两次测井时钻井液侵入深度不同所致。这种变化,在油(气)层和水层是有区别的。

图 15-11 是两次中子伽马测井曲线的对比实例。第 1 次测量(曲线 1)是在下套管后进行的;第 2 次测量(曲线 2)是在数月后进行的。由于第 2 次测量时侵入带已消失,地层流体(天然气)已恢复到井的周围,使中子伽马测井值呈现高值。

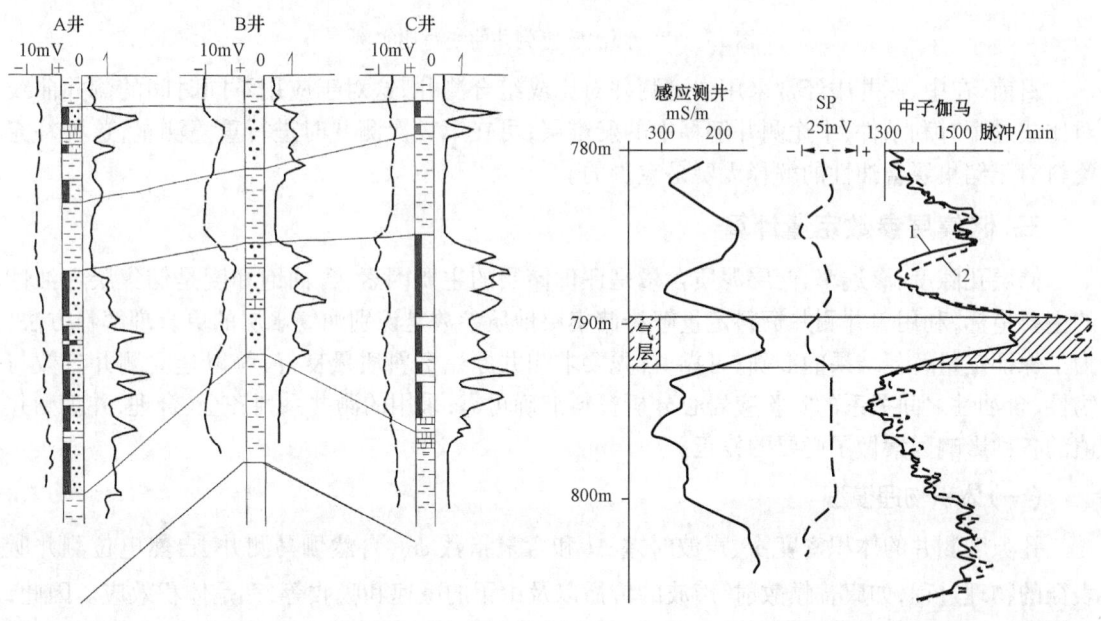

图 15-10 临井曲线对比法实例　　图 15-11 两次中子伽马测井曲线对比实例

图 15-12 是先后两次感应测井曲线对比实例。曲线表明,在泥岩部分,两次感应测井曲线基本重合;在 1345~1372m 渗透层(砂岩)处,由于钻井液侵入,第 2 次测量(曲线 2)电阻率

值高于第 1 次测量值(曲线 1),呈增阻侵入。其中,1353～1372.5m 水层的增阻侵入特征比 1345～1353m 含油井段更明显。

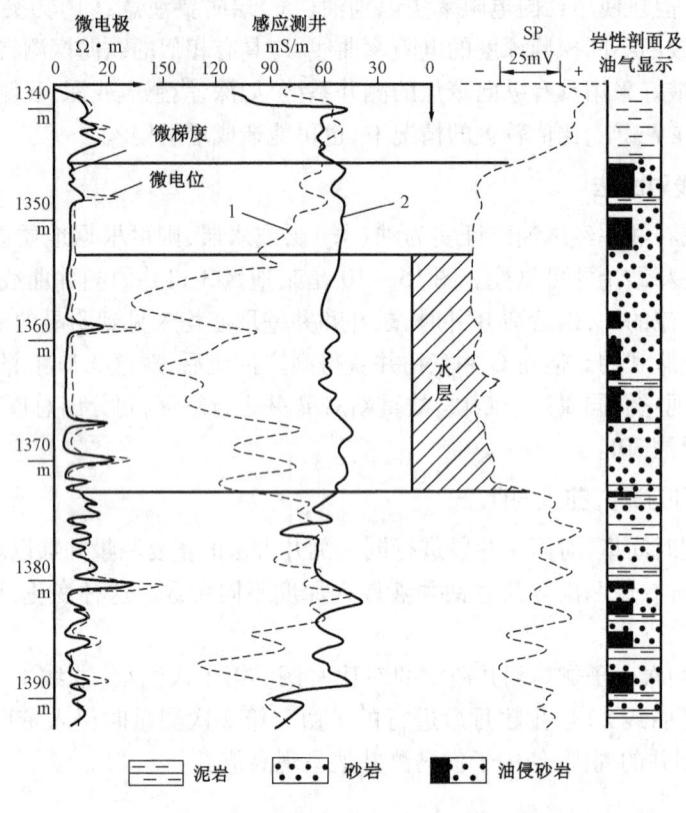

图 15-12 两次感应测井曲线对比实例

目前,在中、深井中经常采用中途测井对比或组合测井,这对于应用不同时间的测井曲线对比法是个有利条件,中途测井解释中的疑难层,可在第 2 次测井时进行重复测量,这种补充资料对于储集层含油性的解释无疑是宝贵的。

三、储集层参数定量计算

储层孔隙度、渗透率、储层泥质含量是评价储层的主要因素,含油饱和度是储集层含油性的主要指标,利用单井测井资料定量解释储集层地质参数是识别油气水层的更合理解释方法。为了保证定量解释结果的准确、可靠,首先要求测井原始资料质量良好;赖以建立测井参数与物性、含油性之间关系的实验室岩心分析资料准确可靠;采用的测井系列齐全、合理,并对测井值的各种影响因素做了必要的校正。

(一)体积物理模型

孔隙度测井的体积密度 ρ_b、声波时差 Δt 和含氢指数 ϕ_N,自然伽马测井、自然电位测井所表征的物理过程,如康普顿散射、声波的传播以及中子的减速和吸收等,都是体积效应。因此,在研究与这些过程有关的测井响应方程时可采同"体积模型"的概念,它直观、方便,导出的基本关系也是令人满意的。

各种孔隙度测井方法的测量结果可以看成仪器探测范围内某种物理量的综合响应;在岩性均匀的情况下,无论任何大小的岩石体积,它们对测井结果的贡献,按单位体积来说都是一样的。这就使人们在寻找测井参数与地质参数的关系时,可以不考虑测井方法的微观物理过程,而只从宏观上研究岩石各部分(岩石骨架、泥质和孔隙流体)测量结果的贡献,因而发展了"岩石体积物理模型"(简称"体积模型")的研究方法。这种方法的特点是:推理简单,不用复杂的数学、物理知识;所得的解释关系大多具有线性方程形式,便于计算机处理,也便于人们记忆和应用;所得结果与其他理论或实验方法的结果一致或相近。

所谓"岩石体积模型",就是根据岩石的组成,按其物理性质(如声波、密度、中子测井孔隙度等)的差异,把单位体积岩石分成相应的几部分,然后研究每一部分对岩石宏观物理量的贡献,并将岩石的宏观物理量看成是各部分贡献之和。

$$测井参数 \times 总体积 = \sum 测井参数 \times 相应体积$$

例如图 15-13,对于纯砂岩,有

$$\rho_b = \rho_f \times \phi + \rho_{ma}(1 - \phi) \tag{15-3}$$

同样,对于含水纯砂岩、含水泥质砂岩、含油气纯砂岩、含油气泥质砂岩建立体积模型,便可分别导出各种情况下的储层泥质含量、孔隙度值与测井参数值的关系式——体积物理模型公式,据此则可定量解释储层参数。

(二)泥质含量 V_{sh} 计算

储层泥质含量的计算,往往采用自然电位异常幅度测井值及自然伽马测井曲线值。对于含泥质储层,自然电位异常幅度测井值及自然伽马测井曲线值由砂质成分及泥质成分共同贡献,其体积模型见图 15-14。据此分析,有

$$\Delta V_{SP} = V_{sh} \Delta V_{SPsh} + \Delta V_{SPma}(1 - V_{sh})$$

式中 ΔV_{SP}——自然电位曲线的异常幅度;

V_{sh}——泥质含量;

ΔV_{SPsh}——纯泥岩自然电位曲线的异常幅度;

ΔV_{SPma}——纯砂岩自然电位曲线的异常幅度。

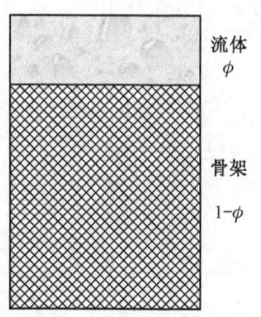
图 15-13 纯砂岩体积模型

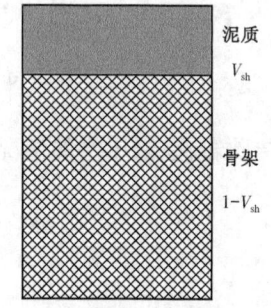
图 15-14 泥质砂岩体积模型

此时 $\Delta V_{SPsh} = 0$,ΔV_{SPma},固有

$$V_{sh} = 1 - \Delta V_{sp} - SSP$$

$$GR = GR_{sh} V_{sh} + GR_{ma}(1 - V_{sh})$$

式中 SSP——静自然电位;

GR——自然伽马测量值;

GR_{sh}——纯泥岩自然伽马值;

GR_{ma}——纯砂岩自然伽马值。

式中 $GR_{sh} = GR_{max}$(全井段最大自然伽马读值),$GR_{ma} = GR_{min}$(全井段最小自然伽马读值),故有

$$V_{sh} = \frac{GR - GR_{min}}{GR_{max} - GR_{min}}$$

当泥质含量高时,有

$$I_{sh} = \frac{GR - GR_{min}}{GR_{max} - GR_{min}}$$

$$V_{sh} = \frac{2^{gcur \cdot I_{sh}} - 1}{2^{gcur} - 1}$$

式中 $gcur$——经验系数,根据取心分析资料与自然伽马测井值按指数统计而确定,一般情况下老地层 $gcur = 2$;新地层 $gcur = 3.7$。

若岩石不含钾(云母、长石),还可利用伽马能谱测井曲线计算泥质含量:

$$(V_{sh})_X = \frac{X - X_{min}}{X_{max} - X_{min}} \tag{15-4}$$

式中 X 代表 Th 元素或 K 元素。

(三)储集层孔隙度 ϕ 计算

1. 纯砂岩孔隙度计算

1)声波时差孔隙度计算

对于固结压实的纯地层,有

$$\Delta t = \Delta t_f \phi + \Delta t_{ma}(1 - \phi)$$

$$\phi_s = \frac{\Delta t - \Delta t_{ma}}{\Delta t_f - \Delta t_{ma}} \tag{15-5}$$

对于泥质胶结砂岩,在未压实的情况下,有

$$\phi_s = \frac{\Delta t - \Delta t_{ma}}{\Delta t_f - \Delta t_{ma}} \cdot \frac{1}{C_p} \tag{15-6}$$

$$C_p = 1.68 - 0.0002H \tag{15-7}$$

式中 Δt——声波时差测量值;

Δt_f——孔隙流体的声波时差值;

Δt_{ma}——纯砂岩岩石骨架的声波时差值;

ϕ——孔隙度;

ϕ_s——声波孔隙度;

H——地层埋藏深度(1000m $\leqslant H \leqslant$ 3400m);

C_p——压实校正系数。

2) 密度孔隙度计算

$$\rho_b = \rho_f \phi + \rho_{ma}(1 - \phi)$$

$$\phi_D = \frac{\rho_{ma} - \rho_b}{\rho_{ma} - \rho_f} \qquad (15-8)$$

式中 ρ_b——地层体积密度；

ρ_f——地层流体密度；

ρ_{ma}——纯砂岩岩石骨架密度；

ϕ——孔隙度；

ϕ_D——密度孔隙度。

3) 中子孔隙度计算

$$\phi_N = \frac{\phi_N - \phi_{Nma}}{\phi_{Nf} - \phi_{Nma}} \qquad (15-9)$$

式中 ϕ_N——中子孔隙度；

ϕ_{Nf}——流体中子孔隙度；

ϕ_{Nma}——岩石骨架中子孔隙度。

2. 泥质砂岩孔隙度计算

对于泥质砂岩，由于含泥质，氢含量上升，其中子孔隙度往往大于实际孔隙度，其体积密度 ρ_b、声波时差 Δt 值则由泥质成分、孔隙流体、岩石骨架三部分贡献值组成，其体积物理模型见图15-15。据此分析，有

$$\Delta t = \Delta t_f \phi + \Delta t_{sh} V_{sh} + \Delta t_{ma}(1 - \phi - V_{sh})$$

$$\rho_b = \rho_f \phi + \rho_{sh} V_{sh} + \rho_{ma}(1 - \phi - V_{sh})$$

式中 Δt——声波时差测量值；

Δt_f——孔隙流体的声波时差值；

Δt_{sh}——纯泥岩的声波时差值；

Δt_{ma}——纯砂岩岩石骨架的声波时差值；

ϕ——孔隙度；

ρ_b——地层体积密度；

ρ_f——地层流体密度；

ρ_{ma}——岩石骨架密度；

ρ_{sh}——纯泥岩密度；

V_{sh}——泥质含量，V_{sh} 可由前述泥质含量计算方法求得。

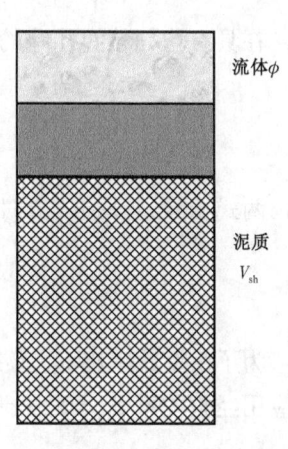

图 15-15 泥质砂岩体积模型

(四) 储集层含油饱和度 S_o 计算

1. 利用阿尔奇公式计算 S_o

阿尔奇公式为

$$F = R_o/R_w = a/\phi^m$$
$$I = R_t/R_o = b/S_w^n$$

据此公式推得

$$S_o = 1 - (abR_w/\phi^m R_t)^{1/n}$$

上式参数的获取方法：a、b、m、n 为常数，通常 $a = b = 1$，$m = n = 2$，也可由岩电实验获得；R_w 可由试水资料或测井标准水层电阻率校正后获得；R_t 可由测井资料测得的原岩电阻率校正后获得。

阿尔奇公式在冲洗带中的应用为：

$$F_{xo} = \frac{(R_{xo})_o}{R_{mf}} = \frac{a}{\phi^m} \qquad I_{xo} = \frac{R_{xo}}{(R_{xo})_o} = \frac{b}{S_{xo}^n} \qquad (15-10)$$

据此公式推得：

$$S_{xo} = 1 - (abR_{mf}/\phi^m R_{xo})^{1/n}$$

式中，R_{mf} 可由实验获得，也可由相关图表查得；R_{xo} 可由测井资料测得值经校正后获得；S_{xo} 为冲洗带的含钻井液滤液饱和度。

2. 比值法计算 S_o

在具有均匀粒间孔隙的纯地层，对于原状地层的冲洗带，阿尔奇公式分别具有以下形式

$$S_w^n = FR_w/R_t$$
$$S_{xo}^n = FR_{mf}/R_{xo}$$

两式相除，且取 $n = 2$ 时，有

$$\left(\frac{S_w}{S_{xo}}\right)^2 = \frac{R_{xo}/R_t}{R_{mf}/R_w} \qquad (15-11)$$

为了由上式求出 S_w，必须已知 S_{xo}。对于具有中等侵入及"平均"残余油饱和度的情况，可以应用经验关系 $S_{xo} = S_w^{1/5}$，于是上式变为

$$S_w = \left(\frac{R_{xo}/R_t}{R_{mf}/R_w}\right)^{5/8} \qquad (15-12)$$

$$S_o = 1 - S_w$$

(五) 储层渗透率 K 的估算

储层渗透率 K 的计算式为

$$K = [250(\phi^2/S_{wi})]^2 \qquad （石油） \qquad (15-13)$$

$$K = [79(\phi^2/S_{wi})]^2 \qquad （天然气） \qquad (15-14)$$

式中　K——渗透率，$10^{-3}\mu m^2$；

　　　S_{wi}——束缚水饱和度，可由 GR 或 SP 相对值与 S_{wi} 的统计关系求出，对于含水过渡带以上的油气层，$S_{wi} = S_w$，%。

渗透率还可根据地层重复测试及核磁共振测井资料求得,在此不做过多介绍。

【典型案例】

案例一:如图15-16所示,2层和9层同时存在微电极曲线分离,自然电位远离泥岩基线的特征,据此判断该层段为渗透层;根据感应测井显示,2层呈低电导率,9层呈高电导特征;根据侧向测井显示,结合径向电阻率法判断,2层为低侵油层,9层为高侵水层。

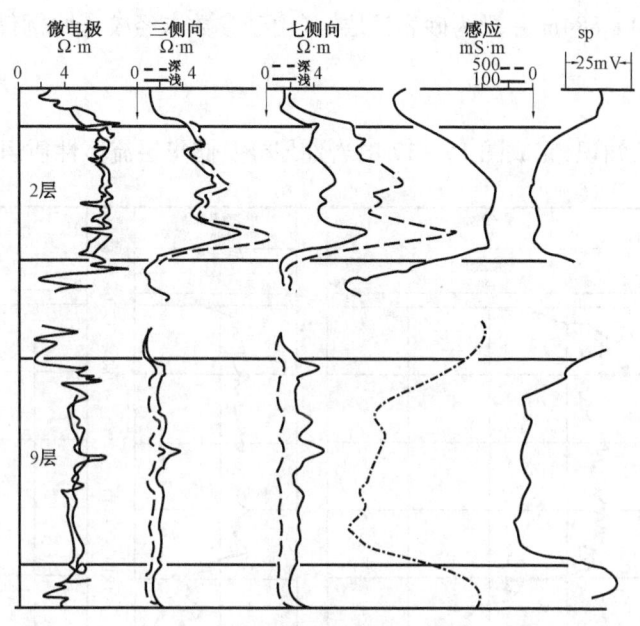

图15-16 储层径向电阻率特征显示

案例二:如图15-6所示,据LOG2000井测井曲线图显示,864~884m井段呈缩径、自然电位异常幅度大、自然伽马值低、高电阻率、中等时差、中等孔隙度特征,且该井段为典型低侵特征,据此判断该层为油层。根据图中致密砂岩层段显示得:$\Delta t_{ma} = 52\mu s/ft$,解释井段 $\Delta t = 85\mu s/ft$,查表得油层 $\Delta t_f = 186\mu s/ft$;解释井段中子孔隙度读值28%,原岩电阻率均值为 $8.1\Omega \cdot m$,据884~896m处标准水层显示得 $R_o = 0.8\Omega \cdot m$;全图 $GR_{max} = 110API$,$GR_{min} = 75API$,$GR = 76API$。

(1)由泥质含量计算公式:

$$V_{sh} = \frac{GR - GR_{min}}{GR_{max} - GR_{min}}$$

得

$$V_{sh} = 2.9\%$$

由于 $V_{sh} < 5\%$,判定该岩层为纯砂岩层段。

(2)由声波时差孔隙度计算公式

$$\phi_s = \frac{\Delta t - \Delta t_{ma}}{\Delta t_f - \Delta t_{ma}} \qquad (15-15)$$

计算得:$\phi_s = 24.6\%$,平均孔隙度 $= (24.6\% + 28\%)/2 = 26.3\%$(密度孔隙度不再举例)。

(3)利用阿尔奇公式,有 $F = R_o/R_w = a/\phi^m$,得 $R_w = 0.06\Omega \cdot m$,由
$$I = R_t/R_o = b/S_w^n$$
得
$$S_w = 3.2\%$$
$$S_o = 1 - S_w = 96.8\%$$

根据通常的油水层划分标准:水层 $S_w > 70\%$;油水同层 $30\% < S_w < 70\%$;油层 $S_w < 30\%$,判定 LOG2000 井 864~884m 井段为砂岩油层。(由于参数未经校正此例仅供参考)。

【实战分析】

根据所学习相关知识,完成图 15-17 的岩性划分及储集层流体性质识别。

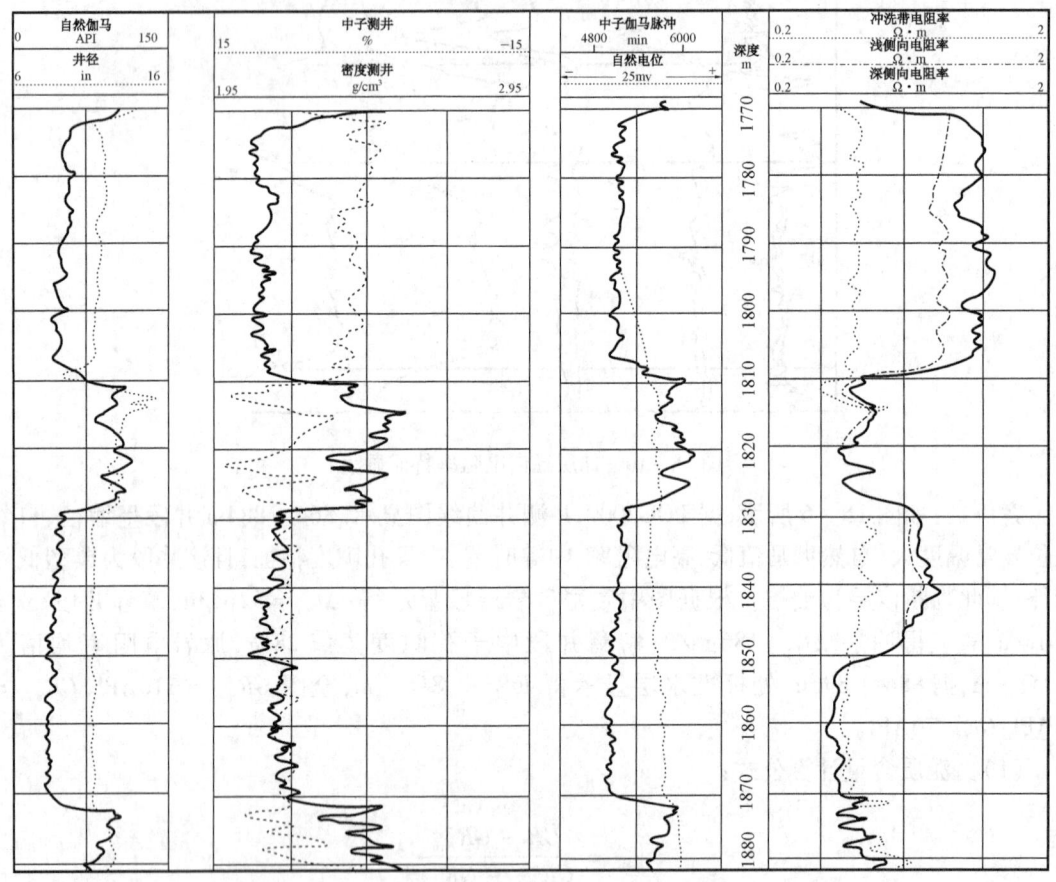

图 15-17 LU2 井综合测井曲线图

【拓展学习】

(1)利用交会图法求储层孔隙度;
(2)泥质地层的含水饱和度求解。

【任务考核】

一、理论考核

(1) 如何进行储集层含油性的定性解释？

(2) 什么是泥质含量？什么是孔隙度？什么是渗透率？什么是含油饱和度？

(3) 如何进行定量解释、储层流体性质的判断？

二、技能考核

完成图 15-17 所示的 LU2 井油气水层划分及储层参数定量计算。

项目十六 单井录测井资料分析评价

地质录井资料是认识地下岩层、构造、油气水层客观规律的第一性原始资料,测井是井下地质情况的又一反映。当一口井完井后,应认真、系统地整理、分析和研究在钻井过程中所取得的各项资料(包括中途测试和各种分析化验资料),同时还要综合各项地球物理测井资料以及原钻机试油成果,对地下地质情况及油气水层做出评价性的判断,找出其规律,在各单项录井工作小结的基础上,对本井进行全面的地质工作总结,编制各种成果图(图 16-1),写出完

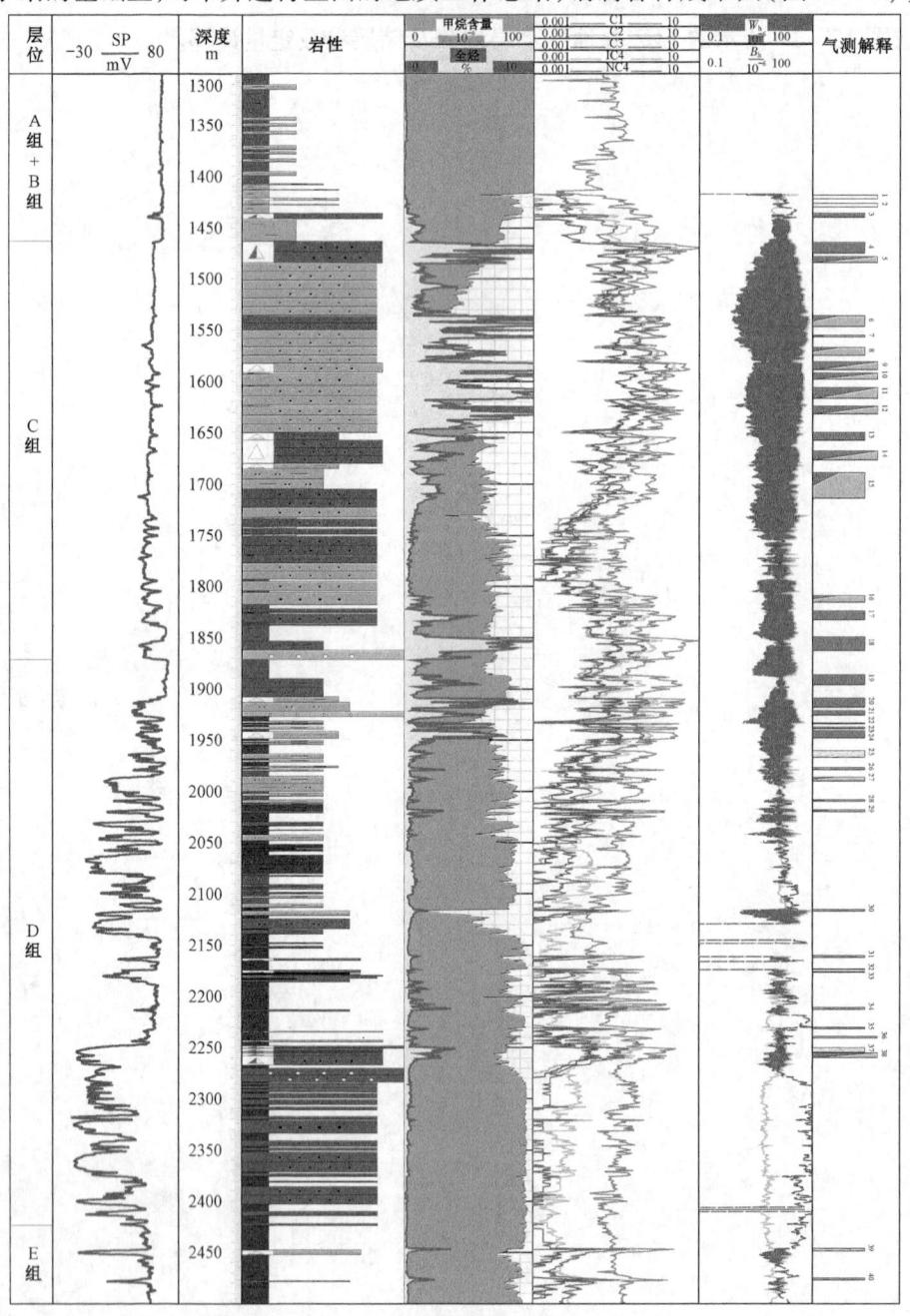

图 16-1 录测井资料综合分析成果图

井地质总结报告,实现单井录测井资料的分析评价。

【知识目标】

(1)掌握岩心录井综合图绘制方法;
(2)掌握岩屑录井综合图绘制方法;
(3)学会油气层综合解释方法;
(4)掌握完井地质总结编写方法;
(5)掌握单井评价的内容。

【技能目标】

(1)能够收集整理单井录测井资料;
(2)能够填写绘制相关报表及图件;
(3)能够撰写完井地质总结报告。

任务一　录测井资料综合整理

【任务描述】

录测井资料是识别地下地质特征、建立地层剖面的主要信息。本任务主要介绍利用录测井资料编制岩心录井综合图、岩屑综合录井图的基本方法及录测井资料综合解释油气水层的方法。教学中通过实际录井资料分析,要求学生开展岩心录井综合图、岩屑综合录井图的绘制及油气综合解释,通过练习,使学生掌握录测井资料综合整理方法。

【相关知识】

一、岩心录井综合图的编制

岩心录井综合图是在岩心录井草图的基础上综合其他资料编制而成。它是反映钻井取心井段的岩性、含油性、电性、物性及其组合关系的一种综合条件,其编制内容和项目见图16-2。由于地质、钻井工艺方面的各种因素的影响(如岩性、取心方法、取心工艺、操作技术水平等),并非每次取心的收获率都能达到百分之百,取心往往是一段一段的,不连续的,为了真实地反映地下岩层的面貌,需要恢复岩心的原来位置。又因岩心录井是用钻具长度来计算井深,测井曲线则以井下电线长度来计算井深,钻具和电缆在井下的伸缩系数不同,这样,录剖面与测井曲线之间在深度上就有出入。而油气层的解释深度和试油射孔的深度都是以测井电缆深度为准,所以要求录井井段的深度与测井深度相符合。因此在岩心资料的整理、编图过程中,需按岩电关系将岩心分配到与测井曲线相对应的部位中去,未取上岩心的井段则依据岩屑、钻时等资料及测井资料来判断其地层在地下的实际面貌,如实地反映在综合图上。通常将这一项编制岩心录井图的工作称为岩心"归位"或"装图",如图16-3所示。

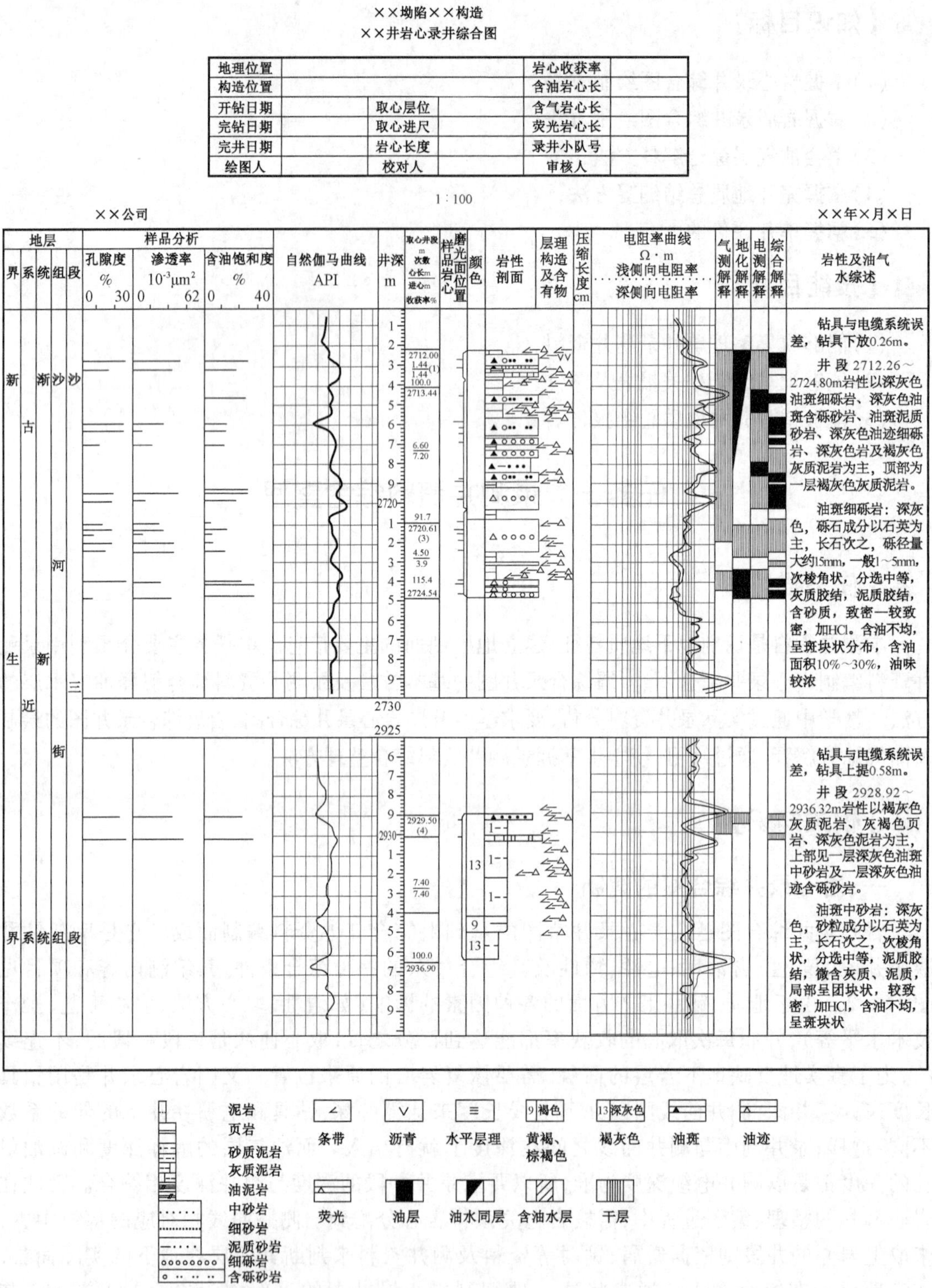

图 16-2　岩心录井综合图（据张殿强等，2010）

(一)准备工作

准备岩心描述记录本,1∶50 或 1∶100 的岩心录井草图和放大井曲线。

编图前,应系统地复核岩心录井草图,并与测井图对比。如有岩性定名与电性不符或岩心倒乱时,需复查岩心落实。

(二)编图原则

以筒为基础,以标志层控制,破碎岩石拉、压要合理,磨光面、破碎带可以拉开解释,破碎带及大套泥岩段可适当压缩。每 100m 岩心泥质岩压缩长度不得大于 1.5m;碎屑岩、火成岩、碳酸盐岩类除在破碎带可适当压缩外,其他部位不得压缩,以最大程度地做到岩性和电性相吻合,恢复油层和地层剖面。

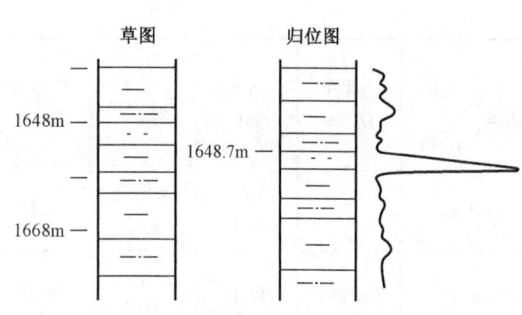

图 16-3 岩心深度校正示意图

(三)编图方法

1. 校正井深

编图时,首先要找出钻具井深与测井井深之间的合理深度差值,并在编图时加以校正。为了准确地找出深度差值,使岩性和电性吻合,就要选择统计编图标志层(岩性特殊、电性反应明显的层)。同时地质人员要掌握各种岩层在常用测井曲线上的反映特征(表 16-1)。

表 16-1 各种岩层在不同测井曲线上的响应特征

测井\地层	电阻率 $\Omega \cdot m$	自然电位 mV	井径 cm	微电极 $\Omega \cdot m$	微侧向 $\Omega \cdot m$	感应真电阻值 $\Omega \cdot m$	声波时差 $\mu s/m$	放射性 自然伽马	放射性 中子伽马	井温 ℃
砾石层	高	负	≥钻头直径	峰状高	峰状高	高	中—较大	较低	较高	
砂岩	中值	负	≤钻头直径	次低正常差	中值	中值	大 250±1	次低或中等	较高	
泥岩	较低	偏正	一般>钻头直径	最低"0"无差异	中—较低	低	小	最高	很低	
页岩	较低	偏正	>钻头直径	低(无或负差异)	中—较低	低	小	高	低	
油页岩	尖高状	一般偏正	≥钻头直径	峰状高无差异	高	低—中	小	较高	较低	
石膏	峰高状	偏正	≥钻头直径	高尖状无差异	高尖状	高	中	低	高	
硬石膏	很高	偏正	≥钻头直径	高(无差异)	高尖状	高	中	低	高	
钠盐层	低	负偶正	>钻头直径	最低"0"	最低	不规则	小	较低	较高	升高

续表

测井\地层	电阻率 Ω·m	自然电位 mV	井径 cm	微电极 Ω·m	微侧向 Ω·m	感应真电阻值 Ω·m	声波时差 μs/m	放射性 自然伽马	放射性 中子伽马	井温 ℃
钾盐层	低	负偶正	>钻头直径	最低	最低	不规则	小	高	较高	升高
高岭土	中值	偏正	≥钻头直径	次高	次高	中—高	中值	较高	较低	
白垩土	较高	一般偏负	≥钻头直径	较高(近无差异)	较高	较高	小			
泥灰岩	较高	正或稍偏负	≈钻头直径	高(有差异)	高	较高	较小	高	较低	
石灰岩	高	平缓大段偏负	≤钻头直径	高	高	高	很小	低	高	
白云岩	高	平缓大段偏负	≤钻头直径	高	高	高	很小	低	高	
玄武岩	很高	常微偏负	≈钻头直径	高	高	很高	小			
花岗岩	很高		=钻头直径	高	高	很高	小			

一般将正式测井图(放大曲线)和岩心草图比较,选用连根割心、收获率高的岩心中的相应标志层(如石灰岩、灰质砂岩、厚层泥岩或油层、煤层或致密层的薄夹层等)的井深(即岩心描述记录计算出的相应标志层深度——钻具深度)与测井图上的相应界面的井深相比较。并以测井深度为准,确定岩心剖面的上移或下移值。若标志层的钻具深度比相对应的测井标志层小,那么岩心剖面就应下移;反之就上移,使相应层位岩性、电性完全符合(如图16-2所示)。测井曲线解释标志层灰质砂岩的顶界面为1648.7m,比岩心录井剖面的深度1648m要深0.7m,其差值为岩电深度误差,校正时要以测井深度为准,而把岩心剖面下移0.7m。

如果岩心收获率低,还需参考钻时曲线的变化,求出几个深度差值,然后求其平均值,这个平均值具有一定的代表性。如果取心井段较长,则应分段求深度差值,不能全井大平均或只求一个深度差值。间隔分段取心时,允许各段有各段的上提下放值。深度差值一般随深度的增加而增加。

2. 取心井段的标定

钻具井深与测井井深的合理深度差值确定以后,就可以标定取心井段。取心井段的标定应以测井深度为准。对一筒岩心而言,该筒岩心顶、底界的测井深度就是该筒岩心顶、底界的钻具深度加上或减去合理深度差值。如图16-2所示,第一、二、三筒岩心的合理深度差值为0.26m,第一筒岩心的顶界钻具深度是2712.00m,那么归位后顶界深度应为2712.00 + 0.26 = 2712.26m,即第一筒岩心顶界的位置就应画在测井深度2712.26m处。

3. 绘制测井曲线

测井曲线是根据测井公司提供的 1:100 标准测井放大曲线透绘而成，或者计算机直接读取测井曲线数据自动成图。手工透绘时要求曲线绘制均匀、圆滑、不变形，深度及幅度偏移不得超过 0.5mm，计算机自动成图时数据至少为 8 点/m。两次测井曲线接头处不必重复，以深度接头即可，但必须在备注栏内注明接图深度及测井日期。如果曲线横向比例尺有变化或基线移动时，也需在相应深度注明。

4. 以筒为基础逐筒绘图

岩心剖面以粒度剖面格式按规定的岩性符号绘制，装图时以每筒岩心作为装图的一个单元，余心留空位置，套心拉至上筒，岩心位置不得超越本筒下界（校正后的筒界）。

5. 标志层控制

找出取心井段内最上一个标志层归位，依次向上推画至取心井段顶部，再依次向下画。如缺少标志层，则在取心井段上、中、下各部位选择几段连续取心收获率高的岩心，结合其中特殊岩性，落实在测井图上归位卡准，以本井的岩心描述累计长度逐筒逐段装进剖面，达到岩电吻合。

6. 合理拉、压

对于分层厚度（岩心长度）大于解释厚度的泥质岩类，可视为由于岩心取至地面，改变了在井下的原始状态而发生膨胀，可按比例压缩归位，达到测井曲线解释的厚度，并在压缩长度栏内注明压缩数值。对破碎岩心的厚度丈量有误差时，可分析破碎程度及破碎状况，按测井曲线解释厚度消除误差装图。若岩心长度小于解释厚度，而且岩心存在磨损面，可视为取心钻进中岩心磨损的结果。根据岩电关系，结合岩屑资料，在磨光面处拉开，使厚度与测井曲线解释厚度一致。

7. 岩层界线的划分

岩层界线的划分以微电极曲线为主，综合考虑自然电位、2.5m 底部梯度电阻率、自然伽马等曲线进行划分。用微梯度曲线的极小值和极大值划分小层顶、底界，特殊情况参考其他曲线。若岩电不符，应复查岩心。复查无误时应保留原岩性，并在"岩性及油气水综述"一栏说明岩电不符、岩性属实。不同颜色同一岩性，在岩性剖面栏内不应画出岩性分界线；同一种颜色不同岩性，在颜色栏中不应画出颜色分界线。

8. 岩心位置的绘制

岩心位置以每筒岩心的实际长度绘制。当岩心收获率为 100% 时，应与取心井段一致；当岩心收获率低于 100% 或大于 100% 时，则与取心井段不一致；为了看图方便，可将各筒岩心位置用不同符号表示出来，如图 16-2 中第一筒为细线段，第二筒为粗线段，第三筒又为细线段。

9. 样品位置标注

样品位置就是在岩心某一段上取供分析化验用的样品的具体位置。在图上标注时，用符号标在距本筒顶界的相应位置上。根据样品距本筒顶界的距离标定样品的位置时，其距离不要包括磨光面拉开的长度，但要包括泥岩压缩的长度。样品位置是随岩心拉、压而移动的，所以样品位置的标注必须注意综合解释时岩心的拉开和压缩。

10. 岩性厚度标注

在岩心录井综合图中，除泥岩和砂质泥岩外，其余的岩性厚度均要标注。当油层部分含油砂岩实长与测井解释有明显矛盾时,综合解释厚度与测井解释厚度误差若大于0.2m,应在油、气层综合表中的综合解释栏内注明井段。

11. 化石、构造、含有物、井壁取心的绘制

化石、构造、含有物、井壁取心均按统一规定的符号绘在相应深度上。绘制时应与原始描述记录一致,还应考虑压缩和拉长。

12. 分析化验资料的绘制

岩心的孔隙度、渗透率等物性资料,均由化验室提供的成果按一定比例绘出。绘制时要与相应的样品位置对应。

13. 测井解释和综合解释成果的绘制

测井解释成果是用符号将测井公司提供的解释成果绘在相应的深度上。

综合解释成果则是以岩心为主,参考测井资料、分析化验资料以及其他录井资料对油气水层作出的综合解释。绘制时也用符号画在相应深度上。

14. 颜色符号、岩性符号的绘制

颜色符号、岩性符号均按统一图例绘制(见附录)。岩心拉开解释的部分只标岩性、含油级别,但不标色号。

最后,按照要求将检查、修改、整理、绘制图例等工作做完,就完成了岩心录井综合图的编绘工作。

至于碳酸盐岩岩心录井综合图的编绘,其编绘原则和方法与一般的岩心录井综合图的编绘方法大体相同,只是项目内容上略有不同。

二、岩屑录井综合图的编制

岩屑录井综合图是利用岩屑录井草图、测井曲线,结合钻取心、井壁取心等各种录井资料综合解释后而编制的图件。深度比例尺采用1:500。由于岩屑录井和钻时录井的影响因素较多,因此在取得完钻后的测井资料后,还需进一步依据测井曲线进行岩屑定层归位。分层深度以测井深度为准,岩性剖面层序以岩屑录井为基础,结合岩心、井壁取心资料卡准层位。

(一)准备工作

准备岩屑描述记录本、绘图工具、岩屑录井综合图图头等。

(二)校正井深

选取在钻时曲线、测井曲线(主要是利用2.5m底部梯度视电阻率、自然电位、双侧向和自然伽马等曲线)都有明显特征的岩性层来校正,对比录井草图与测井曲线的标志层,找出二者之间深度的系统误差值,然后决定岩性剖面应上移或下移。如测井深度比录井深度小,应将剖面上移,如测井深度比录井深度大,应将剖面下移(具体方法与岩心录井综合图的校正方法相似)。

(三)编绘步骤

1. 按照统一图头格式绘制图框

图框可按图16-4的格式绘制。若个别栏内曲线绘制不下则应加宽度。

2. 标注井深

在井深栏内每10m标注一次,每100m标注全井深。完钻井深为钻头最终钻达井深。

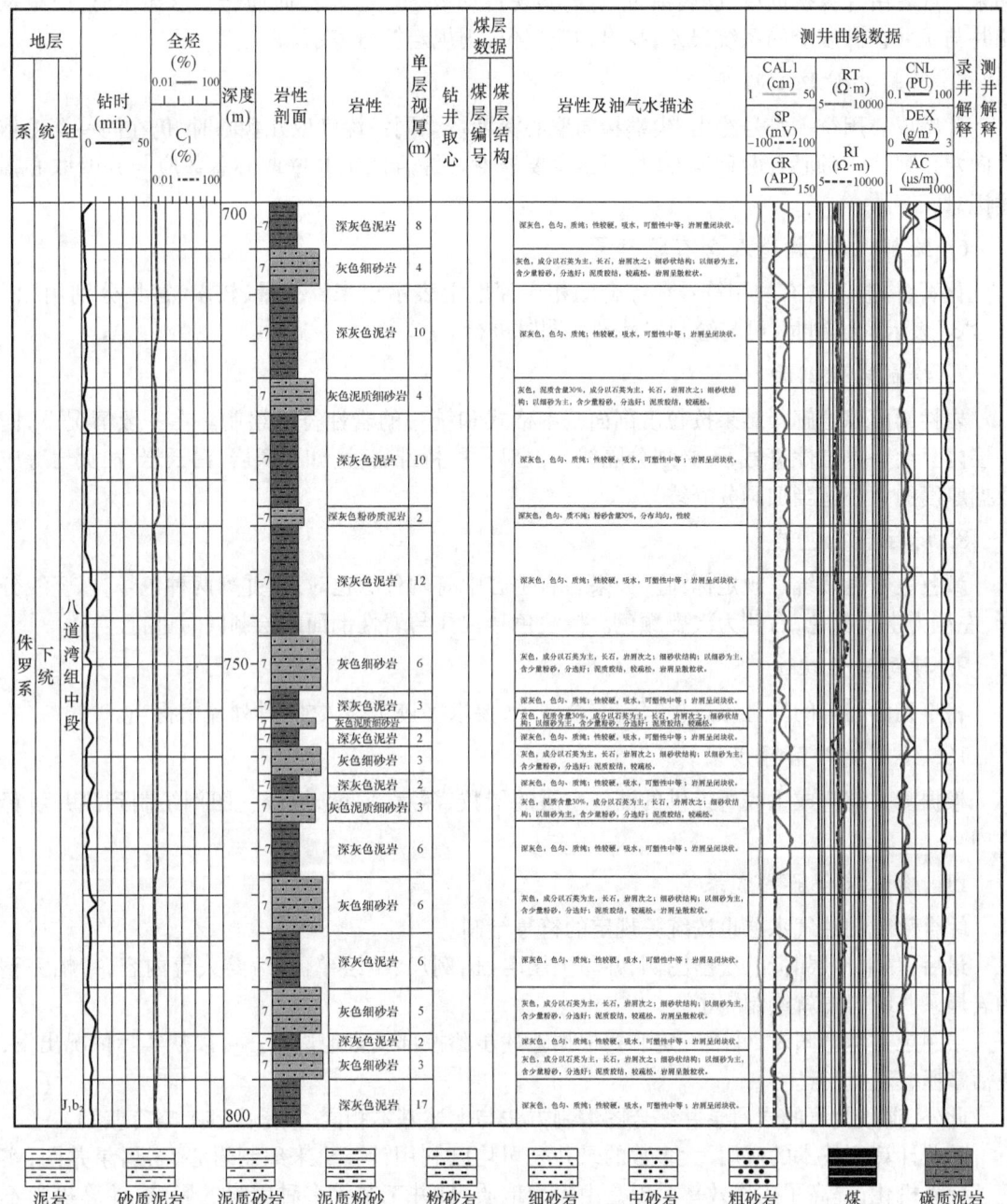

图 16-4 岩屑录井综合图(据张殿强等,2010)

3. 绘制测井曲线

测井曲线是根据测井公司提供的 1∶500 标准测井曲线透绘而成,或者计算机直接读取测井曲线数据自动成图。其他要求和方法与岩心录井图中的绘制测井曲线的要求和方法相同。

4. 绘制气测、钻时曲线及槽面油、气、水显示

气测、钻时曲线是用综合录井仪或气测录井仪所提供的本井气测钻时资料,选用适当的横向比例尺,分别在气测、钻时栏内相应的深度点出气测、钻时值,然后用折线和点划线分别连接

起来。或者由计算机读取气测、钻时数据，实现自动成图。绘制槽面油、气、水显示时，应根据测井与录井在深度上的系统误差，找出相应层位，用规定符号表示。

5. 绘制井壁取心符号

井壁取心用统一符号绘出，尖端指向取心深度。当同一深度取几颗心时，仍在同一深度依次向左排列。一颗心有两种岩性时，只绘主要岩性。综合图上井壁取心总数应与井壁取心描述记录相一致。

6. 绘制化石、构造及含有物符号

化石、构造及含有物用符号在综合图相应深度上表示出来。少量、较多、富集分别用"1""2""3"表示。绘制时，可与绘制岩性剖面同时进行。

7. 绘制岩性剖面

岩性剖面综合解释结果按粒度剖面基本格式和统一的岩性符号绘制。在一般情况下，同一层内只绘一排岩性符号，不必划分隔线。但对一些特殊岩性，如石灰岩、白云岩、油页岩等应根据厚度的大小适当加画分隔线。

8. 标注颜色色号

颜色色号也按统一规定标注。如果岩石定名中有两种颜色时，可并列两种色号，以竖线分开，左侧为主要颜色，右侧为次要颜色。标注色号往往与岩性剖面的绘制同时进行。

9. 抄写岩性综述

将事先已写好的岩性综述抄写到综合图上，要求字迹工整，文字排列疏密得当。

10. 绘制测井解释成果

根据测井解释成果表所提供的油气水层的层数、深度、厚度，按统一图例绘制到测井解释栏内。

11. 绘制综合解释成果

综合解释的油气水层也按统一规定的符号绘制。

最后，写上地层时代，绘出图例，并写上图名、比例尺、编绘单位、编绘人等内容，一幅完整的岩屑录井综合图就绘制完了。

绘制录井综合图时，并不一定非要根据上述步骤按部就班地进行。可以从实际情况出发，灵活掌握、穿插进行。

此外，碳酸盐岩的岩屑录井综合图编制方法与上述基本相同，只是内容上略有差别。

随着计算机技术的应用，大多数的录井公司均已利用计算机来编制岩心、岩屑录井图，实现了计算机化，提高了工作效率。但是由于受地质、钻井工艺等多种因素的影响，计算机尚不能完全自动解释岩性剖面和油气水层，还需要人工干预。

(四)综合剖面的解释

综合剖面的解释是在岩屑录井草图的基础上，结合其他各项录井资料进行综合解释后得到的剖面。它与岩屑录井草图上的剖面相比，更能真实地反映地下地层的客观情况，具有更大的实用价值。

1. 解释原则

(1)以岩心、岩屑、井壁取心为基础，确定剖面的岩性，利用测井曲线卡准不同岩性的界线，同时必须参考其他资料进行综合解释。

(2)油气层、标准层、标志层是剖面解释的重点,对其深度、厚度均应依据多项资料反复落实后才能最后确定。

(3)剖面在纵向上的层序不能颠倒,力求反映地下地层的真实情况。

2. 解释方法

1)岩性的确定

岩性确定必须以岩心、岩屑、井壁取心为基础。其他资料只作参考。具体确定方法是:首先将录井剖面与测井曲线进行比较,查看哪些岩性与电性相符,哪些不符(应考虑测井与录井在深度上的深度误差);然后将录井剖面中的岩性与电性相符的层次逐一画到综合剖面上去。这些层次即为综合解释后的岩性。对录井剖面中的岩性与电性不符者,可查看录井剖面中该层次上、下各一包岩屑中所代表的岩性。若这种岩性与电性相符合,即可采用为综合剖面中该层的岩性;若上、下各一包的岩性均与电性不符,又无井壁取心资料供参考,则应复查岩屑。

确定岩性时,一般岩性单层厚度如果小于 0.5m 可不进行解释,可作夹层理;但标准层、标志层及其他有意义的特殊岩性层,即使厚度小于 0.5m,应扩大到 0.5m 进行解释。

2)分层界线的划分

综合解释剖面的深度以 1:500 标准曲线的深度为准,故地层分层界线的划分也以标准测井曲线的 2.5m 底部梯度、自然电位、自然伽马(碳酸盐岩或复杂岩性剖面时)等曲线为主来划分各层的顶、底界。必要时也参考组合测井中的微电极等测井曲线。具体确定方法是:以 2.5m 底部梯度曲线的极大值和自然电位的半幅点划分高阻砂岩层的底界,而以 2.5m 底部梯度曲线的极小值和自然电位的半幅点划分高阻砂岩层的顶界。

对一些特殊岩性层及有意义的薄层,标准曲线上不能很好地反映出来,可根据微电极或其他曲线划出分层界线。

对测井解释的油气层界线,根据测井解释成果表提供的数据在剖面上画出,并应与油气层综合表数据一致。油层中的薄夹层,小于 0.2m 的不必画出,大于 0.2m 者扩大为 0.5m 画出。

一般情况下不同岩性的分层界线应画在整格毫米线上,而测井解释的油气层界线则不一定画在整格毫米线上,以实际深度画出即可。

3. 解释过程中几种情况的处理

1)复查岩屑

复查岩屑时可能出现三种情况:一是与电性特征相符的岩性在岩屑中数量很少,描述过程中未能引起注意,复查时可以找到;二是描述时判断有错,造成定名不当;三是经过反复查找,仍未找到与电性相符的岩性。对前两种情况的处理办法是:综合剖面相应层次可采用复查时找到的岩性,并在描述记录中补充复查出的岩性。对最后一种情况的处理应持慎重态度,可再次仔细分析各种测井资料,将该层与上下邻层的电性特征相比较,若特征一致,可采用邻层相似的岩性,但必须在备注栏内加以说明。还有一种情况是经多次复查,并经多方面分析后,证实原来描述的正确,而测井曲线反映的是一组岩层的特征,其中的单层未很好地反映出来。此时综合剖面上仍采用原来所描述的岩性。

复查岩屑时一般应在相应层次的岩屑中查找。但由于岩屑捞取时,上返时间可能有一定误差,因此当在相应层次找不到需要找的岩性时,也可在该层的上、下各一包岩屑中查找,所找到的岩性(指需要找的岩性)仍可在综合剖面中采用。必须注意的是,绝不能超过上、下一包岩屑的界线,否则,解释剖面将被歪曲。

2) 井壁取心的应用

井壁取心在一定程度上可以弥补钻井取心和岩屑录井的不足,但由于井壁取心的岩心小,收获率受岩性影响较大,所以井壁取心的应用有一定的局限性。

井壁取心与测井曲线和岩屑录井的岩性有时是符合一致的,有时也是不符合的或不完全符合的。不符合时常有以下几种情况:井壁取心岩性和岩屑录井的岩性不一致,而与电测曲线相符,这时综合解释剖面可用井壁取心的岩性。另外一种情况是,井壁取心岩性与岩屑录井的岩性一致,而与电测曲线不符,此时井壁取心实际上是对岩屑录井的证实,故综合解释剖面仍用岩屑录井的岩性。第三种情况是,井壁取心岩性与岩屑录井岩性不一致,且与电测曲线不符,此时井壁取心岩性就作为条带处理。

在油气层井段应用井壁取心时,尤其应当慎重,否则会造成油气层解释不合理,给勘探工作带来影响。若井壁取心岩性与岩屑录井的岩性、电性不符,可采用前面的办法处理。若井壁取心的含油级别与原岩屑描述的含油级别不符,不能简单地按条带处理,应再复查相应层次的岩屑后,再作结论。

在实际应用井壁取心资料时,将会遇到比前面所讲的更为复杂的情况。如同一深度取几颗岩心,彼此不符;或者同一厚层内取几颗岩心,彼此不符等等。因此,在应用井壁取心资料时,应当综合分析、仔细工作,才能做到应用恰当、解释合理。

3) 标准测井曲线与组合测井曲线的应用

标准测井曲线与组合测井曲线的深度有误差,且误差在允许的范围之内时,应以标准测井曲线的深度为准,即用 2.5m 底部梯度电阻率曲线、自然电位曲线或自然伽马曲线划分地层岩性和分层界线。当 2.5m 底部梯度曲线与自然电位曲线深度有误差(误差范围仍在允许范围之内)时,不能随意决定以某一条曲线为准划分地层界线,而应把这两条曲线与其他的曲线进行对比,看它们之中哪一条与别的曲线深度一致,哪一条不一致。对比以后,就可采用与别的曲线深度一致的那一条曲线,作为综合解释剖面的深度标准。

4. 解释过程中应注意的事项

(1)综合剖面解释的过程实质上就是分析、研究各项资料的过程。因此,只有充分运用岩屑、岩心、井壁取心、钻时及各种测井资料,综合分析、综合判断,才能使剖面解释更加合理。

(2)应用测井曲线时,在同一井段必须用同一次测得的曲线,而不能将前后几次的测井曲线混合使用;否则,必将给剖面的解释带来麻烦。

(3)全井剖面解释原则必须上下一致。若解释原则不影响剖面的质量,还将使剖面不便于应用。

(4)综合解释剖面的岩层层序应与岩屑描述记录相当。否则,应复查岩屑,并对岩屑描述记录作适当校正。在校正描述记录时,如果一包岩屑中有两种定名,其层序与综合剖面正好相反,则不必进行校正。

(五)岩性综述方法

岩性综述就是将综合解释剖面进行综合分层以后,用恰当的地质术语,概括地叙述岩性组合的纵向特征,然后重点突出、简明扼要地描述主要岩性、特殊岩性的特征及含油气水情况。

1. 岩性综述分层原则

在进行岩性综述时,首先应当恰当地分层,然后根据各层的岩性特征,用精炼的文字表达出来。分层时,一般应遵循下列原则:

(1)沉积旋回分层:在岩性剖面上如果自下而上地发现有由粗到细的正旋回变化特征,或有由细到粗的反旋回变化特征,依据地层的这个特征就可进行分层。一般可将一个正旋回,或一个反旋回,或一个完整的旋回分成一个综述层,不应再在旋回中分小层。

(2)岩性组合关系分层:在剖面中沉积旋回特征不明显时,常以岩性组合关系分层。

(3)对标准层、标志层、油层及有意义的特殊岩性层或组段应分层综述。如生物灰岩段和白云岩段,应分层综述。

(4)分层厚度一般控制在50~100m之间,如果是大套泥岩或一个大旋回,其厚度虽大于100m,也可按一层综述。

(5)分层综述不能跨越各组段的地层界线。如胜利油田不能将馆陶组和东营组,或沙一段和沙二段分在同一层内综述。

2. 岩性综述应注意的事项

(1)叙述岩性组合的纵向特征时,必须提到该段内的主要岩性及有意义和较多的夹层岩性,而零星分布、不代表该段特征的一般岩性薄夹层可不提及。但叙述中所提到的岩性,剖面中必须存在。一般的薄夹层无须说明层数,而特殊岩性层应说明层数。凡说明层数的应与剖面符合一致。

(2)综述时,在每一个综述分层中,一般岩性不必每种都描述,或者同一岩性只在第一个综述分层中描述,以后层次如无新的特征,不必再描述;标准层、标志层、特殊岩性层、油气层等在每一个综述分层中都必须描述。

对各种岩性进行描述时,不必像岩屑描述那样细致、全面,只要抓住重点,简明扼要地说明主要特征即可。

(3)在综述中,叙述各种岩性和不同颜色时,应以前者为主,后者次之。如浅灰色细砂岩,中砂岩,粉砂岩夹灰绿、棕红色泥岩这一叙述中,岩性是以细砂岩为主,中砂岩次之,粉砂岩最少;颜色则以灰绿色为主,棕红色次之。如果两种颜色相近,可用"及"表示,如棕及棕褐色含油细砂岩。同类岩性不同颜色可合并描述,如紫红、灰、浅灰绿色泥岩。同种颜色不同岩性则不能合并描述。如泥岩、砂岩、白云岩都为浅灰色,描述时不能描述成浅灰色泥岩、砂岩、白云岩,而应描述成浅灰色泥岩、浅灰色砂岩、浅灰色白云岩。但砂岩例外,不同粒级的砂岩为同一颜色时,可合并描述,如灰白色中砂岩、粗砂岩、细砂岩。

(4)要恰当运用相关地质术语,如互层、夹层、上部和下部、顶部和底部等。如果术语用得不当,不仅不能反映剖面的特征,而且还可能造成叙述的混乱。上部和下部是指同一综述层内中点以上或以下的地层。顶部和底部是指同一综述层顶端或底端的一层或几个薄层。夹层是指厚度远小于某种岩层的另一种岩层,且薄岩层被夹于厚岩层之中。如泥岩比砂岩薄得多,层数也仅有几层,都分布于厚层砂岩中,在叙述时就可以称为砂岩夹泥岩。互层则是指两种岩性间互出现的岩层。根据两种岩性厚度相等、大致相等或不等,可分别采用等厚互层、略呈等厚互层、不等厚互层这些地质术语予以描述。

(5)在综述岩性特征时,对新出现的和具有标志意义的化石、结构、构造及含有物应在相应层次进行扼要描述。

(6)综述分层的各层上下界线必须与剖面的岩性界线一致。若内容较长,相应层内写不完需跨层向下移动时,可引出斜线与原分层线相连,避免造成混乱。

三、油、气、水层的综合解释

钻井的根本目的是找油、找气,要找油、找气就必须取全取准各项地质资料。油气水层的综合解释是完井地质资料整理的主要内容之一。通过分析岩心、岩屑等各种录井资料、分析化验资料及测井资料,找出录井信息、测井物理量与储层岩性、物性、含油性之间的关系,结合试油成果对地下地层的油气水层进行判断,是综合解释的最终目的。油气层解释合理,能够反映地下实际情况,就能彻底解放油气层,将地下的油气资源开采出来为人类服务;反之,如果解释不合理,就可能错过油气层,使地下油气资源不能开采出来,或者延期开采,以致影响整个油气田的勘探开发。可见,做好完井后油气层的综合解释,是一项十分重要的工作。

(一)解释原则

1. 综合应用各项资料

综合解释必须以岩屑、岩心、井壁取心、钻时、气测、地化、罐装样、荧光分析、槽面油气显示等第一手资料为基础,同时参考测井、分析化验、钻井液性能等项资料,经认真研究、分析后做出合理的解释。

2. 逐层解释所有显示层

综合解释时,首先应对全井在录井过程中发现的所有油气显示层逐一进行分析,然后根据实际资料做出结论。不能凭印象确定某些层是油气层,而对另一些层则不做工作、随意否定。

3. 重视含油级别的高低

要重视录井时所定的含油级别的高低,但不能简单地将含油级别高的统统定为油层,将含油级别低的一律视为非油层。事实上,含油级别高的不一定是油层,而含油级别低的也不一定就不是油层。因此,综合解释时一定要防止主观片面性,综合参考各项资料,将油层一个不漏地解释出来。

4. 认真分析,合理应用槽面油气显示资料

合理应用槽面油气显示资料能在一定程度上反映出地下油、气层的能量。在钻井液性能一定的情况下,油气显示好,说明油气层能量大;油气显示差说明油气层能量小。但钻井液性能的变化将使这种关系变得复杂。如同一油层,当钻井液密度较大时,显示不好,甚至无显示;而当钻井液密度降低后,显示将明显变好。所以,在应用槽面油气显示资料时,要认真分析钻井液性能资料。

5. 正确应用测井解释成果

测井解释成果是油、气层综合解释的重要参考数据,但不是唯一的依据,更不能测井解释是什么就是什么,不能测井未解释的层位综合解释也不解释。常有这样的情况,测井解释为油气层的层,经综合解释后不一定是油气层;或者测井未解释的层,经分析其他资料后,可定为油气层。

6. 对复杂的储集层要做具体分析

对"四性"关系不清楚的特殊岩性储集层,测井解释的准确性较低,有时会把不含油的层解释为油层,或者油层厚度被不恰当地扩大。在这种情况下,不应盲目地把凡是测井解释为油层的层都解释为油层,且在剖面上画上含油的符号,或者不加分析地将原来较小的厚度扩大到与测井解释的厚度相符。此时,应进一步综合分析各项资料,反复核实岩性、含油性及其厚度,然后进行综合解释,并在综合图剖面上画以恰当的岩性、厚度及含油级别。

(二)解释方法

1. 收集相关资料

收集邻井地质、试油及测井等资料,熟悉区域油气层特点,掌握油气水层在录井资料、测井曲线上的响应特征,见表16-2和表16-3。

表 16-2 油、气、水层等在录井资料中的显示

油气水层	钻时	岩屑岩心录井放映特征	钻井液槽面显示	气测 全烃	气测 重烃	气测 组分含量,% 甲烷	气测 组分含量,% 重烃	气测 组分含量,% 非烃	后效	钻井液性能 密度	钻井液性能 黏度	钻井液性能 失水	钻井液性能 滤饼	钻井液性能 含砂	钻井液性能 氯根	钻井液量变化
气层	↗	可见缝洞矿物疏松砂岩,有乳黄或天蓝色荧光	槽面可见鱼子大小的小气泡,好者"气侵"井涌高压者甚至井喷。槽面可闻到芳香味,有时见油花,零星状或条带状分布	↑		最高 >90%	<10%	很低	明显	↓	↑	稍减	稍减	↗	↗	↑
油层	↗	可见油浸或油斑,砂岩滴水呈珠半圆状,含油岩屑,岩心部分发黄	槽面有时见油花,呈零星状或条带状分布	↗		高 <90%	高 >55%	低 <15%	明显	↗	↗	↓	↗	↗	稍增	↗
油水同层	↗	岩屑,岩心有时可见溶蚀状态,岩屑,岩心发白,易裂开	钻井液水变咸,槽面上漂浮有白点或泡沫,无芳香味	↗		较高	高 15%~<55%	高 15%~45%	较明显	稍减	稍增	稍减	稍减	↗	稍增	↗
盐水层	↗	岩屑,岩心清洁,为白沙子,岩屑有时亦可见溶蚀特征,易受潮	钻井液流动性变好,颜色变浅,有时见较大的气泡,无芳香味	↗		高	低 <10%	很高 >45%	有	稍减	据钻井液而定	↑	稍增	↗		据产层压力而变中压层 ↗
淡水层	↗			↗		不高	低 <10%	很高 >45%	有	稍增	据钻井液而定	↑	↗	稍增	↓	据产层压力而变中压层 ↗
备注	要考虑地层背景和地面条件井下钻头使用影响	岩屑代表性要好,分析要认真,情况要落实	要注意取样条件及代表性							钻井液性能的变化要特别注意处理钻井液的影响,自然条件及测定人的误差						要除去地面人为影响
说明	↗ 及 ↑ 分别表示增加及剧增; ↘ 及 ↓ 分别表示减小及剧减															

表16-3 油、气、水层等在常见测井曲线上的响应

项目\油气水层	电阻率	自然电位	井径	微电极	微侧向	感应真电阻值	声波时差	自然伽马	中子伽马	井温	流体	短电极 0.5m	长电极 4m	含油饱和度
气层	高	负	经常≤钻头直径	中值（正差异）	中值	高	较大	低	中低	低	升高	较高	高	
油层	高	负	经常≤钻头直径	中—较高（正差异大）	中值	很高	大	低	较低	偏低	升高	高	更高	较大
油水同层	较高	负	经常≤钻头直径	中值（正差异小）	中值	较高	较大	低	较低	稍高	与矿化度呈反变化	中值	上高下低	一般
盐水层或淡水层	较低	特负		低平（偶见负差异）	低平	低	大		不规则低	高	与矿化度呈反变化	不高	低且平	小
备注	1. 电阻率：岩性越致密，含钙，含油，粒度越粗及所含导电矿物越少，泥质含量越低，电阻率相对越高，反之则越低。 2. 自然电位：当地层水矿化度大于钻井液矿化度，曲线偏负。地层水矿化度越高，孔隙渗透性越好，泥钙质含量越低，地层中含流体越多，则曲线越偏负，幅度也越大。当地层水矿化度小于钻井液矿化度时曲线偏正，影响幅度大小因素同上。 3. 自然伽马：泥质含量越多，放射性元素越多，则自然伽马值越高，反之则低。 4. 进行判断时，要参考总上下邻层、井径、地层水矿化度、地温、仪器探测深度、测速等影响。 5. 碳酸盐岩油气层电阻率不高，大缝洞层井径大													

2. 准备数据

对录井小队上交的录井数据磁盘进行校验。校验时遇以下情况要对存盘数据进行修正。

(1) 原图上显示的数据应与磁盘中的数据相吻合,若不吻合应查明原因,逐一落实清楚;
(2) 草图、录井图中绘制数据已做修改,应检查修改是否合理;
(3) 发现数据异常、不准确,应查各项原始记录,落实数据的准确性;
(4) 检查深度重复或漏失;
(5) 气测有显示的层位,应判断显示的真实性;
(6) 后效测量数据是否完整、准确。

3. 深度归位

以测井深度为标准,根据标志层校正录井数据。各项录井数据,特别是显示层段的各项数据的深度归位,关系到录井数据的计算机解释成果的好坏和成果表数据的生成。对这类数据应考虑层位、深度的一致性与对应性。

4. 加载分析化验数据(磁盘数据)

将经过深度校正后的各项资料、数据加载到解释库中。

5. 分析目标层

对在各项录井资料、测井资料上有油气水显示的层及可疑层进行分析研究,根据其显示特征,结合邻井或区域上油气水层的特点做出初步评价。

6. 综合解释

按油气水层在各种资料上的显示特征进行综合解释,或利用加载到解释数据库中的数据,依据解释软件的操作说明进行解释得出结果,再结合专家意见进行人工干预,最后定出结论,自动输出成果图和数据表。

特别值得注意的是,一些特殊情况必须给予充分的考虑:

(1) 录井显示很好,测井显示一般:这种情况往往是稠油层、含油水层、低阻油层的显示,测井容易解释偏低,而录井则容易偏高。

① 稠油层、含油水层的岩心、岩屑、井壁取心常常给人含油情况很好的假象,这时应侧重其他录井信息(如气测、罐顶气、定量荧光、地化等多项资料)的综合分析,以获得较符合实际的结果。

② 低阻油层的电阻率与邻井水层比较接近,测井解释容易偏低。这时应侧重录井资料及地区性经验知识的综合应用,否则容易漏掉这类油层。

(2) 电性显示好,录井显示一般:这种情况通常是气层或轻质油层的特征,岩心、岩屑、井壁取心难以见到比较好的油气显示。这时应多注意分析气测、罐顶气、测井信息,否则容易漏掉这部分有意义的油层。

(3) 录井和测井显示都一般,但已发生井涌、井喷,喷出物为油气:这种情况往往是薄层碳酸盐岩油气层、裂缝性、孔洞性油气层的特征。这类储层一般均具有孔隙和裂缝双重结构,裂缝又具有明显的单向性,造成测井解释评价难度大。这时根据录井情况可大胆解释为油层或气层。

(4) 录井、测井显示一般,但显示层所处构造位置较高,且在较低部位见到了油层或油水同层。这种情况可解释为油层。

(5)对于厚层灰岩、砾石层,其电性特征不明显,一般为高电阻,受电性干扰,测井解释难度大。这时应注重考虑岩石的含油程度和孔洞、裂缝的发育情况,最后做出综合解释。

总之,油气水层的综合解释过程是一个推理与判断的过程,并不是对各项信息等量齐观,也不是孤立地对某一单项信息的肯定与否定,而是将信息作为一个整体,通过分析信息的一致性与相异处,辩证地分析各项信息之间的相关关系,揭示地层特性,深化对地层中流体的认识,提供与地层原貌尽量逼近的答案,排除多解性。在推理与判断的过程中要注意各种环境因素的影响而导致综合信息的失真,同时还要注意储集层特性与油气水分布的一般规律与特殊性。特别是复式油气藏,由于沉积条件与岩性变化大、断层发育、油水分布十分复杂,造成各种信息的差异性。如果不注重这些特点,仅仅使用一般规律进行分析,就容易出现判断上的失误。

四、附表填写

(一)钻井基本数据表

按设计或实际发生的情况来填写,主要内容为:
(1)地理位置;(2)区域构造位置;(3)局部构造;(4)测线位置;(5)钻探目的;(6)井别;(7)井号;(8)大地坐标;(9)海拔高度;(10)设计井深(按地质设计填写);(11)完钻井深;(12)完钻依据(完成钻探任务、达到设计目的或事故完钻及因地质需要提前完钻);(13)完井方法(包括裸眼完成法、套管完成法、射孔完成法、尾管完成法、筛管完成法、预应力完成法、先期防砂缠丝筛管完成法、不下油层套管完成法);(14)开钻、完钻、完井日期;(15)井底地层;(16)钻井液使用情况(井段、相对密度、黏度)。

(二)钻井基本数据表

填写的主要内容为:
(1)地层分层(填写钻井地质分层,界、系、统、组、段);(2)油气显示统计(岩性柱状剖面中所解释的各种级别含油气层的长度,分组或分段进行统计填写)。

(三)钻井基本数据表

填写的主要内容有以下几个方面。
(1)地层时代:填写组(段)。
(2)综合解释油气层统计:按综合解释的油、气层等分别填写厚度和层数。
(3)缝洞情况统计:按不同时代地层填写不同级别的缝洞段长度。
(4)套管数据(表层、技术、油层):套管尺寸外径、壁厚、内径、套管总长、下入深度、套管头至补心距,联入、引鞋、不同壁厚下深、阻流环深、筛管井段和尾管下深。
(5)井料情况:最大井斜(深度、方位、斜度)、阻流环位移、油层顶、底位移。
(6)固井数据(表层、技术、油层固井):水泥用量、替钻井液量、水泥浆平均相对密度、水泥塞深度、试压结果、固井质量。

(四)地质录井及地球物理测井统计表

填写的主要内容为:
(1)钻井取心(层位,取心井段、进尺、心长、收获率,取心次数);(2)井壁取心;(3)岩屑录井、钻时录井情况;(4)气测录井情况;(5)荧光录井情况;(6)钻井液录井情况;(7)钻杆测试;(8)电缆测试;(9)地球物理测井情况。

(五)钻井取心统计表

填写的主要内容为:

(1)层位[用汉字填写组(段)];(2)井段、进尺、心长;(3)次数(即筒次);(4)收获率;(5)不含油岩心长度;(6)含油气岩心长度。

(六)气测异常显示数据表

填写的主要内容为:

(1)序号;(2)层位;(3)异常井段;(4)全烃含量;(5)比值(最大值与基值的比值);(6)组分分析;(7)非烃;(8)解释成果。

(七)岩石热解地化解释成果表

填写的主要内容为:

(1)序号;(2)井段;(3)岩性;(4)S_0、S_1、S_2分析值;(5)解释成果。

(八)地层压力解释成果表

填写的主要内容为:

(1)序号;(2)井段;(3)层位组(段);(4)"d"指数;(5)压力梯度。

(九)碎屑岩油气显示综合表

填写的主要内容为:

(1)序号;(2)层位;(3)井段;(4)厚度(归位后的厚度);(5)岩性(显示段主要含油气岩性);(6)含油岩屑占定名岩屑的含量;(7)钻时;(8)气测(显示段最大全量值和甲烷值);(9)钻井液显示[相对密度和漏斗黏度的变化值(如无变化填写恒定值),油、气泡分别填写占槽面百分比、槽面上涨高度];(10)荧光显示(填写该层最好的荧光检查显示颜色和系列对比级别);(11)井壁取心(分别填写含油、荧光及不含油的颗数);(12)含油气岩心长度(岩心归位后对应显示层的各含油、含气岩心的长度);(13)浸泡时间;(14)测井参数及解释成果;(15)综合解释成果。

(十)非碎屑岩油气显示综合表

填写的主要内容为:

(1)序号、层位、井段、厚度、井壁取心;(2)钻井显示(井深、放空井段、井漏过程中钻井液总漏失量、喷出物及喷势和喷高);(3)钻井液显示;(4)含油气岩心长度;(5)浸泡时间;(6)井壁取心(显示层含油气或不含油气井壁取心颗数);(7)测井参数及解释成果、综合解释成果。

(十一)电缆重复测试数据表

填写的主要内容为:

(1)序号;(2)测试层位(组、段);(3)测点井;(4)测点的温度;(5)测前钻井液静压、测后钻井液静压、地层压力;(6)测前钻井液密度、测后钻井液密度;(7)地层压力系数(即地层压力值与该点静水柱压力值之比)。

(十二)钻杆测试数据表

填写的主要内容为:

(1)测试日期;(2)测试仪器类型;(3)油气显示井段;(4)一开时间、二开时间、三开时间;(5)油、气、水累计产量;(6)油、气、水的日产量;(7)原油相对密度;(8)原油动力黏度;(9)原油凝点;(10)原油含水;(11)天然气甲烷、乙烷、丙烷、丁烷含量;(12)地层水氯离子、总矿化度;(13)水型;(14)地层水 pH 值。

(十三)地温梯度数据表

填写的主要内容为:

(1)序号;(2)层位;(3)井深;(4)测量点温度;(5)地温梯度。

(十四)分析化验统计表

填写的主要内容为:

(1)层位、井段;(2)样品种类;(3)分析项目。

(十五)井史资料

按工序,以大事纪要方式填写,文字应简练。

【任务实施】

一、目的要求

(1)能够收集整理单井录测井资料;
(2)能够填写绘制相关报表及图件。

二、资料、工具

(1)学生工作任务单;
(2)绘图工具、相关图表;
(3)某井录测井资料汇编。

【任务考评】

一、理论考核

(1)请简述岩心录井综合图的编制方法。
(2)如何进行岩屑录井岩性剖面的综合解释?
(3)请简述油气水层综合解释的一般原则。

二、技能考核

(一)考核项目

(1)单井录测井资料收集整理;
(2)填写绘制相关报表及图件。

(二)考核要求

(1)准备要求:工作任务单准备。
(2)考核时间:10h(课后完成)。
(3)考核形式:图表绘制。

任务二 完井地质总结报告的编写

【任务描述】

完井地质总结报告是对录井测井资料的总结提炼,本任务主要介绍完井地质报告编写内容及要求。通过在教学中指导学生对井的实物资料进行分析,要求学生模拟撰写完井地质总结报告,使学生掌握完井地质总结报告撰写方法。

【相关知识】

不同类型的井,由于钻探目的和任务不同,取资料要求和完井资料整理的内容也不相同。开发井的主要任务是钻开开发层系,完井总结报告不写文字报告部分,仅有附表。评价井仅在重点井段录井,文字报告部分也较简单。探井(预探井、参数井)完井总结报告要求全面总结本井的工程简况、录井情况、主要地质成果,提出试油层位意见,并对本井有关的问题进行讨论,指出勘探远景。下面着重介绍探井完井总结报告的编写内容和要求。

一、前言

简明扼要地阐述本井的地理、构造位置,各项地质资料的录取情况和地质任务的完成情况。进行工作量统计,分析重大工程事故对录井质量的影响,对录井工作经验和教训进行总结。简要记述工程情况和完井方法。使用综合录井仪的井,要总结综合录井仪录取资料的情况,尤其是对工程事故的预报要进行系统总结并附事故预报图。

二、地层

(1)阐明本井所钻遇地层层序、缺失地层、钻遇的断层情况等。

(2)按井深及厚度(精确至0.5m)分述各组、段地层岩性特征(岩屑录井井段)、电性特征及岩电组合关系,交代地层所含化石、构造、含有物及与上下邻层的接触关系等,结合邻井资料论述不同层段的岩性、厚度在纵、横向上的变化规律。

(3)对区域探井(参数井)应根据可对比的标准层和标志层特征,结合各项分析化验和古生物资料及岩电组合特征,重点论述地层分层依据。根据录井、地震和分析化验资料,叙述不同地质时期的沉积相变化情况。

(4)使用综合录井仪录井的,要结合综合录井仪资料叙述各段地层的可钻性,预探井、评价井要突出对地层变化和特殊层的新认识。

三、构造概况

说明区域构造情况(区域探井要简述构造发育史),叙述本井经实钻后构造的落实情况,结合地震资料和实钻资料对局部构造位置、构造形态、构造要素、闭合高度、闭合面积等进行描述评价。

四、油气水层评价

(1)分组段统计全井不同显示级别的油气显示层的总层数和总厚度。

(2)分组段统计测井解释的油气层层数和厚度。

(3)利用岩心、岩屑、测井、钻时、气测、综合录井、荧光、钻时、井壁取心、中途测试、分析化验等资料,对全井油气显示进行综合解释。对主要油气显示层的岩性、物性、含油性要进行重点评价,并提出相应的试油层位意见。使用综合录井仪录井的,要用计算机处理出解释成果。

(4)叙述油气水层与隔层组合情况以及油气水层在纵、横向上的变化情况。统计出全井油气水(盐水层和高压水层)显示的总层数和总厚度。

(5)叙述油气水层的压力分布情况及纵向上的变化情况。

(6)碳酸盐岩地层,要叙述地层的缝洞发育情况。井喷、井涌、放空、漏失等显示要进行叙述分析和评价。

五、生、储、盖层评价

(1)生油层:分析生油层的厚度变化、生油特点、生油指标,区域探井(参数井)要重点分析。分组段统计生油层的厚度,根据生油指标评价各组段生油、生气能力及其差异。

(2)储集层:叙述储集层发育情况、砂岩厚度与地层厚度之比、储集层特征、物性特征及纵横向上的分布、变化情况。预探井和区域探井要特别重视对储层的评价,并分组段评价其优劣。

(3)盖层:分组段叙述盖层岩性、厚度在纵横向上的分布情况,并评价其有效性。

(4)生储盖组合:分析生、储、盖层分布规律,判断生、储、盖层的组合类型,评价生储盖组合是否有利于油气聚集、保存,是否有利于油气藏的形成。

六、油藏特征分析

根据本井地层的沉积特征、构造特征、油气显示特征等,分析描述本井所处的油气藏类型、特点、保存条件、控制因素,初步计算油气藏储量。

七、结论与建议

(1)结论是对本井钻探任务完成情况及所取得的地质成果,通过综合评价得出的结论性意见;对本井沉积特征、构造特征、油气显示、油气藏类型等方面提出基本看法(规律性认识),并评价本井的勘探效益。

(2)建议是提出试油层位和井段,提出今后勘探方向、具体井位及其他建设性意见。

【任务实施】

一、目的要求

(1)能够熟悉完井地质报告内容;
(2)能够撰写完井地质总结报告。

二、资料、工具

(1)学生工作任务单;
(2)某井录测井资料汇编;
(3)计算机房。

【任务考评】

一、理论考核

(1)完井地质总结报告主要包括哪些内容?

(2)如何开展完井地质总结报告的编写？

二、技能考核

(一)考核项目

撰写完井地质总结报告。

(二)考核要求

(1)准备要求：工作任务单准备。
(2)考核时间：16h(课后完成)。
(3)考核形式：项目总结报告。

任务三　单井评价

【任务描述】

单井评价是对录测井资料的高度综合应用，本任务主要介绍单井评价任务及评价内容。在教学中指导学生对井的实物资料进行分析、集体讨论，决策单井评价方案，使学生掌握单井评价方法。

【相关知识】

一、单井评价的意义

单井评价是以单井资料为基础，以井眼为中心，结合区域背景，由点到面而进行的综合地质和钻探成果评价，是油气资源评价的继续和再认识，是油气勘探的组成部分。在钻探评价阶段，钻探一口、评价一口。在一个地区或一个圈闭的单井评价未完成前，决不能盲目再进行另一口井的钻探。开展单井评价具有很大的实际意义：

第一，能够验证圈闭评价的钻探效果，说明含油与否的根本原因，总结钻探成败的经验教训，提高勘探经济效益。

第二，促进多学科有机地结合，可使地震、钻井、录井、测井、测试等多种技术互相验证，互相促进。

第三，促进科研与生产密切结合。开展单井评价既有利于科研，也有利于生产，是科研与生产结合的最好途径。

第四，促进录井质量的提高。开展单井评价就是充分运用录井资料的全过程，不管哪一项、哪一环节的资料数据存在问题，都可在单井评价过程中反映出来，由此促使地质人员必须从思想上、组织上重视录井工作。凡开展单井评价的井，录井质量和评价水平都普遍地有所提高。

二、单井评价的基本任务

单井评价工作通常分为钻前评价、随钻评价、完井后评价三个阶段。三个阶段的任务各有侧重点，但又互相关联。钻前评价主要是根据已有的资料对井区地下地质情况进行预测，评价钻探目标，为录井工作做好资料准备，为工程施工提供地质依据。随钻评价是钻探过程中收集第一性资料进行动态分析，验证实际钻探情况与早期评价、地质设计的符合程度，并根据新情况的出现，提出下步钻探意见。完井后评价是对本井所钻的地层、油气水层进行评价，对井区的石油地质特征、油气藏进行研究评价，对本井的钻探效益进行综合评价，指出下一步的勘探方向。勘探实践证明，单井评价是勘探系统工程的重要环节，贯穿于整个钻探过程，该项工作的开展既可以促进录井技术的全面发展，又能大大地提高勘探效益。其主要任务是：

(1)划分地层,确定地层时代。
(2)确定岩石类型和沉积相。
(3)确定生油层、储油层和盖层，以及可能的生储盖组合。
(4)确定油气水层的位置、产能、压力、温度和流体性质。
(5)确定储集层的厚度、孔隙度、渗透率及饱和度。
(6)确定储层的地质特征（岩石矿物成分、储集空间结构和类型）及在钻井、完井和试油气过程中保护油气层的可能途径。
(7)确定或预测油气藏的相态和可能的驱动类型。
(8)计算油气藏的地质储量和可采储量。
(9)根据井在油气藏中的位置及井身质量确定本井的可利用性。
(10)通过投入和可能产出的分析，预测本井的经济效益。
(11)指出下一步的勘探方向。

三、具体做法

(一)钻前早期评价

在早期评价阶段，根据钻探任务书的目的和要求，对该井做出预测性地质评价，具体方法是：

(1)了解井位置，包括地理位置、构造位置及地质剖面上的位置。
(2)区域含油评价，分析本区的成油条件、有利圈闭及本井所在圈闭的有利部位。
(3)预测钻遇地层，确定可能性最大的一个方案，作为施工数据。
(4)预测钻探目的层具体位置，在地层预测的基础上，进一步预测本井可能性最大、最有工业油流希望的储层作为主要钻探目的层，并预测含油层段的井深。
(5)预计完钻层位、完钻井深、完钻原则。
(6)提出取资料要求，根据预测可能钻遇的地层和油气水提出岩屑、岩心、气测、测井、地震、中途测试、原钻机试油以及各种分析化验的要求。
(7)预测地层压力，根据地层和邻井钻井资料对本井的地层压力和破裂压力进行预测，为安全钻进和保护油气层提供依据。
(8)预测地质储量，根据已有资料评价预测全井可能控制的地质储量。
(9)对钻探任务书提供的数据和地质情况进行精细分析，将自己的新观点、新认识作为施工时的重点注意目标。

(二)随钻评价

在这个阶段，地质评价人员主要是做以下工作：

(1)与生产技术管理人员、录井小队负责人合作，将早期评价的认识和设想传授给技术管理人员和小队人员，使现场工作人员更深入地了解钻探过程中可能将遇到的情况。
(2)掌握钻探动态，把握关键环节，全面掌握各种信息，及时了解钻井工程进展情况和地质录井情况。

（3）落实正钻层位、岩性及含油气显示情况。

（4）及时分析本井的实钻资料，若发现油气层位置、岩性、层位与预计的有出入，应及时分析原因，提出预测意见。

（5）落实潜山界面和完钻层位。

（6）及时将钻探中所获得的新认识绘制成评价草图或形成书面意见，供现场人员参考。

（三）完井后综合评价

本阶段的工作是单井评价过程中最重要的工作，是完井地质总结的保证，既要进行完井地质总结，又要对本井和邻井所揭示的各种地质特征进行本井及井区的石油地质综合研究。概括起来，本阶段工作主要从地层评价等八方面的内容来开展，具体做法是：

1. 地层评价

（1）论证地层时代。利用岩性、电性特征、化石分布、断层特征、接触关系以及古地磁和绝对年龄测定资料等，论证钻遇地层时代并进行层位划分。

（2）论证地层层序。通过地层对比，分析正常层序和不正常层序。如不正常，则搞清是否有断缺、超覆、加厚、重复、倒转。

（3）综合地层特征。包括岩性特征和地层组合特征，即岩石的结构、构造、含有物、胶结物及沉积构造现象，还包括各种岩石在地层剖面上有规律的组合情况。

（4）在综合分析的基础上，编制地层综合柱状图、地层对比图、砂岩分布图、地层等厚图等相关图件。

2. 构造分析

（1）分析本井所处的区域构造，即一级构造特征、二级构造特征。

（2）分析本井所处的局部构造。利用钻探资料落实局部构造的特征，利用地震、测井、地质等资料编制标准层、目的层顶面构造图。

（3）研究构造发育史，说明历次构造对生储盖层的影响。

3. 沉积相分析

重点分析目的层段的沉积相，根据沉积相标志、地震相标志和测井相标志综合分析，分析到微相，并编制单井相分析图。

4. 储层评价

（1）论述储层在纵向上的变化特点，研究储层的四性关系和污染程度。

（2）利用合成地震记录标定和约束反演等手段，对储层进行横向预测。

（3）根据储层评价标准，对储层进行评价，编制储层评价图。

5. 烃源岩评价

（1）对单井烃源岩进行评价。研究分析烃源岩的岩性、厚度、埋藏深度、地层层位、分布范围及相变特征。

（2）评价生烃潜力及资源量。利用有机地球化学指标，分析有机质的丰度、性质、类型及演化特征。确定烃源岩的成熟度，根据标准评价烃源岩的生烃能力，并估算资源量。

6. 圈闭评价

（1）利用录井分层数据解释地震剖面，修改和评价井区主要目的层的顶面构造图以及有关的构造剖面，确定圈闭类型。

(2)依据有关图件,如构造平面图、构造剖面图、砂体平面图等,确定圈闭的闭合面积、闭合高度和最大有效容积。

(3)结合本区地层、构造发育史和油气运移期评价圈闭的有效性。

7. 油藏评价

(1)对探井油气层进行综合评价,编制单井油气层综合评价图。

(2)评价本井钻遇的油气藏类型、特点和规模,计算地质储量,论证油气藏或未成藏的控制因素。

8. 有利目标预测

综合本井区油源条件、储层条件和圈闭条件的分析,并结合实际钻探的油气层情况和试油试采资料,全面论证本井区油气藏形成及成藏条件,预测油气聚集区。确定有利钻探目标,做出钻探风险分析。

【任务实施】

一、目的要求

(1)能够理解单井评价任务;
(2)能够设计单井评价流程。

二、资料、工具

(1)学生工作任务单;
(2)某井录测井资料汇编。

【任务考评】

一、理论考核

(1)单井评价的基本任务是什么?
(2)简述单井评价的意义。
(3)单井评价主要包括哪些内容?
(4)烃源岩评价有哪些指标?
(5)圈闭评价需要哪些基础资料?

二、技能考核

(一)考核项目

单井评价方案探讨。

(二)考核要求

(1)准备要求:工作任务单准备。
(2)考核时间:30min。
(3)考核形式:讨论、代表发言。

参 考 文 献

陈碧钰.1987.油矿地质学.北京:石油工业出版社.

崔树清.2008.钻井地质.天津:天津大学出版社.

丁次乾.2002.矿场地球物理.东营:石油大学出版社.

冯启宁.1992.测井仪器原理.东营:石油大学出版社.

郭海敏,戴家才,等.2007.生产测井原理与资料解释.北京:石油工业出版社.

郝金泽,刘国范.1990.石油测井.北京:石油工业出版社.

洪有密.测井原理与综合解释.2004.东营:中国石油大学出版社.

刘国范,樊宏伟,刘春芳.2010.石油测井.北京:石油工业出版社.

刘向君,刘堂晏.2006.测井原理及工程应用.北京:石油工业出版社.

刘宗林,翟慎德,慈兴华,等.2008.录井工程与管理.北京:石油工业出版社.

录井技术编辑部.2010.录井技术文集.北京:石油工业出版社.

乔贺堂.1982.生产测井原理及资料解释.北京:石油工业出版社.

沈琛.2005.地质录井工程监督.北京:石油工业出版社.

斯伦贝谢公司.1990.测井解释原理及应用.北京:石油工业出版社.

唐炼,王秀明.1998.地球物理测井方法原理.北京:石油工业出版社.

吴锡令.1997.生产测井原理.北京:石油工业出版社.

吴元燕.1996.石油矿场地质.北京:石油工业出版社.

吴元燕,吴胜和,蔡正旗.2006.油矿地质学.3版.北京:石油工业出版社.

新疆石油管理局钻井地质录井公司组.1992.钻井地质手册.北京:石油工业出版社.

徐本刚,韩拯忠.1979.油矿地质学.北京:石油工业出版社.

雍世和.2002.测井数据处理与综合解释.东营:石油大学出版社.

张殿强,李联伟.2010.地质录井方法与技术.北京:石油工业出版社.

张守廉,李占缄.1981.石油地球物理测井.北京:石油工业出版社.

中国石油天然气总公司劳资局.1998.矿场地球物理测井.北京:石油工业出版社.

附表　录井测井综合解释绘图代码与符号表

代码	名称	符号	代码	名称	符号
一、松散堆积物			W15	泥质粉砂	
W01	表土和积土层		W16	砂质黏土	
W02	黏土		W17	粉砂质黏土	
W03	卵石		W18	植物堆积层	
W04	砾石		W19	腐殖土层	
W05	角砾石		W20	化学沉积	
W06	砂砾石		W21	填筑土	
W07	泥砾石		W26	泥炭土	
W08	粉砂砾石		W27	贝壳层	
W09	黏土质砾石		W28	红土	
W10	砂姜		W29	漂砾	
W11	粗砂		二、砾岩		
W12	中砂		L01	巨砾岩	
W13	细砂		L02	粗砾岩	
W14	粉砂		L03	中砾岩	

续表

代码	名称	符号	代码	名称	符号
L04	细砾岩	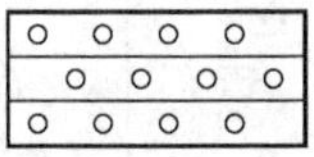	S03	中砂岩	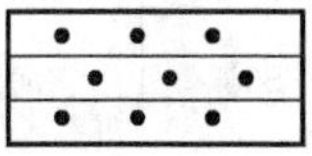
L05	小砾岩	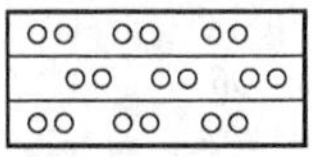	S05	细砂岩	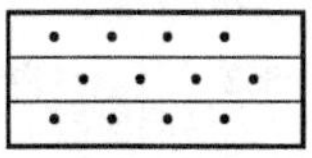
L06	泥砾岩	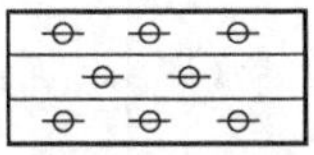	S04	粉砂岩	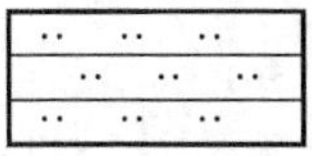
L07	角砾岩	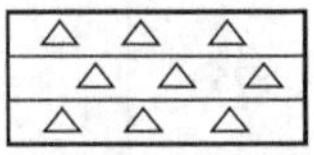	S47	中—细砂岩	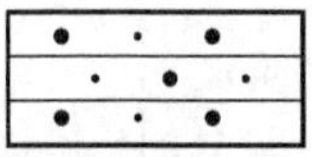
L08	钙质砾岩	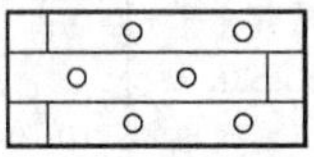	S48	粉—细砂岩	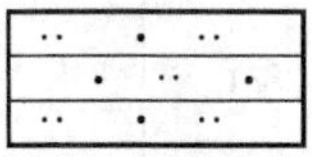
L09	钙质角砾岩	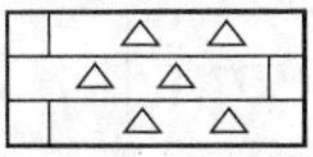	S49	含砾粉—细砂岩	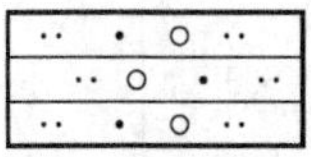
L10	铁质砾岩	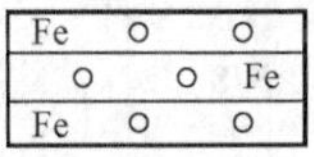	S49	含砾中—细砂岩	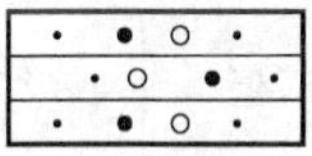
L12	凝钙质砾岩	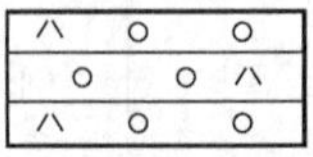	S51	含砾粗砂岩	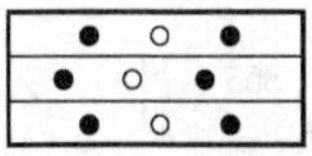
L13	凝钙质角砾岩	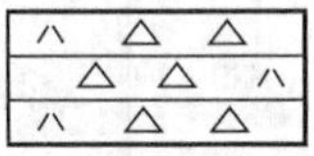	S52	含砾中砂岩	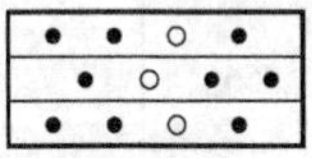
L14	凝钙质砂砾岩	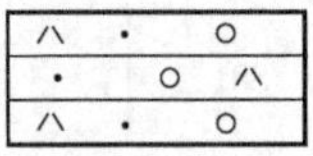	S53	含砾细砂岩	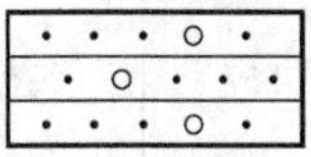
L15	砂砾岩	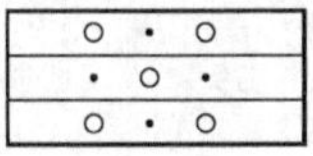	S54	含砾粉砂岩	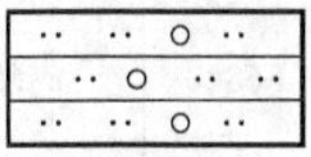
L16	泥质小砾岩	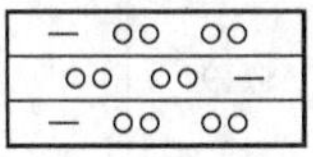	S55	含砾泥质粗砂岩	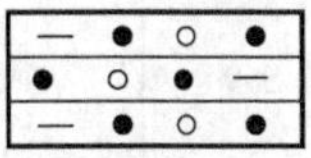
三、砂岩、粉砂岩			S56	含砾泥质中砂岩	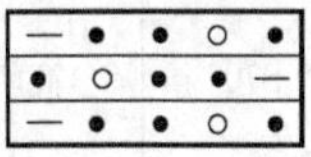
S01	砾状砂岩	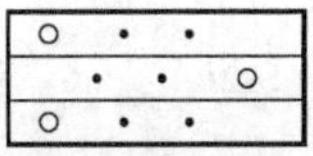	S57	含砾泥质细砂岩	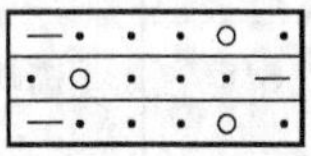
S46	鲕状砂岩	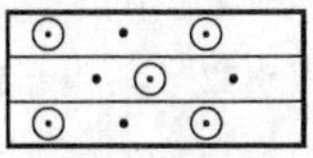	S58	含砾泥质粉砂岩	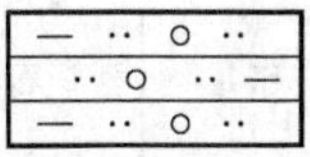
S02	粗砂岩	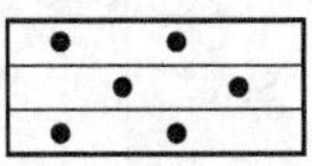	S59	海绿石粗砂岩	

— 345 —

续表

代码	名称	符号	代码	名称	符号
S60	海绿石中砂岩		S73	石膏质细砂岩	
S62	海绿石细砂岩		S36	石膏质粉砂岩	
S63	海绿石粉砂岩		S74	硅质粗砂岩	
S12	石英砂岩		S75	硅质中砂岩	
S31	长石砂岩		S76	硅质细砂岩	
S63	长石石英砂岩		S77	硅质粉砂岩	
S64	玄武质粗砂岩		S78	硅质石英砂岩	
S65	玄武质中砂岩		S79	白云质粗砂岩	
S66	玄武质细砂岩		S80	白云质中砂岩	
S67	玄武质粉砂岩		S81	白云质细砂岩	
S68	高岭土质粗砂岩		S19	白云质粉砂岩	
S69	高岭土质中砂岩		S119	钙质粗砂岩	
S70	高岭土质细砂岩		S120	钙质中砂岩	
S41	高岭土质粉砂岩		S121	钙质细砂岩	
S71	石膏质粗砂岩		S122	钙质粉砂岩	
S72	石膏质中砂岩		S118	凝钙质粉砂岩	

续表

代码	名称	符号	代码	名称	符号
S92	铁质粗灰岩	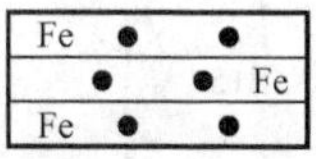	S85	沥青质粗砂岩	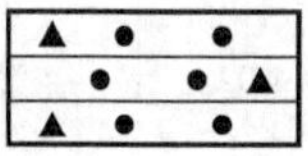
S93	铁质中砂岩	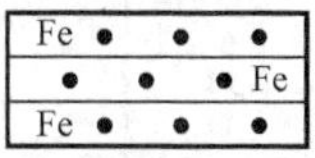	S86	沥青质中砂岩	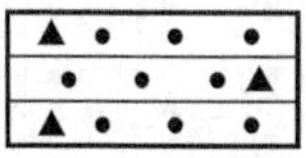
S94	铁质细砂岩	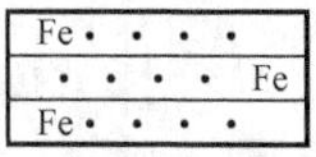	S87	沥青质细砂岩	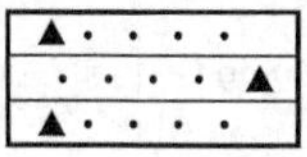
S30	铁质粉砂岩	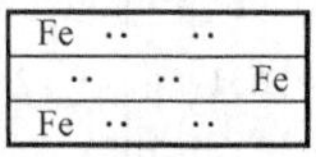	S88	沥青质粉砂岩	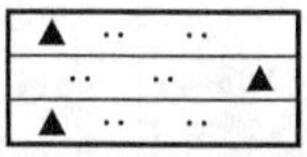
S95	泥质粗砂岩	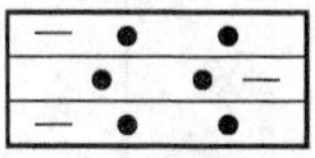	S89	凝钙质粗砂岩	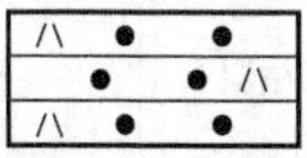
S96	泥质中砂岩	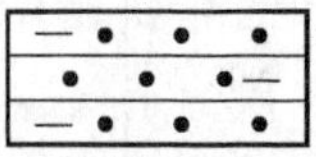	S90	凝钙质中砂岩	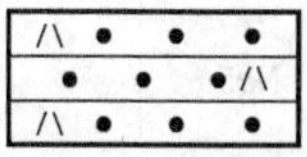
S97	泥质细砂岩	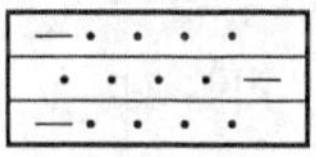	S123	凝钙质细砂岩	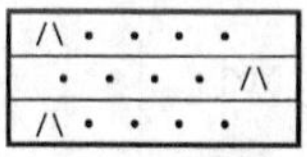
S26	泥质粉砂岩	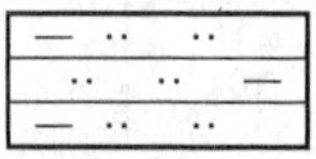	S105	碳质粗砂岩	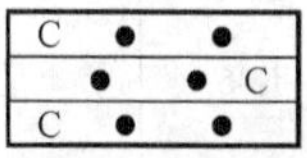
S98	含磷粗砂岩	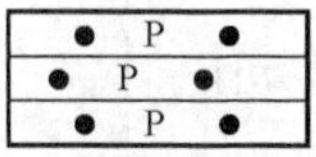	S107	碳质中砂岩	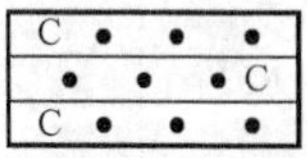
S99	含磷中砂岩	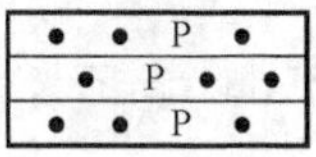	S108	碳质细砂岩	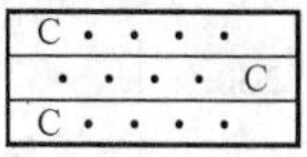
S100	含磷细砂岩	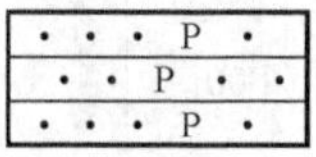	S109	碳质粉砂岩	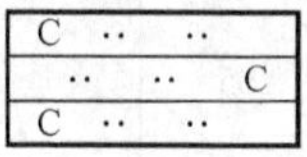
S101	含磷粉砂岩	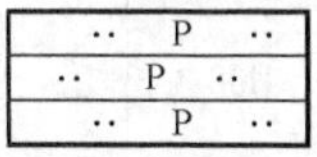	四、页岩、泥岩		
S102	含角砾粗砂岩	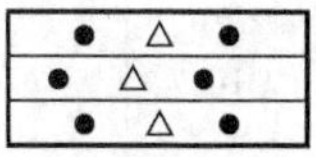	Y00	页岩	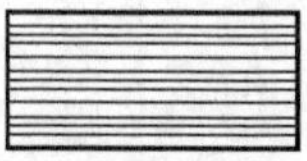
S103	含角砾中砂岩	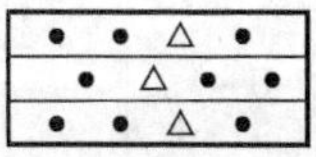	Y01	油页岩	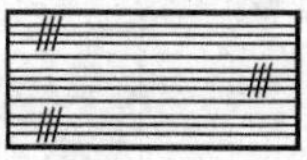
S104	含角砾细砂岩	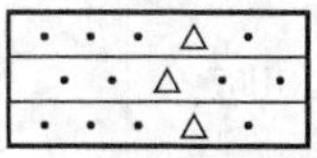	N00	泥岩	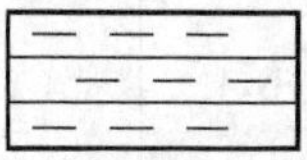
S105	含角砾粉砂岩	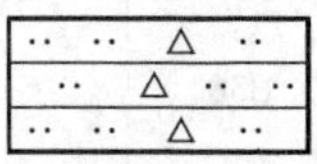	Y02	砂质页岩	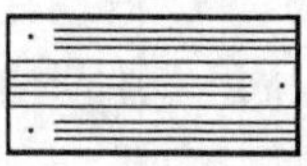

— 347 —

续表

代码	名称	符号	代码	名称	符号
N02	粉砂质泥岩		N15	玄武质泥岩	
N01	砂质泥岩		N32	沉凝灰岩	
N29	含砂泥岩		N33	白云岩化沉凝灰岩	
N03	含砾泥岩		N31	含膏、含盐泥岩	
N04	钙质泥岩		N08	盐质泥岩	
N05	碳质泥岩		N09	芒硝泥岩	
Y03	碳质页岩		N10	沥青质泥岩	
N06	白云质泥岩		Y04	沥青质页岩	
N07	石膏质泥岩		N11	硅质泥岩	
N30	含膏泥岩		五、白云岩、石灰岩		
Y05	硅质页岩		H00	石灰岩	
Y14	钙质页岩		H08	含白云灰岩	
N12	泥膏岩		H10	含泥灰岩	
N48	凝钙质泥岩		H44	含白垩灰岩	
N14	铝土质泥岩		H07	白云质灰岩	
Y07	铝土质页岩		H38	碳质灰岩	

续表

代码	名称	符号	代码	名称	符号
H35	砂质灰岩		H82	泥质灰岩	
H12	页状灰岩		H37	泥质条带灰岩	
H22	薄层状灰岩		H19	含螺灰岩	
H27	燧石条带灰岩		H46	藻灰岩	
H28	燧石结核灰岩		B00	白云岩	
H23	溶洞灰岩		B14	含泥白云岩	
H21	角砾状灰岩		B52	钙质白云岩	
H24	竹叶状灰岩		B20	硅质白云岩	
H50	团块状灰岩		B24	石膏质白云岩	
H25	针孔状灰岩		B53	凝钙质白云岩（白云岩化凝灰岩）	
H26	豹皮灰岩		B15	泥质白云岩	
H33	鲕状灰岩		B25	泥质条带白云岩	
H42	沥青质灰岩		B30	砂质白云岩	
H29	硅质灰岩		B16	竹叶状白云岩	
H36	石膏质灰岩		H34	假鲕状灰岩	
H11	泥灰岩		H83	葡萄状灰岩	

续表

代码	名称	符号	代码	名称	符号
H43	瘤状灰岩			六、其他岩石	
H39	结晶灰岩		G00	硅质岩	
H84	碎屑灰岩		T07	磷块岩	
H14	生物灰岩		T01	铝土岩	
H17	介壳灰岩		T03	黄铁矿层	
H20	介形虫灰岩		T02	铁矿层	
B33	硅、钙、硼石（绿豆石）		T04	菱铁矿层	
B22	角砾状白云岩		T05	赤铁矿层	
B13	含灰白云岩		T08	煤层	
B17	针孔状白云岩		T09	硼砂	
B21	鲕状白云岩		T10	重晶石	
B31	假鲕状白云岩		T30	燧石层	
B32	葡萄状白云岩		T11	白垩土	
B18	燧石条带白云岩		T12	膨润土、坩子土	
B19	燧石结核白云岩		T14	断层泥	
B26	藻云岩		T15	断层角砾岩	

续表

代码	名称	符号	代码	名称	符号
T13	介形虫层			七、矿物	
T22	砂质介形虫层		22.1.7.01	黄铁矿	
T23	泥质介形虫层		22.1.7.02	方解石	
T24	含灰		22.1.7.03	白云石	
T25	含灰砾		22.1.7.04	铁锰结核	
T26	含泥砾		22.1.7.16	自生石英	
T27	含介形虫		22.1.7.06	方解石脉	
T28	含铁		22.1.7.07	石英脉	
Z01	石膏层		22.1.7.08	石膏脉	
Z07	盐岩		22.1.7.09	白云岩脉	
Z03	钾盐		22.1.7.10	沥青脉	
Z04	含镁盐岩		22.1.7.11	沥青包裹体	
Z05	含膏盐岩		22.1.7.12	磷灰石	
Z06	膏盐层		22.1.7.13	石膏	
Z08	钙芒硝岩		22.1.7.14	菱铁矿	
Z09	杂卤石		22.1.7.15	盐	

续表

代码	名称	符号	代码	名称	符号
八、化石			22.1.8.17	菊石类	
22.1.8.01	放射虫		22.1.8.18	竹节虫	
22.1.8.02	有孔虫		22.1.8.19	软舌螺	
22.1.8.04	海绵骨针		22.1.8.20	三叶虫	
22.1.8.05	海绵		22.1.8.21	叶肢介	
22.1.8.06	古杯动物		22.1.8.22	介形类	
22.1.8.07	层孔虫		22.1.8.23	昆虫	
22.1.8.08	单体四射珊瑚		22.1.8.24	海林檎	
22.1.8.09	复体四射珊瑚		22.1.8.25	海蕾	
22.1.8.10	横板珊瑚		22.1.8.26	海百合	
22.1.8.11	苔藓动物		22.1.8.27	海百合茎	
22.1.8.12	腕足动物		22.1.8.28	海胆	
22.1.8.13	腹足类		22.1.8.29	海星	
22.1.8.14	掘足类		22.1.8.30	笔石	
22.1.8.15	双壳类(瓣鳃类)		22.1.8.31	鱼类化石	
22.1.8.16	直壳鹦鹉螺(角石)类		22.1.8.32	脊椎动物	

续表

代码	名称	符号	代码	名称	符号
22.1.8.33	藻类		22.1.8.49	化石碎片	
22.1.8.34	蓝藻		22.1.8.50	完好生物化石	
22.1.8.35	绿藻		22.1.8.51	生物碎屑	
22.1.8.36	红藻		22.1.8.52	生长生态	
22.1.8.37	硅藻		22.1.8.53	自由生长生态	
22.1.8.38	轮藻		22.1.8.54	原地堆积生态	
22.1.8.39	柱状叠层石		22.1.8.55	浮游沉降生态	
22.1.8.40	锥状叠层石		22.1.8.56	搬运生态	
22.1.8.41	层状叠层石		22.1.8.57	蜓	
22.1.8.42	古植物化石		九、层理、构造		
22.1.8.43	植物枝干化石		9.1	水平层理	
22.1.8.44	植物碎片		9.2	波状层理	
22.1.8.45	碳屑		9.3	斜层理	
22.1.8.46	孢子花粉		9.4	交错层理	
22.1.8.47	牙形(刺)石		9.5	季节性层理	
22.1.8.48	遗迹化石		9.6	叠层石	

续表

代码	名称	符号	代码	名称	符号
9.7	搅混构造		9.23	泥质条带	
9.8	柔皱构造		9.24	砂质条带	
9.9	缝合线		9.25	介形虫条带	
9.10	冲刷面		9.29	钙质条带	
9.11	干裂		9.27	裂缝	
9.12	角砾状构造		十、侵入岩		
9.13	气孔状构造		Q51	基性侵入岩	
9.14	均匀状构造		Q21	中性侵入岩	
9.15	虫孔构造		Q01	酸性侵入岩	
9.16	虫迹		Q72	橄榄岩	
9.17	透镜体		Q73	辉石岩	
9.18	鸟眼构造		Q52	辉长岩	
9.19	波痕		Q53	苏长岩	
9.20	泥质团块		Q54	斜长岩	
9.28	钙质团块		Q56	辉绿岩	
9.22	硅质结核		Q22	闪长岩	

续表

代码	名称	符号	代码	名称	符号
Q24	正长岩		P02	流纹岩	
Q29	闪长玢岩		P03	流纹斑岩	
Q74	角闪岩		P24	英安岩	
Q02	花岗岩		P94	英安斑岩	
Q92	煌斑岩		P95	凝灰岩	
Q92	云煌岩		P96	集块岩	
Q07	伟晶岩		P97	火山角砾岩	
十一、喷发岩			十二、变质岩		
P71	基性喷发岩		BZY	变质岩	
P21	中性喷发岩		J04	变质砂岩	
P01	酸性喷发岩		J06	变质砾岩	
P52	玄武岩		J51	碎裂岩	
P31	安山玄武岩		J52	构造角砾岩	
P22	安山岩		J53	糜棱岩	
P23	安山玢岩		J01	板岩	
P25	粗面岩		J54	硅质板岩	

续表

代码	名称	符号	代码	名称	符号
J03	绿泥石板岩		2	含油	
J55	碳质板岩		3	油浸	
J08	蛇纹岩		4	油斑	
J09	大理岩		5	油迹	
J02	千枚岩		6	荧光	
J56	绢云千枚岩		十四、测井解释与中途测试结果		
J57	绿泥千枚岩		1	油层	
J41	片岩		2	差油层	
J44	石英片岩		3	含水油层	
J42	黑云片岩		4	油水同层	
J45	绿泥片岩		5	含油水层	
J46	片麻岩		6	可能油气层	
J47	花岗片麻岩		7	油气同层	
J07	石英岩		8	气层	
十三、录井含油气产状			9	气水同层	
1	饱含油		10	含气水层	

续表

代码	名称	符号	代码	名称	符号
11	水层		06	硫化氢气侵	
12	致密层		31	钻井液带出油流	
13	干层		08	井涌气	
14	产层段		09	井涌油	
15	水淹层		10	井涌水	
16	气侵层		19	放空	
19	低水油层		20	起下钻	
20	中水油层		32	换钻头	
21	高水油层		22	蹩钻	
十五、钻井及其他油气显示			23	跳钻	
01	槽面油花		26	沥青	
02	槽面气泡		33	井壁取心	
29	钻井液气侵		34	钻井取心	
30	钻井液水侵		35	未见顶	
05	二氧化碳气侵		36	未见底	

附图 地层柱状剖面示意格式图

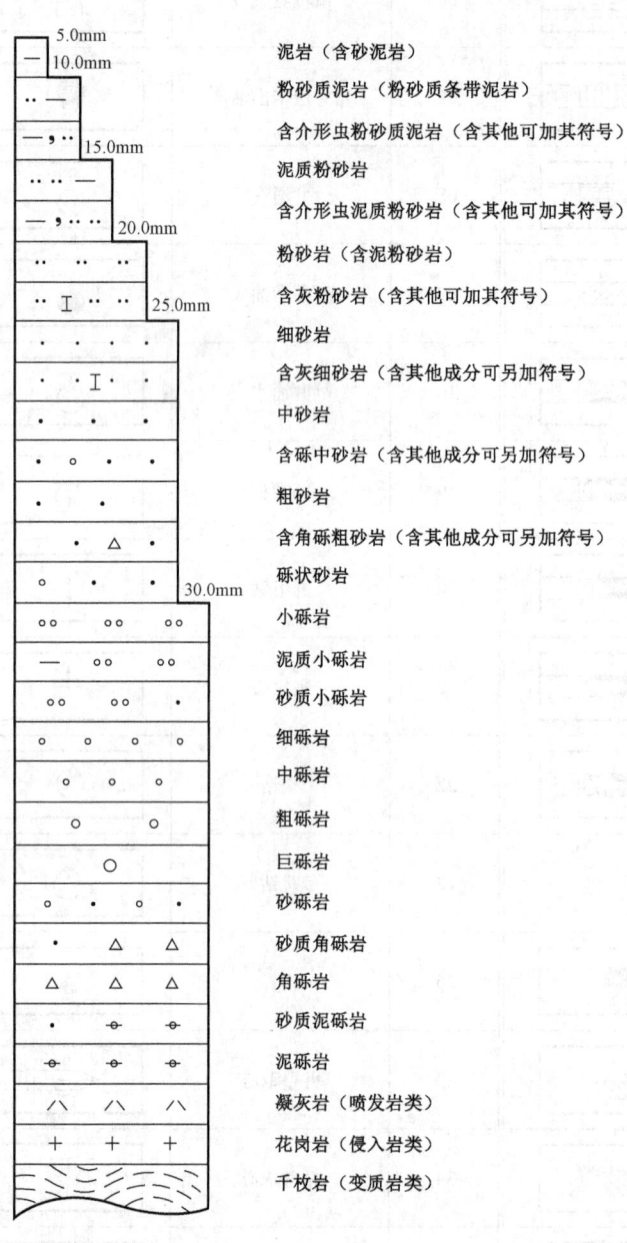

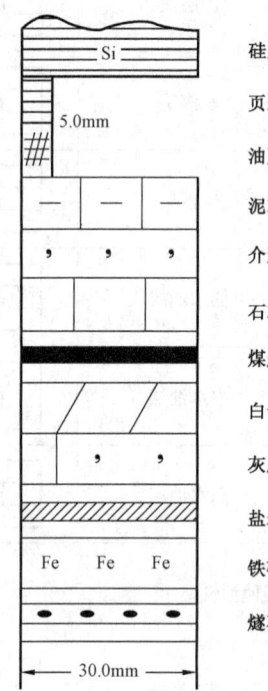